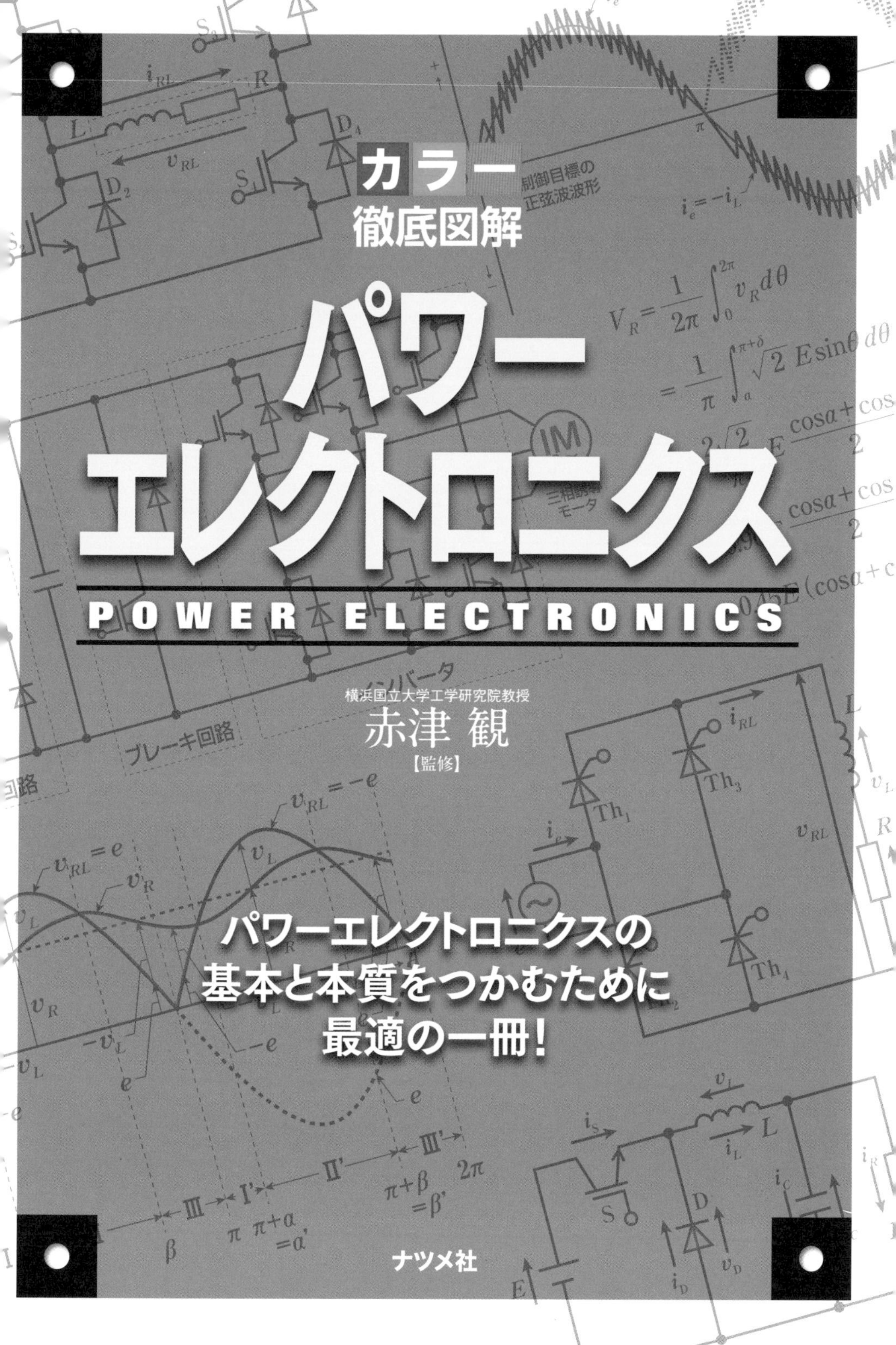
カラー
徹底図解
パワー
エレクトロニクス
POWER ELECTRONICS
横浜国立大学工学研究院教授
赤津 観
【監修】
パワーエレクトロニクスの
基本と本質をつかむために
最適の一冊！
ナツメ社

はじめに

パワーエレクトロニクス（パワエレ）とは「パワー半導体デバイスを用いた電力の変換と制御に関する技術」のことです。この技術によって電力の形態や大きさを制御して、あらゆる機器の機能や性能、効率を向上させることができ、省エネルギーも実現されています。取り扱う電力範囲はMW（メガワット）からmW（ミリワット）まで幅広く、ありとあらゆる機器がパワエレで動いています。最近ではパワエレ機器の集合を一つのシステムとしたパワエレシステムとして扱われるようになり、システム同士のネットワークを介した連系や協調も進んでいます。

たとえば、身近な存在である電車やハイブリッド自動車の駆動に使われるモータもパワエレで制御されています。産業用のモータはもちろん、エアコンや洗濯機といった家電製品のモータの制御もパワエレで行われています。モータばかりではありません。現在では電気によって動作するほとんどの機器にパワエレが活用されています。スマートフォンも例外ではありません。また、日本では停電がほとんどなく商用電源の品質が非常に高く維持されていますが、こうした電力系統もパワエレによって支えられていますし、新エネルギーの代表でもある太陽光発電や風力発電にもパワエレが使われており、パワエレなしでは発電された電力を電力系統につなぐことができません。

最近ではパワー半導体デバイスが革新的な進化を遂げており、SiC（シリコンカーバイド）やGaN（ガリウムナイトライド）を用いた半導体デバイスが使われるようになりました。これらデバイスの革新的な進化は、パワエレ機器のさらなる小型化・高効率化に貢献しており、まさにカーボンニュートラル社会の実現に必須の技術となっています。

このように広範囲にパワエレが活用されている現在では、その回路を設計する技術者ばかりでなく、電気機器をはじめとして、少しでも電気を利用する機械を扱う技術者にとってパワエレの基礎知識は必要不可欠なものになっています。本書は、これから独学でパワエレを学ぼうとする人、大学や専門学校、高専などでパワエレを学んでいる人を対象にした入門書です。過去に学んだパワエレの知識を再構築しようとしている人の手引書にも使っていただけます。基礎から順を追って説明していますので、すでにパワエレを学んだことがある人や、習得の早い人にとっては冗長でくどい構成ととれる部分があるかもしれませんが、確認のつもりで読んでいただけると幸いです。

なお、パワエレを学ぶうえで、電気回路の知識は欠かせません。本書でも、必要最低限の知識は再確認できるようにしていますが、今までに一度も電気を学んだことがない人には難しいと思える箇所があるかもしれません。こうした方は、電気回路の入門書から始めることをお勧めします。

本書が皆様の勉学の糧となり、少しでも省エネルギーに貢献できることを願っております。

赤津 観

[CONTENTS]
目次

第1章 パワーエレクトロニクスの基礎知識

第2章 パワー半導体デバイス

第3章 直流ー直流電力変換回路

[CONTENTS]
目次

第4章 直流－交流電力変換回路

第5章 交流－直流電力変換回路

第6章 交流ー交流電力変換回路

第7章 電力変換回路の使いこなしと次世代デバイス

第8章 パワーエレクトロニクスの応用

パワーエレクトロニクスの基礎知識

第1節

パワーエレクトロニクス

パワーエレクトロニクスは半導体を使って電力を変換する技術であり、効率を向上し、不可能だったことを可能にしてくれる。その関連分野は非常に幅広い。

▶パワーエレクトロニクスの定義

パワーエレクトロニクスは「**パワー半導体デバイスを用いた電力の変換と制御に関する技術である**」と定義される。パワー半導体デバイスは**パワーデバイス**ということも多い。

電力の変換とは、電力の形態を変更することだ。電力の形態には**直流**と**交流**の違いにはじまり、**電圧**、**電流**、**周波数**、**位相**、**相数**、**波形**などがある（直流と交流は周波数の違いで捉えることもできる）。これらの形態のうち1つ以上を変化させることが**電力変換**だ。

電力の変換に際しては目標とされる出力の状態がある。たとえば、交流を直流に変換する場合、一定電圧が求められたり、状況による電圧の可変が求められたりする。交流への変換では、電圧や周波数の値だけでなく、出力波形がどれだけ正弦波に近いかが求められることもある。そのため、変換の際には目標に近づけるための制御も欠かせない。

原理については第5節（P26参照）で説明するが、電力の変換はスイッチングで実現できる。歴史的には20世紀前半から**放電管**や**真空管**による電力の変換が行われ始めていたが、パワー半導体デバイスが誕生した20世紀後半からはスイッチングに半導体デバイスが使われるようになり、パワーエレクトロニクスの本格的な発展が始まった。

パワーエレクトロニクスの中心的な存在はパワー半導体デバイスだが、それだけでは電力は変換が行えない。実際のシステムは〈図01-01〉のような構成が基本となる。変換対象の電力が流れる**主回路**は、パワーデバイスに加えてインダクタ（コイル）やキャパシタ（コンデンサ）などの**受動素子**で構成される。主回路のパワーデバイスには、適切なタイミングでスイッチングを行わせる駆動信号を与える必要がある。この信号を発生させるのが**駆動回路**だが、現在では**制御回路**の指令によって駆動回路が信号を発することが多い。制御回路は、主回路や負荷の情報を収集しデジタル処理を行うのが一般的になっている。

▶パワーエレクトロニクスのメリット

パワーエレクトロニクスは産業用及び鉄道用モータの制御や電力系統から使われ始めたが、現在では身近な家電製品や情報通信機器にも広がり、その応用範囲は非常に幅広い。

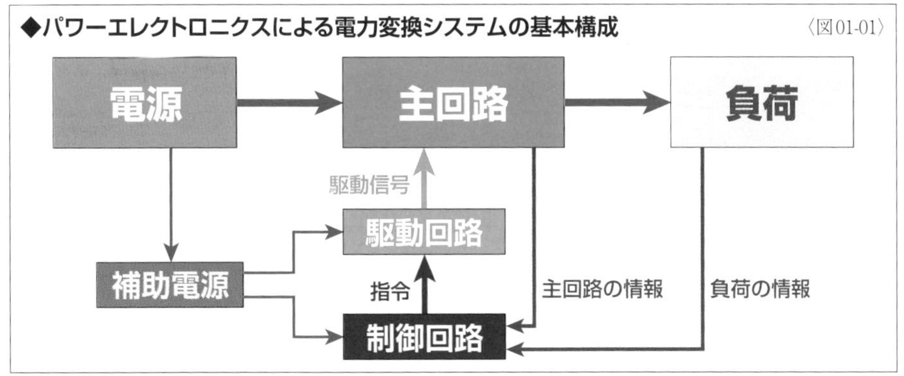

なぜ、それほどまでに発展し普及したかといえば、パワーエレクトロニクスには大きなメリットがあるからだ。そのおもなメリットは、**効率の向上**と、**機能や性能の向上**の2点にある。

電力を変換する際に損失が生じたのでは、せっかくの電力が無駄になってしまう。その点、スイッチングによる電力の変換では理論上は損失が生じない。実際のパワーエレクトロニクスによる電力の変換では損失が生じるが、それでも高い効率が実現されている。パワーデバイスの改良や制御の高度化によって、現在でも効率は高められ続けている。

いっぽう、新しい半導体デバイスと回路の開発や制御の高度化は、それまではできなかったことを可能にしてくれる。さらには、制御の精度が高くなったり応答速度が速くなったりして、機能や性能が向上し続けている。

こうしたパワーエレクトロニクスのメリットは産業用**モータ**の使い方の変遷に見ることができる。**直流モータ**は電圧を調整することで簡単に速度制御できるため、パワーエレクトロニクス誕生以前は、可変速運転が必要な用途では直流モータが使われていた。しかし、抵抗による電圧調整であったため損失が非常に大きかったが、パワーエレクトロニクスの誕生によって直流電圧の可変が可能になり、直流モータの可変速運転の効率が飛躍的に向上した。

いっぽう、**交流誘導モータ**は本体が堅牢、軽量、安価で保守も容易だが、回転数が電源周波数によってほぼ決まってしまうため、定速運転が基本とされていた。しかし、パワーエレクトロニクスの発展によって周波数が可変制御できるようになると、それまでは難しかった**誘導モータ**の可変速運転が可能になり、効率も大きく向上した。現在では回転数ばかりかトルクまで高精度で制御できるようになっていて、昔は直流モータが使われていた用途でも誘導モータが幅広く使われるようになっている。また、誘導モータより小型軽量で高効率な**永久磁石形同期モータ**もさまざまな分野で使われるようになってきている。このようにパワーエレクトロニクスの発展によって、効率が向上し、使われるモータやその使い方が変化している。

▶パワーエレクトロニクスに関連する分野

パワーエレクトロニクスは電源と負荷の間にある**主回路**をどのように制御するかによって機能や性能が決まる。そのため、パワーエレクトロニクスは単なる主回路の回路技術ではない。〈図01-02〉は1973年にWestinghouse Electric社のWilliam E. Newellによって示されたもので、パワーエレクトロニクスが、“POWER”、“ELECTRONICS”、“CONTROL”の3つの技術のうえに立つ学際的な技術分野であることを表わしている。

“POWER”とは「**エネルギー**」のことであり、電力系統や電源、負荷を意味しているといえる。**電気エネルギー**は、運動や熱、光など他の形態のエネルギーに変換して利用される。こうしたエネルギーを制御する目的のための手段としてパワーエレクトロニクスが使われる。電力系統でパワーエレクトロニクスが使われる場合はエネルギーの形態は変化しないが、これもエネルギーの制御だ。適切な制御には負荷についての十分な知識が必要になる。代表的な負荷はモータだが、パワーエレクトロニクスの応用分野が広がっているので知るべき負荷も多種多様になっている。電力系統や電源についても同様だ。その状況を十分に理解していないと、電気エネルギーを有効に活用できなかったり電力系統や電源の状態を乱したりする。

“ELECTRONICS”とは「**電子工学**」のことであり、電子回路とそこで使われる半導体デバイスを意味しているといえる。いうまでもなく主回路は半導体デバイスで構成される電子回路だが、駆動回路や制御回路も電子回路だ。主回路の知識が必要不可欠なのはもちろん、制御の高度化が進む現在では制御の知識も重要になっている。また、パワーエレクトロニクスでは新たなデバイスの開発が新たな機能を生み出してきたようにデバイスが重要な役割を果たしている。改良によって世代を重ねるごとに高効率化や高性能化を続けているデバイスも数多い。こうした半導体デバイスの進化は製造技術にも支えられている。

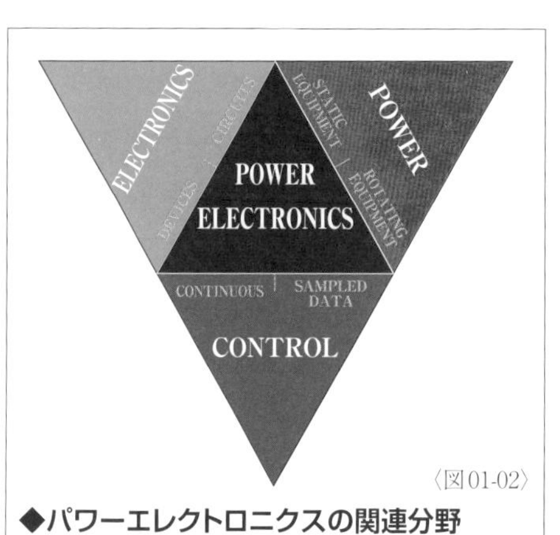

〈図01-02〉

◆パワーエレクトロニクスの関連分野

“CONTROL”とは「**制御**」のことであり、制御回路によるデジタル処理と、そのために収集されるアナログ情報を意味しているといえる。制御は制御理論に基づいて行われるが、その進化は速く、常に知識が更新されないと最新の最適な制御が行えない。また、アナログ情報は各種センサによって得られるが、センサ技術も進化が著しいので最新の知識が必要だ。以上のように、パワーエレクトロニクスに関連する技術分野はすでに幅広いが、新たな分野への応用も続いていて、関連分野はどんどん広がっている。

なお、本書ではパワーデバイスの動作原理と主回路の基本的な動作について説明する。

▶電力変換の分類

パワーエレクトロニクスによる**電力変換**を分類する方法はさまざまにあるが、入出力が直流か交流かで分類すると、その組み合わせは4種類になる。

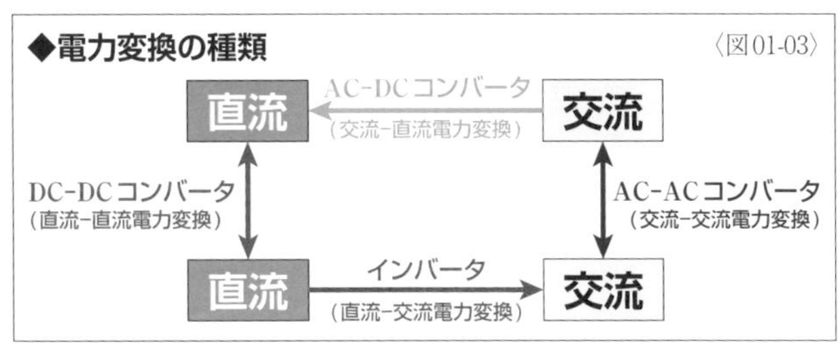

交流−直流電力変換は**整流**や**順変換**ともいうため、**交流−直流電力変換装置**は**整流装置**や**順変換装置**、**AC−DCコンバータ**ともいう。パワーエレクトロニクス誕生以前から交流-直流変換は行われていた。トランスによる交流の変圧もあったが、この時代に可能だった本格的な電力変換は交流−直流変換だけだった。コンバータ（converter）という用語は変換装置を意味するため、本来はすべての電力変換装置に使えるわけだが、こうした歴史的背景があるため、AC−DCコンバータを単に**コンバータ**ということもある。

パワーエレクトロニクスが発展すると、**直流−交流電力変換**が可能になった。この電力変換は、それまで一般的に行われた交流から直流への変換とは逆方向の変換であるため、**直流−交流電力変換装置**は、「逆にする」を意味する“invert”から**インバータ**（inverter）と呼ばれるようになった。**逆変換**を行うので**逆変換装置**ともいう。

直流−直流電力変換を行う**直流−直流電力変換装置**は単に**直流電力変換装置**ともいう。すべての直流電力変換装置を**DC−DCコンバータ**と呼んでも問題ないが、日本のパワーエレクトロニクスの分野では直流-直流変換の際に交流を経由して、直流−交流−直流の順に変換する装置だけをDC−DCコンバータということが多い。このように途中に別の形態を経由する変換を**間接変換**という。**間接変換形電力変換装置**は2種類の電力変換装置を組み合わせたものだといえる。間接変換に対して別の形態を経由しない変換を**直接変換**という。

交流−交流電力変換を行う**交流−交流電力変換装置**は、単に**交流電力変換装置**、また**AC−ACコンバータ**という。なお、インバータはモータの運転などに使われるが、実際の電源は商用電源の交流のことが多く、AC−DCコンバータと組み合わせて使われる。この組み合わせは**間接変換形交流−交流電力変換装置**だともいえる。

直流と交流

狭義の直流は流れる方向と大きさが一定であり、狭義の交流は電圧・電流が正弦波を描くが、パワーエレクトロニクスでは広義の直流や交流を扱うことも多い。

▶直流

電力変換を知るために、直流と交流の基本を再確認しておこう。**直流**とは、流れる方向と大きさが一定の電流・電圧だ。代表的な直流電源には乾電池がある。直流は、その英語である“direct current”の頭文字から**DC**と略される。

電流・電圧が一定のものが**狭義の直流**だが、流れる方向が一定であれば電流・電圧が変化したり、0になる時間があったりするものも広義では直流として扱われる。時間の経過によって電圧が増加したり低下したりするような電流や、**方形パルス波**のように一定の電圧でオン/オフを繰り返すような電流も**広義の直流**だ。

こうした流れる方向が一定で、電圧・電流の大きさが周期的もしくは不定期に変化する電流を**脈流**というが、実際には周期的に変化するものだけを脈流ということが多い。また、こうした波形は直流と交流が合成されたものと考えることもできるので、**交流が重畳した直流**ともいう。

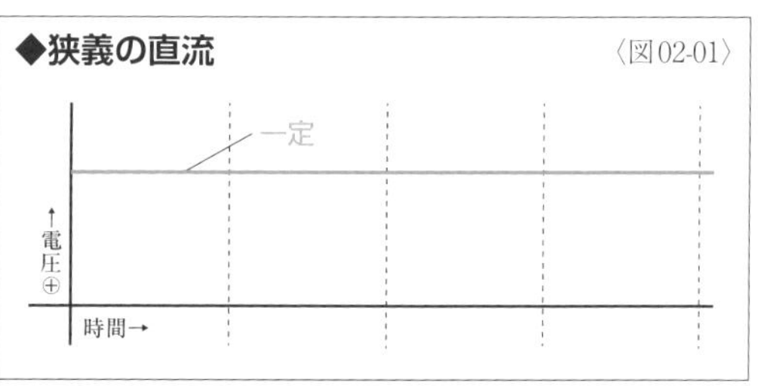

◆狭義の直流 〈図02-01〉

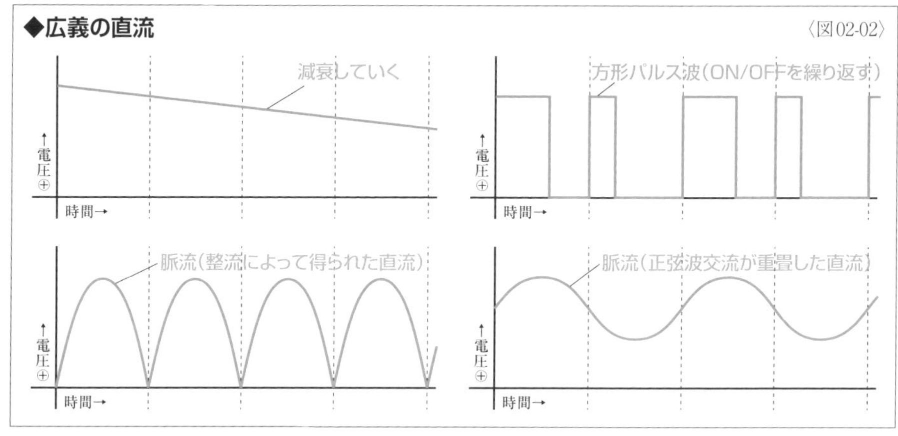

◆広義の直流 〈図02-02〉

▶交流

流れる方向と大きさが周期的に変化する電流を**交流**という。代表的な交流電源は**電力系統**から供給される**商用電源**だ。交流は“alternating current”の頭文字からACと略される。

狭義の交流は横軸を時間、縦軸を電圧にすると**正弦曲線**(**サインカーブ**)を描く。この波形を**正弦波**(**サイン波**)といい、狭義の交流を**正弦波交流**という。正弦波交流以外の交流を**ひずみ波交流**や**非正弦波交流**といい、**広義の交流**として扱われる。ひずみ波交流には、**方形波**(**矩形波**)や**三角波**、**のこぎり波**(鋸歯状波)のように波形の形状がわかりやすいものもあるが、簡単には表現できないような複雑な波形もある。

正弦波交流の波形の山と谷のセットを**サイクル**といい、1サイクルに要する時間を**周期**、1秒間のサイクル回数を**周波数**という。また1サイクル内の時間的な位置を**位相**という。交流には周波数は同じだが位相が互いに異なった複数の電流・電圧をまとめて扱う方式もあり、これを**多相交流**という。商用電源の電力系統における発電や送電、大型の動力源では**相数**が3の**三相交流**が使われている。多相交流に対して、**相**が1つしかない交流を**単相交流**という。

◆狭義の交流 〈図02-03〉

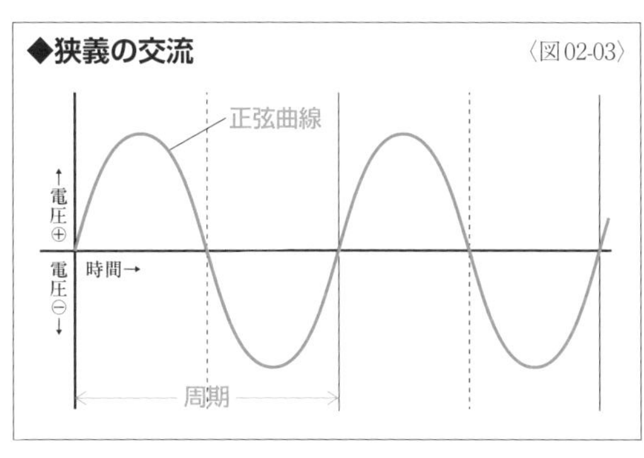

◆広義の交流 〈図02-04〉

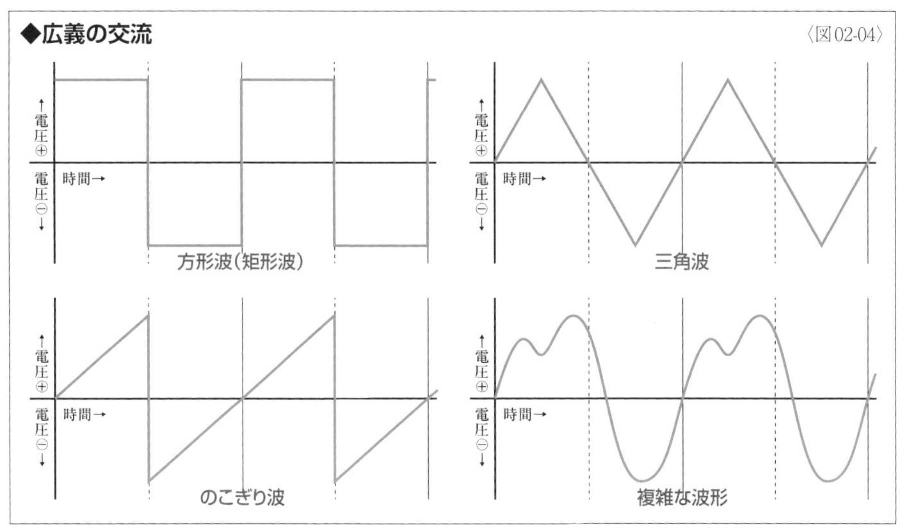

▶正弦波交流

交流のなかでも**正弦波交流**はしっかり再確認しておこう。以下の説明は電圧について行うが、電流についても同じように示すことができる。正弦波交流はその名の通り**三角関数**の**正弦関数**(sin)で表わすことができる。〈図02-05〉は**正弦波交流起電力**e[V]のグラフであり、式で示すと〈式02-06〉になる。

◆正弦波交流起電力 〈図02-05〉

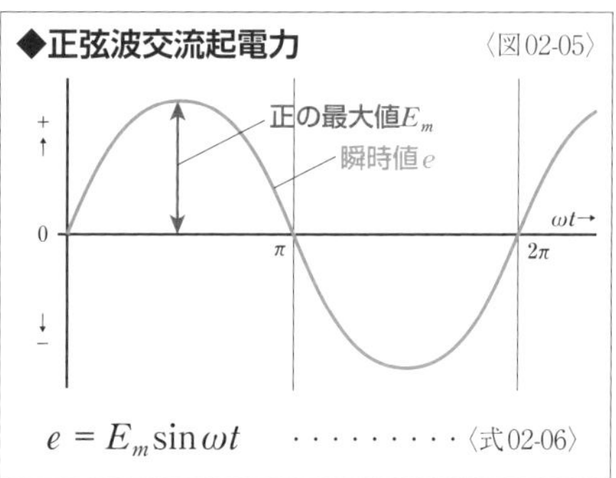

$$e = E_m \sin \omega t \quad \cdots\cdots\cdots\cdots 〈式02\text{-}06〉$$

グラフの縦軸は**起電力**だ。eは刻々と変化していく電圧の瞬間的な値を示したものなので、電圧の**瞬時値**や**瞬時電圧**という。いっぽう、E_m[V]は、eの正の最大値を意味するもので、**最大値**や**振幅**、**波高値**という。負の最大値もあるが、正の最大値と大きさは同じだ。

グラフの横軸は時間を単位にすることもあるが、ここでは1周期を1回転とし**弧度法**による角度を**角速度**ω[rad/s]と時間t[s]の積で示している。弧度法では1回転が2πで示される。横軸が時間の場合、周波数が変化すると1サイクルの幅が変化するが、横軸が角度ならどんな周波数でも1サイクルの幅が同じになるため、周波数を意識することなく正弦波を扱える。

正弦波交流の大きさは**実効値**で示されることも多い。たとえば、ある抵抗を直流100Vにつないだ場合と、100Vと呼ばれる交流につないだ場合で、変換される熱エネルギーの量が異なったのでは、取り扱いが面倒になる。そこで考え出されたのが実効値だ。交流の実効値とは、その交流の電力が直流の電力と実効的に等価であることを意味している。電圧の実効値をE[V]とすると、最大値との関係は〈式02-07〉のようになる。何も説明がなく、100Vの交流と示された場合は、実効値100Vと考えて問題ない。

また、正弦波交流の大きさが**平均値**で示されることもある。しかし、**正弦曲線**は正の領域と負の領域が同じ形状であるため、1周期を平均すると0になってしまう。そのため、正弦波交流では、正の半周期の平均を平均値として扱う。電圧の平均値をE_{ave}[V]とすると、最大値との関係は〈式02-08〉のようになる。ただし、パワーエレクトロニクスの分野では、たとえばインダクタを流れる電流の1周期の平均値のように、解析の際に1周期の平均の値を使うこともあるので、状況に応じた使い

◆正弦波交流の実効値と平均値

$$E = \frac{E_m}{\sqrt{2}} \quad \cdots\cdots\cdots\cdots 〈式02\text{-}07〉$$

$$E_{ave} = \frac{2}{\pi} E_m \quad \cdots\cdots\cdots\cdots 〈式02\text{-}08〉$$

分けに注意が必要だ。

ちなみに、**周期**と**周波数**は逆数の関係にあるので、周期をT[s]、周波数をf[Hz]とすれば$T=\frac{1}{f}$で示される。角度で考えた場合、1回転する時間が周期Tに相当するので、角速度は$\omega=2\pi f$で示される。〈式02-06〉を周波数で示した場合は、$e=E_m\sin 2\pi ft$になる。

▶正弦波交流の初期位相と位相差

正弦波交流の電圧や電流などの1サイクル内の位置を**位相**という。左ページのグラフは$\omega t=0$で電圧が0から立ち上がっているが、実際にはグラフ〈図02-09〉のような波形になることもあり、式で示すと〈式02-10〉のようになる。この式のθ[rad]を**初期位相**という。グラフでいえば瞬時電圧が0から立ち上がる位置を示しているといえる。初期位相θは、**$-\pi \leqq \theta < \pi$**[rad]の範囲で表現するのが一般的だ。

◆正弦波交流起電力(初期位相θ)〈図02-09〉

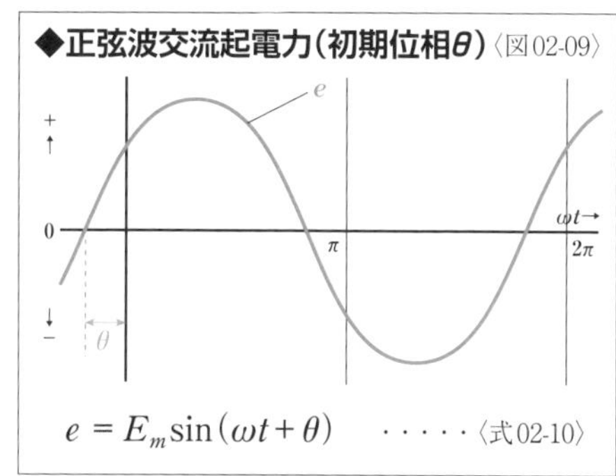

$$e = E_m \sin(\omega t + \theta) \quad \cdots\cdots 〈式02\text{-}10〉$$

交流回路の解析は初期位相$\theta=0$の式を使って行うのが一般的だが、交流回路では電圧と電流の位相にずれが生じることがある(P21参照)。また、**三相交流**ではそれぞれの相の初期位相が異なっている。こうした相互の初期位相の差を**位相差**という。位相差は相互の関係なので、いずれかを基準としその初期位相から考える必要がある。また、時間的な関係を明確にするために**位相の進み**と**位相の遅れ**で表現することが多い。〈図02-11〉のように初期位相0のe_0を基準とすれば、初期位相が$-\theta_1$のe_1との位相差は$(-\theta_1-0)$になる。位相差が負の値なので、e_1はe_0より位相が遅れていることになる。いっぽう、初期位相がθ_2のe_2との位相差は(θ_2-0)で正の値になるので、e_2はe_0より位相が進んでいる。位相差も**$-\pi \leqq$ 位相差$<\pi$**[rad]の範囲で表現するのが一般的だ。なお、位相差0の場合は**同相**という。

◆位相差 〈図02-11〉

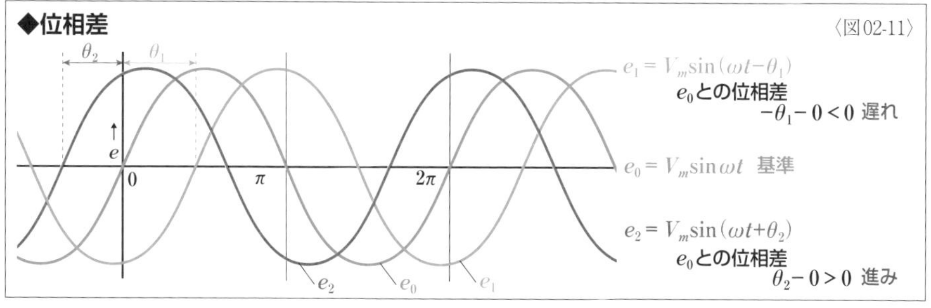

第2節 直流と交流

▶三相交流

多相交流で電源電圧・電流がn組であるものは**n相交流**という。n相交流で、すべての相の電源電圧および電流の大きさがそれぞれ等しく、その**位相**が順次$\frac{2\pi}{n}$[rad]ずつ、つまり均等間隔でずれているものを**対称n相交流**という。そうでないものは、**非対称n相交流**という。多相交流のうち、現実に広く使われているのは**対称三相交流**だ。もっとも多用されているため、単に**三相交流**といった場合、対称三相交流をさしていると考えてよい。

三相交流の各相の**位相差**は$\frac{2}{3}\pi$[rad]になる。〈図02-12〉のように、三相の各相をU相、V相、W相とし、それぞれの相の瞬時電圧をe_U、e_V、e_W、U相の**初期位相**を0とした場合、〈式02-13～15〉で示すことができる。グラフを見ると、〈式02-16〉のようにW相の初期位相を$-\frac{4}{3}\pi$[rad]にしたくなる。これも間違いとはいえないが、初期位相は$-\pi \leqq$初期位相$< \pi$の範囲で表現するのが一般的なので、〈式02-15〉のように初期位相を$\frac{2}{3}\pi$[rad]としている。

三相交流の各相の順番を**相順**または**相回転**という。等間隔で連続しているので、どこを基準にしてもいいのだが、一般的には基準となる相を初期位相0とする。三相のいずれかの2相を入れ替えると相順が反転する。

そもそも三相交流は別々の3つの単相交流をまとめたものではない。**三相交流発電機**によって作り出される(パワーエレクトロニクスによる電力変換でも作ることができる)。三相交流の大きな特徴は、〈式02-17〉のように、3つの相の瞬時電圧の和が常に0になることだ。この特徴があるため、三相をまとめて3本の電線で送ることができる。送ることできる電力は単相の3倍にはならず$\sqrt{3}$倍だが、3組の単相交流を別々に送るより電線の本数が少なくて済み、効率が高いため、送配電にはおもに三相交流が使われる。

◆三相交流電圧

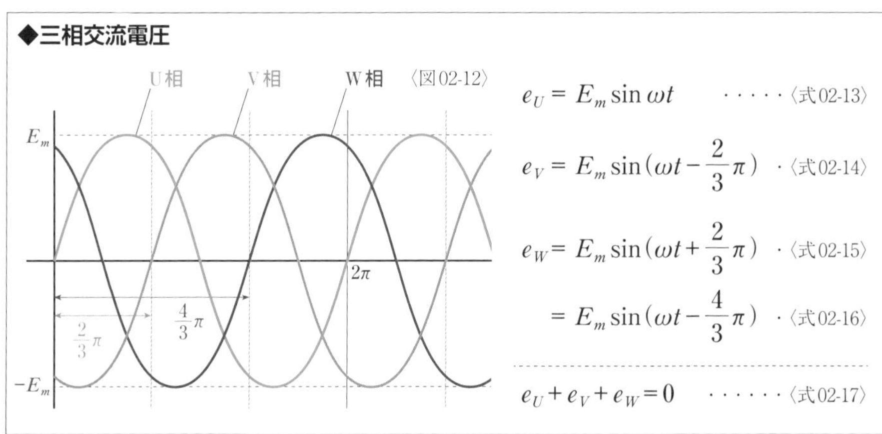

U相
V相
W相
〈図02-12〉
E_m
$-E_m$
2π
$\frac{2}{3}\pi$
$\frac{4}{3}\pi$
$e_U = E_m \sin \omega t$ ……〈式02-13〉
$e_V = E_m \sin(\omega t - \frac{2}{3}\pi)$ ·〈式02-14〉
$e_W = E_m \sin(\omega t + \frac{2}{3}\pi)$ ·〈式02-15〉
$= E_m \sin(\omega t - \frac{4}{3}\pi)$ ·〈式02-16〉
$e_U + e_V + e_W = 0$ ……〈式02-17〉

◆Y結線電源とY結線負荷の接続 〈図02-18〉

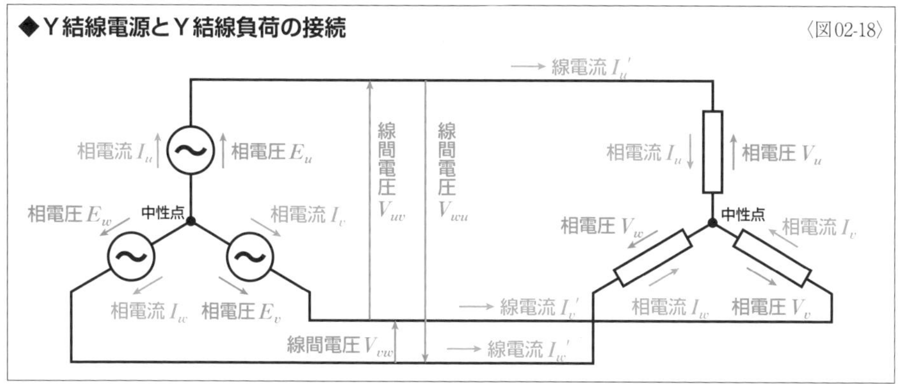

また、発電機に加えられる回転する力で生み出される三相交流は、モータを駆動するのに適している。単相交流で動作する**単相交流モータ**もあるが、構造が複雑になりやすく効率も悪い。そのため、工場などの大きな動力源では**三相交流モータ**が採用されることが多い。現在では効率と制御の精度を高めるために家電製品に三相交流モータが採用されることもある。一般的な家庭に供給されているのは単相交流だが、パワーエレクトロニクスによる電力変換によって三相交流に変換してモータを運転している。

電源が対称三相交流で、3つの負荷のインピーダンスがすべて等しい組み合わせを**平衡三相負荷**や単に**平衡負荷**といい、等しくない組み合わせを**不平衡三相負荷**や単に**不平衡負荷**という。三相の電源と負荷の**結線方式**でおもに使われているのが**Y結線**と**Δ結線**だ。Y結線は**スター結線**や**星形結線**、**Λ結線**とも表記され、結線が**中性点**で交わる形になる。Δ結線は**デルタ結線**や**三角結線**、**△結線**とも表記され、結線が三角形になる。各部の電圧の表わし方には**相電圧**と**線間電圧**があり、電流の表わし方には**相電流**と**線電流**がある。〈図02-18～19〉の例では電源と負荷が同じ結線だが、異なる結線方式のこともある。

◆Δ結線電源とΔ結線負荷の接続 〈図02-19〉

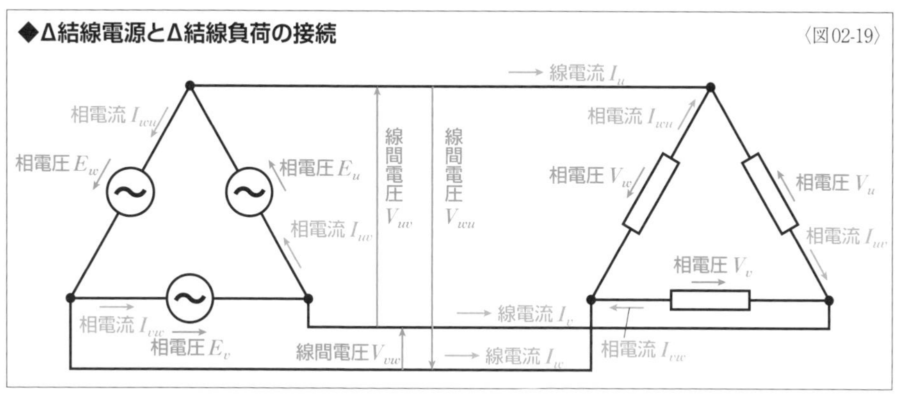

インダクタとキャパシタ

インダクタとキャパシタはさまざまな電気回路や電子回路で活用されているが、パワーエレクトロニクスによる電力変換においても欠かせない存在だといえる。

▶インダクタとキャパシタの作用

パワーエレクトロニクスによる電力変換の主役はパワーデバイスだといえるが、**インダクタ**や**キャパシタ**などの**受動素子**も欠かせない存在なので、基本的な作用を再確認しておこう。

インダクタは回路要素としては**コイル**ともいい、**自己誘導作用**によって**電気エネルギー**を**磁気エネルギー**に変換して蓄積したり、その磁気エネルギーを電気エネルギーに変換して放出したりすることができる受動素子だ。自己誘導作用によって生じる**逆起電力**によって、電流が増加する際にはその増加を妨げ、電流が減少する際にはその減少を妨げることができる。つまり、電流の変化を抑えようとする働きがあるわけだ。蓄えられるエネルギーの大きさは**インダクタンス**で示され、量記号にはL、単位には［H］が使われる。エネルギーは一時的に蓄えられるだけなので、**理想インダクタ**で電力が消費されることはない。

キャパシタは回路要素としては**コンデンサ**ともいい、**静電誘導**を利用して電気エネルギーの蓄積と放出を行うことができる受動素子だ。この作用によって、電圧が増加する際にはその増加を妨げ、電圧が減少する際にはその減少を妨げることができる。つまり、電圧の変化を抑えようとする働きがあるわけだ。蓄えられるエネルギーの大きさは**キャパシタンス**（**静電容量**）で示され、量記号にはC、単位には［F］が使われる。エネルギーは一時的に蓄えられるだけなので、**理想キャパシタ**で電力が消費されることはない。キャパシタが行うエネル

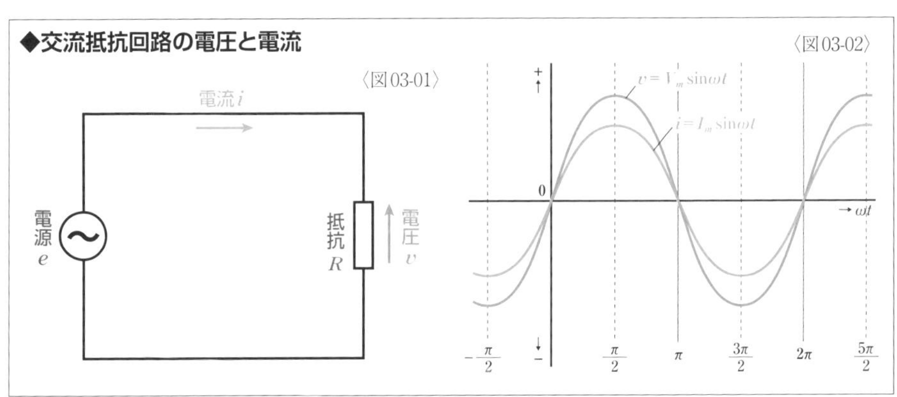

◆交流インダクタ回路の電圧と電流

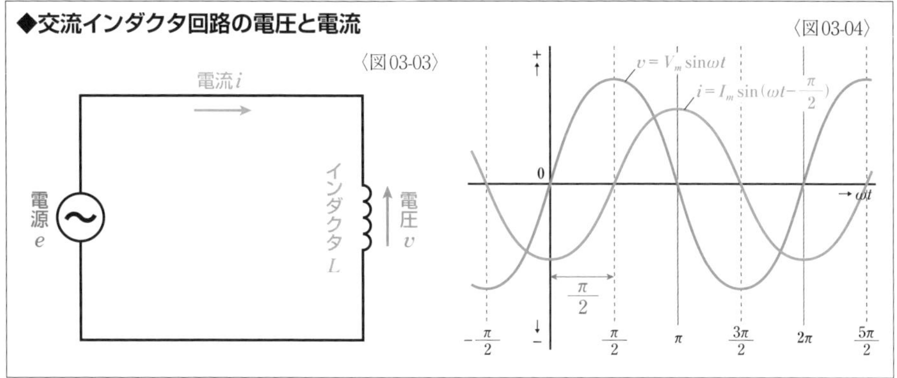

ギーの蓄積と放出は**二次電池**と同じように**充電**と**放電**と表現することも多い。

〈図03-01〉のように抵抗だけを正弦波交流電源につないだ回路では、電圧と電流に**位相差**は生じないが、インダクタやキャパシタを接続すると、電圧と電流に位相差が生じる。〈図03-03〉のようにインダクタだけを交流電源につないだ回路では、インダクタンスが電流の変化を抑えようとするため、電圧に対して電流の位相が$\frac{\pi}{2}$遅れる(電流に対して電圧の位相が$\frac{\pi}{2}$進むともいえる)。いっぽう、〈図03-05〉のように、キャパシタだけを交流電源につないだ回路では、キャパシタンスが電圧の変化を抑えようとするため、電流に対して電圧の位相が$\frac{\pi}{2}$遅れる(電圧に対して電流の位相が$\frac{\pi}{2}$進むともいえる)。〈図03-06〉のグラフは、抵抗回路やインダクタ回路のグラフと比較しやすいように電圧を基準(初期位相0)で描いている。

なお、本書における**インダクタ*L***という表現は、**インダクタンス**の大きさL[H]の素子(インダクタ)を表わすものとしており、続く文中でLと略した表現は、インダクタLを示す場合とインダクタンスLを示す場合がある。**キャパシタ*C***や**抵抗*R***という表現についても同様の扱いとしている。

◆交流キャパシタ回路の電圧と電流

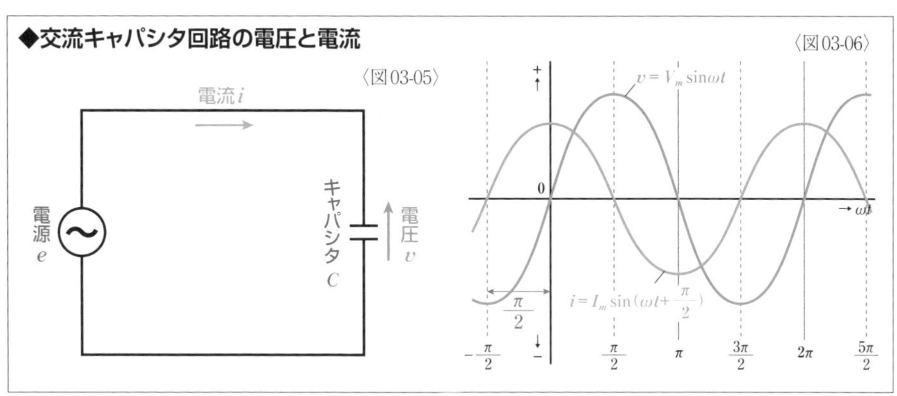

▶誘導性リアクタンスと容量性リアクタンス

直流回路において、抵抗には電流を妨げる作用があるが、交流回路においては抵抗だけでなく**インダクタ**にも**キャパシタ**にも交流電流を妨げる作用がある。抵抗は電圧と電流の比例定数といえるが、**インダクタンス**と**キャパシタンス**の交流における電圧と電流の比例定数を**リアクタンス**といい、単位には抵抗と同じく[Ω]が使われる。インダクタンスの場合は**誘導性リアクタンス**、キャパシタンスの場合は**容量性リアクタンス**といい、誘導性リアクタンスと容量性リアクタンスは互いに打ち消し合う。インダクタンスL[H]の誘導性リアクタンスをX_L[Ω]、キャパシタンスC[F]の容量性リアクタンスをX_C[Ω]、交流の角速度をω[rad/s]、周波数をf[Hz]とすると以下の式で示すことができる。

$$X_L = \omega L \quad \cdots\cdots〈式03\text{-}07〉$$
$$= 2\pi f L \quad \cdots\cdots〈式03\text{-}08〉$$

$$X_C = \frac{1}{\omega C} \quad \cdots\cdots〈式03\text{-}09〉$$
$$= \frac{1}{2\pi f C} \quad \cdots\cdots〈式03\text{-}10〉$$

以上の式から、インダクタはインダクタンスが大きくなるほど交流電流が流れにくくなり、周波数が高くなるほど電流が流れにくくなることがわかる。いっぽう、キャパシタはキャパシタンスが大きくなるほど交流電流が流れやすくなり、周波数が高くなるほど電流が流れやすくなる。**狭義の直流**は周波数0の交流といえるため、直流回路においてはインダクタのリアクタンスは0になるので**短絡**、キャパシタのリアクタンスは∞と考えられるので**開放**として扱うのが一般的だ。説明は省略するが、抵抗とリアクタンスをまとめて扱う際には、交流電圧と電流の比例定数を**インピーダンス**で表現する。

抵抗、インダクタ、キャパシタは回路要素だが、電気機械などの負荷にもインダクタンスやキャパシタンスが存在することがある。負荷全体としてインダクタンスが存在するものを**誘導性負荷**といい、抵抗がまったく存在しない誘導性負荷を区別する場合は**純誘導性負荷**という。同じように、全体としてキャパシタンスが存在する負荷を**容量性負荷**といい、抵抗がまったく存在しない場合は**純容量性負荷**という。また、抵抗のみの負荷は**純抵抗負荷**だが、単に**抵抗負荷**ということも多い。正弦波交流の場合、誘導性負荷では0<位相差≦$\frac{\pi}{2}$[rad]の範囲で電圧に対して電流の位相が遅れ、容量性負荷では0<位相差≦$\frac{\pi}{2}$[rad]の範囲で電圧に対して電流の位相が進む。

なお、誘導性リアクタンスとして交流電流を妨げる目的で使われる場合は、インダクタを**リアクトル**(reactor)ということもある。

▶パッシブフィルタ

インダクタや**キャパシタ**の**リアクタンス**は**周波数**によって変化する。この性質を利用すると、さまざまな周波数成分を含む電気信号から目的の周波数成分だけを取り出す回路や取り除く回路を構成できる。こうした回路を**フィルタ回路**といい、受動素子だけで構成されるフィルタ回路を**パッシブフィルタ**という。フィルタ回路は電気信号を扱う電子回路では多用されているが、パワーエレクトロニクスの分野では**ローパスフィルタ**が使われることがある。

ローパスフィルタは、特定の周波数より低域の周波数成分を通過させる回路のことで、境目になる特定の周波数を**遮断周波数**や**カットオフ周波数**という。ローパスフィルタは、その英語“low-pass filter”の頭文字から**LPF**と略される。また、遮断周波数より高域の周波数成分を減衰させるので、**ハイカットフィルタ**ということもある。

受動素子で構成されるローパスフィルタには***RC*フィルタ**と***LC*フィルタ**がある。*RC*フィルタは***CR*フィルタ**と表記されることもあり、その名の通り抵抗RとキャパシタCで〈図03-11〉のような回路が構成される。遮断周波数f_cは〈式03-12〉で示されるが、Rで電力損失が発生するため使われることは少ない。

*LC*フィルタは、インダクタLとキャパシタCで〈図03-13〉のような回路が構成され、遮断周波数f_cは〈式03-14〉で示される。理想の素子で考えれば電力損失が生じないため、電力変換の分野でよく使われる。ただし、遮断周波数を低くするほど、フィルタ回路が大きく重く、高価なものになる。

このほか、パワーエレクトロニクスの分野ではインダクタとキャパシタの**共振現象**を利用した**共振フィルタ**が使われることもある(P47参照)。共振フィルタは幅の狭い特定の周波数帯域を遮断させるもしくは通過させることができるので、**バンドストップフィルタ**もしくは**バンドパスフィルタ**という。構成要素が同じなので共振フィルタも*LC*フィルタと呼ばれることがある。

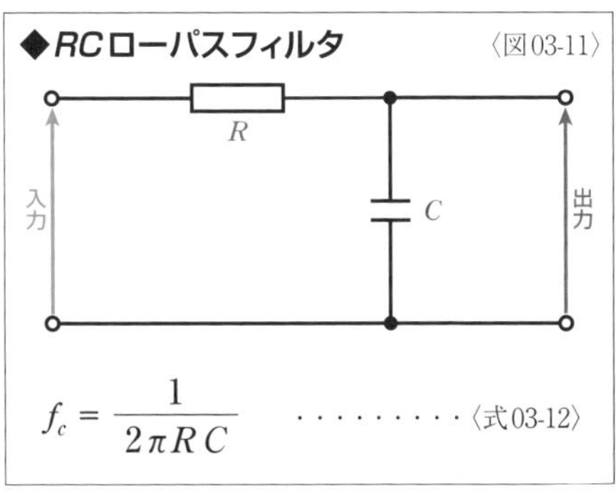

$$f_c = \frac{1}{2\pi RC}$$ ……〈式03-12〉

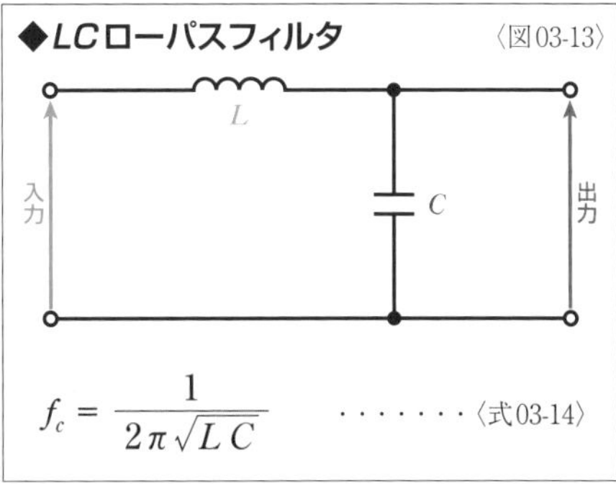

$$f_c = \frac{1}{2\pi\sqrt{LC}}$$ ……〈式03-14〉

電力

直流抵抗回路なら電圧と電流の積で電力で求められるが、交流では電圧と電流の位相のずれによって、負の瞬時電力が生じることがある。

▶直流電力

パワーエレクトロニクスは電力の変換と制御に関する技術なので、電力についても再確認しておこう。**直流**回路の負荷になるのは**抵抗**だ。負荷の端子電圧をV[V]、流れる電流をI[A]とすると、負荷の消費する**電力**P[W]は、両者の積で〈式04-02〉のように求められる。負荷を抵抗R[Ω]とすれば、〈式04-03〉や〈式04-04〉でも電力Pを求められる。

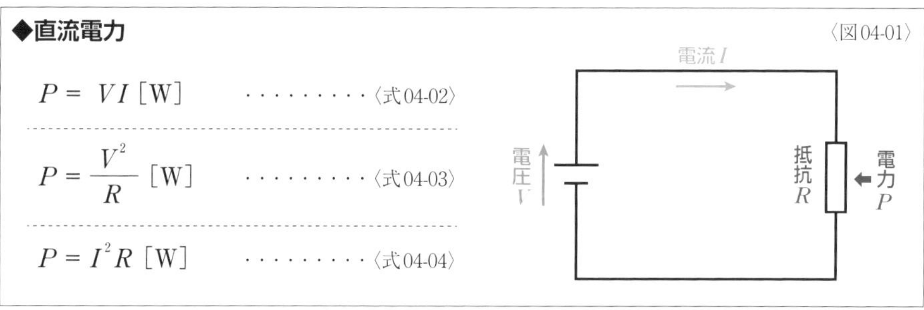

$$P = VI \ [\mathrm{W}] \quad \cdots\cdots\cdots\cdots 〈式04\text{-}02〉$$

$$P = \frac{V^2}{R} \ [\mathrm{W}] \quad \cdots\cdots\cdots\cdots 〈式04\text{-}03〉$$

$$P = I^2 R \ [\mathrm{W}] \quad \cdots\cdots\cdots\cdots 〈式04\text{-}04〉$$

▶交流電力

交流回路の場合も、**瞬時電圧**v[V]と**瞬時電流**i[A]の積で、瞬間的な電力が求められる。この電力を**瞬時電力**というが、交流回路の場合は、電圧と電流に**位相差**が生じることがある。すると、〈図04-05〉のように瞬時電圧vと瞬時電流iの一方が正の値、もう一方が負の値になる期間が生じ、その期間では瞬時電力pが負の値になる。瞬時電力が負の値になるということは、瞬時電力が電力を差し引く作用をしていることになる。差し引きした結果が実効的な電力になると考えられる。この実効的な電力を**有効電力**といい、負荷が実際に消費する電力を意味している。有効電力は瞬時電力の1周期を平均した値になる。いっぽう、負の値の電力として差し引いている電力は**無効電力**といい、インダクタやキャパシタが一時的に蓄えた電力であるといえる。このほか、直流電力に相当する方法、つまり交流の電圧と電流の**実効値**の積で求められるものを**皮相電力**という。

実効値V[V]の正弦波交流電圧に対して、実効値I[A]の正弦波交流電流の位相がθ

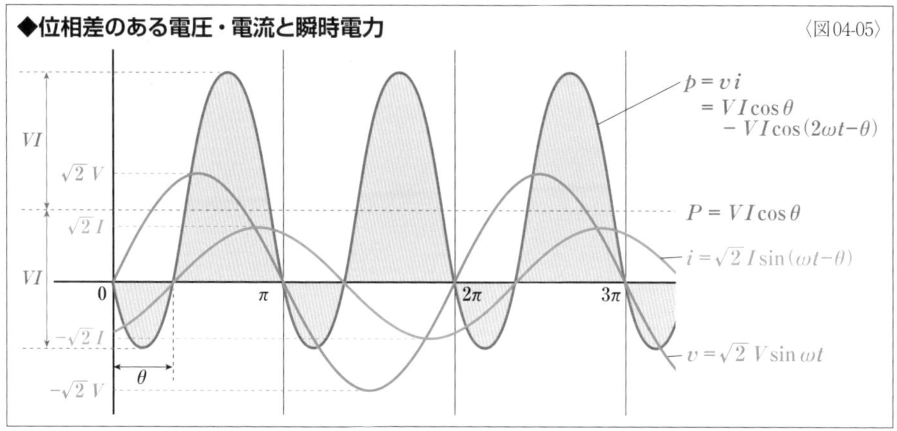

[rad]だけ遅れている場合、有効電力P[W]、無効電力Q[var]、皮相電力S[VA]は、〈式04-07～09〉のように示される。有効電力は実際に消費される電力なので、直流電力と同じ[W]が単位に使われるが、無効電力と皮相電力は有効電力と単純に加減算できる値ではないので異なる単位が使われる。また、3種類の電力の大きさの関係は〈図04-10〉のように直角三角形の関係になる。電圧と電流に位相差がない場合($\theta=0$)は、$\sin 0=0$になるので無効電力は0になり、$\cos 0=1$になるので有効電力と皮相電力が等しくなる。

また、皮相電力Sと有効電力Pの比を**力率**という。力率をP_fとすると〈式04-11〉で示され、正弦波交流の場合は電圧と電流の位相差がθであれば、力率は$\cos\theta$に等しくなる。力率の悪い負荷が多いと、いったんは流れる電流が大きくなるので、電力系統の送配電設備の負担が大きくなる。また、電力系統の電圧にも悪影響を及ぼすため**力率改善**が求められる。

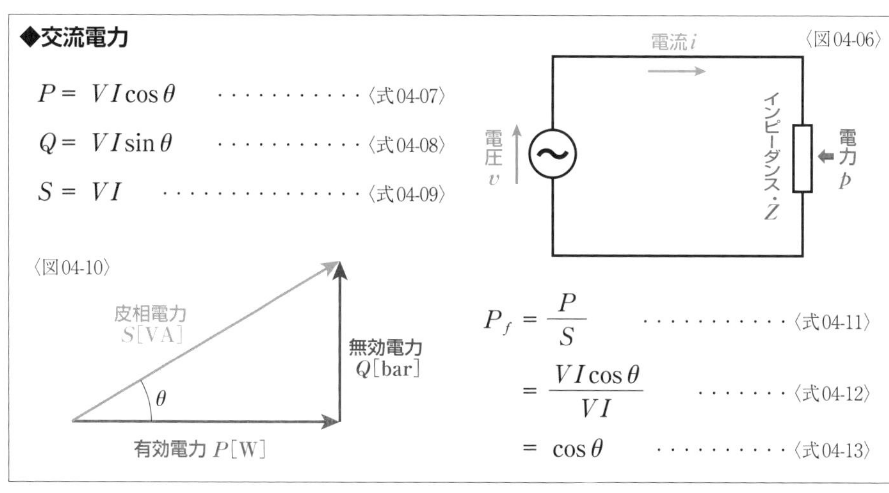

◆交流電力
〈図04-06〉
$P = VI\cos\theta$ ・・・・・・・・・・・・〈式04-07〉
$Q = VI\sin\theta$ ・・・・・・・・・・・・〈式04-08〉
$S = VI$ ・・・・・・・・・・・・・・・・〈式04-09〉
電流i
電圧v
インピーダンス・$\dot{Z}$
電力p
〈図04-10〉
皮相電力
S[VA]
無効電力
Q[bar]
θ
有効電力 P[W]
$P_f = \dfrac{P}{S}$ ・・・・・・・・・・・・〈式04-11〉
$= \dfrac{VI\cos\theta}{VI}$ ・・・・・・・・〈式04-12〉
$= \cos\theta$ ・・・・・・・・・・・・〈式04-13〉

電力変換の基本原理

パワーエレクトロニクスによる電力変換はスイッチングによって行われる。単独のスイッチで成立する変換もあれば、スイッチのブリッジ回路が使われることもある。

▶スイッチングによる直流−直流電圧変換

直流は**抵抗**による**分圧**を利用すれば、負荷にかかる電圧を調整できる。〈図05-01〉のように**可変抵抗**を使えば、無段階での調整も可能だ。しかし、電圧調整用の抵抗が消費する電力はすべて**損失**になってしまう。

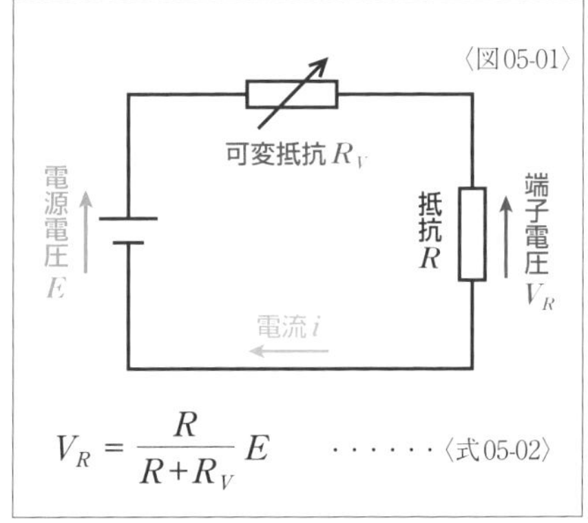

いっぽう、スイッチングによる**直流−直流電圧変換**の基本原理は〈図05-03〉のような回路で考えられる。電源Eと抵抗負荷Rの間にスイッチを1つ備えただけの簡単な回路だ。スイッチを電力変換装置だと考えれば、電源電圧Eが入力電圧であり、負荷Rの端子電圧v_Rが出力電圧だ。この回路でスイッチがオンの時間T_{on}とオフの時間T_{off}のそれぞれを一定にしてスイッチングを繰り返すと、負荷の端子電圧v_Rは〈図05-04〉のように電圧Eと0を繰り返す**方形パルス波**になる。電圧の変動があり電圧が0になる時間もあるが、電圧の方向が一定なので、この電圧は**広義の直流**だ。このとき負荷には平均的な電圧が加わると見なせる。

平均電圧と見なせるといっても、人間が操作するような速度でのスイッチングでは、負荷が平均電圧に応じた動作をしてくれるとは限らない。平均的な電圧に変換するためには、一定時間内のスイッチングの回数を多くし、そのタイミングの精度が高い必要がある。一般的にパ

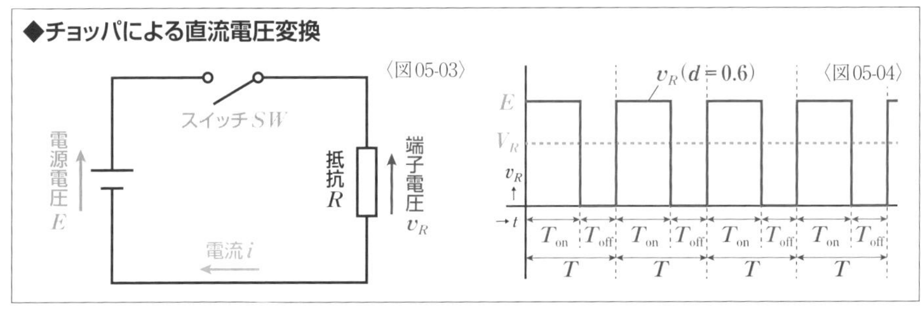

ワーエレクトロニクスによるスイッチングでは、1秒間に1000回以上オン/オフが繰り返される。

電圧を切り刻むことで変換を行っているため、こうした電力変換回路は「叩き切る」を意味する英語"chop"から、**チョッパ**(chopper)や**チョッパ回路**いう。電力を消費する要素が負荷R以外にはないので、チョッパによる電力変換では原理的に損失は生じない。なお、この回路では負荷が抵抗なので、負荷を流れる電流iも方形パルス波になるが、電圧と同じように平均的な電流が流れると見なすことができる。

▶デューティ比

〈図05-03〉の回路で、負荷Rにかかる**平均電圧**をV_Rとすると、〈式05-05〉で示すことができ、1組のオン/オフに要する時間($T_{on}+T_{off}$)をTとすると、〈式05-06〉で示すことができる。この式に示されたTとT_{on}の比を**デューティ比**や**デューティレシオ**(duty ratio)という。デューティ比をdとして入力電圧Eと平均電圧V_Rの関係を示すと〈式05-08〉になる。方形パルス波と平均電圧の関係をグラフ上で見ると、時間Tの幅にある1つの方形パルスの面積($E\times T_{on}$)と、時間Tの幅の平均電圧の面積($V_R\times T$)が等しいことを意味している。

$$V_R=\frac{T_{on}}{T_{on}+T_{off}}E \quad \cdots〈式05\text{-}05〉$$

$$=\frac{T_{on}}{T}E \quad \cdots〈式05\text{-}06〉$$

$$d=\frac{T_{on}}{T} \quad \cdots〈式05\text{-}07〉$$

$$V_R=dE \quad \cdots〈式05\text{-}08〉$$

デューティ比の変化で出力電圧V_Rを可変できるため、こうした制御方法を**デューティ比制御**という。〈図05-09〉のようにデューティ比を小さくすれば平均電圧が低くなり、〈図05-10〉のように大きくすれば平均電圧が高くなる。T_{on}とT_{off}はいずれも正の値または0なのでデューティ比の値の範囲は$0\leqq d\leqq 1$になる。スイッチをずっとオン($T_{on}=T$)にすれば$d=1$になり入力電圧がそのまま出力され、ずっとオフ($T_{on}=0$)にすれば$d=0$になり出力電圧が0になる。なお、デューティ比は、**デューティファクタ**や**通流率**、**時比率**ともいう。

◆デューティ比による平均電圧の違い

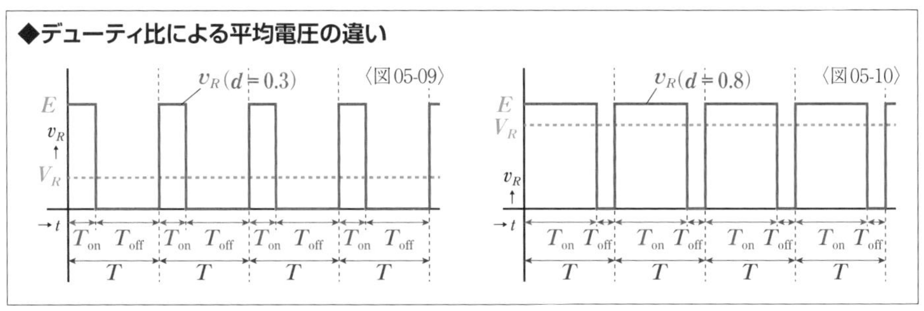

第5節 電力変換の基本原理

▶パルス幅変調(PWM)

デューティ比制御では、1組のオン/オフに要する時間を**スイッチング周期**、1秒間の**周期**の回数を**スイッチング周波数**という。スイッチング周期をT[s]、スイッチング周波数をf[Hz]とすると、両者は〈式05-11～12〉のように逆数の関係になる。

$$T = \frac{1}{f} \quad \cdots\cdots〈式05\text{-}11〉$$

$$f = \frac{1}{T} \quad \cdots\cdots〈式05\text{-}12〉$$

一般的にはスイッチング周期Tを一定にして、スイッチがオンの時間T_{on}を変化させて、デューティ比制御を行う。グラフで考えた場合、パルスの幅をかえることで制御が行われるので、こうした制御を**パルス幅変調制御**や、その英語"plus width modulation"の頭文字から**PWM制御**という。先に説明したように、パワーエレクトロニクスによる直流電圧の変換では1kHz以上のスイッチング周波数(1ms以下の周期)が使われる。

なお、スイッチがオンの時間T_{on}を一定にし、スイッチング周期Tをかえることでもデューティ比を変化させることができ、出力電圧V_Rの可変が可能だ。周期の変化は周波数の変化ともいえるので、こうした制御の方式を**パルス周波数変調制御**や、その英語の"plus frequency modulation"から**PFM制御**という。しかし、扱う周波数の範囲が幅広くなり、装置が大型化しやすいためあまり使われない。

▶平滑化

チョッパ回路による直流-直流電圧変換では、平均電圧を出力電圧と見なすことができると説明したが、実際には電圧や電流は変化する。スイッチング周波数が高ければ、こうした**広義の直流**でも問題なく動作する負荷もあるが、電圧や電流の断続や急激な変化によって負荷の動作に不具合が生じたり、入力側の電源に悪影響が及ぶこともある。そのため、実際の電力変換装置では、電圧や電流の断続をなくしたり変化を緩やかなものにしたりしていることが多い。こうした電圧や電流の調整を**平滑化**という。

平滑化において重要な役割を果たすのが、**受動素子**である**インダクタ**(P20、P48参照)や**キャパシタ**(P20、54参照)の作用と、それらを用いた回路の工夫だ。実際の回路やその働きは、本章の第9節と第10節、またそれぞれの電力変換回路で詳しく説明するが、インダクタは電流の途切れをなくし変化を緩やかにするために使われ、キャパシタは電圧の途切れをなくし変化を緩やかにするために使われることが多い。

▶スイッチングによる直流電圧の極性反転

パワーエレクトロニクスによる**直流−直流電力変換**では、電圧の可変に加えて、正/負の極性の入れ替えが求められることもある。たとえば、**直流モータ**は電圧で回転数を制御でき、電源の正/負の極性を反転させるとモータの回転方向を切り替えることができるため、電圧の可変と極性の反転が行える電力変換装置があると、モータを駆動しやすくなる。

直流電圧の可変と極性の反転は、〈図05-13〉のような回路で実現することができる。このように4つのスイッチで構成された回路をスイッチの**フルブリッジ回路**というが、単に**ブリッジ回路**ということも多い。また、負荷と4つスイッチの結線がH字形になっているので**Hブリッジ回路**ともいう。この回路において4つのスイッチのうちのS_1とS_4だけをオンにすれば、〈図05-14〉のように負荷に電流I_Rが流れ、端子電圧は$V_R=E$になる。これを順方向とすれば、スイッチS_2とS_3だけをオンにすると、負荷には〈図05-15〉のように逆方向に電流I_Rが流れ、端子電圧は$V_R=-E$になる。このように、使用するスイッチの組み合わせをかえることで負荷の端子電圧の極性を反転させられる。

また、**デューティ比制御**によるスイッチングをS_1とS_4で同時に行えば、**チョッパ回路**による順方向の電圧の可変が行える(S_4はオンのまま、S_1だけスイッチングしても電圧の可変が可能)。同じようにしてS_2とS_3を使えば、逆方向の電圧の可変が行える。

◆Hブリッジによる直流電圧の極性反転

〈図05-13〉

順方向 〈図05-14〉

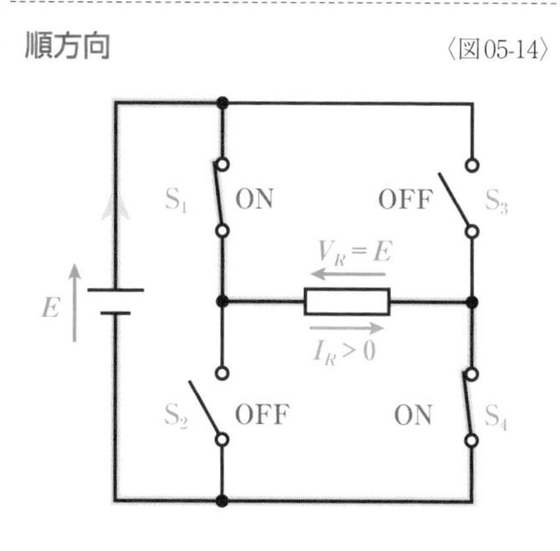

逆方向 〈図05-15〉

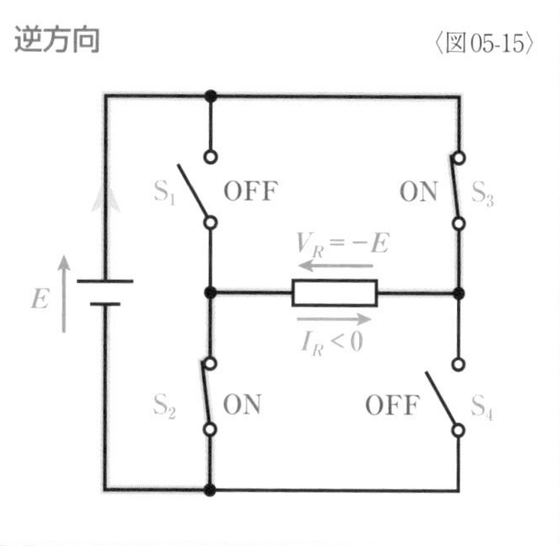

▶ブリッジのレグとアーム

電力変換回路ではスイッチの**ブリッジ回路**がよく使われる。こうしたブリッジにおいて、〈図05-16～17〉のS_1とS_2のような関係にあるスイッチの組み合わせを**レグ**（leg）といい、それぞれのスイッチを**アーム**（arm）という。**フルブリッジ回路**は2つのレグを組み合わせたものだが、電力変換回路では1つだけのレグで構成される**ハーフブリッジ回路**が使われたり、3つ以上のレグが組み合わされた回路が使われることもある。フルブリッジの回路図の描き方にはさまざまなものがあるが、通常レグは平行に並べられ、〈図05-16〉のように結線されることもあれば、〈図05-17〉のようにH字形に結線されることもある。なお、1つのレグを構成する2つのアームを**上アーム**／**下アーム**と呼び分けることがある。アームの上／下は回路図上の位置関係を示していることが多いが、スイッチが扱う電位の高／低で上／下を決めることもある。

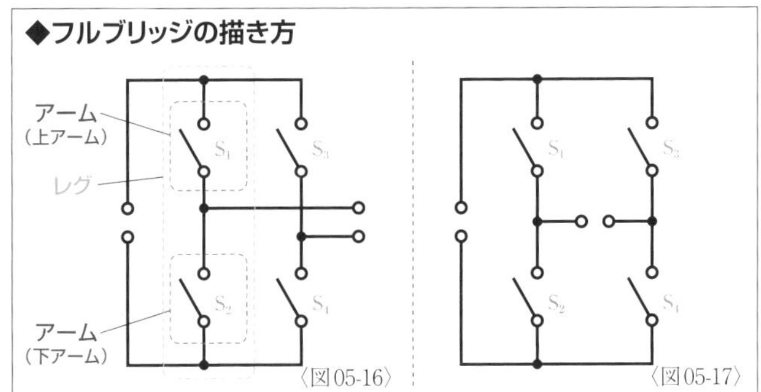

▶スイッチングによる交流－直流電力変換

スイッチングによる**交流－直流電力変換**（**整流**）の基本原理は、〈図05-18〉のように交流電源eと抵抗負荷Rの間に1つのスイッチを備えた回路で考えられる。この回路で、入力され

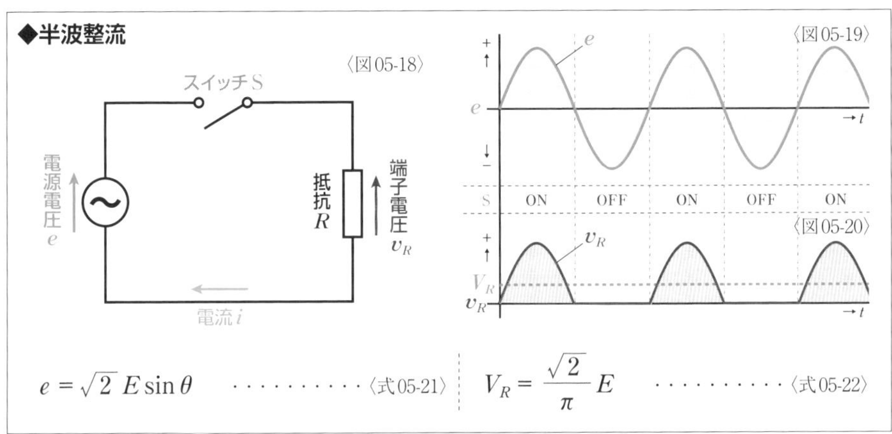

$$e = \sqrt{2}\,E\sin\theta \quad \cdots\cdots〈式05\text{-}21〉$$

$$V_R = \frac{\sqrt{2}}{\pi}E \quad \cdots\cdots〈式05\text{-}22〉$$

る交流の電圧が正の領域ではスイッチをオンにし、負の領域ではオフにすることを繰り返すと、負荷の端子電圧v_Rは〈図05-20〉のように正弦波交流の負の領域を切り取った**脈流**になる。こうした整流は入力される正弦波交流波形の半分しか出力されないため、**半波整流**という。

脈流は広義では直流であり、チョッパによる直流−直流電圧変換の場合と同じように、負荷には平均的な電圧が加わると見なすことができる。半波整流の出力波形は入力された正弦波交流波形の半分になるので、平均電圧も半分になる。入力電圧eが実効値Eで〈式05-21〉のように示されるなら、半波整流後の平均電圧V_Rは〈式05-22〉で求められる。

〈図05-23〉のような**フルブリッジ回路**でも整流が行える。ここの回路において、入力される交流の電圧が正の領域ではS_1とS_4をオン、S_2とS_3をオフ、負の領域ではS_1とS_4をオフ、S_2とS_3をオンにすることを繰り返していくと、負荷の端子電圧v_Lは〈図05-25〉のように、交流の正の領域はそのままに、負の領域は正/負が反転された脈流になる。こうした整流は、入力される正弦波交流波形の全部が出力されるため、**全波整流**という。

全波整流で得られる脈流の場合も、負荷には平均的な電圧が加わると見なすことができる。全波整流の出力は入力された交流の平均電圧と等しくなるので、入力電圧eが実効値Eで〈式05-26〉のように示されるなら、全波整流後の平均電圧V_Rは〈式05-27〉で求められる。

なお、交流−直流電力変換の入力は商用電源のことが多い。商用電源の周波数は50Hzか60Hzだ。50Hzだとすれば周期は$\frac{1}{50}$秒なので、半波整流の出力は周期$\frac{1}{50}$秒で脈動し、全波整流の周期は周期$\frac{1}{100}$秒で脈動する。この値はチョッパによる電圧変換の一般的なスイッチング周期（$\frac{1}{1000}$秒以上）に比べると大きい。もちろん、こうした脈流のままでも問題なく動作する負荷もあるが、一般的にはキャパシタやインダクタによる**平滑化**が行われる。

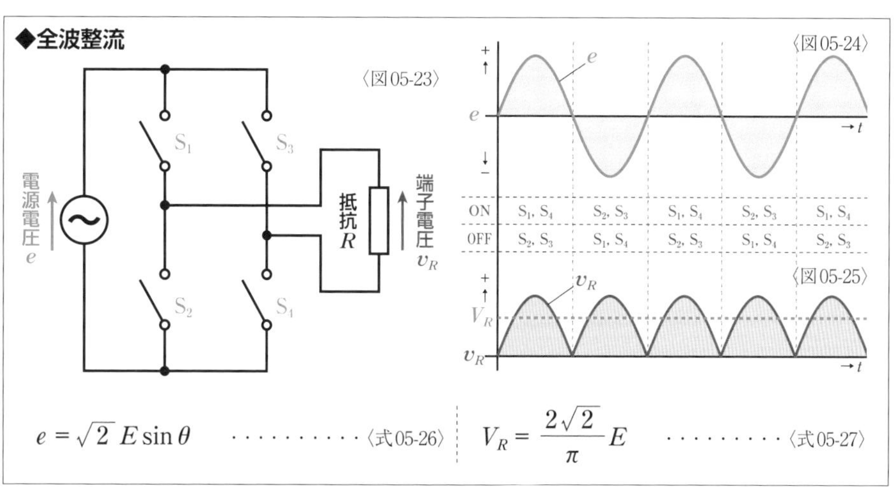

$$e = \sqrt{2}\,E\sin\theta \quad \cdots\cdots\cdots\cdots〈式05\text{-}26〉$$

$$V_R = \frac{2\sqrt{2}}{\pi}E \quad \cdots\cdots\cdots\cdots〈式05\text{-}27〉$$

▶スイッチングによる直流−交流電力変換

スイッチングによる**直流−交流電力変換**の基本原理は、〈図05-28〉のようなスイッチの**フルブリッジ回路**で考えることができる。フルブリッジによる**全波整流**の回路の入出力を入れ替えたものだといえる。

この回路において、時間$\frac{T}{2}$の間はS_1とS_4をオン、S_2とS_3をオフ、続く時間$\frac{T}{2}$の間はS_1とS_4をオフ、S_2とS_3をオンにすることを繰り返していくと、負荷の端子電圧v_Rは〈図05-29〉のように電圧Eと$-E$を繰り返す**方形波**になる。正弦波とは波形が大きく異なり、瞬間的に電圧が大きく変動するが、方形波は広義では交流だ。その周期はT、周波数は$\frac{1}{T}$になる。いうまでもなく、正の半周期の平均電圧はEなので、実効値Eの正弦波に相当するものだといえる。この回路では負荷が抵抗なので、負荷を流れる電流も方形波になる。しかし、**インダクタ**の作用を応用すれば、急激な電流の変化を抑えて、正弦波の波形に近づけられる。なお、負荷のなかには**インダクタンス**のある**誘導性負荷**もある。こうした場合は、電力変換回路の側にインダクタを備える必要がないこともある。

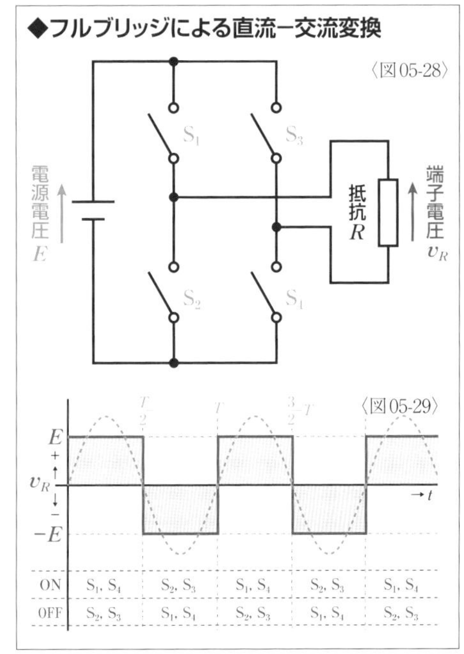

出力される方形波の周波数を可変したい場合は、〈図05-30〉のようにスイッチをオンにする時間を変化させればよい。また、すべてのスイッチがオフになる時間を設けたり、上アームまたは下アームのスイッチを同時にオンにしたりして〈図05-31〉のような波形にすると、半周期の平均電圧が低下するので、出力の電圧を可変することができる。

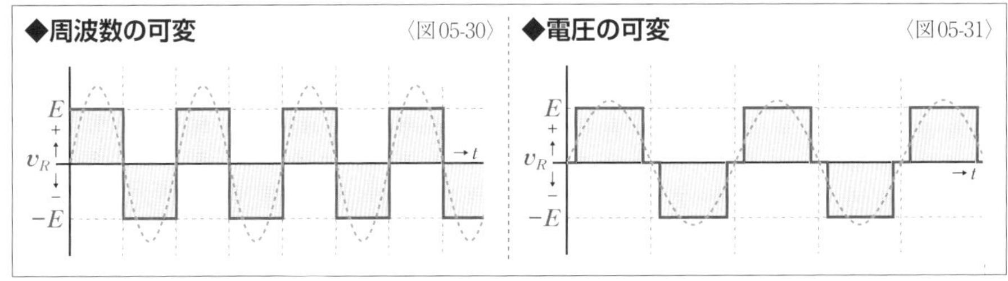

▶直流-交流電力変換のPWM制御

方形波出力でも問題なく動作する負荷もあるが、正弦波に近い出力が求められることも多い。こうした際には、**PWM制御**（**パルス幅変調制御**）が行われる。使用する回路は〈図05-28〉と同じだが、目的とする交流出力の周波数より、スイッチング周波数を十分に高くする。そのうえで、スイッチングの1周期ごとの正弦波電圧の平均値と等しくなるように、**デューティ比**を変化させれば、出力である負荷の平均電圧の波形を正弦波に近づけることができる。

スイッチング周波数をあまり高くするとグラフがわかりにくくなるので、〈図05-32〉の例では出力波形の1周期の間のスイッチングを20回にしている。実際には前後の関係もあるので正確さは欠くが、1回のスイッチングごとの平均電圧を考えてみると、階段状の波形になり正弦波の波形に近づいているのがわかる。スイッチング周波数を高くするほど、波形が滑らかになり、正弦波の波形に近づけられる。こうした波形を**PWM波形**や**疑似正弦波波形**という。

PWM制御であれば、〈図05-33〉のようにディーティ比を変化させることで出力となる交流電圧の可変が可能だ。また、〈図05-34〉のように出力波形の1周期に割り当てるスイッチングの回数を変化させれば出力周波数の可変も可能になる。

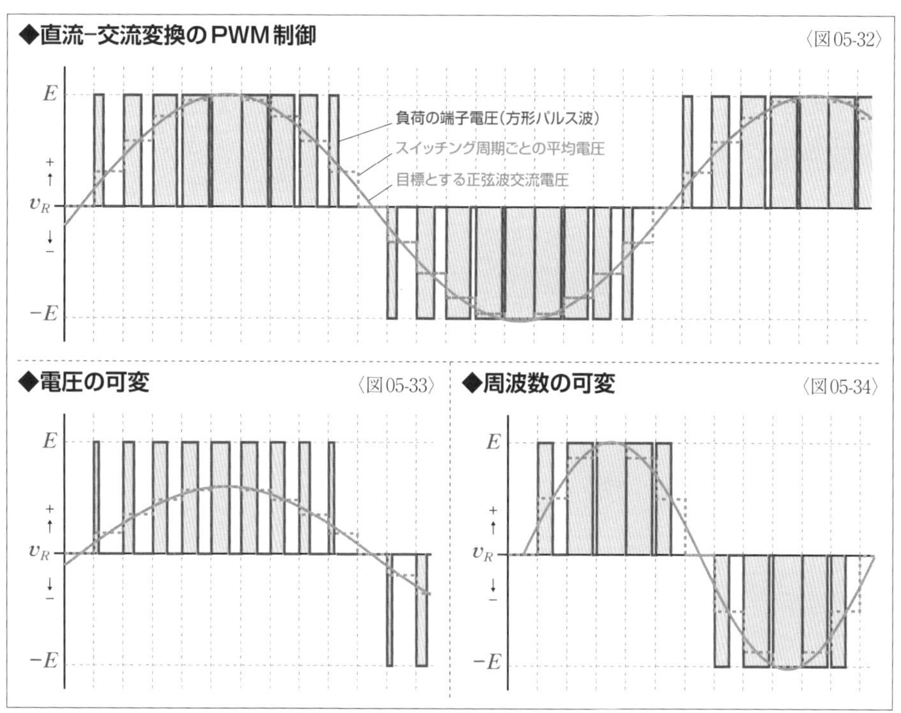

理想スイッチとパワーデバイス

現実世界で理想スイッチにもっとも近い存在が、半導体スイッチであるパワーデバイスだが、理想スイッチとパワーデバイスの間にはさまざまな差異が存在する。

▶理想スイッチと機械スイッチ

前節でスイッチングによる電力変換の原理を説明したが、そこで使われているスイッチは**理想スイッチ**といえるものだ。理想スイッチの条件は以下のようにまとめることができる。

①オフ状態のときには、スイッチの端子間が完全に絶縁(抵抗∞)され、流れる電流は0である。このとき端子間に加わる電圧に制限がない。

②オン状態のときには、スイッチの端子間が完全に導通(抵抗0)され、端子間の電圧降下は0である。このとき端子間を流れる電流に制限がない。

③オンとオフの2つの状態しかなく、オンとオフの切り替えは瞬時(時間0)に行われる。

④どんな周期でオン/オフを繰り返しても問題が生じず、寿命もない。

理想スイッチの端子電圧をv、流れる電流をiとして**電圧−電流特性**を考えてみると、オフ状態では端子電圧vがどんな大きさであっても電流iは常に0なので、〈図06-01〉のようにv軸上の直線になる。オン状態では電流iの大きさや流れる方向に関係なく端子電圧vは常に0なので〈図06-02〉のようにi軸上の直線になる。どちらの直線も∞から−∞にまで及ぶ。理想スイッチは、この2つの電圧−電流特性が瞬時に切り替わる。こうした特性はスイッチの状態が安定しているときのものなので**静特性**という。

◆理想スイッチの電圧−電流特性(静特性)

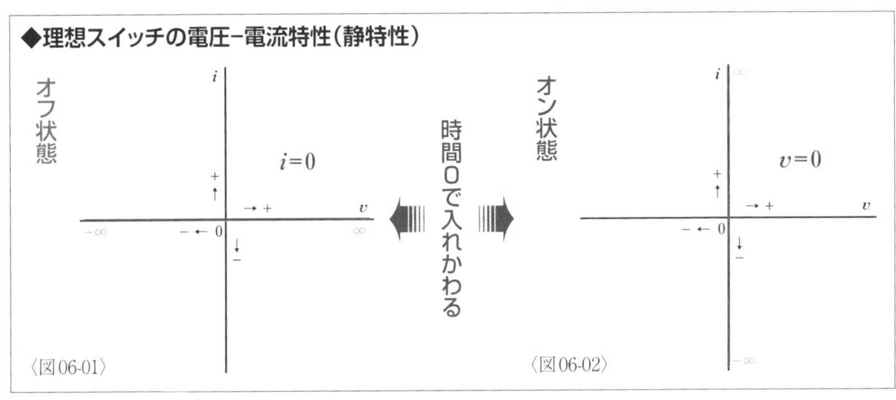

〈図06-01〉 〈図06-02〉

こうした理想スイッチを使えば、スイッチングによる電力変換回路は理論通りに動作する。しかし、現実世界にこのような理想スイッチは存在しない。

もっとも身近に存在する現実世界のスイッチは**機械スイッチ**だ。内部に導体で作られた2つの接点が備えられ、その位置を移動させることで接点同士を接触させたり離したりしてオン/オフが行われる。機械スイッチは導通/絶縁については理想スイッチの条件をほぼ満たしているが、機械的な動作時間が必要で、スイッチング周波数を高めることは難しい。また、接点や動作機構が消耗するため寿命は有限で、扱う電力が大きくなるとさまざまな問題が生じる。また、電力変換装置で使うことを前提に考えてみると、電気信号でスイッチを動作させられることが望ましい。機械スイッチを電磁石の作用で動作させる**電磁リレー**であれば、電気信号で動作させることは可能だが、基本となっているのは機械スイッチなので、同じような制約がある。そのため、機械スイッチのスイッチングによる電力変換は現実的ではない。

▶半導体スイッチ

理想スイッチの条件を完全に満たしているわけではないが、現状でもっとも理想スイッチに近い存在といえるものが**半導体スイッチ**だ。最大のメリットといえるのは、半導体スイッチは電気信号で動作させられることだ。また、電力変換装置に求められる**スイッチング周波数**でオン/オフを繰り返すことができ、寿命はあるが実用上で許容できる範囲内にある。理想スイッチとのおもな違いは以下のようにまとめられる。

①オフ状態にしても、スイッチの端子間が完全には絶縁されず、漏れ電流と呼ばれるわずかな電流が流れる。このとき端子間に加わる電圧に制限がある。

②オン状態では一定の方向にしか導通せず、反対方向には導通しない。導通状態で端子間にオン電圧と呼ばれるわずかな電圧降下が生じる。このとき端子間を流れる電流に制限がある。

③オフ状態からオン状態、もしくはオン状態からオフ状態に移行する際にはわずかな動作時間がある。

こうした違いがあるものの、半導体スイッチが存在するからこそ、パワーエレクトロニクスによる電力変換が現実のものになっている。パワーエレクトロニクス技術では、電力変換回路の動作をどれだけ理想スイッチの動作に近づけられるかが、重要な要素の1つだといえる。また、パワーデバイスの改良や開発も理想スイッチの動作に近づけることが大きな目標の1つになっている。

▶パワーデバイス

半導体スイッチとは、スイッチとして使用する**半導体デバイス**のことで、**スイッチングデバイス**ともいう。情報通信機器などのデジタル電子回路でも半導体デバイスによるスイッチングが行われていて、基本となる動作原理が同じデバイスも多いが、電力変換に使うものは扱う電圧や電流の大きさが異なる。そのため、電力変換用のものは**電力用半導体デバイス**や**パワー半導体デバイス**、**パワーデバイス**などといって区別して扱われる。

パワーデバイスには**2端子デバイス**と**3端子デバイス**がある。〈図06-03〉は3端子デバイスの機能を一般化したものだ。**主端子**AとBの端子対がスイッチを構成する端子であり、主端子間の**主回路**を流れる**主電流**のオン/オフを行う。**制御端子**Cはスイッチを動作させる駆動信号を入力する端子だ(実際には制御端子といずれかの主端子を使って信号を入力する)。いっぽう、2端子デバイスの場合は制御端子がない。2端子デバイスの場合オン/オフは、主回路の電圧や電流の状態で決まる。

先に説明したように、パワーデバイスの導通方向は一定方向に限られる。〈図06-03〉では主端子Aから Bに向かって流れるとしている。この主電流が流れる方向を**順方向**といい、流れる電流を**順方向電流**という。また、主端子Bに対して主端子Aが正になる電圧を**順方向電圧**や**順電圧**という。順方向電圧と順方向電流をまとめて**順方向バイアス**や**順バイアス**という。

これに対して、順方向電流とは**逆方向**に流れる電流を**逆方向電流**、順方向とは逆向きの電圧を**逆方向電圧**や**逆電圧**、両者をまとめて**逆方向バイアス**や**逆バイアス**という。

また、パワーデバイスがオフ状態で電流を流さない状態を**阻止状態**といい、順電圧がかけ

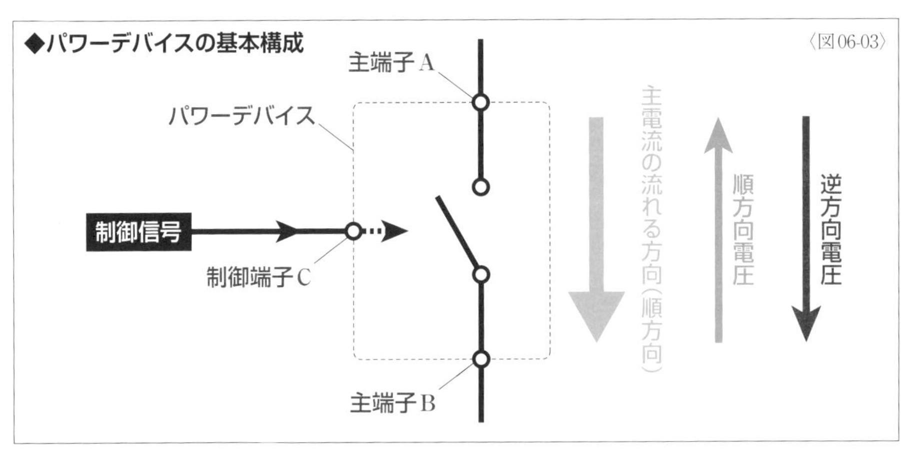

られた状態における阻止状態を**順阻止状態**、逆電圧がかけられた状態における阻止状態を**逆阻止状態**という。

パワーデバイスでは、オフ状態からオン状態への移行を**ターンオン**または**点弧**、オフ状態からオン状態への移行を**ターンオフ**または**消弧**という。

▶パワーデバイスの分類

パワーデバイスは2端子/3端子以外にも、制御の可否やその内容で分類されることがある。2端子デバイスは制御端子がなく、駆動信号でオン/オフが制御できないため、**非可制御デバイス**という。非可制御デバイスは回路の状態によってオン/オフが決まるため**状態制御デバイス**ともいう。いっぽう、制御端子を備えた3端子デバイスは**可制御デバイス**というが、これには2種類がある。信号によって制御できるのはターンオンだけで、主回路の電圧や電流によってターンオフするものは**オン可制御デバイス**といい、駆動信号でオン/オフを決められるものを**オンオフ可制御デバイス**や**自己消弧形デバイス**という。

可制御デバイスについては、駆動信号が電流か電圧かで分類されることもある。**電流制御形デバイス**の場合は、所定の電流を制御端子に流すことでスイッチングを行うが、その流し方はデバイスの種類によって異なる。いっぽう、**電圧制御形デバイス**の場合は、所定の電圧を制御端子にかけるとオン状態になるが、制御端子に電流はほとんど流れない。

なお、2端子デバイスは整流に使われることが多く、3端子デバイスのように信号でオン/オフができないため、2端子デバイスを**整流デバイス**、3端子デバイスを**スイッチングデバイス**として区別して扱われることもある。しかし、2端子デバイスもオン/オフの状態が切り替わるものなのでスイッチングデバイスの一種であるとも考えられる。2端子デバイスは整流以外でも電力変換回路で重要な役割を果たしている。

個々のパワーデバイスについては第2章で説明するが、代表的なパワーデバイスを分類すると以下のようになる。

◆おもなパワーデバイスの分類 〈表06-04〉

端子数	制御の可否と内容		パワーデバイスの種類	駆動方法
2端子	非可制御		ダイオード	
3端子	可制御	オン可制御	サイリスタ	電流制御
		オンオフ可制御	GTOサイリスタ	
			パワートランジスタ	
			パワー MOSFET	電圧制御
			IGBT	

▶パワーデバイスのスイッチング特性

理想スイッチは**オフの定常状態**では端子電圧が一定で流れる電流は0だが、**ターンオン**させると時間0で一定の**主電流**が流れる**オンの定常状態**になり端子電圧は0になる。**ターンオフ**の際も時間0でオフの定常状態になる。**定常状態**とは安定した状態という意味だ。いっぽう、**パワーデバイス**の場合はターンオンには**ターンオン時間**、ターンオフには**ターンオフ時間**という動作時間が必要で、オンの定常状態では**オン電圧**や**残留電圧**と呼ばれる電圧降下が生じ、オフの定常状態では**漏れ電流**や**リーク電流**と呼ばれる電流が流れる。

オフの定常状態の端子電圧をE、漏れ電流をi_{off}、オンの定常状態の主電流をI、オン電圧をv_{on}、ターンオン時間をt_{on}、ターンオフ時間をt_{off}として、理想スイッチとパワーデバイスの電圧と電流の変化を示すと〈図06-05〉と〈図06-06〉になる。実際にはパワーデバイスの種類ごとに波形が異なり、その他の回路要素の影響も受けるが、ここでは変化を単純化している。また、見やすくするために、i_{off}、v_{on}、t_{on}、t_{off}の大きさをデフォルメしている。また、オン状態とオフ状態の電圧と電流の関係を示した**電圧−電流特性**を**静特性**というが、このように時間的な変化を含めた特性はパワーデバイスの**動特性**や**スイッチング特性**という。

ターンオンの場合、駆動信号によってオンの指示がパワーデバイスに与えられても、すぐには一定の主電流Iが流れる定常状態にはならず、時間をかけてi_{off}から徐々に増大していく。いっぽう、パワーデバイスの端子電圧はオフの定常状態の電圧Eから時間をかけて減少していきオン電圧v_{on}になる。この変化に要する時間がターンオン時間t_{on}だ。ターンオフの場合も同じように電圧と電流は時間をかけて変化する。その変化に要する時間がターンオフ時間t_{off}だ。ターンオン時間とターンオフ時間は、どちらも**スイッチング時間**ともいう。

◆理想スイッチとパワーデバイスのスイッチンング特性

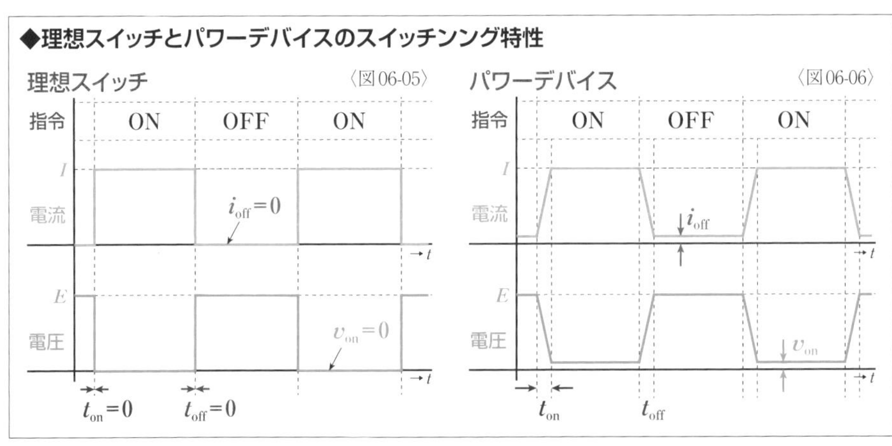

▶パワーデバイスの動作時間

左ページでは、ターンオンとターンオフの動作を単純化して説明したが、厳密には駆動信号が与えられてからパワーデバイスが動作を始めるまでにはわずかな時間を要する。この時間を**遅延時間**や**遅れ時間**という。また、信号の立ち上がりや立ち下がりにもわずかな動作時間を要する。**ターンオン時間**t_{on}は**ターンオン遅延時間**（**ターンオン遅れ時間**）$t_{d\text{-}on}$と**上昇時間**t_rで構成され、**ターンオフ時間**t_{off}は**ターンオフ遅延時間**（**ターンオフ遅れ時間**）$t_{d\text{-}off}$と**下降時間**t_fで構成される。

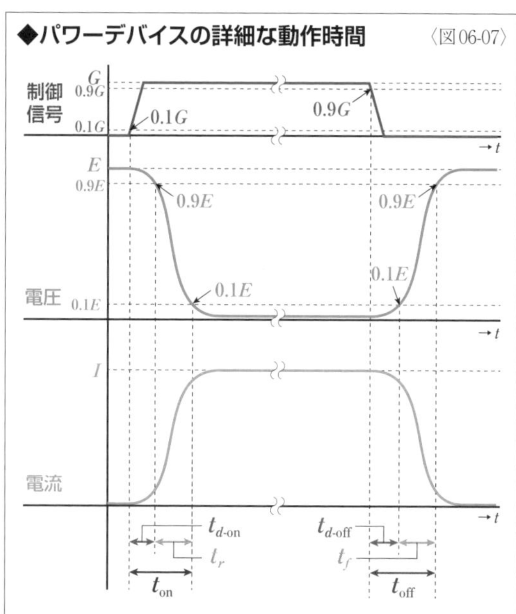

◆パワーデバイスの詳細な動作時間 〈図06-07〉

ここでいう上昇や下降は電流の変化について説明していて、上昇時間は**立ち上がり時間**、下降時間は**立ち下がり時間**ともいう。

パワーデバイスの種類によって定義が異なることもあるが、たとえばオンオフ可制御デバイスについて概略を示すと〈図06-07〉のようになる。ターンオンでは信号Gが本来の大きさの10%になった時刻をターンオン時間の開始とする。そこから端子電圧Eがオフの定常状態の値の90%に達するまでの時間をターンオン遅延時間$t_{d\text{-}on}$とし、その後、端子電圧が10%に達するまでの時間を上昇時間t_rとする。ターンオフではGが本来の大きさの90%になった時刻をターンオフ時間の開始とする。そこからEがオフの定常状態の値の10%に達するまでをターンオフ遅延時間$t_{d\text{-}off}$とし、その後、Eが90%に達するまでの時間を下降時間t_fとする。

なお、**スイッチング速度**や**高速スイッチング**といったスイッチングの速度に関する表現には注意が必要だ。一般的にスイッチンング速度はスイッチング時間の長短を示す。つまり、スイッチング速度が速い、もしくは高速スイッチングという表現は、スイッチング時間が短いことを意味する。いっぽう、一定時間内のスイッチングの回数が多いことが高速スイッチングと表現されていることもあるが、本来は**スイッチング周波数**が高い、もしくは**スイッチング周期**が短いと表現すべきだ。

▶パワーデバイスの損失

パワーデバイスは理想スイッチではないので、使用中にはさまざまな電力の**損失**を生じる。こうした損失は、オン/オフそれぞれの状態が安定した**定常状態**で生じる**定常損失**と、ターンオン/ターンオフの際に生じる**スイッチング損失**に大別される。パワーデバイスの電圧、電流、電力の変化を単純化して示すと〈図06-08〉のようになる。

定常損失には**定常オン損失**と**定常オフ損失**がある。定常オン損失は単に**オン損失**、また**導通損失**や**通流損失**ともいい、パワーデバイスが**オンの定常状態**で生じる損失だ。オン損失の**瞬時電力**は、**オン電圧**v_{on}と定常状態の電流i_{on}で決まる一定の値になる。定常オフ損失は単に**オフ損失**ともいい、パワーデバイスが**オフの定常状態**で生じる損失だ。オフ損失の瞬時電力は、オフの定常状態の端子電圧v_{off}と**漏れ電流**i_{off}で決まる一定の値になるが、漏れ電流は無視できるほど小さいので、オフ損失は無視されることが多い。

スイッチング損失には**ターンオン損失**と**ターンオフ損失**がある。ターンオンでは時間の経過によって電圧が低下し電流が増大するため、瞬時電力はパルス状の波形になる。電圧と電流の変化が直線的ならパルスは放物線状になる。ターンオフの場合も電圧と電流の変化によって瞬時電力の波形はパルス状になる。いずれも細いパルスだが、そのピーク値はかなり大きな値になることもある。

一般的に**スイッチング時間**は非常に短い時間なので、1回のスイッチングで発生するスイ

◆パワーデバイスの損失 〈図06-08〉

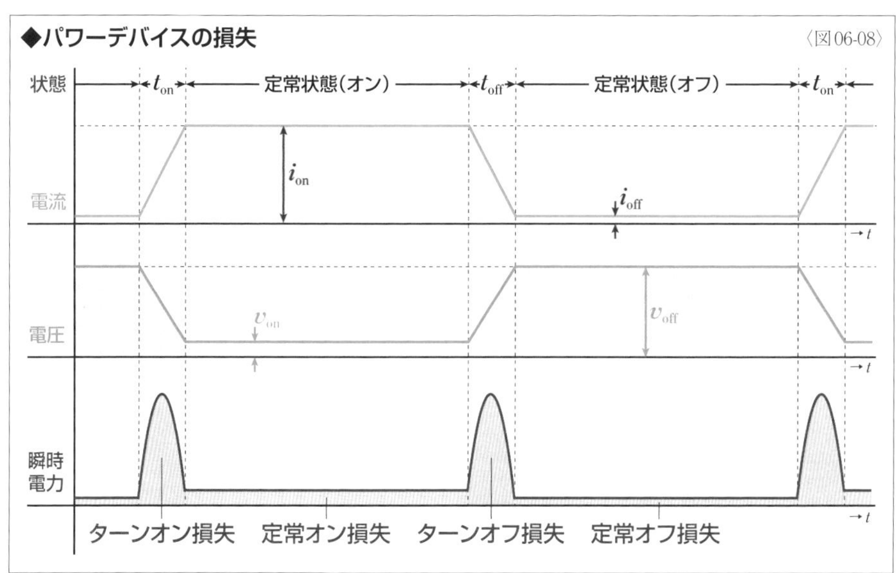

ッチング損失は小さいが、スイッチング周波数が高くなると、一定時間内のスイッチングの回数が増えるので、スイッチング損失が無視できないものになる。しかし、スイッチング周波数が高くても、スイッチング時間を短くできれば、スイッチング損失を抑えることができる。

いっぽう、スイッチング時間はスイッチング周期に対して十分に小さいのが一般的なので、定常損失はスイッチング周波数の影響をほぼ受けない。オフ損失を無視してオン損失だけで考えると、定常損失は**デューティ比**にほぼ比例する。

なお、パワーエレクトロニクスによる電力変換では駆動回路や制御回路でも電力消費が生じる。たとえ、駆動回路や制御回路に別の電源を用意したとしても、そこで生じる電力消費は電力変換装置の損失に含めて考える必要がある。

▶パワーデバイスの定格と安全動作領域

理想スイッチであれば、オフ状態ではどんな大きさの電圧にも耐えることができ、オン状態ではどんな大きさの電流でも流すことができるが、パワーデバイスの場合はそれぞれに上限があり、それを超えると破壊の危険性がある。こうした上限の値を、**最大定格**や単に**定格**という。パワーデバイスでもっとも重要な定格は、主回路が**オフ状態**で耐えられる**順方向電圧**（**耐圧**）と、**オン状態**で流すことができる**順方向電流**であり、両者の積は**電力容量**や**容量**という。これらの定格は、パワーデバイスの基本的な性能を表わしているといえる。また、パワーデバイスは一定方向にしか導通しないので、逆方向電圧の上限（**逆耐圧**）などにも定格が定められている。定格の名称はパワーデバイスの種類ごとに異なっていることもある。

こうした電圧や電流などの定格によってパワーデバイスが安全に動作できる範囲が決まる。その範囲を**安全動作領域**やその英語“safety operation area”の頭文字から**SOA**という。SOAは電圧や電流の定格ばかりでなく、その他の要素の影響を受けることもある。また、実際の電力変換回路ではターンオンやターンオフの際に、パワーデバイスに定常状態より大きな電圧がかかったり大きな電流が流れたりすることもあるので、こうした状態でもSOAの領域を超えないように注意する必要がある。

動作可能な**スイッチング周波数**もパワーデバイスの製品ごとに異なる。一般的に**動作周波数**の高いパワーデバイスは電力容量が小さく、電力容量の大きなパワーデバイスは動作周波数が低い傾向にある。このほか、パワーデバイスは高温になると正常に動作しなくなるという特性があるため、**接合温度**（**ジャンクション温度**）という温度に関する定格もある。先に説明したように、パワーデバイスでは動作時に損失が生じる。この損失によって発熱するため、必要に応じた**熱対策**が求められる。

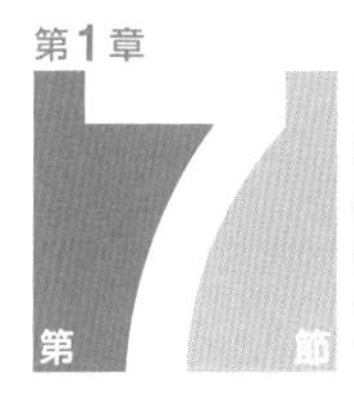

直流とリプル

理想の直流は流れる方向と大きさが一定の電圧・電流だが、パワーエレクトロニクスによる電力変換では広義の直流である脈流を扱わなければならないことが多い。

▶リプルとリプル率

パワーエレクトロニクスによる電力変換で**直流**を出力する場合、理想の出力は**狭義の直流**だが、実際には**脈流**になることが多い。たとえば、スイッチングによって**交流**を**全波整流**した電圧の波形は〈図07-01〉のような脈流だ。脈流も**広義の直流**だが、狭義の直流に比べると質の悪い直流だといえる。そのため、電力変換では一般的に**平滑化**が行われるが、平滑化が十分でないと〈図07-02〉のように脈動が残る。

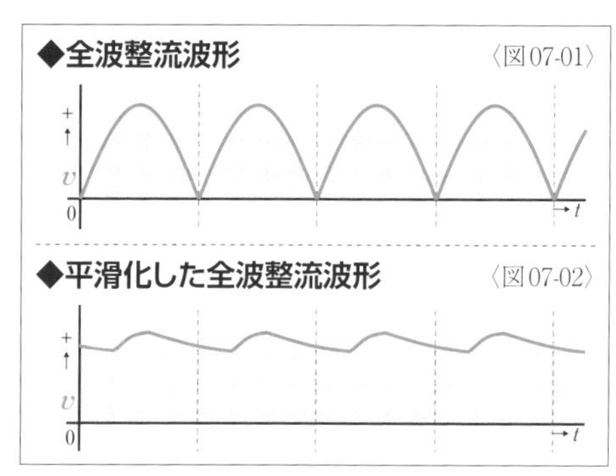

◆全波整流波形 〈図07-01〉

◆平滑化した全波整流波形 〈図07-02〉

こうした脈流は**交流が重畳した直流**であり、その変動する成分、つまり**交流成分**を**リプル**(ripple)という。〈図07-03〉のような脈流であれば、〈図07-04〉の**直流成分**と〈図07-05〉の交流成分で示すことができる。脈流に含まれるリプルの度合いは、**リプル百分率**で表わすことができる。リプル百分率は、単に**リプル率**や**脈動率**ともいい、これにより広義の直流の質を示すことができる。リプル率が小さいほど質の高い直流だといえる。

脈流の電圧の平均値をV_{DC}[V]、交流電圧成分(リプル)の実効値をV_r[V]とすると、リプル率γ[%]は〈式07-07〉で示される。しかし、リプルの波形が正弦波ではないと実効値を

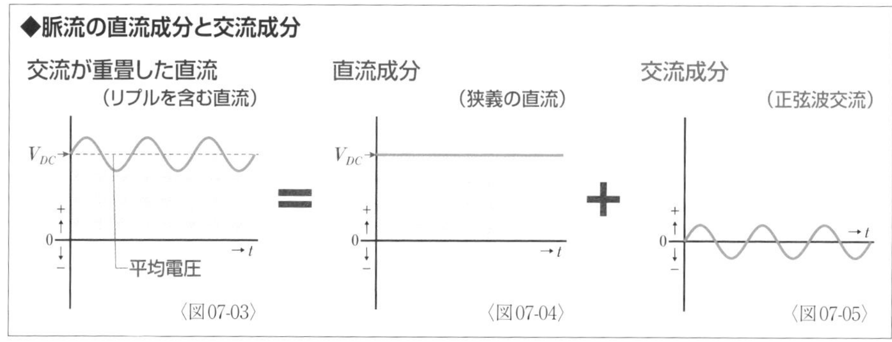

◆脈流の直流成分と交流成分

〈図07-03〉 〈図07-04〉 〈図07-05〉

得るのが難しいことも多い。そのため、**リプル電圧**による簡易計算でリプル率を示すことも多い。リプル電圧とは、交流電圧成分の正の最大値から負の最大値までのことで**ピークトゥピーク値**ともいう。リプル電圧をΔV_{P-P}［V］とすると、〈式07-08〉のようにリプル率が示される。

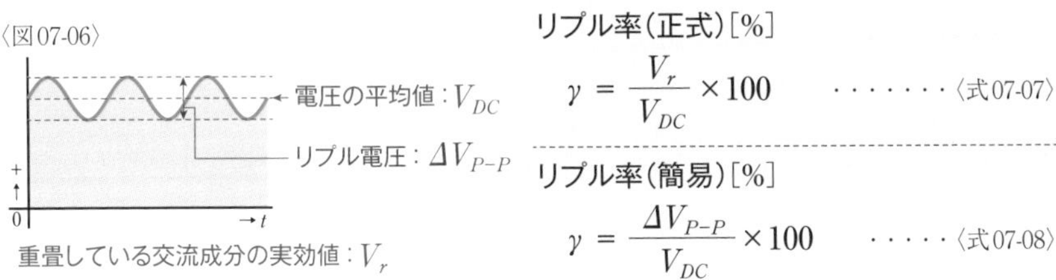

リプル率（正式）［%］

$$\gamma = \frac{V_r}{V_{DC}} \times 100 \quad \cdots\cdots\text{〈式07-07〉}$$

リプル率（簡易）［%］

$$\gamma = \frac{\Delta V_{P-P}}{V_{DC}} \times 100 \quad \cdots\cdots\text{〈式07-08〉}$$

ここでは電圧で説明したが、電流についても同じようにリプルを捉えることができる。また、リプルは直流で問題にされることが多いが、交流においても変動成分をリプルという。

▶直流成分と交流成分

パワーエレクトロニクスによる電力変換回路の動作を知るうえでは、**直流成分**と**交流成分**を分けて考えることが重要になる。電気回路には**重ねの定理**が適用できるので、成分を分けて考えてもまったく問題ない。

スイッチングを行う**チョッパ回路**によって出力される**方形パルス波**も**広義の直流**だ。こうした方形パルス波も、**交流が重畳した直流**として直流成分と交流成分に分けることができる。たとえば、〈図07-09〉のような最大電圧Eの方形パルス波電圧の直流成分は電圧$\frac{E}{2}$の狭義の直流であり、交流成分は振幅$\frac{E}{2}$の方形波になる。本書では方形パルス波と方形波を区別して表現しているが、広義では方形パルス波も方形波であるといえる。

なお、**狭義の方形波**は〈図07-11〉の$+\frac{E}{2}$と$-\frac{E}{2}$のように2つの値しかとらない波形だが、電圧0の期間がある波形も広義では方形波として扱われる。

◆方形パルス波の直流成分と交流成分

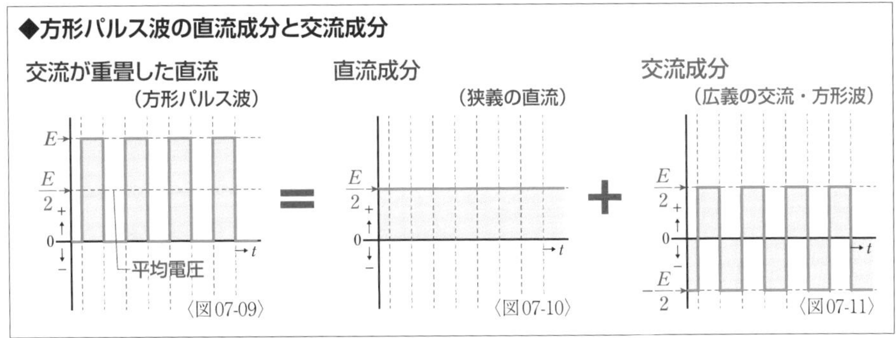

高調波

スイッチングによって電力変換を行うとどうしても高調波という周波数の高い成分が生じてしまう。これらは機器や電力系統に悪影響を及ぼすため対策が必要になる。

▶ひずみ波交流の高調波成分

パワーエレクトロニクスによる電力変換で**交流**を出力する場合、スイッチングによって電力変換を行っているので、**狭義の交流**である**正弦波交流**を出力することは難しい。どうしても、**ひずみ波交流**と呼ばれる**広義の交流**になってしまう。しかし、どんなに波形が複雑なひずみ波交流であっても、〈式08-01〉のように周波数と位相の異なる複数の正弦波交流の合成で示されることが証明されている。

このように複雑な周期関数を単純な周期関数の和によって示すことを**フーリエ級数**に展開するという。

$$v(t) = A_0 + A_1 \sin(\omega t + \theta_1) + A_2 \sin(2\omega t + \theta_2) + A_3 \sin(3\omega t + \theta_3) + A_4 \sin(4\omega t + \theta_4) + A_5 \sin(5\omega t + \theta_5) + A_6 \sin(6\omega t + \theta_6) \cdots\cdots$$

・〈式08-01〉

この式において、第1項を**直流成分**、第2項を**基本波成分**といい、第3項以降を総称して**高調波成分**という。高調波成分は、第3項のように**基本波**の周波数の2倍の成分を第2高調波、第4項のように周波数が3倍の成分を第3高調波といい、周波数が

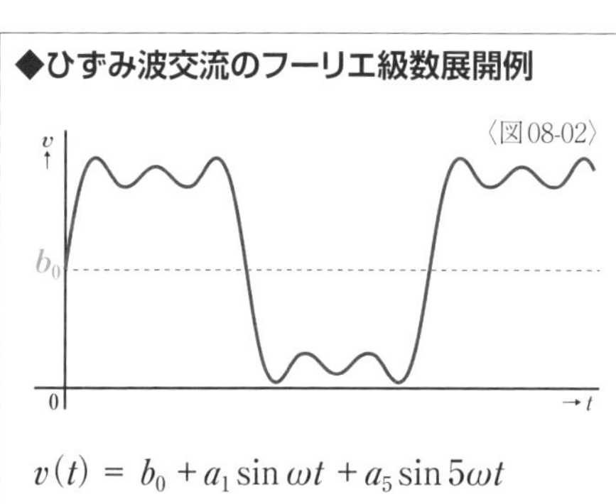

◆ひずみ波交流のフーリエ級数展開例

$$v(t) = b_0 + a_1 \sin \omega t + a_5 \sin 5\omega t$$

・・・〈式08-03〉

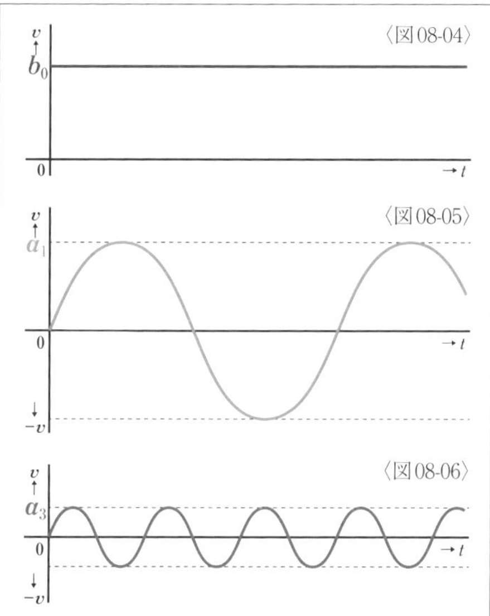

第1章 パワーエレクトロニクスの基礎知識

基本波周波数のn倍の成分を**第n高調波**や**第n次高調波**という。

たとえば、〈図08-02〉のひずみ波をフーリエ級数に展開すると〈式08-03〉になり、それぞれの成分の波形は〈図08-04～06〉になる。このようにして複雑な波形を単純な波形の和に置き換えることができる。

本書ではフーリエ級数について詳しい説明は行わないが、一般に任意の周期波形$v(t)$はフーリエ級数によって〈式08-07～09〉のように示すことができる。

$$v(t) = a_0 + \sum_{n=1}^{\infty}(a_n \cos n\omega t + b_n \sin n\omega t) \quad \text{〈式08-07〉}$$

$$= a_0 + \sum_{n=1}^{\infty}\sqrt{a_n^{\,2} + b_n^{\,2}}\,\sin(n\omega t + \theta_n) \quad \text{〈式08-08〉}$$

$$= V_0 + \sum_{n=1}^{\infty}\sqrt{2}\,V_n \sin(n\omega t + \theta_n) \quad \text{〈式08-09〉}$$

$$V_n = \frac{\sqrt{a_n^{\,2} + b_n^{\,2}}}{\sqrt{2}} \quad \text{〈式08-10〉}$$

$$\theta_n = \tan^{-1}\frac{a_n}{b_n} \quad \text{〈式08-11〉}$$

$$n \geqq 1 \quad \text{〈式08-12〉}$$

〈式08-09〉において、V_0が直流成分であり、V_nは基本波と各高調波の実効値だ。$n=1$の場合が基本波成分になり、$n \geqq 2$が高調波成分になる。

基本波に高調波を加えた場合、偶数次の高調波を加えると合成された波形が**非対称波**になり、奇数次の高調波を加えると**対称波**になる。ここでいう対称とは**半波対称性**のことで、周期をTとすると$v(t) = -v\left(t + \frac{T}{2}\right)$の関係が成立する。対称波では半周期ごとに同じ波形が上下対称に出現するといえる。たとえば、もっとも次数の低い**偶数次高調波**である第2高調波を基本波に加えると、〈図08-13〉のような非対称波の波形になり、同じくもっとも次数の低い**奇数次高調波**である第3高調波を加えると〈図08-14〉のような対称波の波形になる。

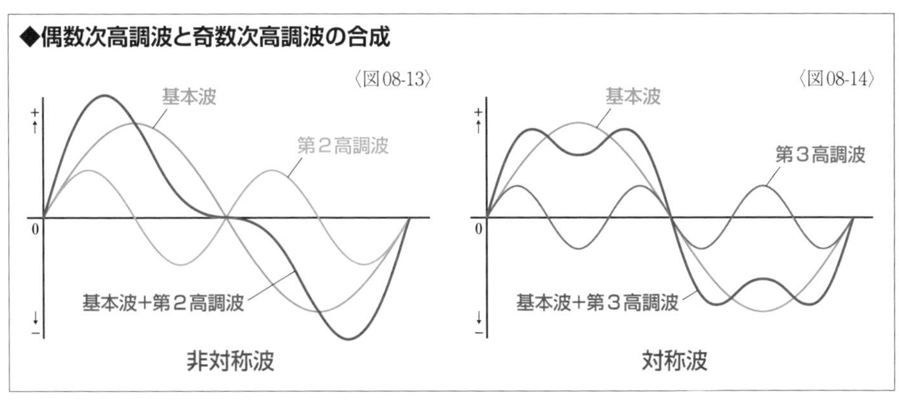

第8節 高調波

▶方形波の基本波成分と高調波成分

スイッチングによって作り出される波形は、直流−交流電力変換の基本原理で説明した〈図04-27〉のような**方形波**が基本になる(P32参照)。方形波も**ひずみ波交流**だ。振幅がVの方形波を**フーリエ級数**に展開すると〈式08-15〉のようになる。

$$v(t) = \frac{4}{\pi}V\left(\sin\omega t + \frac{1}{3}\sin 3\omega t + \frac{1}{5}\sin 5\omega t + \frac{1}{7}\sin 7\omega t + \cdots\cdots\right) \quad \cdot〈式08\text{-}15〉$$

方形波は**対称波**なので、この式には**直流成分**はなく、**基本波**に加えて、奇数次の**高調波**だけで構成されている。式からわかるように、3次成分の振幅は$\frac{1}{3}$、5次成分の振幅は$\frac{1}{5}$であり、各高調波成分の振幅は基本波の振幅の次数分の1になる。こうした方形波の周波数分布を**振幅スペクトル**で示すと〈図08-16〉のようになる。スペクトルでは基本波の周波数をf_1とし、**基本波成分**の振幅を基準に各高調波の振幅を相対値で示している。

実際に〈図08-17〉の基本波に次数の低い奇数次の高調波から順に合成していってみよう。第3高調波を合成すると〈図08-18〉になり、さらに第5高調波を合成すると〈図05-19〉、第9高調波までを合成すると〈図05-20〉になる。以上のように、周波数が高い高調波成分を加えていくほど、正弦波から方形波に近づいていくのがわかるが、この程度ではまだまだ方形波にはほど遠い。ここから、方形波には、基本波の周波数に対して相当に高い周波数の高調波成分も含まれていると想像することができる。

◆方形波の周波数スペクトル

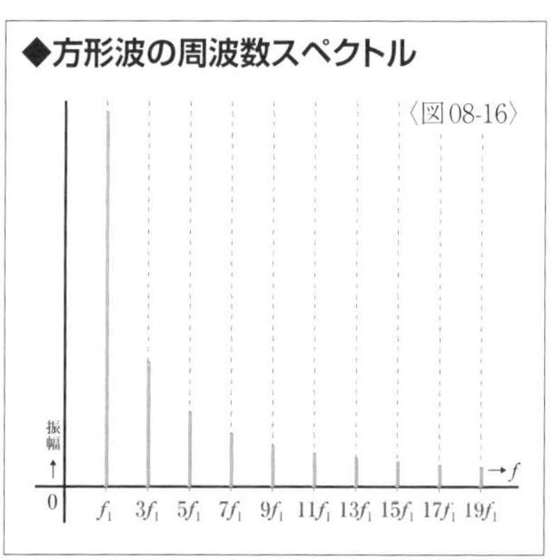

◆方形波の基本波成分と高調波成分

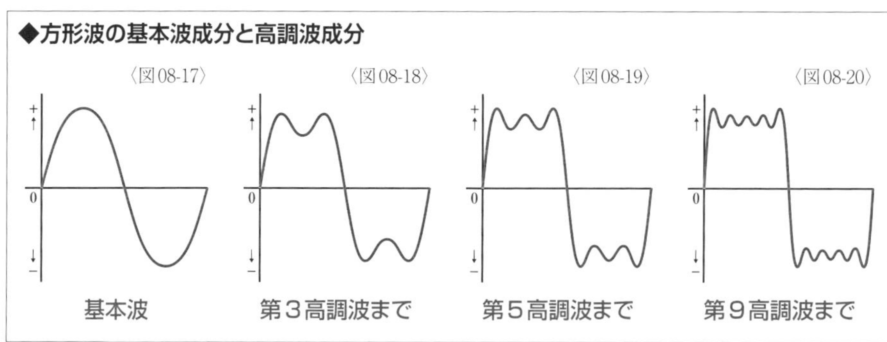

▶高調波の問題と対策

電力変換でスイッチングを行うと、出力が直流でも交流でも、少なからず**高調波**が発生する。また、回路や素子から**ノイズ**が発生することもあり(P261参照)、その周波数は数MHzを超えることもある。高調波もノイズも**基本波**より高い周波数成分をもっているが、一般的にパワーエレクトロニクスの分野では40〜50次までの成分を高調波といい、それ以上の成分をノイズとしている。周波数が高いため、ノイズは**高周波ノイズ**や**電磁ノイズ**ともいう。

電力変換回路で生じた高調波やノイズは、その回路に接続されている負荷の機器ばかりでなく、配線を経由して電力系統そのものの機器や、他の機器に影響を与える。こうした電源や負荷への配線を介して伝搬するノイズを**伝導性ノイズ**という。また、100kHz〜1GHzといった周波数が高いノイズの場合、伝導性ノイズが流れる導体がアンテナとなってノイズが電磁波として空中に放射されて伝搬することもある。こうしたノイズを**放射性ノイズ**という。場合によっては電磁誘導や静電誘導によって近くの信号線に影響を与えることもある。

配線を経由して伝搬する高調波電流はキャパシタのように高調波が流れやすい部分に集中するので、機器に過大な電流が流れてしまう。リアクタンスが存在すれば、高調波電圧が生じることもある。こうした**高調波障害**には、高圧設備のリアクトルや進相キャパシタの焼損、変圧器の騒音、ブレーカの誤動作、家電製品の雑音や異音の発生などがある。また、コンピュータをはじめとするデジタル情報通信機器も高調波やノイズの発生源であるが、同時にノイズに対して敏感でもあり、デジタル電子回路が直接影響を受け、誤動作をすることがある。

高調波対策の基本は、電力変換回路を工夫して波形を改善して高調波成分を低減することだ。また、高調波対策の1つには**高調波フィルタ**がある。たとえば出力が直流であれば***LC*フィルタ**などの**ローパスフィルタ**で高調波成分を抑制できる。交流出力で高調波の次数が判明している場合は、〈図08-21〉のようにそれらの周波数に応じた**共振フィルタ**で高調波を吸収することもある。現在では、高調波電流と逆位相の電流を発生させて高調波を打ち消す**アクティブフィルタ**(P306参照)も開発されている。

◆高調波フィルタ 〈図08-21〉

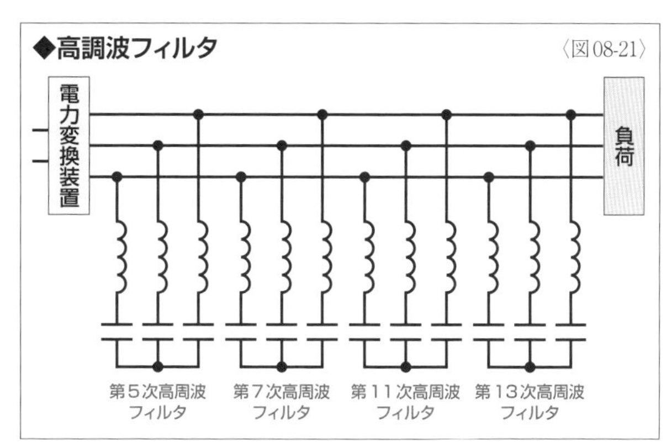

電力変換におけるインダクタ

インダクタはエネルギーの蓄積と放出を行うことができ、流れる電流は時間に対して連続になるため、電力変換回路において電流の平滑化に使われる。

▶インダクタに生じる過渡現象①(エネルギーの蓄積)

インダクタは、**自己誘導作用**によってエネルギーの蓄積と放出を行うことができる**受動素子**だ。パワーエレクトロニクスによる電力変換回路では、電流の途切れをなくしたり変化を緩やかにしたりするため、つまり**電流の平滑化**のために使われることが多い。

回路の状態には**定常状態**と**過渡状態**がある。直流であれば回路の電圧や電流が一定に保たれた状態、交流のような**周期波形**であれば電圧や電流が一定の周期で一定の変化を繰り返す状態を定常状態という。こうした定常状態から、スイッチのオン/オフのように回路の状態を急にかえた際に、瞬間的に新たな定常状態にかわれず、途中に時間的経過を要する回路もある。この変化前の定常状態から変化後の定常状態の間に起こる現象を**過渡現象**といい、過渡現象が起こっている状態を過渡状態という。インダクタは直流に対しては**短絡**として扱うことが多いが、これは**狭義の直流**で定常状態を前提としたものだ。インダクタによる電流の平滑化では過渡現象が重要な役割を果たす。インダクタに生じる過渡現象は〈図09-01〉のように抵抗R[Ω]とインダクタンスL[H]を直列接続したRL回路で検証できる。なお、初期状態ではインダクタに**磁気エネルギー**がまったく蓄えられていないものとする。

十分な時間スイッチをb側にした後に、時刻t=0でスイッチをa側にしたときに回路を流れる電流をi[A]とすると、Rの端子電圧v_R[V]は〈式09-02〉、Lの端子電圧v_L[V]は〈式09-03〉で示される。v_Rとv_Lは電源電圧E[V]を**分圧**しているので〈式09-04〉で示すことができ、先の式を代入すると〈式09-05〉になる。微分方程式の解法は省略するが、この式をt=0でi=0の条件でiを求めると〈式09-06〉になり、そのグラフは〈図09-07〉になる。この電流iが0から$\frac{E}{R}$に至る過程が過渡現象だ。

◆インダクタの過渡現象検証回路 〈図09-01〉

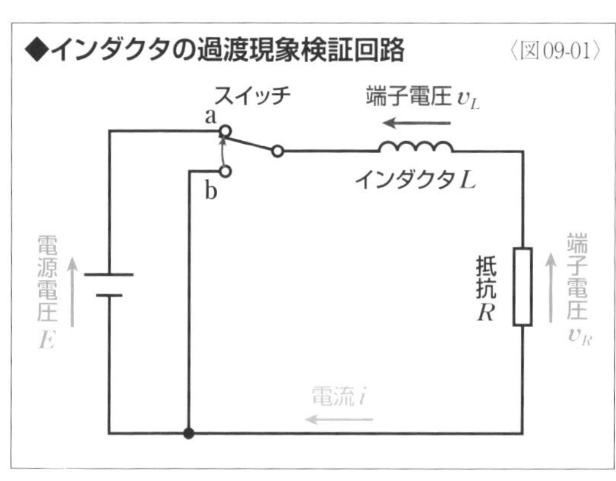

◆RL 回路の過渡状態（エネルギー蓄積）の電流の変化

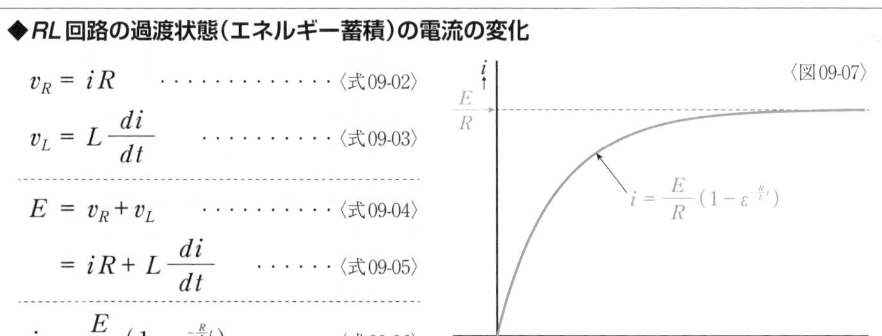

$$v_R = iR \quad \cdots\cdots \text{〈式 09-02〉}$$

$$v_L = L\frac{di}{dt} \quad \cdots\cdots \text{〈式 09-03〉}$$

$$E = v_R + v_L \quad \cdots\cdots \text{〈式 09-04〉}$$

$$= iR + L\frac{di}{dt} \quad \cdots\cdots \text{〈式 09-05〉}$$

$$i = \frac{E}{R}(1-\varepsilon^{-\frac{R}{L}t}) \quad \cdots\cdots \text{〈式 09-06〉}$$

過渡状態では、インダクタンスLによって電流iは指数関数的に増加を妨げられていることがわかる。これは、流れようとする電流とは逆方向の電流を流すように**逆起電力**が生じているためだ。過渡現象が終了すると、電流$i = \frac{E}{R}$で一定になり、定常状態になる。

この過渡状態の間に、インダクタはエネルギーを蓄積していっている。定常状態で流れる電流を$\frac{E}{R} = I$[A]、インダクタのインダクタンスLに蓄積されているエネルギーをW[J]とすると、〈式 09-08〉で示すことができる。

$$W = \frac{1}{2}LI^2 \quad \cdots\cdots \text{〈式 09-08〉}$$

端子電圧v_Rとv_Lは、〈式 09-09～14〉で求めることができ、グラフにすると〈図 09-15〉になる。抵抗Rの端子電圧v_Rの波形は電流iの波形と同じになり、定常状態では$v_R = E$になる。いっぽう、Lの端子電圧v_Lはv_Rの波形を上下反転した形状になり、定常状態では$v_L = 0$になる。これがインダクタが短絡した状態だ。

◆RL 回路の過渡状態（エネルギー蓄積）の電圧の変化

$$v_R = iR \quad \cdots\cdots \text{〈式 09-09〉}$$

$$= E(1-\varepsilon^{-\frac{R}{L}t}) \quad \cdots\cdots \text{〈式 09-10〉}$$

$$v_L = E - v_R \quad \cdots\cdots \text{〈式 09-12〉}$$

$$= E - E(1-\varepsilon^{-\frac{R}{L}t}) \quad \cdots\cdots \text{〈式 09-13〉}$$

$$= E\varepsilon^{-\frac{R}{L}t} \quad \cdots\cdots \text{〈式 09-14〉}$$

〈図 09-15〉

$v_R = E(1-\varepsilon^{-\frac{R}{L}t})$

$v_L = E\varepsilon^{-\frac{R}{L}t}$

第9節 電力変換におけるインダクタ

▶インダクタに生じる過渡現象②(エネルギーの放出)

〈図09-01〉の回路がスイッチa側で**定常状態**になった後、時刻t=0で〈図09-16〉のようにスイッチをb側に切り替えた場合の**過渡現象**を考えてみる。v_Rとv_Lは〈式09-17〉と〈式09-18〉で示すことができるが、この回路には電源がないので、〈式09-19〉の関係が成立する。先の式を代入すると〈式09-20〉になる。この式をt=0で$i=\dfrac{E}{R}$の条件でiを求めると〈式09-21〉になり、グラフにすると〈図09-22〉になる。

◆インダクタの過渡現象検証回路 〈図09-16〉

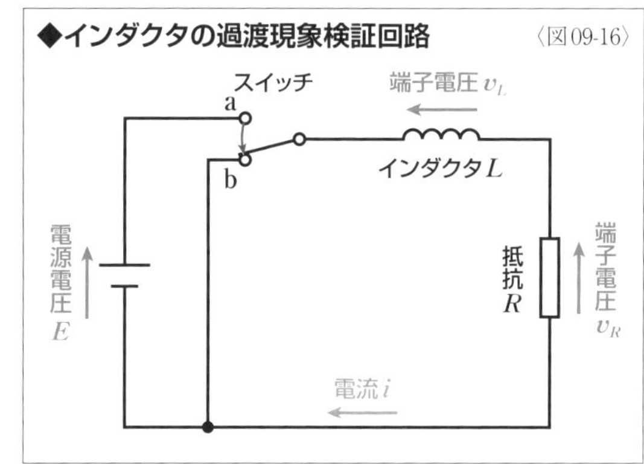

この回路には電源がないが、インダクタLがエネルギーを放出することで、電流が流れ続ける。しかし、電力は抵抗Rによって消費され、エネルギーが減少するにつれて指数関数的に電流iが減少していき、最終的には電流i=0で一定になり、定常状態になる。

◆RL回路の過渡状態(エネルギー放出)の電流と電圧の変化

$$v_R = iR \quad \cdots\cdots〈式09\text{-}17〉$$

$$v_L = L\frac{di}{dt} \quad \cdots\cdots〈式09\text{-}18〉$$

$$0 = v_R + v_L \quad \cdots\cdots〈式09\text{-}19〉$$

$$= iR + L\frac{di}{dt} \quad \cdots\cdots〈式09\text{-}20〉$$

$$i = \frac{E}{R}\varepsilon^{-\frac{R}{L}t} \quad \cdots\cdots〈式09\text{-}21〉$$

〈図09-22〉

$$v_R = iR = E\varepsilon^{-\frac{R}{L}t} \quad \cdots\cdots〈式09\text{-}23〉$$

$$v_L = -v_R = -E\varepsilon^{-\frac{R}{L}t} \quad \cdots\cdots〈式09\text{-}24〉$$

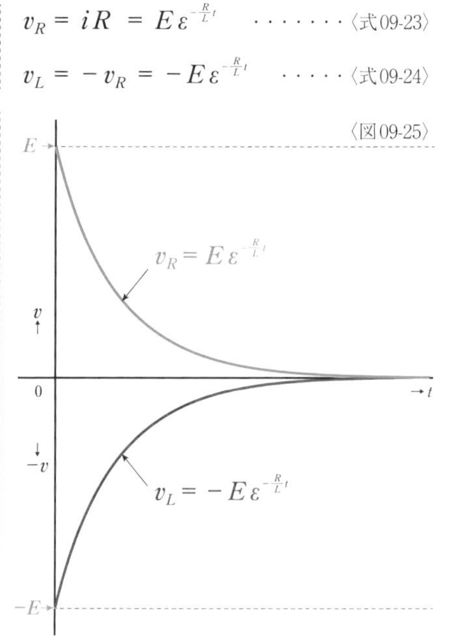

端子電圧v_Rとv_Lは〈式09-23～24〉で求められ、グラフにすると〈図09-25〉になる。Rの端子電圧は$v_R = E$から減少していき、定常状態で$v_R = 0$になる。Lの端子電圧v_Lは、スイッチを切り替えた瞬間に極性が反転して$v_L = -E$で始まり、定常状態で$v_L = 0$になる。

▶*RL*回路の時定数

*RL*回路の電流や電圧の変化を示す式における$\dfrac{R}{L}$の逆数$\dfrac{L}{R}$を、***RL*回路の時定数**という。単位は[s]だ。時定数とは変化を加えた際に**定常状態**に達するまで応答速度の指標で、*RL*回路の場合は定常状態に達する速度の目安になる時間だ。時定数$\dfrac{L}{R}$を大きくするほど、**過渡状態**の時間が長くなり変化が穏やかになる。

ただし、時定数は目安であり、実際に定常状態に達する時間ではない。インダクタが0からエネルギーを蓄積する際には、時定数が示す時間$\dfrac{L}{R}$が経過すると電流iは最終的な定常状態の値$\dfrac{E}{R}$の約63%になる。逆にインダクタがエネルギーを放出する際には、時間$\dfrac{L}{R}$が経過すると電流iは最初の定常状態の値$\dfrac{E}{R}$から約63%減少し、約37%になる。

◆*RL*回路の時定数

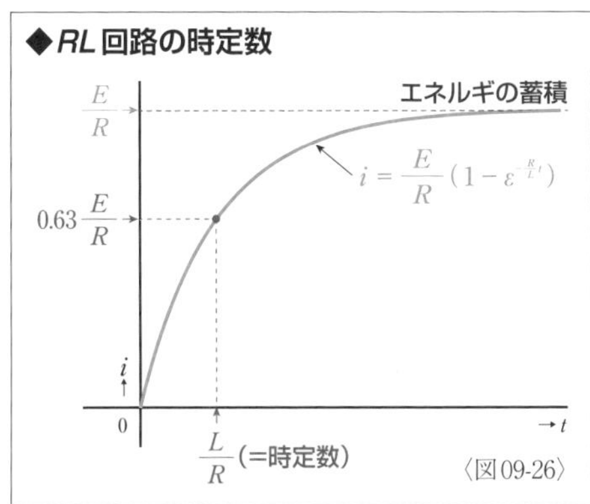

〈図09-26〉

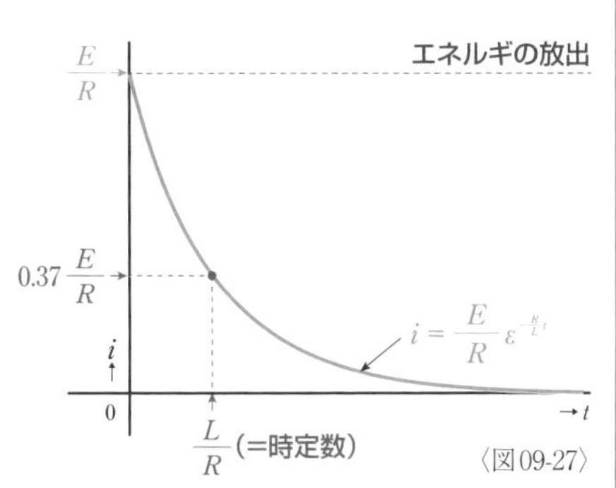

〈図09-27〉

▶インダクタの電流の連続性

インダクタの端子電圧v_Lと流れる電流iの関係は、〈式09-28〉のように時間の微分形で示されるが、この式を積分形にすると〈式09-29〉になる。

$$v_L = L\frac{di}{dt} \qquad \cdots\cdots\cdots\cdots〈式09\text{-}28〉$$

$$i = \frac{1}{L}\int v_L\, dt \qquad \cdots\cdots\cdots〈式09\text{-}29〉$$

このようにインダクタを流れる電流iは電圧の時間積分で求められるので、**時間に対して連続**になり、ある値からある値に時間0で変化しないため、**電流の平滑化**に利用できる。

▶周期波形の定常状態におけるインダクタ

〈図09-01〉の回路で、〈図09-30〉のようにスイッチのa側とb側を時間$\frac{T}{2}$ごとに繰り返した場合を考えてみよう。これは、直列接続されたRとLに**周期**Tの**方形パルス波**の電圧が加えられている状態だといえる。電流iとインダクタの端子電圧v_Lの変化は〈図09-31〉のようになる。電流iは、当初は上下変化を繰り返しながら全体として少しずつ上昇し、やがて一定の波形を繰り返すようになったとすると、少しずつ上昇していく期間が**周期波形の過渡状態**であり、一定の波形を繰り返している状態が**周期波形の定常状態**だ。Lの端子電圧v_Lは過渡状態の後に定常状態ではほぼ方形波の波形を繰り返すようになる。

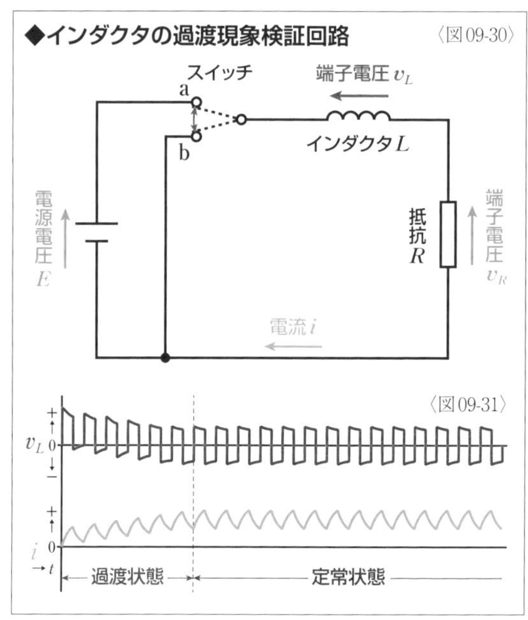

定常状態の2周期分のグラフを取り出すと〈図09-32〉のようになる。インダクタLの電流iは〈式09-33〉で示されるので、時刻cの電流をi_c[A]とした場合、1周期後の時刻dの電流i_d[A]は〈式09-34〉になる。周期波形の定常状態では同じ波形を1周期ごとに繰り返しているので、〈式09-35〉のようにi_cとi_dは等しい。以上の2式から、〈式09-36〉が求められる。この式から、周期波形を加えた定常状態におけるLの端子電圧v_Lの1周期の積分は0になるこ

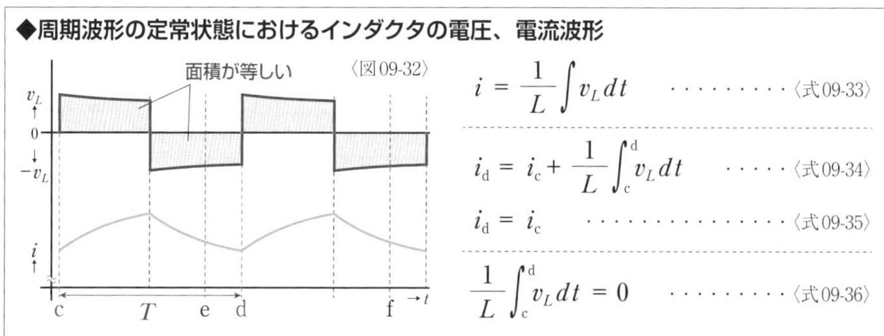

$$i = \frac{1}{L}\int v_L dt \qquad \cdots\cdots\text{〈式09-33〉}$$

$$i_d = i_c + \frac{1}{L}\int_c^d v_L dt \qquad \cdots\cdots\text{〈式09-34〉}$$

$$i_d = i_c \qquad \cdots\cdots\text{〈式09-35〉}$$

$$\frac{1}{L}\int_c^d v_L dt = 0 \qquad \cdots\cdots\text{〈式09-36〉}$$

とがわかる。つまり、**1周期ごとのv_Lの平均値は0になる**。これは、v_Lのグラフの1周期における正の側の面積と負の側の面積が等しいことを意味している。時刻eとfのように波形のどの部分であってもその間隔が1周期であれば、これらの関係は成立する。

また、以上の例では周期Tに対してスイッチがa側の時間を$\frac{T}{2}$としているので**デューティ比**d=0.5の方形パルス波電圧を入力しているといえるが、デューティ比を変化させても周期波形であることにはかわりがないので、定常状態で安定すれば〈図09-37〉のようになる。こうした場合においても、定常状態においては1周期内の同じ時点では電流iが同じ値になり、1周期ごとのLの端子電圧v_Lの平均値は0になる。

◆デューティ比の大小による電圧、電流波形の変化　〈図09-37〉

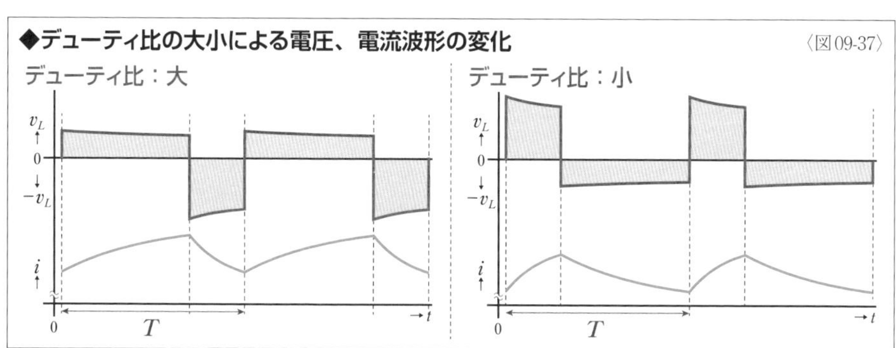

▶インダクタを流れる電流の傾き

何度も登場したように、インダクタLの端子電圧は$v_L = L\frac{di}{dt}$で示される。この式における$\frac{di}{dt}$はインダクタLを流れる電流iのグラフのある時点における傾きを示しているといえる。v_Lが一定の値だとすれば、Lを大きくすれば$\frac{di}{dt}$は小さくなる。つまり、電流iのグラフの各部の傾きが小さくなるので、一定の値に近づいていく。このように、インダクタンスを大きくすることでさらなる**電流の平滑化**が可能になる。ただし、Lをどんなに大きくしても$\frac{di}{dt}$が0になるわけではないので、電流が完全に一定値になることはない。実際にLを小さくしたり大きくしたりすると〈図09-32〉の電流iの波形は〈図09-38〉のように変化する。

◆インダクタンスの大小による電流波形の変化　〈図09-38〉

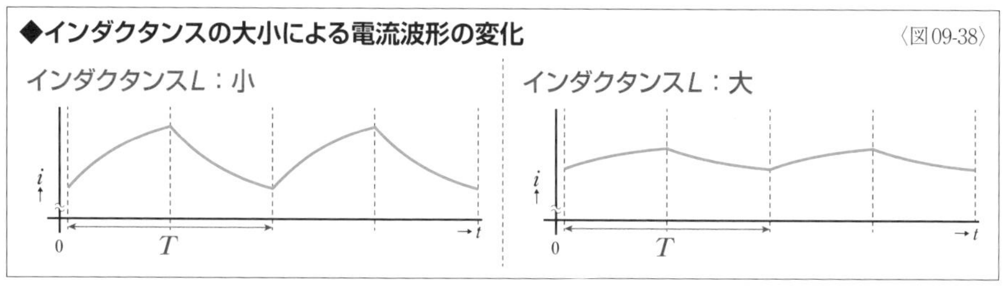

電力変換におけるキャパシタ

キャパシタはエネルギーの蓄積と放出を行うことができ、端子電圧は時間に対して連続になるため、電力変換回路において電圧の平滑化に使われる。

▶キャパシタに生じる過渡現象①(エネルギーの蓄積)

キャパシタは、**静電誘導**を利用してエネルギーの蓄積と放出を行うことができる**受動素子**だ。パワーエレクトロニクスによる電力変換回路では、電圧の途切れをなくしたり変化を緩やかにしたりするため、つまり**電圧の平滑化**のために使われることが多い。インダクタとともに電力変換回路ではよく使われている。

キャパシタは直流に対しては**開放**として扱うことが多いが、これは**狭義の直流**で**定常状態**を前提としたものだ。実際、キャパシタは2つの電極の間に絶縁体を備えた構造なので電流は流れないはずだが、直流電源に接続すると接続直後の短時間は電流が流れる。これがキャパシタに生じる**過渡現象**であり、電圧の平滑化で重要な役割を果たす。この過渡現象は〈図10-01〉のように、抵抗R[Ω]とキャパシタンスC[F]を直列接続したRC回路で検証することができる。なお、初期状態ではキャパシタに**電気エネルギー**がまったく蓄えられていないものとする。

十分な時間スイッチをb側にした後に、時刻t=0でスイッチをa側にしたときに回路を流れる電流をi[A]、キャパシタCに蓄積される電荷をq[C]とすると、電流iは〈式10-02〉、Cの端子電圧v_C[V]は〈式10-03〉で示される。また、電流iは抵抗Rにも流れるので、その端子電圧v_R[V]は〈式10-04〉で示され、〈式10-02〉を代入すると〈式10-05〉になる。v_Rとv_Cは電源電圧E[V]を**分圧**しているので〈式10-06〉で示すことができ、〈式10-05〉と〈式10-03〉を代入すると〈式10-07〉になる。微分方程式の解法は省略するが、この式をt=0でq=0の条件でqを求めると〈式10-08〉になる。この式を〈式10-02〉に代入すると〈式10-09〉になり、グラフにすると〈図10-10〉になる。この

◆キャパシタの過渡現象検証回路 〈図10-01〉

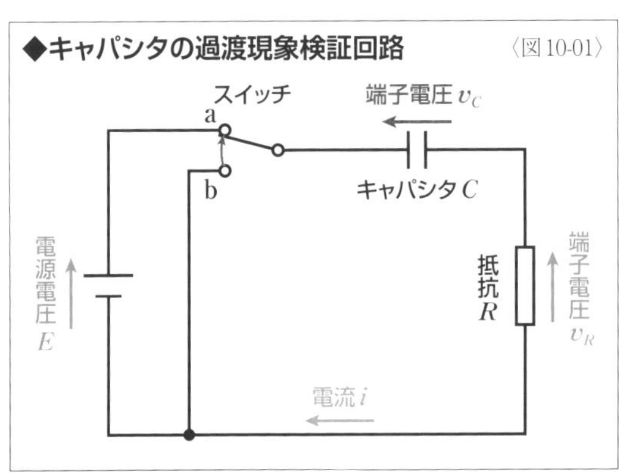

◆*RC*回路の過渡状態（エネルギー蓄積）の電流の変化

$$i = \frac{dq}{dt}$$ ……〈式10-02〉

$$v_C = \frac{q}{C}$$ ……〈式10-03〉

$$v_R = iR$$ ……〈式10-04〉

$$= R\frac{dq}{dt}$$ ……〈式10-05〉

$$E = v_R + v_L$$ ……〈式10-06〉

$$= R\frac{dq}{dt} + \frac{q}{C}$$ ……〈式10-07〉

$$q = CE(1-\varepsilon^{-\frac{t}{RC}})$$ ……〈式10-08〉

$$i = \frac{E}{R}\varepsilon^{-\frac{t}{RC}}$$ ……〈式10-09〉

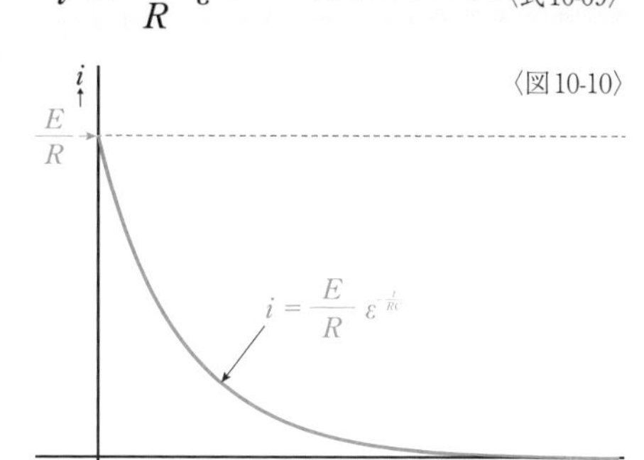

〈図10-10〉

電流iが$\frac{E}{R}$から0に至る過程が過渡現象だ。

過渡状態では、キャパシタンスCによって電流iは指数関数的に減少していっていることがわかる。これは、電流が流れることでキャパシタにエネルギーが蓄積されていくためだ。このエネルギーの蓄積を**充電**ともいう。

端子電圧v_Rとv_Cは、〈式10-11～15〉で求めることができ、グラフにすると〈図10-16〉のようになる。抵抗Rの端子電圧v_Rの波形は電流iの波形と同じになり、定常状態では$v_R=0$になる。いっぽう、Cの端子電圧v_Cはv_Rの波形を上下反転した形状になり、定常状態では$v_C=E$になる。これはキャパシタが開放された状態と等しい。このときの端子電圧$v_C=E$とキャパシタンスCによって定常状態で蓄積されているエネルギーを求めることができる。蓄積されたエネルギーをW[J]とすると〈式10-17〉のように示すことができる。

◆*RC*回路の過渡状態（エネルギー蓄積）の電圧の変化

$$v_R = iR$$ ……〈式10-11〉

$$= E\varepsilon^{-\frac{t}{RC}}$$ ……〈式10-12〉

$$v_C = E - v_R$$ ……〈式10-13〉

$$= E - E\varepsilon^{-\frac{t}{RC}}$$ ……〈式10-14〉

$$= E(1-\varepsilon^{-\frac{t}{RC}})$$ ……〈式10-15〉

$$W = \frac{1}{2}CE^2$$ ……〈式10-17〉

v
E
$v_C = E(1-\varepsilon^{-\frac{t}{RC}})$
$v_R = E\varepsilon^{-\frac{t}{RC}}$
0
t

〈図10-16〉

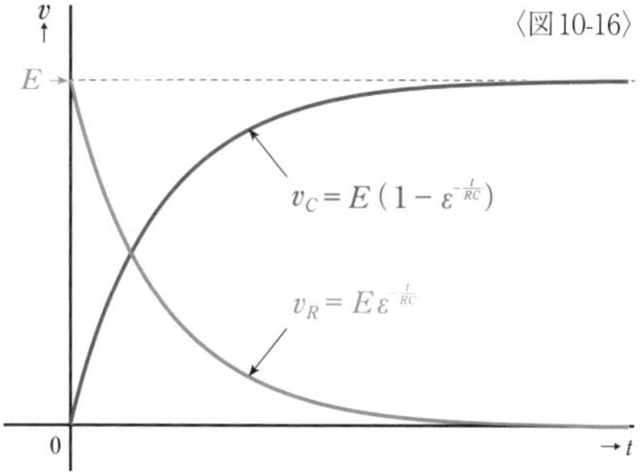

▶キャパシタに生じる過渡現象②（エネルギーの放出）

〈図10-01〉の回路がスイッチa側で**定常状態**になった後、時刻t=0で〈図10-18〉のようにスイッチをb側に切り替えた場合の**過渡現象**を考えてみる。流れる電流iと端子電圧v_R、v_Cは〈式10-19～21〉で示すことができる。また、この回路には電源がないので、〈式10-22〉の関係が成立する。この式に先の式を代入すると〈式10-23〉になる。この式をt=0で$i=-\dfrac{E}{R}$の条件でiを求めると〈式10-24〉になる。さらにこの式を〈式10-19〉に代入すると〈式10-25〉になり、グラフにすると〈図10-26〉になる。

この回路には電源がないが、キャパシタCがエネルギーを放出することで、電流が流れる。

◆キャパシタの過渡現象検証回路　〈図10-18〉

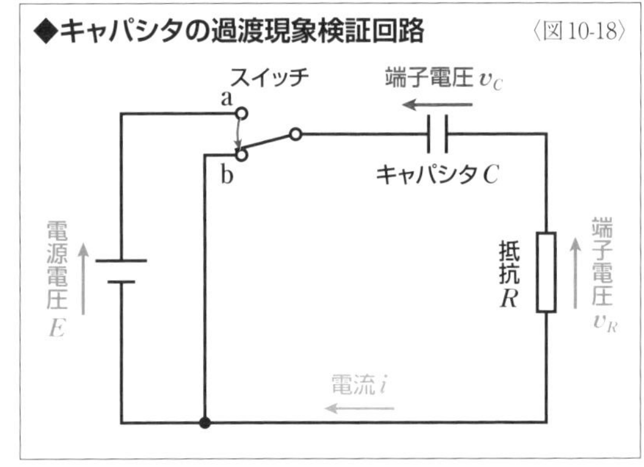

◆*RC*回路の過渡状態（エネルギー放出）の電流と電圧の変化

$$i = \frac{dq}{dt} \quad \cdots〈式10\text{-}19〉$$

$$v_C = \frac{q}{C} \quad \cdots〈式10\text{-}20〉$$

$$v_R = R\frac{dq}{dt} \quad \cdots〈式10\text{-}21〉$$

$$0 = v_R + v_C \quad \cdots〈式10\text{-}22〉$$

$$= R\frac{dq}{dt} + \frac{q}{C} \quad \cdots〈式10\text{-}23〉$$

$$q = CE\varepsilon^{-\frac{t}{RC}} \quad \cdots〈式10\text{-}24〉$$

〈図10-26〉

0　→t　↓$-i$　$i=-\dfrac{E}{R}\varepsilon^{-\frac{t}{RC}}$　$\dfrac{E}{R}$

$$i = -\frac{E}{R}\varepsilon^{-\frac{t}{RC}} \quad \cdots〈式10\text{-}25〉$$

$$v_R = iR = -E\varepsilon^{-\frac{t}{RC}} \quad \cdots〈式10\text{-}27〉$$

$$v_C = -v_R = E\varepsilon^{-\frac{t}{RC}} \quad \cdots〈式10\text{-}28〉$$

〈図10-29〉

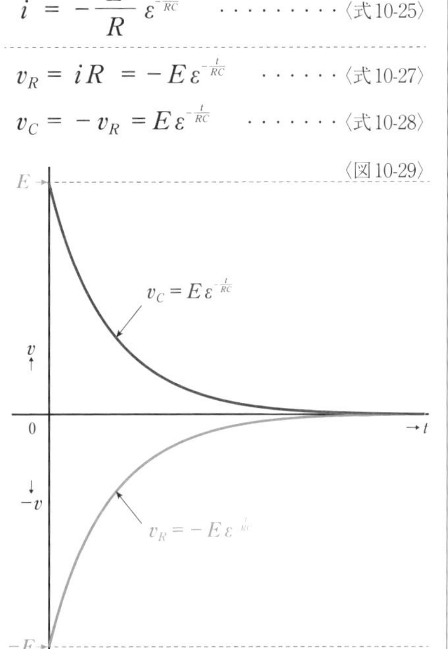

これが**放電**だ。しかし、電力は抵抗Rによって消費され、エネルギーが減少するにつれて指数関数的に電流iが減少していき、最終的には$i=0$で定常状態になる。

端子電圧v_Rとv_Cは〈式10-27～28〉で求められ、グラフにすると〈図10-29〉になる。Rの端子電圧v_Rは、スイッチを切り替えた瞬間に極性が反転して$v_R=-E$で始まり、定常状態で$v_R=0$になる。Cの端子電圧は$v_C=E$から減少していき、定常状態で$v_C=0$になる。

▶RC回路の時定数

RC回路の電流や電圧の変化を示す式におけるRCを、**RC回路の時定数**という。RC回路でも時定数RCを大きくするほど、**過渡状態**の時間が長くなり、変化が穏やかになる。

電力変換回路で重要な役割を果たすCの端子電圧v_Cで考えてみると、0からエネルギーを蓄積する際には、時定数が示す時間RCが経過するとv_Cは最終的な定常状態の値Eの約63%になる。逆にCがエネルギーを放出する際には、時間RCが経過すると端子電圧v_Cは当初の定常状態の値Eから約63%減少し、約37%になる。

◆RC回路の時定数

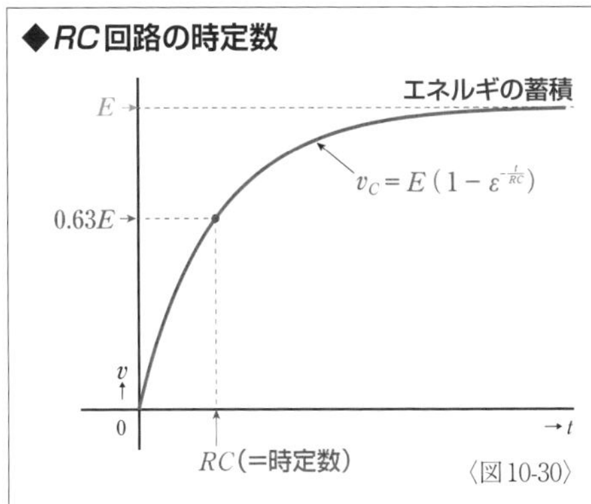

〈図10-30〉

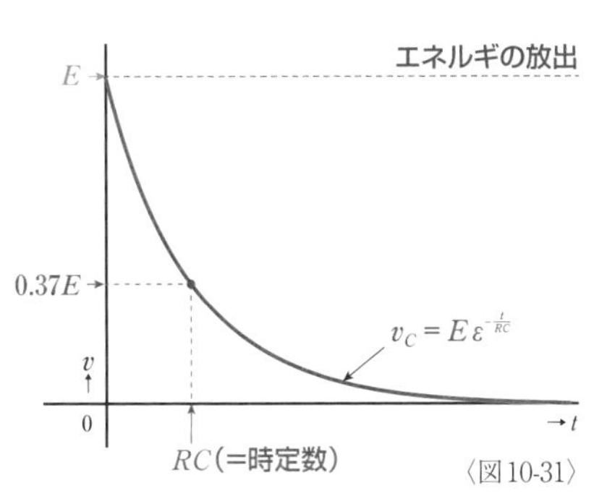

〈図10-31〉

▶キャパシタの電圧の連続性

キャパシタの電荷q［C］と電流iは〈式10-32〉で示されるが、積分形にすると〈式10-33〉になる。この式を端子電圧v_Cとqの関係を示す〈式10-34〉に代入すると〈式10-35〉になる。

$$i=\frac{dq}{dt}$$ ・・〈式10-32〉

$$q=\int i\,dt$$ ・・〈式10-33〉

$$v_C=\frac{q}{C}$$ ・・〈式10-34〉

$$=\frac{1}{C}\int i\,dt$$ ・・〈式10-35〉

このようにキャパシタの端子電圧v_Cは時間積分で求められるので、**時間に対して連続**になり、ある値からある値に時間0で変化しないため、**電圧の平滑化**に利用できる。

▶周期波形の定常状態におけるキャパシタ

〈図10-01〉の回路で、〈図10-36〉のようにスイッチのa側とb側を時間$\frac{T}{2}$ごとに繰り返した場合を考えてみよう。この場合も、直列接続された抵抗RとキャパシタCには**周期**Tの**方形パルス波**の電圧が加えられていると考えることができる。この回路が、**周期波形の過渡状態**を経て**定常状態**で安定したとすると、回路を流れる電流iとCの端子電圧v_Cの定常状態の2周期分のグラフは、〈図10-37〉のようになる。

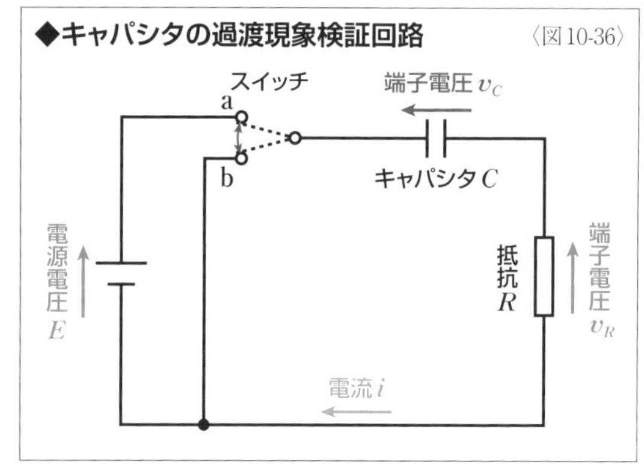

◆キャパシタの過渡現象検証回路 〈図10-36〉

キャパシタCの端子電圧v_Cは〈式10-38〉で示されるので、時刻cの電流をv_{Cc}[V]とした場合、1周期後の時刻dの電流v_{Cd}[V]は〈式10-39〉になる。**周期波形の定常状態**では同じ波形を1周期ごとに繰り返しているので、〈式10-40〉のようにv_{Cc}とv_{Cd}は等しい。以上の2式から、〈式10-41〉が求められる。この式から、周期波形を加えた定常状態におけるCを流れる電流iの1周期の積分は0になることがわかる。つまり、**1周期ごとのiの平均値は0になる**。これは、iのグラフの1周期における正の側の面積と負の側の面積が等しいことを意味している。時刻eとfのように波形のどの部分であってもその間隔が1周期であれば、これらの関係は成立する。

この例では**デューティ比**d=0.5の方形パルス波電圧を入力しているといえるが、デューティ比を変化させたとしても、定常状態で安定すればやはりこれらの関係は成立する。

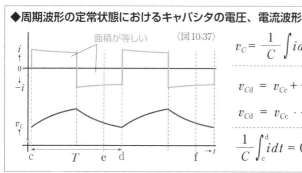

◆周期波形の定常状態におけるキャパシタの電圧、電流波形

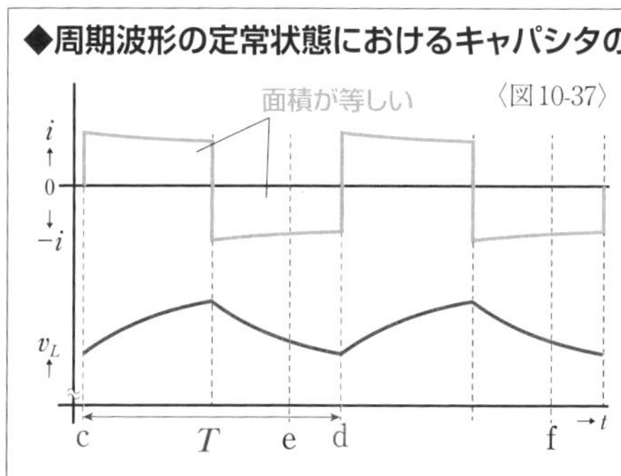

$$v_C = \frac{1}{C}\int i\,dt \quad \cdots\cdots〈式10\text{-}38〉$$

$$v_{Cd} = v_{Cc} + \frac{1}{C}\int_c^d i\,dt \quad \cdots\cdots〈式10\text{-}39〉$$

$$v_{Cd} = v_{Cc} \quad \cdots\cdots〈式10\text{-}40〉$$

$$\frac{1}{C}\int_c^d i\,dt = 0 \quad \cdots\cdots〈式10\text{-}41〉$$

▶キャパシタにかかる電圧の傾き

キャパシタCを流れる電流iは〈式10-42〉で示され、端子電圧v_Cと電荷qの関係は〈式10-43〉で示される。この2式から、電流iを〈式10-44〉で示すことができる。

$$i = \frac{dq}{dt} \quad \cdots〈式10\text{-}42〉 \qquad v_C = \frac{q}{C} \quad \cdots〈式10\text{-}43〉 \qquad i = C\frac{dv_C}{dt} \quad \cdots〈式10\text{-}44〉$$

この式における$\frac{dv_C}{dt}$はキャパシタCの端子電圧v_Cのグラフのある時点における傾きを示しているといえる。iを一定の値だとすれば、Cを大きくすれば$\frac{dv_C}{dt}$は小さくなる。つまり、端子電圧v_Cのグラフの各部の傾きが小さくなるので、一定の値に近づいていく。このように、キャパシタンスを大きくすることでさらなる**電圧の平滑化**が可能になる。ただし、Cをどんなに大きくしても$\frac{dv_C}{dt}$が0になるわけではないので、端子電圧が完全に一定値になることはない。

◆キャパシタンスの大小による電圧波形の変化　〈図10-45〉

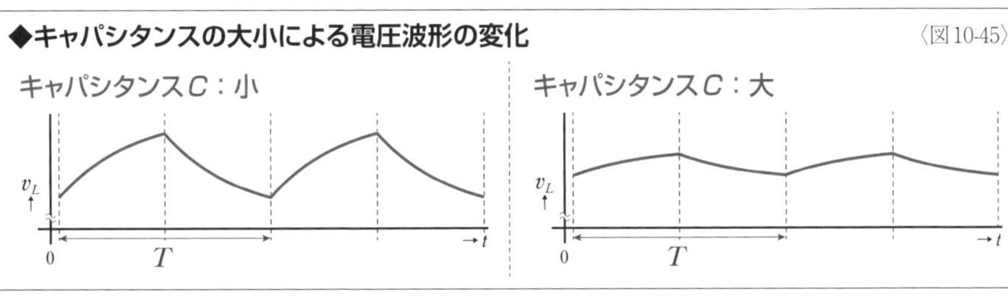

時定数の単位

時定数の単位が[s]（秒）になることは、単位の関係から確認することができる。こうした単位の関係を示す式を**次元式**という。オームの法則の〈式①〉を次元式にすると〈式②〉になる。いっぽう、インダクタの電圧を示す〈式③〉を変形した〈式④〉の次元式は〈式⑤〉になる。RL回路の時定数の式を次元式にし、そこに〈式②〉と〈式⑤〉を代入すると、〈式⑥〉のように単位が[s]になることを確認できる。同じようにして〈式①〜②〉と〈式⑦〜⑫〉でRC回路の時定数の次元式も[s]になることを確認できる。

$$R = \frac{v}{i} \quad \cdot\cdot〈式①〉 \qquad [\Omega] = \frac{[V]}{[A]} \quad \cdot\cdot〈式②〉$$

$$v_L = L\frac{di}{dt} \quad \cdot\cdot〈式③〉$$

$$L = v_L\frac{dt}{di} \quad \cdot\cdot〈式④〉 \qquad [H] = \frac{[V]\cdot[s]}{[A]} \quad \cdot\cdot〈式⑤〉$$

$$\frac{[H]}{[\Omega]} = \frac{\frac{[V]\cdot[s]}{[A]}}{\frac{[V]}{[A]}} = [s] \quad \cdot\cdot〈式⑥〉$$

$$v_C = \frac{q}{C} \quad \cdot\cdot〈式⑦〉$$

$$C = \frac{q}{v_C} \quad \cdot\cdot〈式⑧〉 \qquad [F] = \frac{[C]}{[V]} \quad \cdot\cdot〈式⑨〉$$

$$i = \frac{dq}{dt} \quad \cdot\cdot〈式⑩〉 \qquad [A] = \frac{[C]}{[s]} \quad \cdot\cdot〈式⑪〉$$

$$[\Omega]\cdot[F] = \frac{[V]}{[A]}\cdot\frac{[C]}{[V]} = \frac{[C]}{[A]} = [s] \quad \cdot\cdot〈式⑫〉$$

第1章

電力変換におけるトランス

トランスはパワーエレクトロニクスを利用せずに交流の電圧変換が行える受動素子だが、パワーエレクトロニクスによる電力変換回路に使われることもある。

▶トランスの利用方法と絶縁

トランスは一次側と二次側の2つの**コイル**が**磁界**を共有できるようにされた**受動素子**で**変圧器**ともいう。パワーエレクトロニクスを利用せず**相互誘導作用**によって交流の**電圧変換**（**変圧**）が行える。変圧の際には電流も変換されインピーダンスの変換にも利用できる。電流の変換を目的とする場合は**変流器**、インピーダンス変換を目的とする場合は**変成器**ともいう。

また、変圧の際にトランスの一次側に電流が流されると二次側に電流が流れるが、**一次コイル**で**電気エネルギー**がいったん**磁気エネルギー**に変換され、その磁気エネルギーが**二次コイル**で電気エネルギーに変換されるので、一次側と二次側に電気的なつながりはない。そのため、トランスを使用すると一次側の回路と二次側の回路を**絶縁**することができる。このほか、トランスは電圧の分配や合成、反転などにも使われる。

理想トランスによる正弦波交流の変圧では、**巻数比**に比例して交流電圧が変換されるが、エネルギーの増減はないので電力は変換されない。そのため、変圧の際には巻数比に反比例して電流が変換される。一次側と二次側の巻数をn_1とn_2、一次側の瞬時の電圧と電流をv_1［V］とi_1［A］、二次側をv_2［V］とi_2［A］とすると、一次側と二次側の電圧と電流の関係は〈式11-02〉と〈式11-03〉で示される。**瞬時電力**は瞬時の電圧と電流の積で示されるため、〈式11-05〉のように一次側と二次側の瞬時電力は等しくなる。

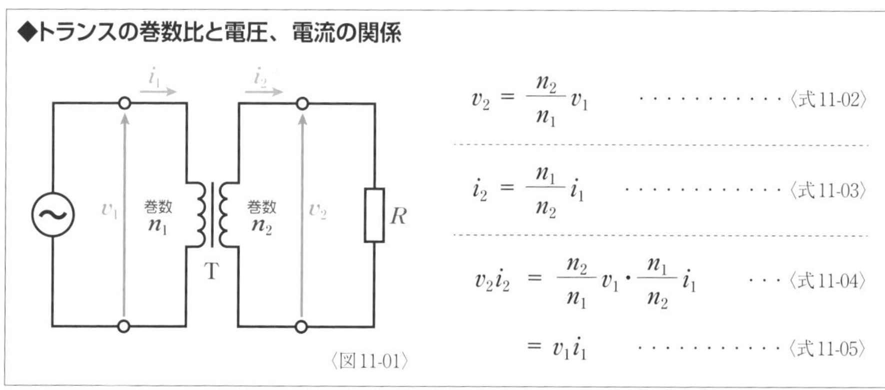

$$v_2 = \frac{n_2}{n_1} v_1 \quad \cdots\cdots\cdots\cdots 〈式11\text{-}02〉$$

$$i_2 = \frac{n_1}{n_2} i_1 \quad \cdots\cdots\cdots\cdots 〈式11\text{-}03〉$$

$$v_2 i_2 = \frac{n_2}{n_1} v_1 \cdot \frac{n_1}{n_2} i_1 \quad \cdots 〈式11\text{-}04〉$$

$$= v_1 i_1 \quad \cdots\cdots\cdots\cdots 〈式11\text{-}05〉$$

〈図11-01〉

◆各種のトランス

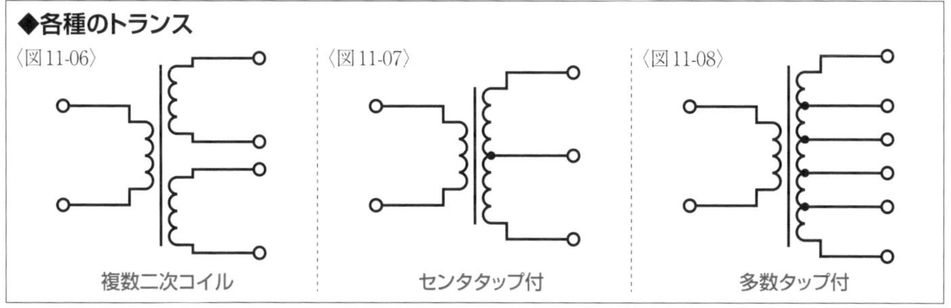

トランスの大きさや重さは、大まかにいうと扱うことができる電力に比例し、扱うことができる周波数に反比例する。扱うことができる周波数が高いトランスは**高周波トランス**ともいう。

また、複数の一次コイルもしくは二次コイルを備えるトランスもある。〈図11-06〉のように二次コイルを2つ備えるトランスであれば、一次コイルに入力した電圧が二次コイルに分配でき、2つの二次側の回路を絶縁できる。一次コイルを2つ備えるトランスであれば、それぞれの一次コイルに入力した電圧が合成されて二次コイルに出力される。

一次コイルもしくは二次コイルに**タップ**を備えるトランスもある。〈図11-07〉のように二次コイルにタップを備えるトランスであれば電圧の分配が行える(二次側の回路は絶縁されない)。〈図11-08〉のように多数のタップを備えるトランスであれば、タップを切り替えることで**変圧比**を選択できる。なお、**センタタップ**といった場合はタップ上下の巻数が等しいのが一般的だ。

回路図上で特に明示されていない場合は、一次側と二次側のコイルの巻き始めが向かい合うように使われ、〈図11-01〉のように一次側と二次側の電流が流れる。しかし、〈図11-09〉のように点(●)が示されている場合は、二次側の端子の接続を反転させ、一次側の巻き始めと二次側の巻き終わりが向かい合うように使われている。この場合、二次側の電流が流れる方向が反転し、端子電圧も反転する。また、比較対象などの必要性から巻き始め同士が向かい合っていることを明示するために、〈図11-10〉のように示されることもある。なお、巻き始めを示す点の位置に定めはないので、図の例とは異なった位置に示されることもある。

◆トランスのコイルの巻き始めと巻き終わりの関係

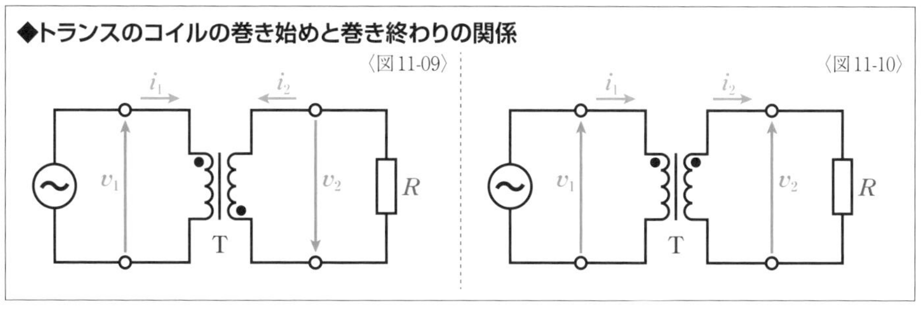

▶トランスと周期波形電圧

トランスは交流の**変圧**を行えるが、直流の変圧は行えないとして扱うことが多い。しかし、これは**狭義の直流**で**定常状態**を前提としたものだ。トランスの一次側への入力が狭義の直流でもインダクタと同じように**過渡現象**は生じる。一次側への入力が**広義の直流**で電圧が変動するものであれば二次側になんらかの出力が現れる。入力が周期波形であれば、**過渡状態**を経て定常状態で安定する。

トランスの一次側への入力が**交流が重畳した直流**の場合であれば、定常状態ではトランスは狭義の直流を変換できないため、**直流成分**は二次側に出力されないが、周期波形である**交流成分**は出力される。先に説明したように、**方形パルス波**は**方形波**が重畳した直流と考えることができるので、たとえば、〈図11-12〉のような周期 T、デューティ比0.5で最大電圧 E［V］の方形パルス波電圧 v_i［V］を**巻数比**が1の**理想トランス**の一次側に入力した場合、〈図11-13〉のような周期 T、振幅 $\dfrac{E}{2}$ の方形波電圧 v_o［V］が出力される。トランスを利用して電圧 $\dfrac{E}{2}$ の直流成分を取り除くことができるわけだ。もし、トランスの巻数比が2であれば、出力 v_o は周期 T、振幅 E の方形波電圧になる。

ただし、トランスに狭義の交流を入力した場合は、磁界が交互に入れ替わり、磁気エネルギーが蓄積することはないが、直流成分があるとトランスに磁気エネルギーが蓄積されていき、偏った一方向に磁化されてしまうことがある。こうした状態を**直流偏磁**といい、トランスが理想的に動作しなくなり、最終的にはトランスが**磁気飽和**してしまう。トランスが飽和すると、インダクタンスが急激に低下して大電流が流れるという問題が発生する。そのため、トランスへの入力に直流成分が含まれる場合は対策が必要になることもある。

なお、〈図11-13〉では出力波形をきれいな方形波としているが、実際には方形パルス波を入力した際のインダクタの端子電圧の波形と同じように(P52参照)、きれいな方形ではなくなることが多い。また、出力側の負荷の影響によって入力と出力の位相がずれることもある。

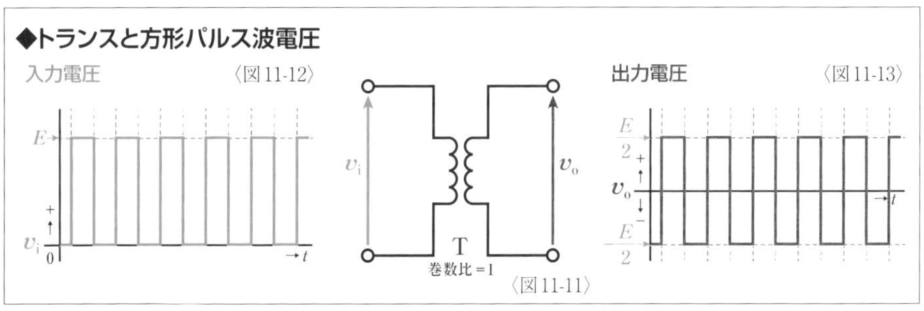

パワー半導体デバイス

第1節 導体とキャリア

パワー半導体デバイスの材料は半導体だ。半導体のふるまいを理解するためには、原子の構造のレベルで導体と絶縁体を理解しておく必要がある。

▶原子の構造と電荷

パワーエレクトロニクスは**パワー半導体デバイス**なくしては成立しない電力変換の技術だ。**パワーデバイス**は**半導体**で作られている。動作原理を知るためには半導体のふるまいを理解する必要があり、さらにそのためには**原子**の構造を知っている必要がある。電気の基礎を学んだことがある人ならば、ある程度は知っているはずだが、非常に重要なので、念のために再確認しておこう。

すべての物質は原子で成り立っている。原子の中心には**陽子**と**中性子**で構成される**原子核**があり、その周囲の**軌道**を**電子**が回っている。これらの陽子、中性子、電子それぞれの数は原子の種類(**元素**)ごとに決まっている。陽子と電子の数は等しく、その数が**原子番号**になる(中性子の数は同じ元素でも各種ある)。

これらの原子を構成する粒子がもつ電気的な性質を**電荷**という。電荷には**プラス**(**正**)または**マイナス**(**負**)の**極性**があり、それぞれ**正電荷**(**プラスの電荷**)と**負電荷**(**マイナスの電荷**)という。粒子のうち、陽子は正電荷であり、電子は負電荷だ。電荷には、異なる極性同士は引き合い、同じ極性同士は反発し合うという性質がある。この吸引力や反発力を**静電気力**や**静電力**、または**クーロン力**という。

電荷という用語は、陽子や電子のように電荷をもっているものを表現することもあれば、そ

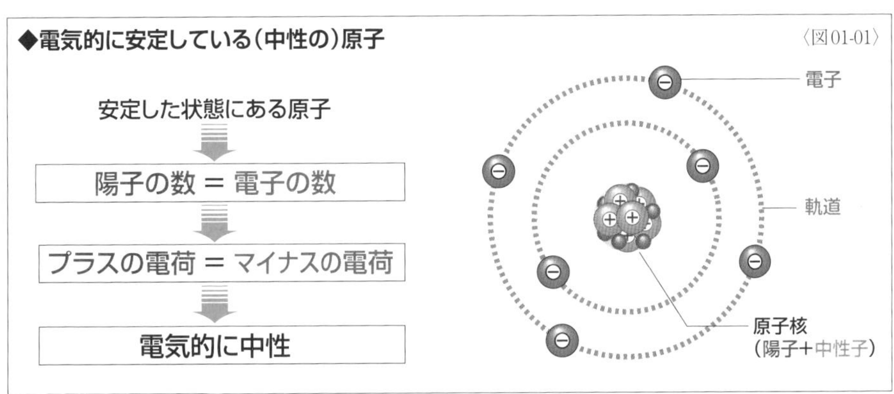

の量を表現することもある。

プラスとマイナスの違いはあるが、陽子と電子の電荷の大きさは等しい。通常は原子を構成する陽子と電子の数は等しいので、正電荷と負電荷が打ち消し合って、原子は電気的に**中性**な状態が保たれている。

▶自由電子とキャリア

熱、**光**、**力**、**電界**などの外力が刺激として原子に加えられると、一部の**電子**が**軌道**を外れて飛び出すことがある。こうした電子を**自由電子**といい、移動できる**負電荷**になる。

自由電子が飛び出した原子は、**正電荷**が多い状態になり、電気的な性質をもつ。このように物体が電気的な性質をもつことを**帯電**といい、負電荷である電子が飛び出した原子はプラスに帯電する。ただし、自由電子が原子の近くに存在していれば、物体全体では電気的なバランスが取れているため、帯電しているわけではない。物体が帯電するためには、自由電子が他の物体などに移動する必要がある。いっぽう、自由電子が移動していった先の物体はマイナスに帯電する。

帯電とは電気的に不安定な状態といえるため、安定した状態、つまり**中性**の状態に戻ろうとしているが、そのままでは日常的に使っている電気のようには流れない。しかし、プラスに帯電した物体とマイナスに帯電した物体を**導体**(電気を通しやすい物質)でつなぐと、**静電気力**によって負電荷である自由電子が、プラスに帯電した物体に引かれて移動する。こうした自由電子が連続的に移動する現象こそが**電流**だ。

自由電子のような**電荷**の運び手を**電荷キャリア**や**電荷担体**というが、単に**キャリア**ということが多い。金属などでは自由電子がキャリアになるが、半導体や液体、気体ではその他の粒子がキャリアになることもある。

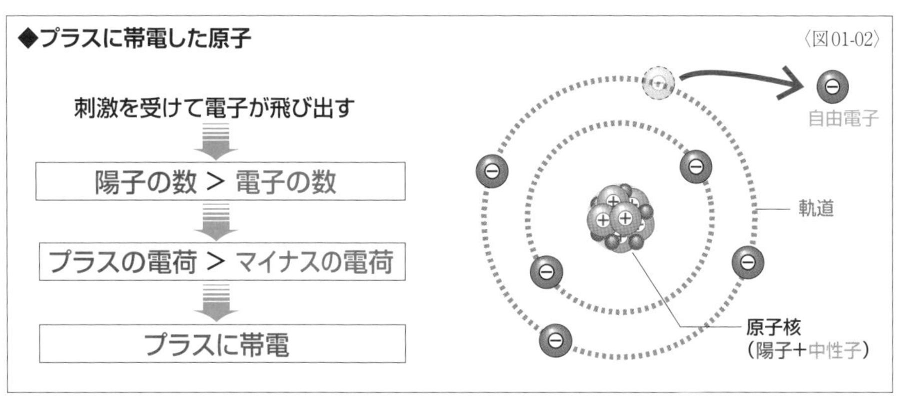

▶導体と絶縁体

電気を通しやすい物質を**導体**、電気を通さない物質を**絶縁体**または**不導体**という。明確な定義があるわけではないが、一般的に導体の**電気抵抗率**（**抵抗率**）は10^{-10}～10^{-6}Ω·mという低い値をもつ。いっぽう、絶縁体の抵抗率は10^{8}Ω·m程度以上の高い値だ。こうした導体と絶縁体の違いは**キャリア**である**自由電子**の多さによって決まる。

銅や鉄などの金属は代表的な導体だ。導体の内部には、自由電子になりやすい**電子**がたくさんあり、まるで**原子核**の隙間を自由電子が泳ぎ回っているような状態になっている。しかし、自由電子はあくまでも原子核の近くに存在しているので、導体自体は電気的に**中性**の状態だ。

いっぽう、ガラスや陶磁器は代表的な絶縁体だ。絶縁体ではほとんどの電子が原子核と強固に結びついていて、自由電子になりにくい。こうした電子を**束縛電子**という。絶縁体の内部には自由電子がほとんど存在しないため、電流がごくわずかにしか流れない。

パワー半導体デバイスを構成する**半導体**とは、その名の通り導体と絶縁体の中間的な物質だ。詳しくは次節で説明する。

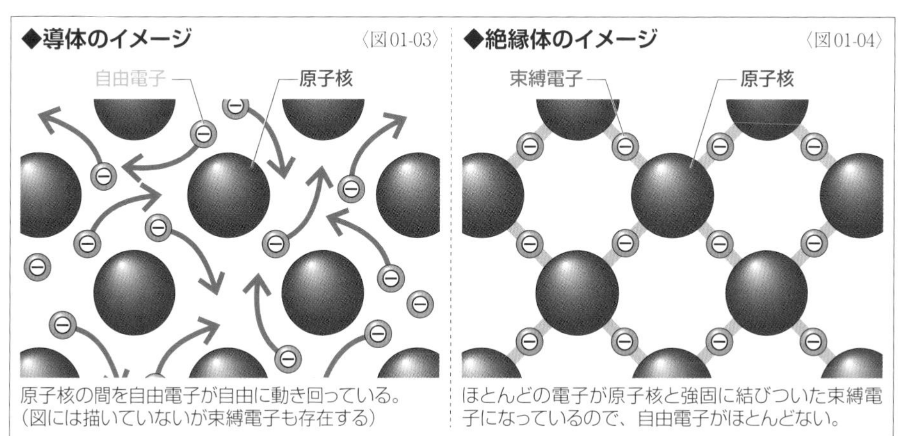

原子核の間を自由電子が自由に動き回っている。（図には描いていないが束縛電子も存在する）

ほとんどの電子が原子核と強固に結びついた束縛電子になっているので、自由電子がほとんどない。

▶価電子

電子は**原子核**の周囲の**軌道**を回っているが、電子の数によって軌道の数が異なる。電子は原則として原子核に近い内側の軌道に収まろうとする性質があるが、1つの軌道に収容できる電子の最大数が決まっていて、電子の数が最大数を超えると、外側の軌道を使うようになる。こうした軌道を**電子殻**といい、〈図01-05〉のように内側から順に**K殻**、**L殻**、**M殻**、

◆各軌道(電子殻)に入ることができる電子の数 〈図01-05〉

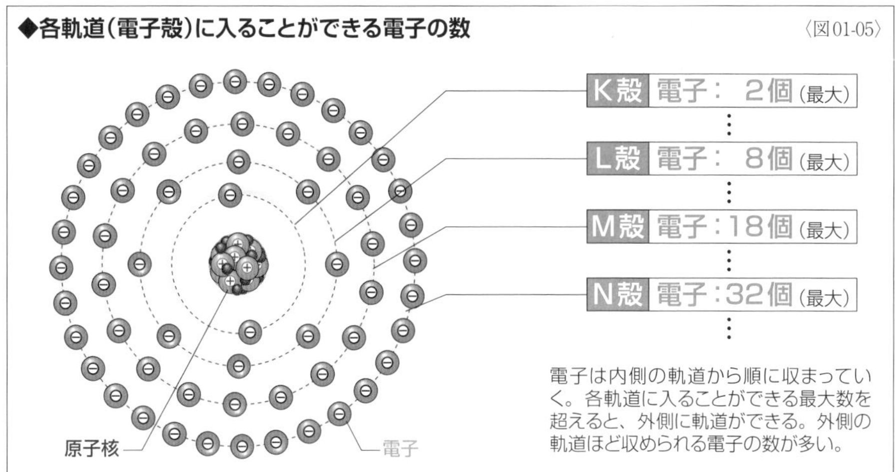

電子は内側の軌道から順に収まっていく。各軌道に入ることができる最大数を超えると、外側に軌道ができる。外側の軌道ほど収められる電子の数が多い。

N殻(かく)……という。内側からn番目の電子殻には最大$2n^2$個の電子が入ることができる。

もっとも外側の電子殻を**最外殻**(さいがいかく)といい、その軌道にある電子を**価電子**(かでんし)という。価電子は電子殻からもっとも遠いため、原子核の束縛(そくばく)が弱い。ただし、最外殻でも最大数の電子が入ると状態が安定しやすく、L殻より外側の電子殻では、8個の電子が入ると一応は安定するという性質がある。

代表的な**導体**で導線(どうせん)にもよく使われる銅は、原子番号(げんしばんごう)29番なので、電子の数は29個だ。この場合、〈図01-06〉のように、N殻が最外殻になり、最外殻の価電子は1個になる。価電子は原子核の束縛が弱いうえ、それが1個しかないと外力(がいりょく)の刺激(しげき)が集中することになるので、自由電子になりやすい。そのため、銅は自由電子の数が多く、良好な導体になる。

その他の導体の**原子**(げんし)についても価電子が1個または2個のものが多いが、価電子の数だけで、その原子が導体になるか絶縁体になるかが決まるわけではない。原子や分子の結合方法(けつごうほうほう)でも違ってくる。たとえば、**黒鉛**(こくえん)と**ダイヤモンド**はどちらも炭素原子(たんそげんし)で構成される物質だが、原子の結合の構造(結晶構造(けっしょうこうぞう))が異なるため、黒鉛は良質な導体だが、ダイヤモンドは絶縁体になるといったこともある。

◆銅原子 〈図01-06〉

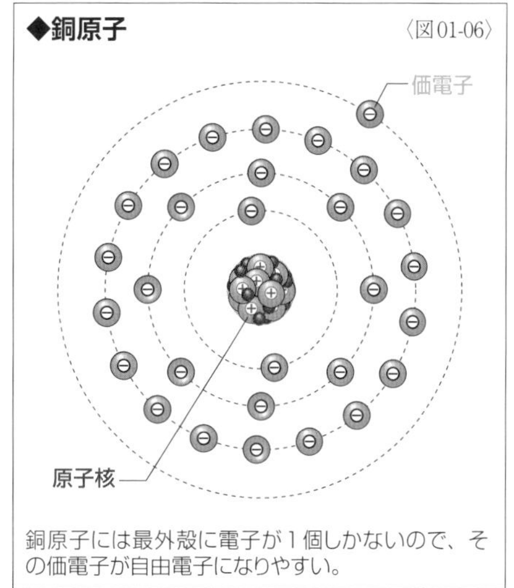

銅原子には最外殻に電子が1個しかないので、その価電子が自由電子になりやすい。

第2章

半導体とキャリア

半導体は導体と絶縁体の両方の性質をあわせもっている。パワーデバイスにはキャリアが自由電子であるn形半導体と、キャリアが正孔であるp形半導体が使われる。

▶半導体

半導体は**導体**と**絶縁体**の中間的な**電気抵抗率**をもっている。単体の**元素**としては**シリコン**（**ケイ素**）[Si]や**ゲルマニウム**[Ge]が代表的な半導体だ。複数の元素でできた**化合物半導体**もあり、**ガリウムヒ素**[GaAs]、**ガリウムナイトライド**[GaN]、**インジウムリン**[InP]、**シリコンカーバイド**[SiC]などさまざまなものがある。**パワーデバイス**ではおもにシリコンが使われてきたが、**SiCデバイス**や**GaNデバイス**なども開発されている（P264参照）。

熱、**光**、**力**、**電界**などの外力が加えられると、**抵抗率**が大きく変化することが半導体の特徴だ。**不純物**の添加によっても半導体は抵抗率が大きく変化する。また、温度については、金属などの導体は温度が上がると抵抗率が大きくなるが、半導体は温度が上がると抵抗率が小さくなる。これを**負の温度係数**をもつという。

なお、確かに半導体は導体と絶縁体の中間的な抵抗率だが、作り方や使い方によって抵抗率はさまざまに変化する。そのため、中間的な存在というより、半導体は導体と絶縁体の両方の性質をあわせもつ物質だと考えたほうがわかりやすいかもしれない。

▶真性半導体

先に説明したように**半導体**はわずかな**不純物**の存在で**抵抗率**が大きくかわる。つまり、不純物に対して非常に敏感な物質だ。こうした不純物による影響を排除するために、純度を高めた半導体を**真性半導体**という。真性半導体は99.999999999％というような純度にまで精製されている。こうした純度を、9が12個並ぶのでトゥエルブナインの純度といったりする。

元素としての半導体である**シリコン**は原子番号14、**ゲルマニウム**は原子番号32で、どちらも**価電子**は4つだ。たとえばシリコンの**単結晶**（**原子**がすべて規則正しく配列している結晶）は、〈図02-02〉のように各原子が価電子を互いに共有しながら規則正しく並んでいる。このような構造を**共有結合**という。原子には、L殻より外側の**電子殻**では、8個の**電子**が入ると一応は安定するという性質がある。共有結合では価電子を共有することで、同一軌道上に価電子が8個存在する安定した状態を作りだしているわけだ。価電子の状態が安定して

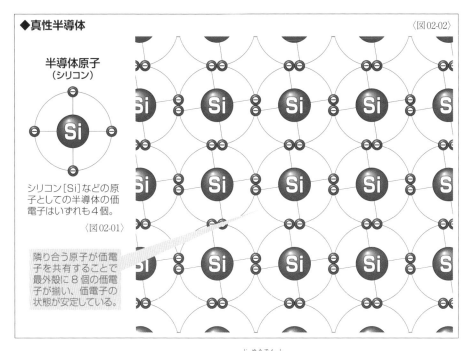

◆真性半導体 〈図02-02〉

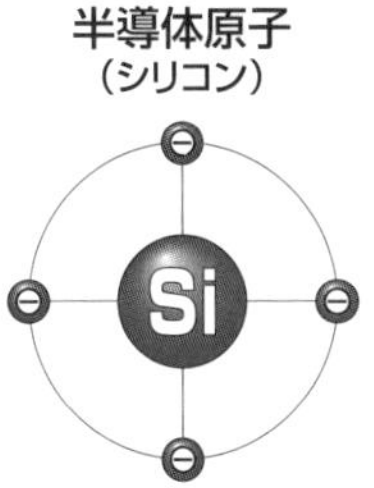

半導体原子
(シリコン)

Si

シリコン[Si]などの原子としての半導体の価電子はいずれも４個。

〈図02-01〉

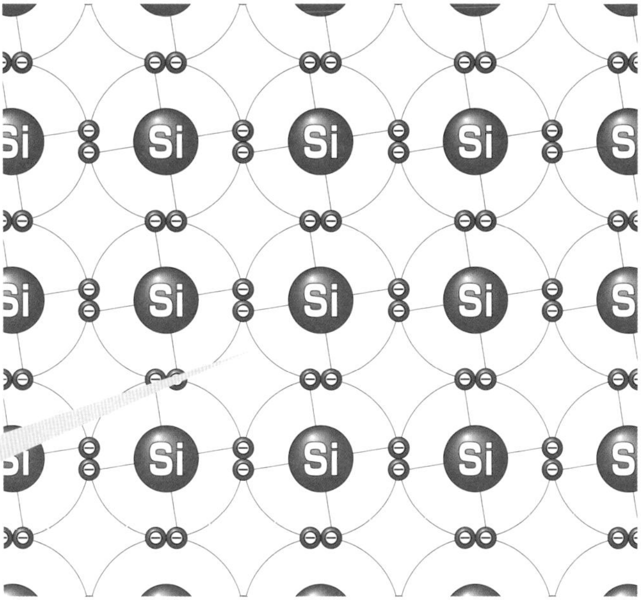

隣り合う原子が価電子を共有することで最外殻に８個の価電子が揃い、価電子の状態が安定している。

Si Si Si Si Si
Si Si Si Si Si
Si Si Si Si Si

いるので、共有結合したシリコンの単結晶では**自由電子**ができにくい。

自由電子がほとんどない真性半導体は、ほとんど電流が流れない。しかし、熱、光、力、電界などの外力が刺激として加えられると、価電子の一部が軌道を離れて自由電子が生じ、わずかに電流が流れるが、外力がなくなるとすぐに共有結合の状態に戻ってしまう。

▶不純物半導体

真性半導体は電流が流れる状況が限られるので、そのままでは**パワーデバイス**に使うことが難しい。そのため**半導体デバイス**には、真性半導体に**不純物**としてほかの原子をわずかに混ぜた**不純物半導体**が使われる。不純物の量は100万分の1～1000万分の1程度の微量だ。混ぜ込む不純物を**ドーパント**(dopant)といい、不純物を微量添加することを**ドーピング**(doping)という。不純物半導体はドーピングする元素の種類によって、**n形半導体**と**p形半導体**に分類される。

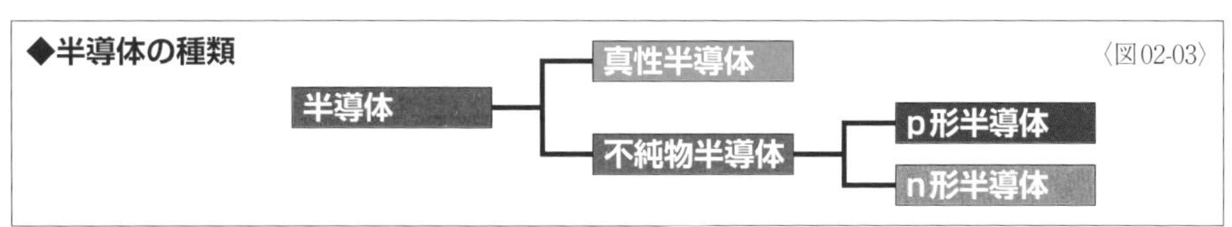

▶n形半導体

シリコンなど4個の**価電子**が**共有結合**する**真性半導体**に、価電子が5個の原子を微量添加したものが**n形半導体**だ。価電子が5個の原子には、**ヒ素**[As]や**リン**[P]、**アンチモン**[Sb]などがある。

共有結合は8個の価電子で安定するが、5個の価電子をもつ原子が添加されると、価電子のうち1個が共有結合に加われない。その価電子は**原子核**に束縛される力が弱い。結果、n形半導体には金属などの導体と同じように**自由電子**になりやすい**電子**が存在するため電流が流れる。自由電子が存在するが、n形半導体自体は電気的に**中性**の状態だ。

人工的に自由電子を作るために添加する物質を**ドナー**といい、物質が原子の場合は**ドナー原子**という。英語の“donor”には「提供するもの」という意味がある。n形半導体を製造する際に、**不純物濃度**を調整すれば、任意の**電気抵抗率**にすることができる。

また、ドナーが添加された半導体では自由電子がおもな**キャリア**になる。自由電子は**負電荷**(**マイナスの電荷**)であるため、負を意味する英語の“negative”の頭文字から、こうした半導体をn形半導体というわけだ。

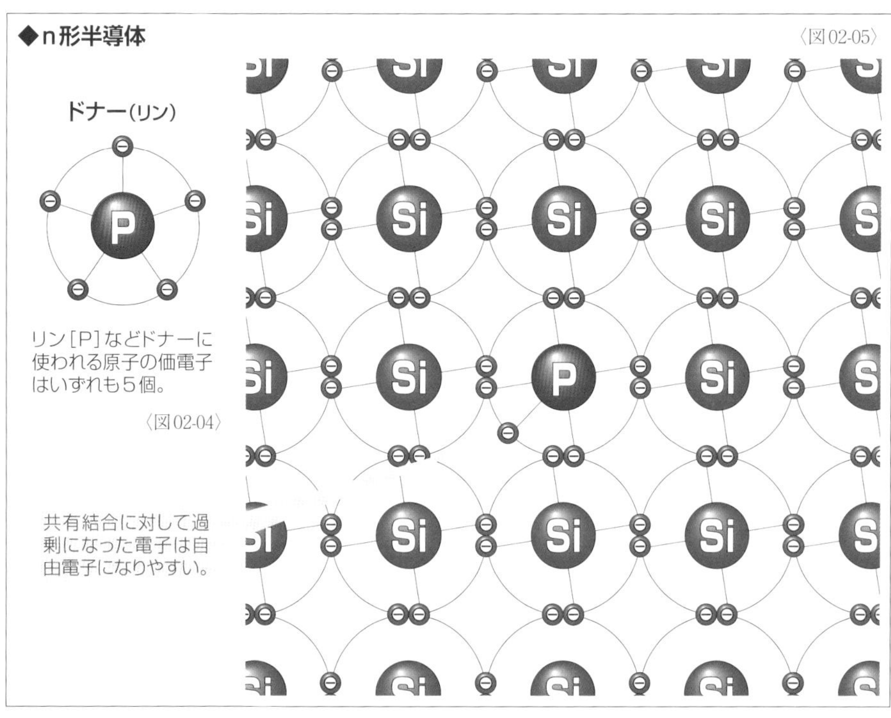

ドナー(リン)
P
Si
リン[P]などドナーに使われる原子の価電子はいずれも5個。
共有結合に対して過剰になった電子は自由電子になりやすい。

◆n形半導体 〈図02-05〉

〈図02-04〉

▶p形半導体

シリコンなど4個の**価電子**が**共有結合**する**真性半導体**に、価電子が3個の原子を微量添加したものが**p形半導体**だ。価電子が3個の原子には、**ホウ素**[B]や**アルミニウム**[Al]、**ガリウム**[Ga]、**インジウム**[In]などがある。

価電子が3個の原子が共有結合に加わると、結合の際に価電子の足りない部分が生じる。本来は価電子が存在して欲しいが、実際には存在しないので、穴があるているような状況だといえる。そのため、こうした部分を**正孔**や**ホール**という。正孔については次ページで詳しく説明するが、p形半導体では、この正孔がおもな**キャリア**になる。正孔は**正電荷**(**プラスの電荷**)として扱われるため、正を意味する英語の“positive”の頭文字から、こうした半導体をp形半導体というわけだ。p形半導体自体も電気的に**中性**の状態にある。

人工的に正孔を作るために添加する物質を**アクセプタ**といい、物質が原子の場合は**アクセプタ原子**という。英語の“acceptor”には「引き受けるもの」という意味がある。p形半導体を製造する際に、添加するアクセプタの量を調整すれば、任意の**電気抵抗率**にすることができる。

◆p形半導体

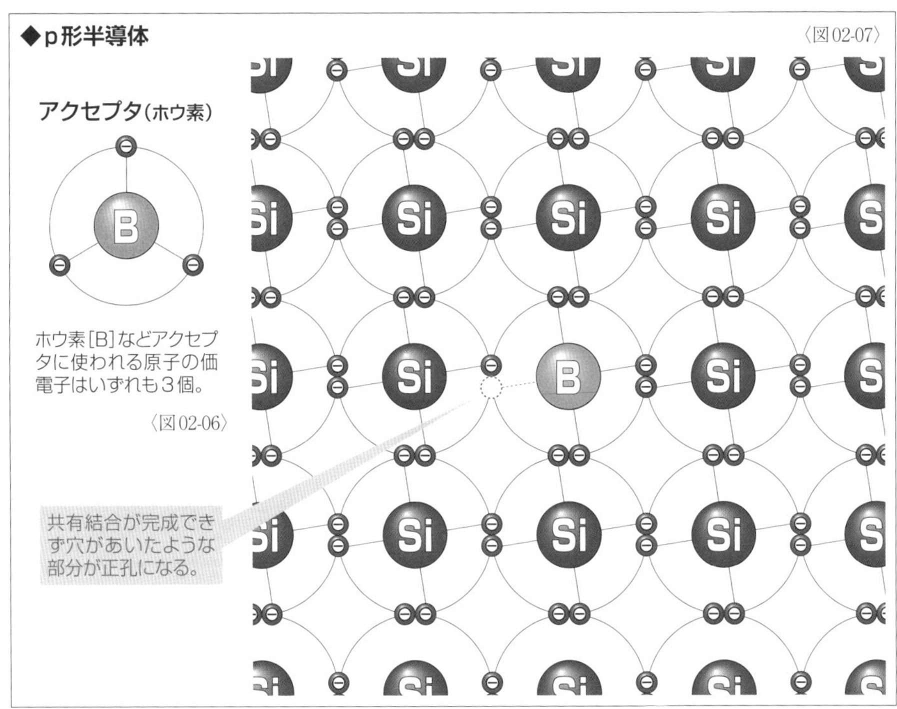

ホウ素[B]などアクセプタに使われる原子の価電子はいずれも3個。〈図02-06〉

共有結合が完成できず穴があいたような部分が正孔になる。

〈図02-07〉

▶自由電子と正孔

n**形半導体**のキャリアである**自由電子**は、金属などの導体の自由電子と同じようにふるまう。自由電子は物質内を自由に移動することができるので、**電荷**の運び手であるキャリアになる。n形半導体に電圧をかけると電流が流れるが、自由電子は**負電荷**であるため、自由電子が移動する方向と、電流が流れる方向が逆になる。

いっぽう、p**形半導体**では**正孔**（**ホール**）がキャリアになると説明されるが、実際には正孔は**仮想キャリア**だ。正孔ができるしくみを考えればわかるように、正孔の位置は固定されていて動くことができないので、電荷の運び手にはなれないはずだ。しかし、p形半導体に電圧をかけると電流が流れる。その際には、マイナス側の電極から供給された自由電子が隣り合った正孔から正孔へと次々と移動していく。つまり、実際には自由電子がキャリアとして〈図02-08〉のように移動しているのだが、電子の動きを見なければ、〈図02-09〉のように正孔が移動しているように見える。

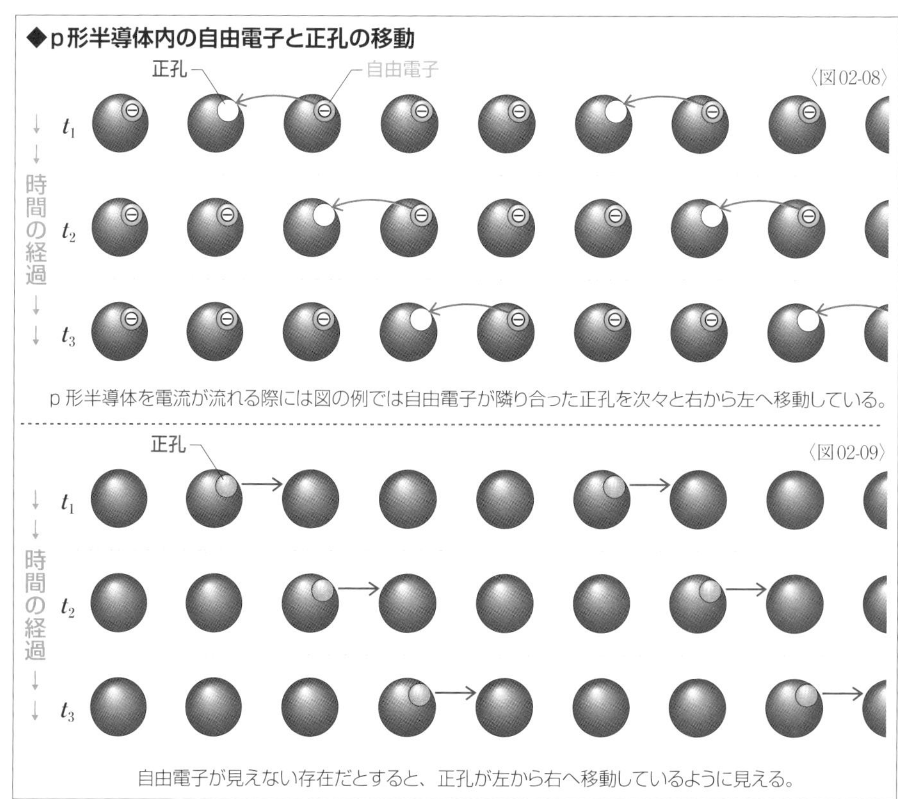

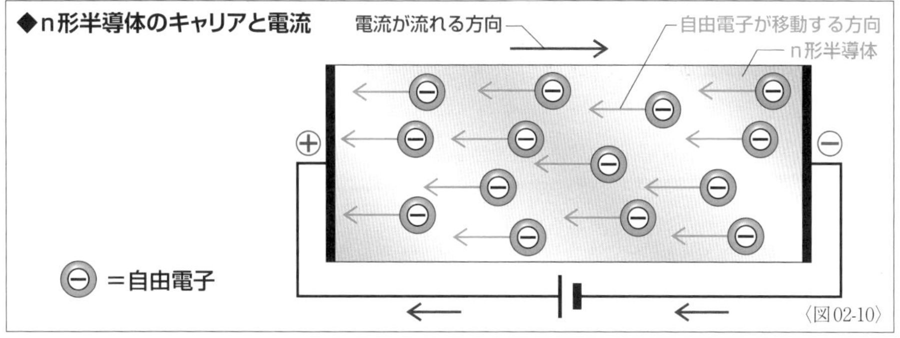

〈図02-10〉

p形半導体内を自由電子が移動しているとはいっても、多数の自由電子が存在する導体内を自由に移動しているのとは状況が異なる。そのため、正孔を仮想キャリアとして扱ったほうが、状況が把握しやすく、半導体のさまざまな作用もわかりやすくなる。そこで、半導体の作用などを説明する際には、正孔をキャリアとして扱うのが一般的だ。なお、正孔は移動しているように見えるだけだが、以降では正孔は移動するものとして説明する。

図を見ればわかるように、自由電子の移動する方向と、正孔の移動する方向は逆になる。つまり、正孔の移動する方向と、電流の流れる方向は同じになる。そのため、正孔は移動できる**正電荷**として扱う。なお、移動速度を比較すると、正孔は自由電子より遅い。

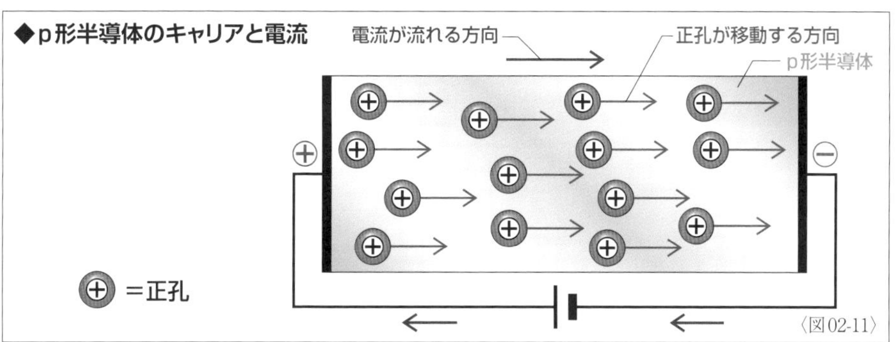

〈図02-11〉

▶多数キャリアと少数キャリア

n形半導体のおもな**キャリア**は**自由電子**だが、半導体内に**正孔**がまったく存在しないわけではなく、わずかには存在する。n形半導体では、自由電子のように数の多いほうのキャリアを**多数キャリア**といい、正孔のように数の少ないほうのキャリアを**少数キャリア**という。**p形半導体**では正孔が多数キャリアであり、自由電子が少数キャリアだ。少数キャリアは数が極めて少ないが、半導体デバイスの動作に影響を与えることがあるため、無視はできない。

第2章
第3節 pn接合

半導体デバイスではp形半導体とn形半導体を組み合わせて使用する。その基本中の基本がpn接合だ。p形とn形を接合するとキャリアが存在しない空乏層ができる。

▶キャリアのふるまい

半導体に**電界**を加えると、**キャリア**である**自由電子**と**正孔**は、電界による力を受けて、正孔は電界の向き、自由電子は電界とは逆向きに移動する。この移動によって、電界の向きに電流が流れる。この現象を**ドリフト**(drift)という。ドリフトによって流れる電流を**ドリフト電流**という。電界とは、簡単にいってしまえば電圧のかかった空間のことだ。プラスとマイナスの電極によって電界が生じているとすれば、前ページの〈図02-11〉のように正孔はマイナスの電極に引き寄せられ、〈図02-10〉のように自由電子はプラスの電極に引き寄せられる。

また、半導体内部のキャリアの濃度に差があると、濃度の高い部分から低い部分に向かってキャリアの移動が起こる。この現象を**拡散**という。拡散とは物理の分野では粒子や熱などが散らばり広がる現象のことをいう。たとえば、水のなかにインクをたらすと、インクは拡散によって次第に全体に広がって水と混ざり合ってしまう。煙が空気中に広がる現象も拡散だ。拡散によってキャリアが移動することにより流れる電流を**拡散電流**という。

半導体内で正孔と自由電子が出会うと、**正電荷**と**負電荷**が打ち消し合って両者が消滅する。このように正孔と自由電子が消滅することを**キャリアの再結合**という。電圧を加えた半導体では、キャリアの再結合と生成が同時に行われる。その際、キャリアが再結合した分だけキャリアが生成されるため、半導体内のキャリアの総数はかわらない。

▶pn接合

n形半導体も**p形半導体**も、それぞれが単独では**導体**と大差ないが、n形とp形を組み合わせるといろいろな働きをするようになる。**半導体デバイス**にはさまざまな組み合わせ方のものがあるが、その基本となるのがp形半導体とn形半導体を接合した**pn接合**だ。接合とはいっても、すでに存在しているp形半導体とn形半導体をくっつけるわけではない。半導体の結晶をつくる際に、**アクセプタ**を添加する部分と**ドナー**を添加する部分を分けることで、p形とn形が接合した結晶を製造する。pn接合のうち、半導体がp形の部分を**p形領域**や**p層**、n形の部分を**n形領域**や**n層**といい、両者が接している面を**接合面**や**境界面**という。

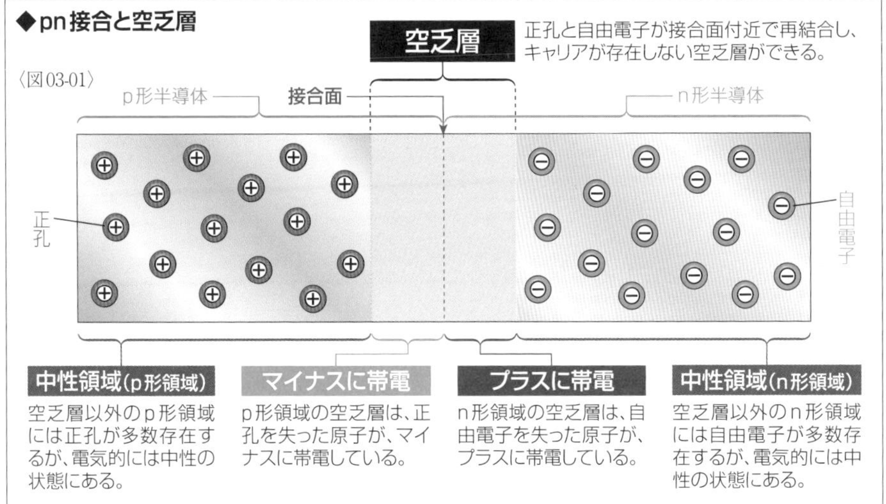
◆pn接合と空乏層
空乏層
正孔と自由電子が接合面付近で再結合し、キャリアが存在しない空乏層ができる。
〈図03-01〉
p形半導体
接合面
n形半導体
正孔
自由電子
中性領域(p形領域)
空乏層以外のp形領域には正孔が多数存在するが、電気的には中性の状態にある。
マイナスに帯電
p形領域の空乏層は、正孔を失った原子が、マイナスに帯電している。
プラスに帯電
n形領域の空乏層は、自由電子を失った原子が、プラスに帯電している。
中性領域(n形領域)
空乏層以外のn形領域には自由電子が多数存在するが、電気的には中性の状態にある。

▶空乏層

pn接合ができると、**p形領域**の**正孔**は**n形領域**に**拡散**していき、n形領域の自由電子はp形領域に拡散していく。拡散によってもう一方の領域に移動したキャリアを**注入キャリア**という。拡散によって移動する正孔と自由電子が**接合面**付近で出会うと、**キャリアの再結合**によってキャリアが消滅し、接合面付近にはキャリアが存在しない領域ができる。この領域を**空乏層**という。空乏層にはいずれのキャリアも存在しないため、**絶縁体**と同じように電流が流れにくい性質をもつ。

p形領域の空乏層では、それまで存在していた正孔がなくなるので、マイナスに**帯電**した**原子**だけが残る。いっぽう、n形領域の空乏層では、それまで存在していた自由電子がなくなるので、プラスに帯電した原子だけが残る。電気的な正負の偏りによって、空乏層内のp形領域とn形領域には**電位差**が生じる。この電位差によって、キャリアの移動を妨げる方向の**電界**が発生する。空乏層両端の距離が長くなるほど電位差が大きくなっていき、ついにはキャリアが移動できなくなり、拡散は停止して安定する。空乏層内の電位差は、拡散によって生じたものなので**拡散電位**という。また、この電位差がキャリアの移動を妨げる壁のように働くため、**電位障壁**ともいう。

空乏層以外のp形領域には正電荷である正孔が多数あるが、元から存在しているものなので、電気的な偏りはなく**中性**の状態になっている。同じく、空乏層以外のn形領域には自由電子が多数あるが、電気的に中性の状態だ。これらの領域を**中性領域**という。

ダイオード

ダイオードはpn接合だけで構成される半導体デバイスだ。一定の方向にしか電流を流さない性質があり、回路内を流れる電流の向きの制御に使われる。

▶pn接合ダイオード

pn接合をそのまま使う**半導体デバイス**を**pn接合ダイオード**という。**ダイオード**(diode)にはさまざまな種類のものがあるが、単にダイオードといった場合、pn接合のものをさすことがほとんどだ。商用電源など1kHz以下の交流の整流に使う**整流ダイオード**と、スイッチング周波数が数百Hz以上の回路に使う**スイッチングダイオード**に大別される。整流ダイオードは**一般用ダイオード**ともいい、スイッチングダイオードは**高周波用ダイオード**ともいう。いずれも**2端子デバイス**でありパワーエレクトロニクスの分野では**非可制御デバイス**として使われる。

pn接合ダイオードの構造を模式的に示すと〈図04-01〉のようになる。p形領域側の**電極**を**アノード**(anode)、n形領域側の電極を**カソード**(cathode)というが、電極ではなく端子をさす場合もある。それぞれの半導体の領域は**アノード領域**と**カソード領域**ともいう。

ダイオードの**図記号**は〈図04-02〉が使われる。欧文1文字の略字で示す場合、アノードは"A"が使われるが、カソードはドイツ語(kathode)の頭文字"K"が使われることが多い。

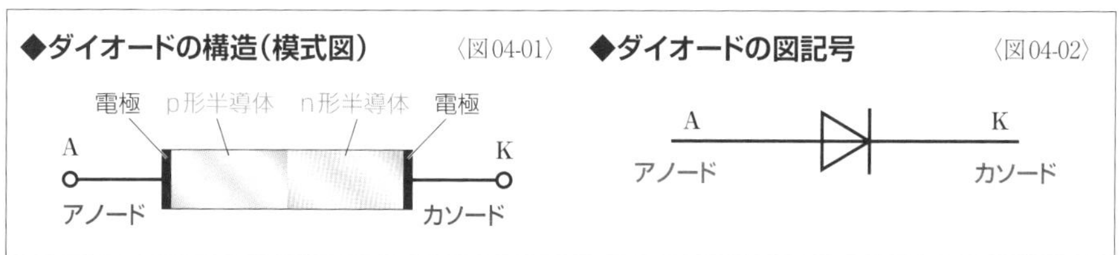

▶ダイオードの順方向電圧と逆方向電圧

pn接合ダイオードでは**アノード**(p形領域側)が正、**カソード**(n形領域側)が負となるような電圧を**順方向電圧**という。順方向電圧を0から少しずつ高めていくと、ある一定の電圧でアノードからカソードへ**順方向電流**が流れ始める。流れ始める電圧を**立ち上がり電圧**や**しきい値電圧**(閾値電圧)、**オフセット電圧**といい、**シリコンダイオード**では約0.6Vだ。

順方向電圧が立ち上がり電圧より低い状態では、**pn接合**の**空乏層**に**拡散電位**があるため順方向電流が流れないが、順方向電圧が立ち上がり電圧を超えると、その**電界**によって

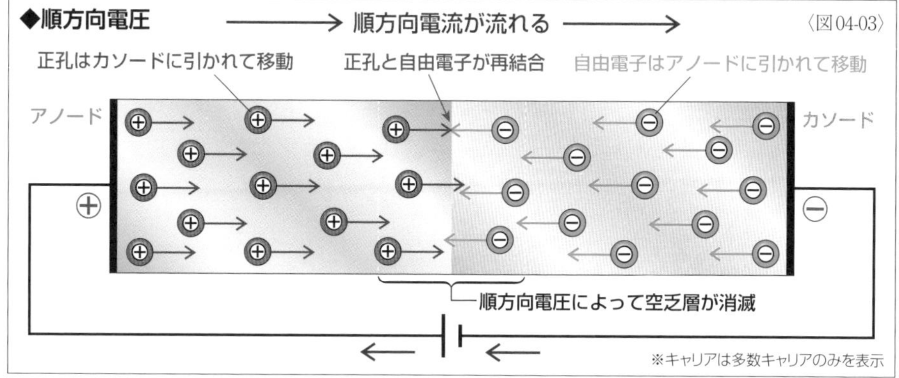
◆順方向電圧
順方向電流が流れる
〈図04-03〉
正孔はカソードに引かれて移動
正孔と自由電子が再結合
自由電子はアノードに引かれて移動
アノード
カソード
順方向電圧によって空乏層が消滅
※キャリアは多数キャリアのみを表示

拡散電位が打ち消されて空乏層が消滅する。これにより、p形領域の**正孔**はカソードに引き寄せられて移動し、n形領域の**自由電子**はアノードに引き寄せられて移動し、**接合面**で出会うと**再結合**して消滅する。移動したキャリアは電源から供給されるので、キャリアの移動が連続することで電流が流れ続ける。順方向電圧をさらに高めていくと、それに従い順方向電流も増加する。順方向電流が流れている状態ではダイオードに電圧降下が生じる。この電圧降下を**オン電圧**や**順方向電圧降下**という。

いっぽう、pn接合ダイオードに**逆方向電圧**を加えると、空乏層以外のp形領域の正孔はアノードに引き寄せられて移動する。移動によって正孔が存在しなくなったp形領域は空乏層になる。n形領域でも自由電子はカソードに引き寄せられて移動し、自由電子が存在しなくなったn形領域は空乏層になる。このように、逆方向電圧が加えられることで空乏層が広がるため、逆方向電圧では**多数キャリア**の移動による電流は流れない。この状態を**逆阻止状態**という。ただし、それぞれの領域の**少数キャリア**は逆方向電圧によって移動することになるので、極めてわずかな**逆方向電流**が流れる。この電流を**逆阻止電流**や**漏れ電流**という。

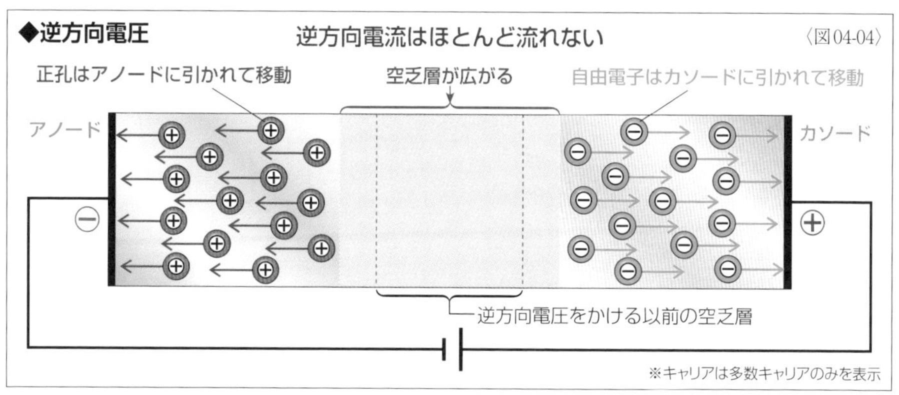
◆逆方向電圧
逆方向電流はほとんど流れない
〈図04-04〉
正孔はアノードに引かれて移動
空乏層が広がる
自由電子はカソードに引かれて移動
アノード
カソード
逆方向電圧をかける以前の空乏層
※キャリアは多数キャリアのみを表示

▶ダイオードの降伏現象

pn**接合ダイオード**は**逆方向電圧**ではほとんど電流が流れない**逆阻止状態**だが、電圧を高めていくとある電圧で急に大きな**逆方向電流**が流れはじめる。この現象を**降伏現象**や**ブレークダウン**という。流れる電流を**降伏電流**や**ブレークダウン電流**、**ツェナー電流**、電流が流れ始める電圧を**降伏電圧**や**ブレークダウン電圧**、または**ツェナー電圧**という。こうした**降伏状態**では電流の広い範囲にわたって降伏電圧が一定になる特性がある。これを**降伏特性**といい、こうした領域を**降伏領域**や**ブレークダウン領域**という。降伏特性を利用して定電圧を得ることを目的とした**ツェナーダイオード**(P83参照)という半導体デバイスもある。

……… 降伏現象の詳細 ………

降伏現象は簡単に説明することが難しい現象なので、ここでは概略のみを説明しておく。降伏現象は、**アバランシェ現象**か**ツェナー効果**のどちらかによって生じる。アバランシェ現象は**なだれ降伏**ともいう。pn接合に大きな逆方向電圧がかかると、**少数キャリア**が急激に加速される。加速されたキャリアが原子にぶつかると、原子から電子をたたき出し、自由電子と正孔のペアを作る。こうしてたたき出されたキャリアが加速されて原子にぶつかって……、といった具合にねずみ算的にキャリアの数が急増し、なだれのようにキャリアが移動して電流が流れるようになる。これがアバランシェ現象だ。不純物濃度が低い半導体で起こりやすい。

ツェナー効果は**トンネル効果**ともいい、不純物濃度が高い半導体で起こりやすい。大きな逆方向電圧がかかると、その電界によってn形半導体のシリコンの価電子が空乏層を飛び越えるようにしてp形半導体に入ることができるようになる。こうした現象を**量子力学**ではトンネル効果という。この電子の移動によって電流が流れる。これがツェナー効果だ。

▶ダイオードの電圧−電流特性

pn**接合ダイオード**の**電圧−電流特性**(**静特性**)は、〈図04-05〉のようになる。**逆方向電流**は非常に小さいものなので、グラフでは無視してある。ダイオードを**半導体スイッチ**として考えると、**立ち上がり電圧**を超えた**順方向電圧**がかかっている状態が**オン状態**になり、立ち上がり電圧未満から**降伏電圧**に至るまでの範囲が**オフ状態**になる。

◆ダイオードの電圧−電流特性 〈図04-05〉

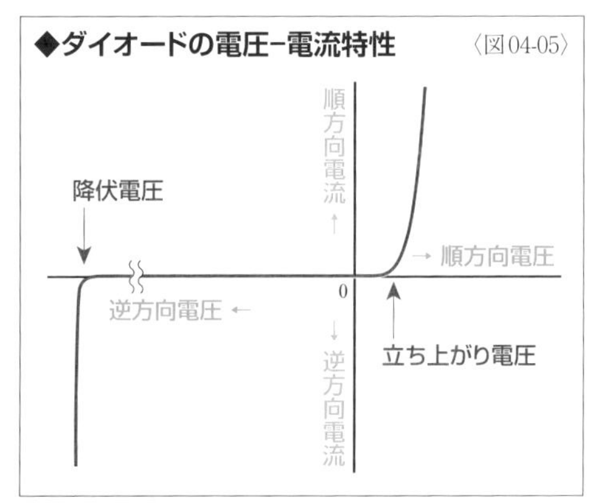

降伏状態もスイッチがオンの状態のように思われがちだが、降伏状態ではダイオードの電圧降下が**降伏電圧**に保たれるため、スイッチのオン状態として使うことは難しい。ダイオードをスイッチとして用いる際には、逆方向電圧の大きさが降伏電圧以下になるようにしなければならない。

〈図04-05〉が正式なダイオードの電圧-電流特性だが、一般的に電力変換回路で扱う電圧は立ち上がり電圧より十分に大きいので、立ち上がり電圧を無視した〈図04-06〉のような電圧-電流特性で回路の動作を考えたり解析したりすることも多い。この特性を**理想ダイオード**の特性や、ダイオードの**理想特性**という。なお、ダイオードでは**ターンオン**を**フォワードリカバリ**、**ターンオフ**を**リバースリカバリ**ともいう。

◆**理想ダイオードのスイッチとしての特性**　〈図04-06〉

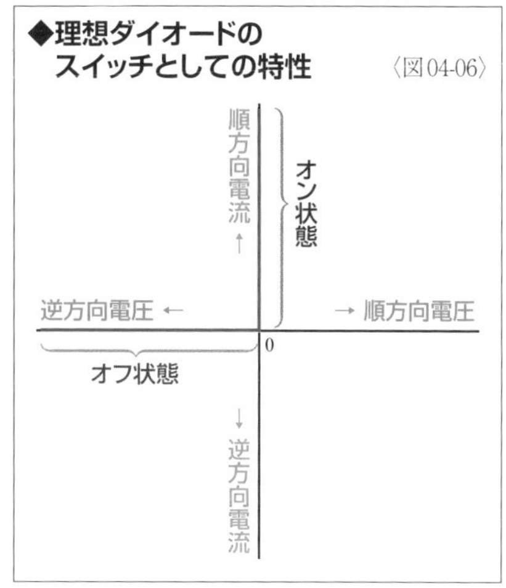

▶半導体スイッチとしてのダイオード

理想ダイオードの特性で、スイッチの**移行条件**と**維持条件**をまとめると〈図04-07〉のようになる。ダイオードはパワーエレクトロニクス以外の電子回路でもよく使われているので、本書以外でもダイオードを学んだことがある人も多いだろう。こうした人の場合、ダイオードは**順方向電圧**では導通、**逆方向電圧**では遮断と覚えているかもしれない。これをスイッチとして考えると、**ターンオン**の条件が順方向電圧、**ターンオフ**の条件が逆方向電圧ということになる。

こうした考え方でも大きな間違いとはいえないが、理想ダイオードの**電圧-電流特性**から読み取ると、オン状態では電圧が0のため電流しか定義できず、オフ状態では電流が0のため電圧しか定義できない。そのため、ターンオンの条件は順方向電圧が0を超えようとすることであり、ターンオフの条件は**順方向電流**が0を下回ろうとすることになる。同じように、オン状態の維持条件は順方向電流になり、オフ状態の維持条件は逆方向電圧になる。

◆**理想ダイオードによるスイッチの移行条件と維持条件**　〈図04-07〉

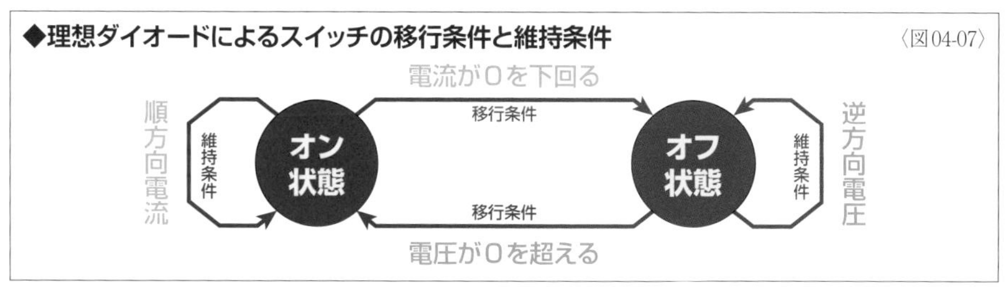

第4節 ダイオード

▶ダイオードの逆回復特性

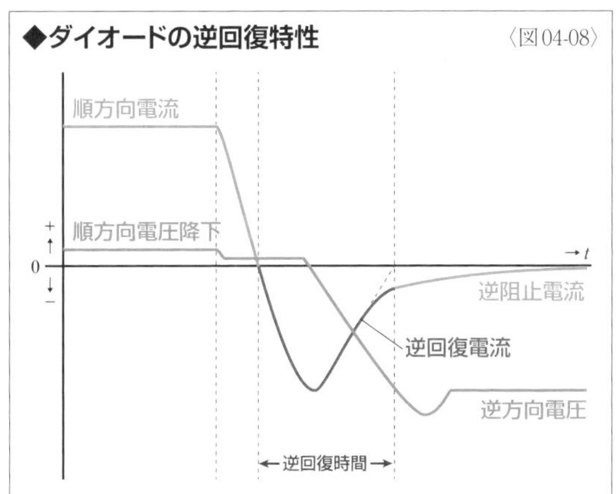

順方向電流が流れ、オン状態にある**ダイオード**に**逆方向電圧**を加えると、すぐに**ターンオフ**（**リバースリカバリ**）して電流が流れなくなりそうだが、実際には一時的に逆方向に電流が流れる。この電流を**逆回復電流**や**リバースリカバリ電流**、単に**リカバリ電流**という。

オン状態ではn形領域の**自由電子**はp形領域に向かって移動し、p形領域の**正孔**はn形領域に向かって移動し、それぞれが**注入キャリア**になり、さらに自由電子と正孔が**再結合**して消滅することで順方向電流が流れているが、注入キャリアが再結合して消滅するまでにわずかだが時間がかかるため、逆方向電圧がダイオードにかかった瞬間にはまだ消滅前の注入キャリアが残っている。蓄積したキャリアは逆方向電圧によって引き戻されるため、その移動によって逆方向の逆回復電流がしばらくの間は流れる。これを**少数キャリアの蓄積作用**や単に**キャリアの蓄積作用**という。蓄積したキャリアは次第に少なくなるので電流は立ち下がっていき停止する。厳密な定義は省略するが、〈図04-08〉のように逆回復電流が流れている期間を、**逆回復時間**（**リバースリカバリ時間**、**リカバリ時間**）という。また、こうした特性を**逆回復特性**（**リバースリカバリ特性**、**リカバリ特性**）といい、半導体スイッチとして捉えれば**スイッチング特性**のうちのターンオフ特性といえる。

逆方向電圧がかかっている状態で逆回復電流が流れるとダイオードに**逆回復損失**（**リバースリカバリ損失**、**リカバリ損失**）が生じる。また、スイッチング周波数の高い回路では逆回復電流が回路の動作に悪影響を及ぼしたり損失の増加をまねく。そのため、特に**スイッチングダイオード**では逆回復時間が短く、逆回復電流の最大値が小さいことが望ましい。

逆回復時間の短い逆回復特性を**ファストリカバリ**、それが実現されたダイオードを**ファストリカバリダイオード**という。正孔は自由電子より移動が遅いので注入から引き戻されるのに時間がかかる。しかし、n形領域のなかに正孔を消滅させるための罠のようなものを作ればファストリカバリが実現できる。こうした方法を**ライフタイム制御**という。また、pn接合とは異なった原理で動作する**ショットキーバリアダイオード**（P83参照）もファストリカバリが可能なダイオードとして使われている。

逆回復電流が立ち下がっていく際の減少率が大きく、その回路にインダクタンスが存在すると、大きな逆電圧が生じてしまい回路に悪影響を及ぼす。そのため、逆回復電流の減少率は小さいほうが望ましい。減少率が大きな逆回復特性を**ハードリカバリ**、小さな特性を**ソフトリカバリ**という。現在では、**ソフトリカバリダイオード**が開発されている。

なお、オフ状態からオン状態にターンオンする際には、空乏層を打ち消し、キャリアが移動して再結合する必要があるため、順方向電流の立ち上がりにわずかな時間を要するが、こちらは無視できるほどに小さなものだ。また、ダイオードを半導体スイッチとして捉えれば、逆回復損失は**ターンオフ損失**に相当するが、ダイオードにはこうした**スイッチング損失**以外に**定常損失**もある。オン状態では**オン電圧**（**順方向電圧降下**）と順方向電流の積が**定常オン損失**になり、オフ状態では**逆阻止電流**と逆方向電圧の積が**定常オフ損失**になる。

◆ファストリカバリ 〈図04-09〉

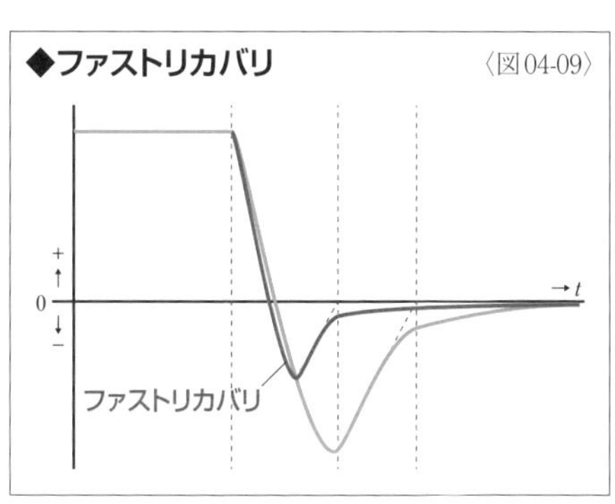

◆ハードリカバリとソフトリカバリ 〈図04-10〉

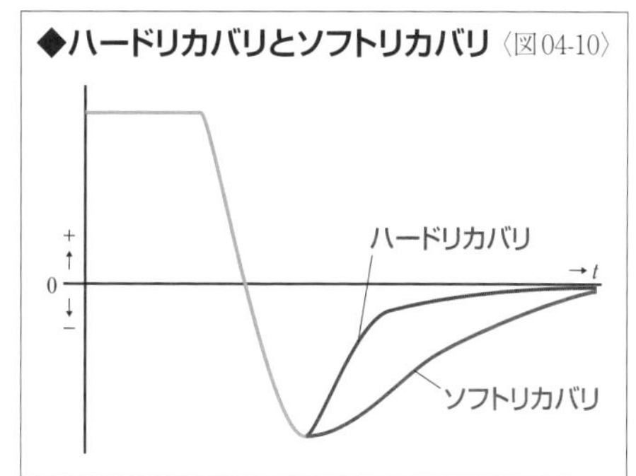

▶ダイオードの定格

もっとも簡単に**ダイオード**の性能を表現する場合、2800V・1000Aといった具合に示される。これは、そのダイオードが扱うことができる電圧と、オン状態で流せる電流の**最大定格**だ。

ダイオードに**降伏電圧**より高い**逆方向電圧**をかけると逆方向電流が流れてしまう。ある程度の電圧までなら、降伏電圧以下に戻せば状態を回復するが、電圧がさらに高いとダイオードが破壊することもある。そもそも逆方向電流が流れたのでは、ダイオードに求められている役割を果たせなくなる。そのため、逆電圧の上限が定格として定められていて、**逆阻止電圧**や**逆耐圧**などともいう。厳密には、繰り返しても大丈夫な逆方向電圧や、瞬間的なら許容される逆方向電圧などが電圧定格として定められている。

いっぽう、電流定格はオン状態で流すことができる電流の上限だ。電流についても厳密には平均値やピーク値などが定格として定められている。

その他のダイオード

ダイオードにはpn接合以外にもさまざまな種類がある。パワーエレクトロニクスの分野で使われるものにはpinダイオードやショットキーバリアダイオードなどがある。

▶pinダイオード

逆耐圧を高めるために、通常の**pn接合**の間に**真性半導体**の層をはさんだ**ダイオード**を**pinダイオード**という。真性を意味する英語“intrinsic”の頭文字から真性半導体の層を**i層**といい、p層-i層-n層の順に並ぶため、pinダイオードというわけだ。実際には真性半導体では抵抗が大きすぎるため、中間の層に**不純物濃度**を低くしたn形半導体が使われることが多い。こうした層は**n⁻層**というが、n⁻層を使っていても真性半導体に近い存在であるため、一般的にはpinダイオードという。

n⁻層はキャリアが非常に少なく高抵抗であるため、pinダイオードは逆方向の耐圧がpn接合より高くなる。n⁻層を厚くしたり不純物濃度を下げたりすれば、抵抗が大きくなり、さらに逆耐圧を高くすることが可能だ。いっぽう、**順方向電圧**の場合は、**正孔**がp層からi層に注入され、**自由電子**がn層からi層に注入されるため、pn接合と同じように**キャリアの再結合**によって電流が流れる。ただし、高抵抗のn⁻層の存在によって**オン電圧**(**順方向電圧降下**)がpn接合ダイオードよりわずかに大きくなる。また、ターンオンやターンオフの特性もpn接合とは多少異なったものになる。しかし、パワーデバイスとしてはpn接合ダイオードとpinダイオードは区別せずに扱われることも多く、**図記号**も同じものが使われる。先に、単にダイオードといった場合、pn接合のものをさすことがほとんどだと説明したが、実際には**pin構造**のものが使われていることもある。

なお、半導体デバイスではここで説明したn⁻層のように、同じn形半導体でも不純物濃度の異なる層が使われることがある。不純物濃度が高い場合は**n⁺層**と表現される。p形半導体についても同じように**p⁻層**や**p⁺層**が使われることがある。ただし、こうした濃度の表現はあくまでも相対的なものだ。本書ではpin構造をp層-n⁻層-n層として説明しているが、濃度の違いをさらに明確にするために、p層-n⁻層-n⁺層やp⁺層-n⁻層-n⁺層と表現されることもある。

◆pinダイオードの構造(模式図) 〈図05-01〉

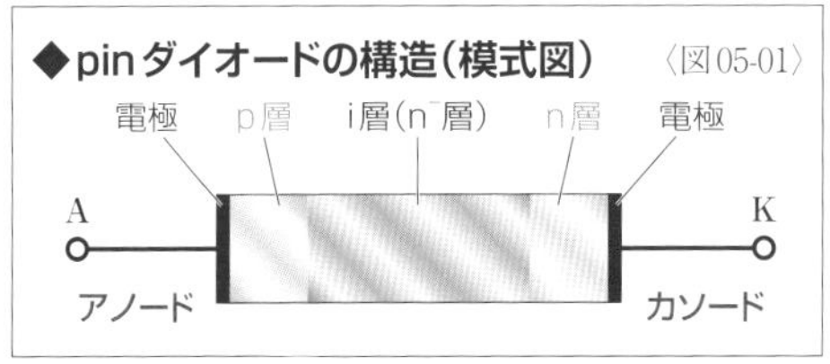

▶ショットキーバリアダイオード

ファストリカバリが可能な**ダイオード**には**ショットキーバリアダイオード**がある。ある種の金属は半導体を接合すると、半導体の種類や不純物濃度によっては**電位障壁**を生じる。この障壁を**ショットキー障壁**という。たとえば、モリブデンとn形半導体を接合すると、n形半導体から**自由電子**が金属側に流れ込み、n形半導体に**空乏層**ができて電位障壁が生じる。こうした金属と半導体の接合を**ショットキー接合**といい、pn接合と同じように**整流**作用が得られる。この作用を利用するダイオードがショットキーバリアダイオードで、略して**ショットキーダイオード**ともいう。構造を模式的に示すと〈図05-02〉のようになる。ショットキー接合を構成する金属は**バリア金属**といいアノード側に配される。**図記号**には〈図05-03〉が使われる。

n形半導体を使ったショットキーバリアダイオードの場合、その動作にかかわるキャリアは自由電子だけになるため、pn接合ダイオードに比べて**オン電圧**（**順方向電圧降下**）が小さい。また、**逆回復時間**が短いため、高いスイッチング周波数で動作させることができる。ただし、pn接合に比べて逆方向の**耐圧**が低く、**漏れ電流**が大きいという弱点がある。

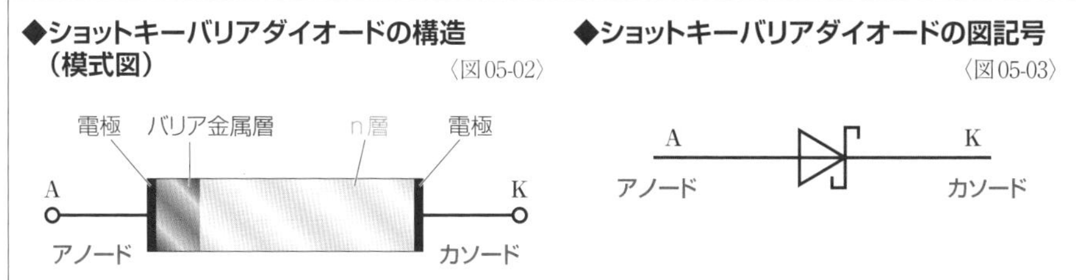

◆ショットキーバリアダイオードの構造（模式図）〈図05-02〉
◆ショットキーバリアダイオードの図記号〈図05-03〉

▶ツェナーダイオード

pn接合ダイオードの逆方向特性では、**降伏電圧**付近で電流の広い範囲にわたって電圧がほぼ一定になる。この特性を利用して、電圧を一定に保つことを目的に作られた半導体デバイスが**ツェナーダイオード**だ。**定電圧ダイオード**ともいう。ツェナーダイオードの基本的な構造はpn接合ダイオードと同じだが、降伏電圧の値は**不純物濃度**によって決まるため、一般的なダイオードに比べて降伏電圧が低くなるように作られている。用途が異なるため**図記号**には〈図05-04〉が使われる。スイッチングを使用しない電源回路で出力電圧の安定化のためなどに使われている。

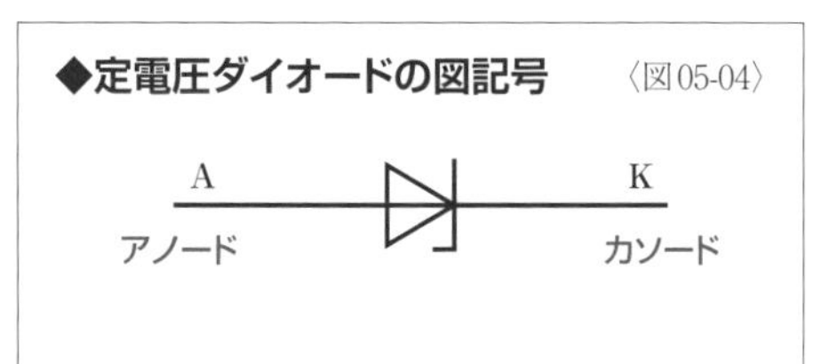

◆定電圧ダイオードの図記号〈図05-04〉

第2章

第6節 パワートランジスタ

バイポーラトランジスタはアナログ電子回路では増幅に使われるが、パワーエレクトロニクスの分野ではオンオフ可制御デバイスとしてスイッチングに使われる。

▶トランジスタの種類

トランジスタ(transistor)はもっとも代表的な**半導体デバイス**だ。パワーエレクトロニクスでは**オンオフ可制御デバイス**として使われる。この分野ではトランジスタは**バイポーラトランジスタ、ユニポーラトランジスタ、絶縁ゲートバイポーラトランジスタ**の3種に大別される。“bipolar”とは「二極の」や「両極の」という意味だ。ここでいう極とは**キャリア**の**極性**のことで、バイポーラトランジスタは動作に**正孔**と**自由電子**の両方の極のキャリアが関わる。“unipolar”とは「単極の」という意味で、ユニポーラトランジスタは動作に正孔か自由電子かどちらかしか関わらない。ユニポーラトランジスタは、その動作原理から**電界効果トランジスタ**ともいい、その英語“field effect transistor”の頭文字から**FET**ということが多い。さまざまな種類があるが、パワーエレクトロニクスの分野では**MOSFET**が使われている(P94参照)。

バイポーラトランジスタはさまざまな分野で使われているが、電力変換に使用するものは**バイポーラパワートランジスタ**や**電力用バイポーラトランジスタ**いう。バイポーラトランジスタは最初に発明されたトランジスタであり、後にFETが発明されるまでは単にトランジスタと呼ばれていた。バイポーラトランジスタという名称は、FETと区別する必要が生じたために作られたものだ。そのため、現在でも単にトランジスタといった場合はバイポーラトランジスタをさすことがほとんどだ。本書でも特に区別が必要ない場合は、バイポーラトランジスタをトランジスタと、バイポーラパワートランジスタを**パワートランジスタ**や**電力用トランジスタ**と表現する。

絶縁ゲートバイポーラトランジスタは、その英語“insulated gate bipolar transistor”の頭文字からIGBTということが多い。パワートランジスタとMOSFETの両方の要素を備えたもので、パワーエレクトロニクスの分野でのみ使われている(P100参照)。

▶バイポーラトランジスタ

バイポーラトランジスタには、**npn形トランジスタ**と**pnp形トランジスタ**の2種類がある。それぞれの構造を模式的に示すと〈図06-02〉と〈図06-04〉のようになる。どちらも半導体が3層構造になっていて、非常に薄い**p形半導体**を両側から**n形半導体**で挟み込んだものがnpn形トランジスタであり、n形半導体を両側からp形半導体で挟み込んだものがpnp形トランジスタだ。pn接合と同じように、こうした構造も半導体チップのなかに作り込まれている。

電極は両端の半導体と、中央に挟まれた半導体に備えられていて、両端の電極を**コレクタ**(collector)と**エミッタ**(emitter)、中央の電極を**ベース**(base)という。この名称は電極ではなく端子をさす場合もある。また、電極に応じてそれぞれの半導体の領域を、**コレクタ領域**、**ベース領域**、**エミッタ領域**、または**コレクタ層**、**ベース層**、**エミッタ層**という。英字で省略する場合は、コレクタを"C"、ベースを"B"、エミッタを"E"にするのが一般的だ。**図記号**には〈図06-03〉と〈図06-05〉が使われる。

おもなキャリアが**正孔**になるpnp形より、おもなキャリアが**自由電子**になるnpn形のほうがスイッチングでは有利なので、パワーエレクトロニクスの分野では一般的にnpn形トランジスタが**パワートランジスタ**として使われる。なお、npn形トランジスタの場合、コレクタ領域とエミッタ領域はどちらもn形半導体だが、エミッタ領域のほうがコレクタ領域より**不純物濃度**が数百倍高くされ、エミッタ領域のほうがコレクタ領域より**多数キャリア**である自由電子の数が多くなるように作られている。そのためnpn形の構造をn層-p層-n層ではなく、エミッタ側から順にn^+層-p層-n層と説明することもある。

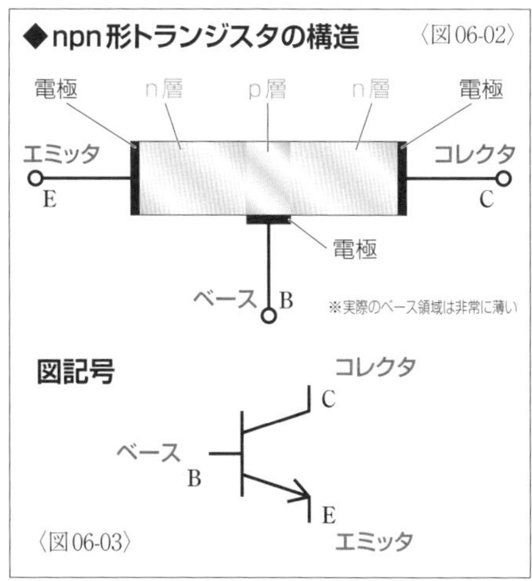

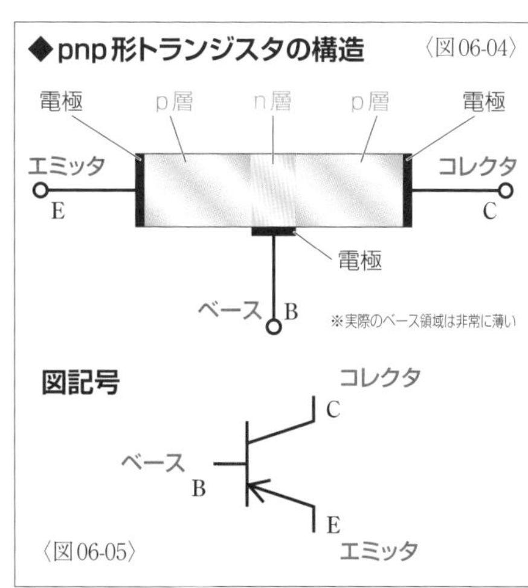

▶トランジスタの空乏層と導通

npn形トランジスタの**ベース**と**コレクタ**はpn**接合**であり、ベースと**エミッタ**もpn接合だ。そのため、トランジスタが回路につながれていない状態では、それぞれの**接合面**付近に〈図06-07〉のように**空乏層**が生じている。3つの端子のうち、2つの端子間に電圧をかけた場合の導通を考えてみると（少数キャリアによる微弱な電流は無視）、〈図06-06〉のようにベースからはコレクタへもエミッタへも電流が流れるが、コレクタからはどちらへも電流を流すことができず、同じくエミッタからも電流を流すことができない。

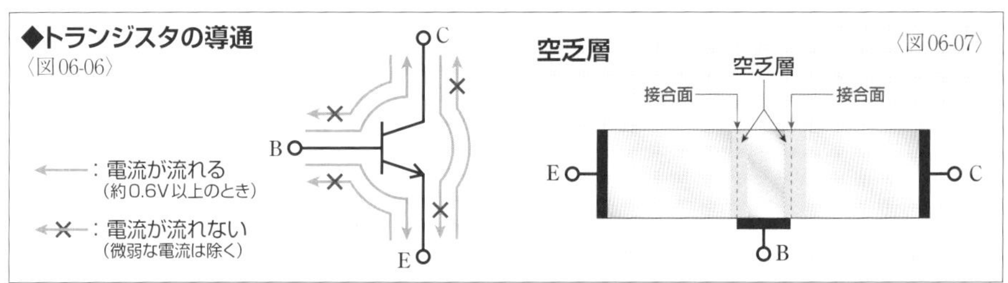

◆トランジスタの導通 〈図06-06〉

空乏層 〈図06-07〉

▶トランジスタの電流増幅作用

コレクタと**エミッタ**間に電圧をかけても電流が流れることはないが、〈図06-08〉の回路のように、同時に**ベース**とエミッタ間にも電圧をかけると、トランジスタならではの現象が生じる。なお、半導体デバイスの端子間の電圧の表現では、後に示された端子のほうを基準とした場合の先に示された端子の電位を意味する。

ベース・エミッタ間は約0.6V以上の電圧がかかると電流が流れる。この電流を**ベース電流**といい、ベース・エミッタ間の端子電圧を**ベース・エミッタ間電圧**という。

〈図06-09〉のように、**ベース層**の**正孔**と**エミッタ層**の**自由電子**が**再結合**して消滅することでベース電流が流れるが、エミッタ層の自由電子に比べると、ベース層の正孔は少ない。しかも、ベース層は非常に薄い。そのため、コレクタ・エミッタ間にも電圧がかかっていると、エミッタ層で加速されたほとんどの自由電子はベース層を貫通してコレクタ層に到達し、コレクタ電極に引き寄せられていく。これにより、コレクタ・エミッタ間に電流が流れる。この電流を

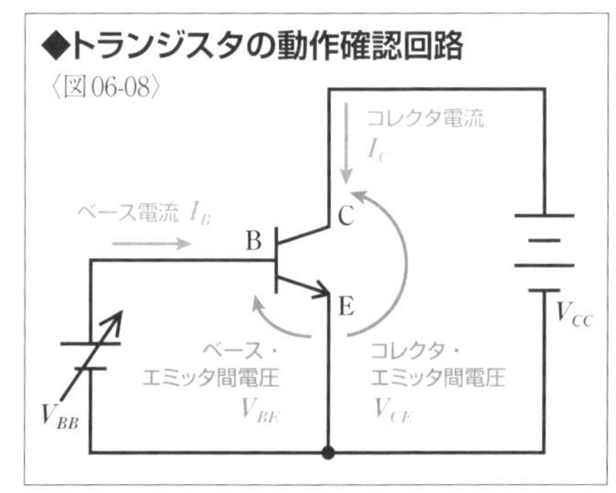

◆トランジスタの動作確認回路 〈図06-08〉

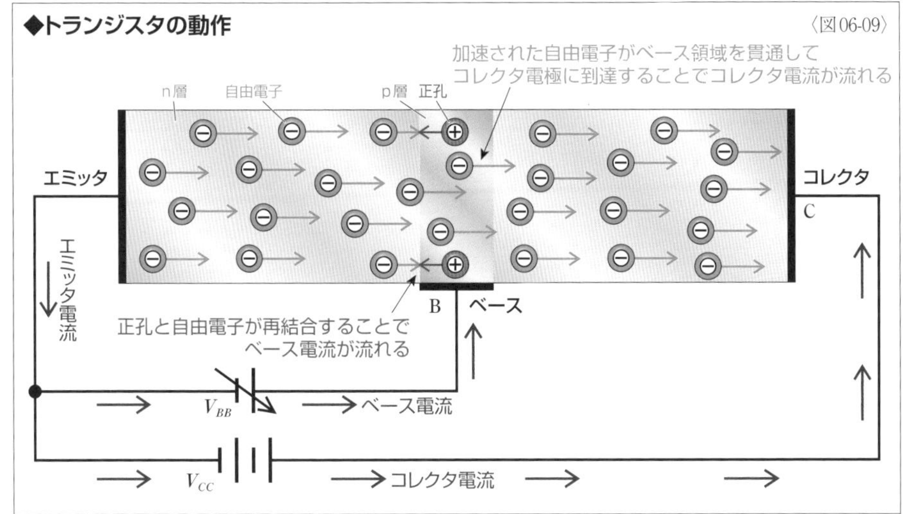

コレクタ電流といい、コレクタ・エミッタ間の電圧を**コレクタ・エミッタ間電圧**という。コレクタ電流は移動する自由電子が多いため、ベース電流に比べて非常に大きな電流になる。

〈図06-10〉は、コレクタ・エミッタ間電圧 V_{CE} を一定にした状態で、ベース電流 I_B の変化に対するコレクタ電流 I_C の変化を示したものだ。これを **I_B–I_C 特性**や**電流伝達特性**という。グラフはほぼ直線なので、ほぼ比例関係にあることを示している。つまり、ベース電流を大きくした比率に応じて、コレクタ電流も同じ比率で大きくなるので、ベース電流を入力、コレクタ電流を出力とすれば、トランジスタで**増幅**を行うことができるわけだ。これを**トランジスタの増幅作用**という。小さな入力電流を大きな出力電流にしているので、より正確には**トランジスタの電流増幅作用**という。また、入力電流の大きさによって出力電流の大きさを制御しているので、トランジスタは**電流制御形デバイス**であるという。この関係を利用しているのがアナログ電子回路の増幅回路だ。コレクタ電流 I_C とベース電流 I_B の比は**直流電流増幅率** h_{FE} といい、数十〜数百という値が一般的だ。

なお、〈図06-08〉のような回路はエミッタを入出力共通の端子として使うので**エミッタ接地回路**という。トランジスタはエミッタ以外の端子を共通としても増幅回路を構成できるが、パワーエレクトロニクスの分野ではエミッタ接地が使われる。

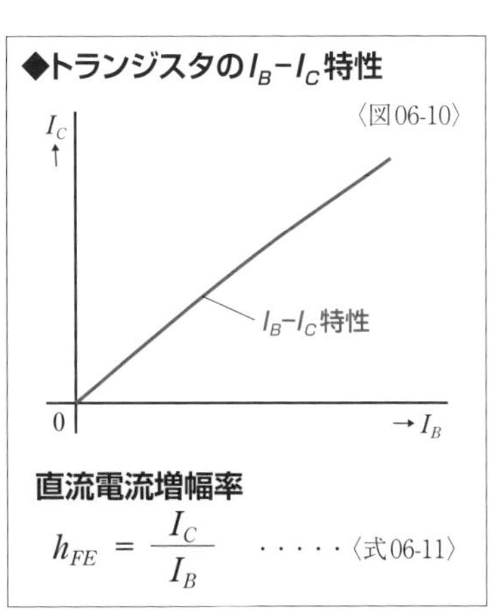

$$h_{FE} = \frac{I_C}{I_B} \quad \cdots\cdots〈式06\text{-}11〉$$

▶トランジスタによるスイッチング作用

トランジスタは**ベース電流**を流さないときは**コレクタ電流**が流れないが、ベース電流を流すとコレクタ電流が流れるので、コレクタ・エミッタ間を**主回路**とする**半導体スイッチ**として使える。ベース電流が流れていないときはコレクタ・エミッタ間が**オフ状態**になり、ベース電流が流れているときは**オン状態**になる。

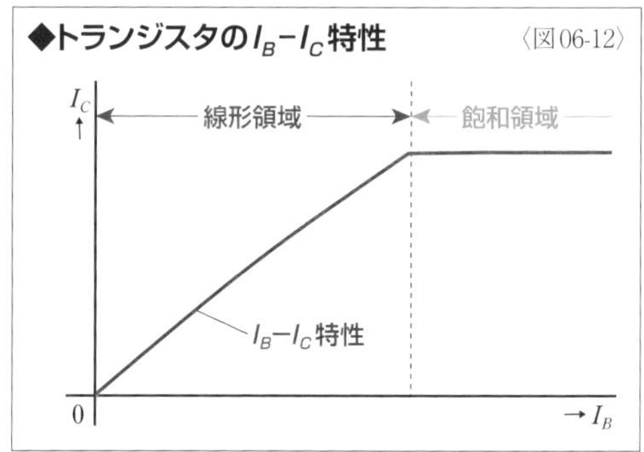

前ページのI_B−I_C**特性**では、両者がほぼ比例関係にあると説明したが、実はベース電流I_Bをさらに大きくしていくと、〈図06-12〉のようにコレクタ電流I_Cは増加せず一定の値を示すようになる。トランジスタの**増幅作用**が**飽和**した(限界までいっぱいになった)ようにみえることから、このような状態を飽和といい、その領域を**飽和領域**という。これに対して、ほぼ比例関係を示し増幅作用に使われる領域を**線形領域**や**比例領域**という。

線形領域でもスイッチとして使うことは可能だが、ベース電流の大きさによってスイッチを流れる電流の大きさが変化してしまう。飽和領域であればベース電流の大きさが多少変動しても、スイッチを流れる電流を一定に保つことができる。そのため、トランジスタをスイッチとして使う場合は、オン状態を飽和領域にするのが一般的だ。

損失については後でも説明するが、オン状態を飽和領域にすることは損失の面で重要なことだ。トランジスタのおもな損失は、**コレクタ・エミッタ間電圧**とコレクタ電流の積になる。

ベース電流I_Bを一定にした状態で、コレクタ・エミッタ間電圧V_{CE}の変化に対するコレクタ電流I_Cの変化を示したV_{CE}−I_C**特性**は**出力特性**ともいい、〈図06-13〉のように複数のI_Bについて特性曲線が示されている。ベース電流I_B=0のときは、V_{CE}を大きくしていってもI_Cはほとんど流れない。この領域を**遮断領域**という。I_B>0のときは、V_{CE}がある値まではI_Cが急激に増加するが、ある

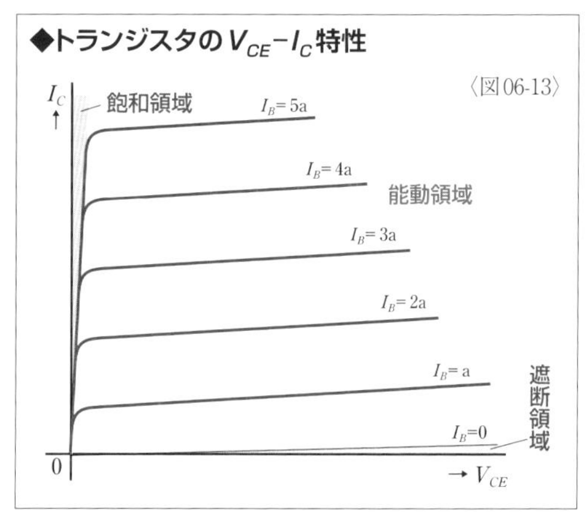

第2章 パワー半導体デバイス

程度の電圧を超えると増加は非常にゆるやかになりほぼ一定となる。I_Cが急激に増加する領域が飽和領域であり、遮断領域と飽和領域の間の領域を**能動領域**や**活性領域**という。

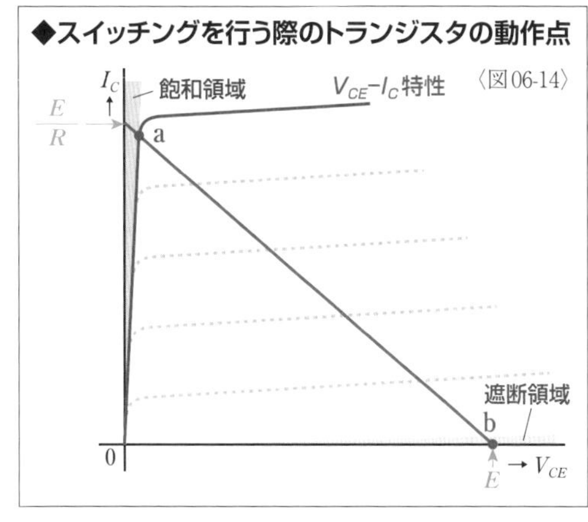

オン状態に飽和領域を使用すれば、コレクタ・エミッタ間電圧を小さくでき、損失を抑えられる。いっぽう、遮断領域ではコレクタ電流がほとんど流れないので損失を抑えられる。たとえば、主回路が電源電圧E、負荷Rとした場合、〈図06-14〉のようにオン状態ではa点が**動作点**になり、オフ状態ではb点になる。トランジスタのスイッチとしての特性は〈図06-15〉のようになる。

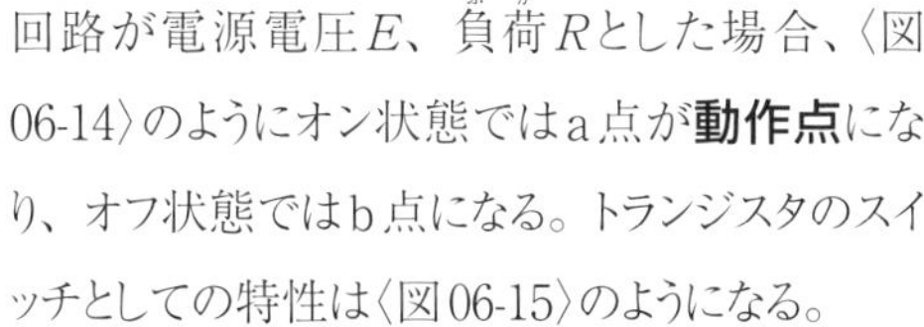

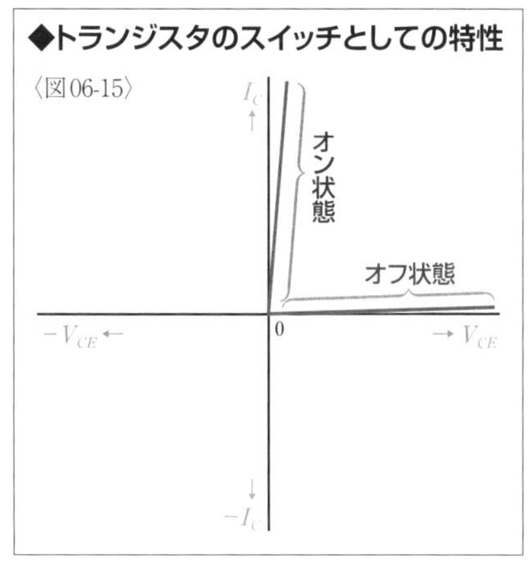

半導体スイッチとして使用する場合も、ベース電流によってオン状態/オフ状態が決まるので、**パワートランジスタ**は**電流制御形デバイス**に分類される。ベース電流を0にすればターンオフするが、次ページで説明するように、ターンオフの際に逆方向に電流を流すと**ターンオフ時間**を短くできる。そのため、〈図06-17〉のようにターンオフの際にはベース電源の極性を反転させて、逆方向にベース電流を流すのが一般的だ。

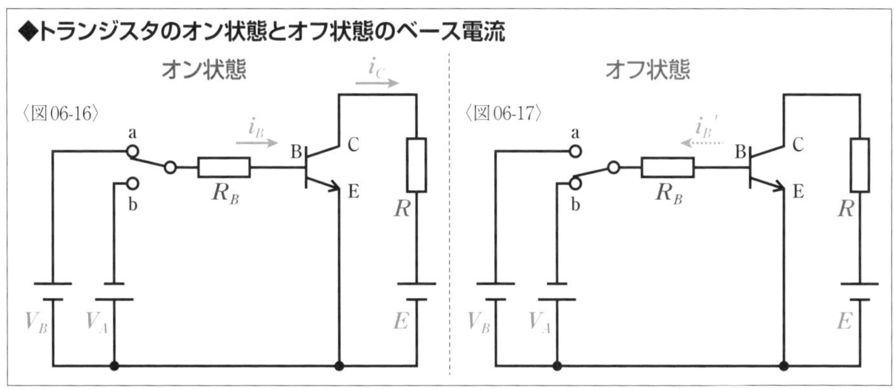

▶トランジスタのスイッチング特性

トランジスタの**ターンオン**の際には、ベース・エミッタ間に**順方向電圧**がかかって**ベース電流**が流れることで、**エミッタ層**から多数の**自由電子**が**ベース層**に注入される。この自由電子がベース層を通過して**コレクタ層**に達するすることで**コレクタ電流**が流れるが、こうした**キャリア**の移動には時間がかかる。そのため、ベース・エミッタ間に順方向電圧がかかってもすぐには十分なコレクタ電流が流れることができず、コレクタ電流の立ち上がりには時間がかかる。また、オン状態ではコレクタ電流が流れ続けているが、エミッタ層から注入された自由電子は非常に数多いのでコレクタ層には向かわずベース層に少数キャリアとして溜まってしまうものがある。これを**少数キャリアの蓄積作用**や単に**キャリアの蓄積作用**という。

トランジスタをターンオフさせてオフ状態にするためには、ベース層に蓄積したキャリアをエミッタ層に戻す必要がある。キャリアを素早く引き戻すために使われるのが、ベース・エミッタ間の**逆方向電圧**だ。ターンオフのためにベース・エミッタ間に逆方向電圧をかけると、ベース層に蓄積されていた自由電子がエミッタ層に引き戻される。このキャリアの移動によってそれまでとは逆方向のベース電流が流れる。コレクタ電流はベース層に蓄積されているキャリアがなくなり、ベース電流が0になるまで続く。結果、ベース・エミッタ間に逆方向電圧がかかっても、しばらくはコレクタ電流が最大値を保って流れ続けた後、次第に減少する。この間、ト

◆トランジスタのスイッチング特性 〈図06-18〉

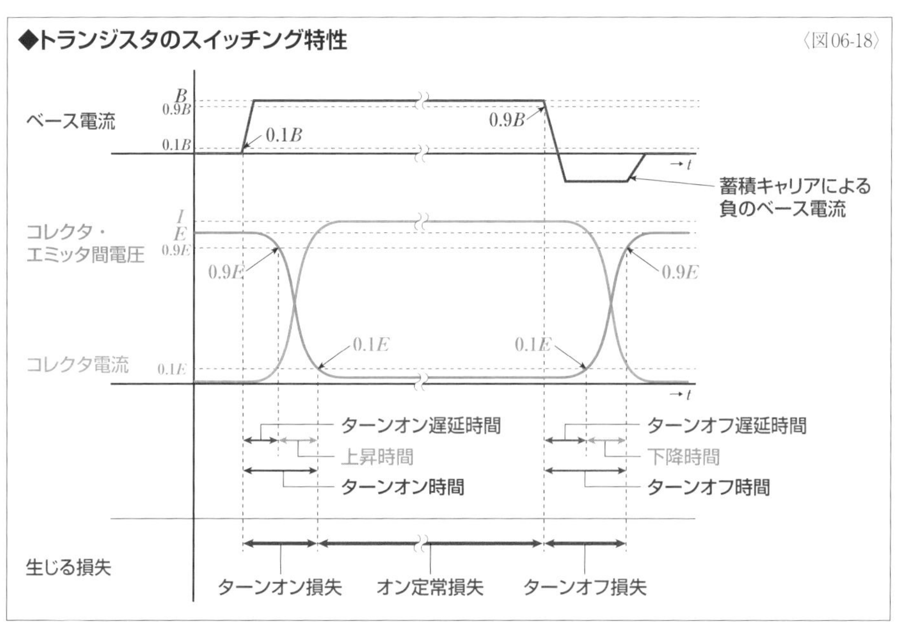

ランジスタはオン状態が続いてしまう。

こうした**パワートランジスタ**の**スイッチング特性**は〈図06-18〉のようになる。ターンオンでは、ベース電流I_Bが本来の大きさの10%になった時刻を**ターンオン時間**t_{on}の開始とする。そこからコレクタ・エミッタ間電圧V_{CE}がオフの定常状態の値の90%に達するまでの時間を**ターンオン遅延時間**（**ターンオン遅れ時間**）$t_{d\text{-}\mathrm{on}}$とし、その後、コレクタ・エミッタ間電圧がオフの定常状態の値の10%に達するまでの時間を**上昇時間**（**立ち上がり時間**）t_rとする。ターンオン時間はターンオン遅延時間と上昇時間の和になる。

ターンオフでは、ベース電流が本来の大きさの90%になった時刻を**ターンオフ時間**t_{off}の開始とする。そこからコレクタ・エミッタ間電圧がオフの定常状態の値の10%に達するまでの時間を**ターンオフ遅延時間**（**ターンオフ遅れ時間**）$t_{d\text{-}\mathrm{off}}$または**蓄積時間**という。その後、コレクタ・エミッタ間電圧がオフの定常状態の値の90%に達するまでの時間を**下降時間**（**立ち下がり時間**）t_fとする。ターンオフ時間はターンオフ遅延時間と下降時間の和になる。なお、ここではコレクタ・エミッタ間電圧の大きさで開始時刻や終了時刻を定義しているが、コレクタ電流の大きさで定義されることもある。

▶パワートランジスタの損失

トランジスタを**半導体スイッチ**として使用する場合、コレクタ・エミッタ間が**主回路**になる。この主回路で生じる損失には、**定常損失**と**スイッチング損失**があり、**コレクタ・エミッタ間電圧**と**コレクタ電流**の積で求められる。

オン状態では**飽和領域**を使用しているが、ある程度の**オン電圧**（**順方向電圧降下**）があるのでコレクタ・エミッタ間電圧とコレクタ電流の積が**定常オン損失**になる。この**オン損失**を**コレクタ損失**という。また、オン状態でのコレクタ・エミッタ間の抵抗を**オン抵抗**という。

いっぽう、オフ状態では**遮断領域**を使用しているが、わずかに**漏れ電流**が流れる。この漏れ電流を**コレクタ遮断電流**といい、コレクタ・エミッタ間電圧との積が**定常オフ損失**になるが、**オフ損失**が問題にされることは少ない。また、ターンオンとターンオフの際には先にで説明したように**ターンオン時間**と**ターンオフ時間**を要するため、それぞれの期間のコレクタ・エミッタ間電圧とコレクタ電流の積が**ターンオン損失**と**ターンオフ損失**になる。

また、オン状態を維持するにはベース電流を流し続ける必要がある。アナログ電子回路の増幅に使われるトランジスタでは**直流電流増幅率**$\boldsymbol{h_{FE}}$が100を超えるのが一般的だが、**パワートランジスタ**では100未満のものが多く、高電圧に耐えられるものでは10未満のこともある。h_{FE}が小さいと大きなベース電流が必要になり、駆動のための電力消費が大きくなる。

▶ダーリントントランジスタ

パワートランジスタの**直流電流増幅率**h_{FE}の小ささを補う方法には**ダーリントン接続**がある。ダーリントン接続とは複数のトランジスタを接続して大きな電流増幅率を得る方法のことで、ダーリントン接続した複数のトランジスタは1つのトランジスタと等価として扱える。

一般的には〈図06-19〉のような回路が構成される。これにより、Tr_1のベース電流I_{B1}が増幅されてエミッタ電流I_{E1}になり、その電流がTr_2のベース電流I_{B2}になって増幅され、エミッタ電流I_{E2}になる。Tr_1とTr_2の直流電流増幅率をh_{FE1}とh_{FE2}とすると、全体としての増幅率はほぼ$h_{FE1} \times h_{FE2}$になるので、大きな直流電流増幅率が得られる。ただし、トランジスタTr_1のコレクタ・エミッタ間電圧にトランジスタTr_2のベース・エミッタ間電圧が加わるので、全体としての**オン電圧**（**順方向電圧降下**）が大きくなり、**定常オン損失**が大きくなる。

ダーリントン接続は、単体のパワートランジスタ2個を組み合わせれば構成できるが、一般的には製造段階でダーリントン接続になるように2つのトランジスタを組み込んだ単体のデバイスが使われる。こうしたデバイスを**ダーリントントランジスタ**という。ダーリントントランジスタには段数をさらに増やした**3段ダーリントントランジスタ**や**4段ダーリントントランジスタ**もあり、直流電流増幅率が1000を超えるものもある。

◆ダーリントン接続トランジスタとその等価トランジスタ

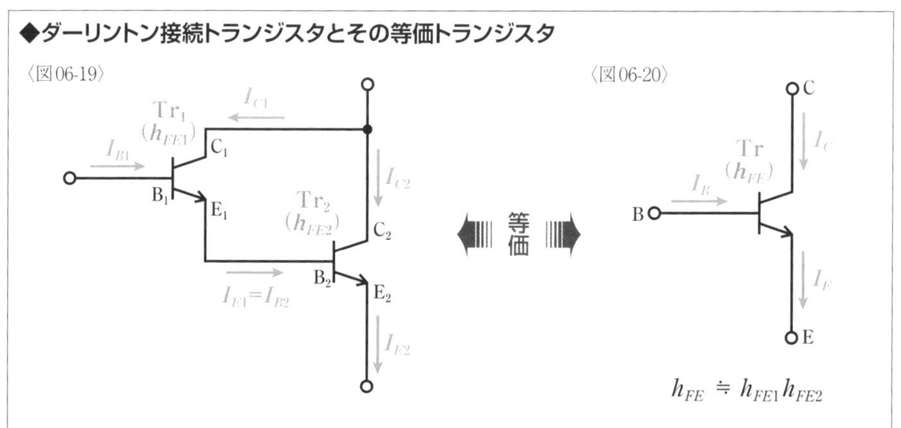

▶パワートランジスタの定格とSOA

スイッチングデバイスの性能をもっとも簡単に表現する場合、600V・100Aといった具合に示されることが多い。これは、**主回路**が**オフ状態**で耐えられる順方向電圧（**耐圧**）と、**オン状態**で流せる電流の**最大定格**だ。**パワートランジスタ**ではコレクタ・エミッタ間が主回路になるので、**最大コレクタ・エミッタ間電圧**と**最大コレクタ電流**として示される。実際には、コレクタ・エミッタ間電圧はベース・エミッタ間の条件で大きくかわるため、各種条件ごとに示されている。また、損失(そんしつ)が大きいと発熱でトランジスタが破壊(はかい)するので、**コレクタ損失**の上限(じょうげん)が**許容損失**(**最大コレクタ損失**)として示されている。このほかベース電流の上限やターンオフの際にベース・エミッタ間にかけるられる逆方向電圧(ぎゃくほうこうでんあつ)の上限なども**定格**が示されている。

安全動作領域(あんぜんどうさりょういき)(SOA)については、**順**(じゅん)**バイアス安全動作領域**(**順バイアスSOA**)と**逆**(ぎゃく)**バイアス安全動作領域**(**逆バイアスSOA**)などが示される。順バイアスSOAは、ベース・エミッタ間に所定の順方向電流(じゅんほうこうでんりゅう)を流したときに、安全に動作できるコレクタ・エミッタ間電圧とコレクタ電流の範囲(はんい)を示している。それぞれの上限は最大コレクタ・エミッタ間電圧と最大コレクタ電流で示されているが、両者(りょうしゃ)で囲まれた方形(ほうけい)の範囲にはならず、最大コレクタ損失で制限(せいげん)される範囲や**二次降伏現象**(にじこうふくげんしょう)の影響(えいきょう)で削(けず)られる範囲がある。二次降伏現象とは、トランジスタの動作中に接合部(せつごうぶ)の局所(きょくしょ)に電流が集中して温度上昇(おんどじょうしょう)が起こることで、コレクタ・エミッタ間に**降伏現象**(こうふくげんしょう)が生じてオン/オフ動作が不能となる現象(げんしょう)で、トランジスタが破壊することもある。実際の順バイアスSOAは連続動作できるSOAやスイッチングの際のオンの時間(パルス幅)ごとにきめ細かく示される。なお、〈図06-14〉のa点がオン状態、b点がオフ状態になるが(P89参照)、ターンオンやターンオフの際には両点の間を直線的(ちょくせんてき)に移動するとは限(かぎ)らない。こうした際にも順バイアスSOAの範囲内(はんいない)を移動させる必要がある。

逆バイアスSOAは、オン状態から逆方向(ぎゃくほうこう)のベース電流を流した際に安全にターンオフできるコレクタ・エミッタ間電圧とコレクタ電流の範囲を示している。簡単にいってしまえばトランジスタが破壊せずに遮断(しゃだん)できる最大のコレクタ電流を示している。逆バイアスSOAの場合も二次降伏現象の影響で削られる範囲がある。

◆パワートランジスタの順バイアスSOAと逆バイアスSOA

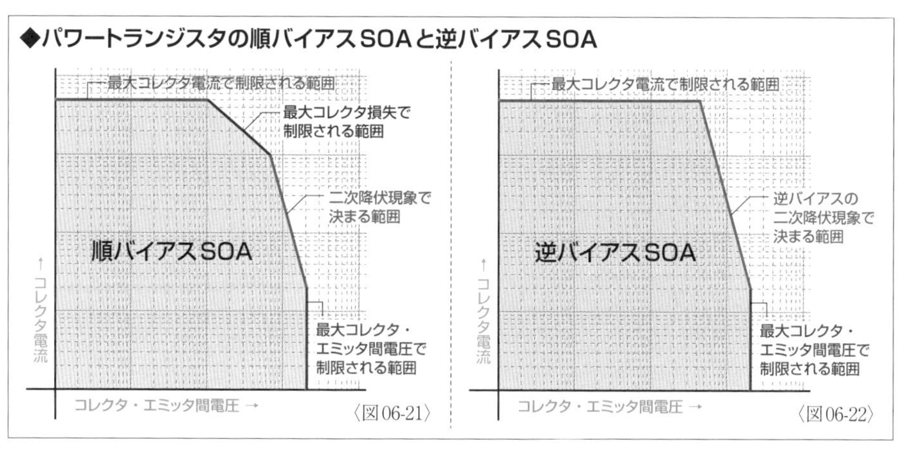

〈図06-21〉 〈図06-22〉

パワー MOSFET

MOSFETはパワーエレクトロニクスばかりでなく情報通信機器などのデジタル電子回路でも多用されているスイッチング速度の速い半導体デバイスだ。

▶MOSFET

FET（**電界効果トランジスタ**）は、**電界**の効果（強さ）によって**キャリア**の密度を変化させることで動作を制御する**半導体デバイス**だ。その動作には**自由電子**か**正孔**かどちらの**キャリア**しか関わらないため**ユニポーラトランジスタ**ともいう。代表的なFETには、**接合形FET**と**MOSFET**があるが、パワーエレクトロニクスの分野ではMOSFETが使われている。MOSFETは略して**MOS**と呼ばれることも多い。

MOSFETのMOSとは、“metal（金属）”、“oxide（酸化物）”、“semiconductor（半導体）”の頭文字で、金属、酸化物による絶縁体、半導体の順に並ぶことが重要な役割を果たす。また、MOSFETはゲート電極が絶縁されているため**絶縁ゲート形FET**ともいい、電極部分の構造を**絶縁ゲート構造**という。MOSFETはデジタル電子回路のスイッチングやアナログ電子回路の**増幅**などさまざまな分野で使われているが、電力変換に使用するものを区別する場合は**パワー MOSFET**や**電力用MOSFET**、略して**パワー MOS**や**電力用MOS**という。

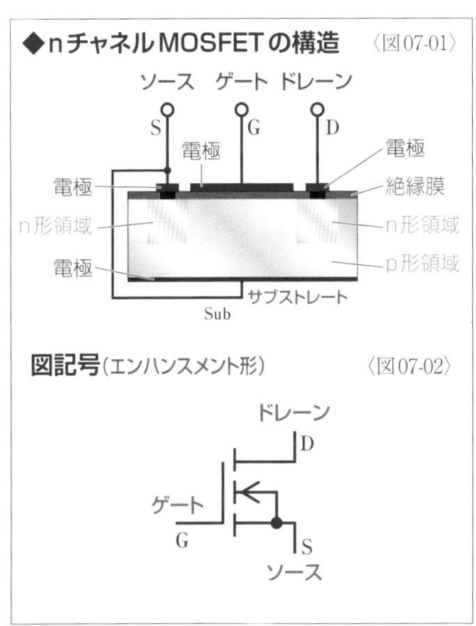

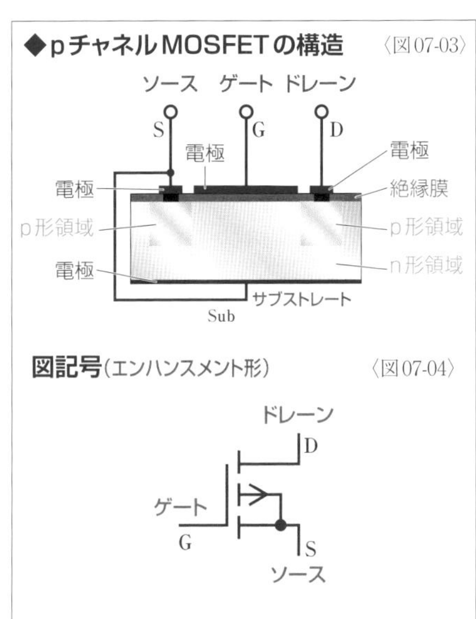

FETには動作に関わるキャリアによって**nチャネル**と**pチャネル**がある。英語の"channel"には「水路」や「運河」といった意味があり、FETでは電流の流れる通路を意味している。**チャネル**を通るキャリアが自由電子になるものをnチャネルといい、チャネルを通るキャリアが正孔になるものをpチャネルという。**nチャネルMOSFET**と**pチャネルMOSFET**の構造を模式的に示すと〈図07-01〉と〈図07-03〉のようになる。

nチャネルMOSFETの場合、p形半導体の2カ所にn形半導体を部分的に割り込ませたような構造になっていて、その全体を非常に薄い膜状の**金属酸化物絶縁体**（**酸化物絶縁膜**）で覆ってある。2カ所のn形領域には、それぞれ**絶縁膜**を貫通して電極が配されている。この**電極**を**ソース**（source）と**ドレーン**（drain）という。いっぽう、2カ所のn形領域の間の部分には、絶縁膜を介してp形半導体と向かい合うように電極が配されている。この電極を**ゲート**（gate）という。この部分の電極（金属）−酸化物絶縁膜−半導体の重なり順が、M−O−Sの順になっているわけだ。〈図07-01〉のような構造の場合、さらにp形領域のゲートと向かい合う位置に**サブストレート**という電極が備えられるが、通常はソース端子に接続されているので、端子は3つだ。英字で省略する場合は一般的にソースを"S"、ゲートを"G"、ドレーンを"D"にする。

p形半導体とn形半導体を入れ替えたものはpチャネルMOSFETになる。正孔がキャリアになるpチャネルより、自由電子がキャリアになるnチャネルのほうがスイッチングでは有利なので、パワーエレクトロニクスの分野ではnチャネルMOSFETが一般的に使われている。

また、基本的な構造は同じだが、半導体内に存在するキャリアの量によってMOSFETには**エンハンスメント形**と**デプレション形**がある。エンハンスメント形とデプレション形では特性が異なるので、**図記号**も異なったものが使われている。パワーエレクトロニクスの分野ではおもにエンハンスメント形が使われているので、以降の説明はエンハンスメント形について行う。

なお、〈図07-01〉や〈図07-03〉のような構造のものを一般的に横形のMOSFETというが、パワーエレクトロニクスの分野では〈図07-05〉のような縦形が基本にされていることが多い。ただし、ここに掲載している図は、動作原理がわかりやすいように基本的な構造を模式的に示したものだ。実際に使われているMOSFETの構造はさまざまな改良や工夫が加えられることでさらに複雑なものになっている。

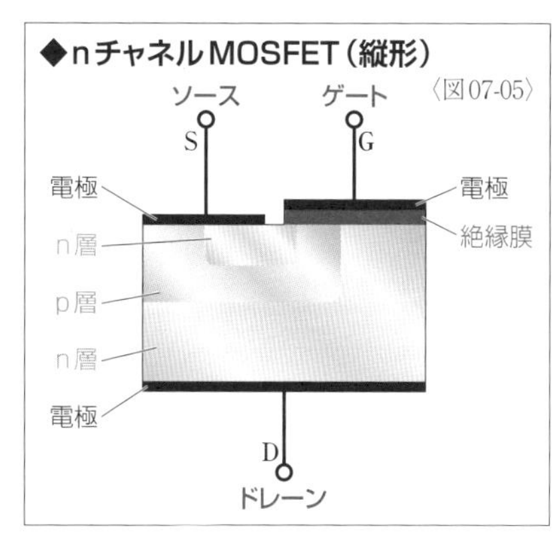

▶MOSFETの動作

エンハンスメント形のnチャネルMOSFET(モス エフイーティー)の場合、いずれの電極(でんきょく)にも電圧がかかっていない状態ではp形領域(がたりょういき)とn形領域(がたりょういき)の接合面(せつごうめん)付近(ふきん)には空乏層(くうぼうそう)ができている。そのため、ドレーン・ソース間に電圧を加えても、どちらの方向にも電流が流れることはない。

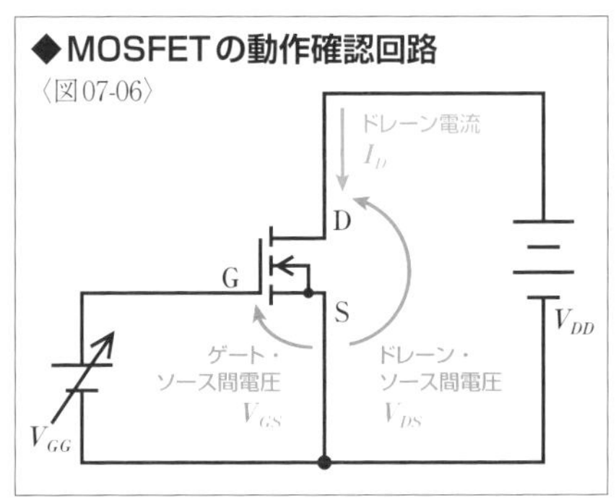

しかし、〈図07-06〉の回路のように、ドレーン・ソース間とゲート・ソース間にそれぞれ電圧をかけると、MOSFETならではの現象(げんしょう)が生じる。**ゲート・ソース間電圧**を加えると、その**電界**(でんかい)によってp形領域の**少数キャリア**である**自由電子**(じゆうでんし)が正の電極に引き寄せられて、ゲート電極に向かい合うように集まってくる。この自由電子が集まった部分を**反転層**(はんてんそう)という。p形(がた)半導体(はんどうたい)の本来のキャリア(**多数キャリア**)は**正孔**(せいこう)だが、p形半導体内にある自由電子が集まっている部分は、キャリアが入れ替わっているので反転層というわけだ。

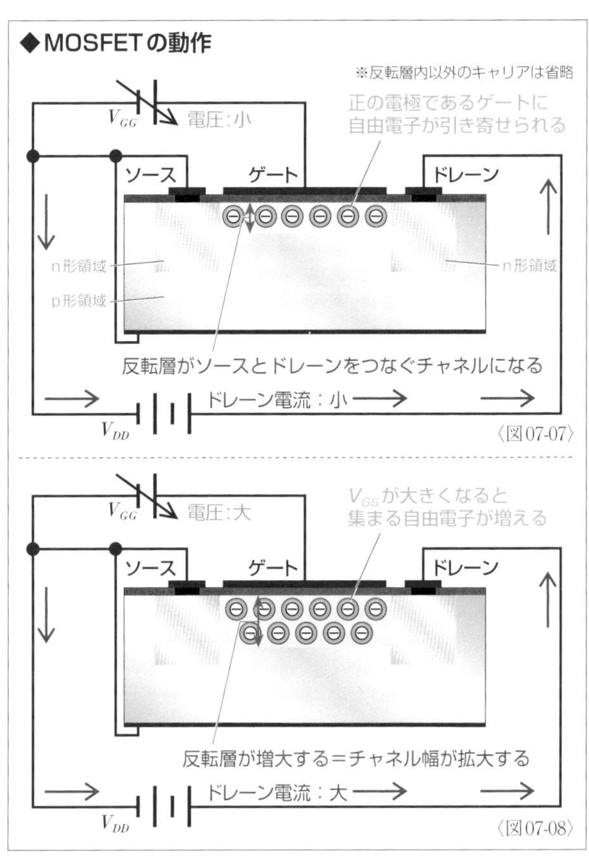

反転層はソースのn形領域とドレーンのn形領域をつないでいるので、電流が流れる通路、つまり**チャネル**になる。そのため、**ドレーン・ソース間電圧**を加えると電流が流れる。この電流を**ドレーン電流**という。ドレーン電流が流れ始めるゲート・ソース間電圧を**ゲートしきい**

値電圧(ゲート閾値電圧)という。〈図07-08〉のように、ゲート・ソース間電圧を大きくすると、集まる自由電子が増えて反転層が厚くなるのでチャネルが広くなり、ドレーン電流が大きくなる。

つまり、エンハンスメント形のnチャネルMOSFETはゲート・ソース間電圧の大きさによって、反転層の厚さを増減させて電流の流れるチャネルの幅をかえることで、ドレーン電流の大きさを制御できるわけだ。この作用を利用することで**増幅**や**スイッチング**が行える。MOSFETの場合はゲート・ソース間電圧によって制御を行うので**電圧制御形デバイス**になる。

なお、〈図07-06〉のような回路はソースを入出力共通の端子として使うので**ソース接地回路**という。FETはソース以外の端子を共通としても増幅回路を構成できるが、パワーエレクトロニクスの分野ではおもにソース接地が使われる。

▶MOSFETの出力特性

ゲート・ソース間電圧V_{GS}を一定にした状態で、**ドレーン・ソース間電圧**V_{DS}の変化に対するドレーン電流I_Dの変化を示した**V_{DS}-I_D特性**は**出力特性**ともいい、〈図07-09〉のように複数のゲート・ソース間電圧V_{GS}についての特性曲線が示されている。いずれの特性曲線でも、最初は急激に立ち上がり、V_{DS}を増加させていくとそれに比例するようにI_Dが増加していくが、V_{DS}がある値以上になると、I_Dはそれ以上は増加せず、ほぼ一定値となる。この領域を**飽和領域**といい、**増幅**に使われる。飽和領域になる電圧を**ピンチオフ電圧**という。

いっぽう、曲線が立ち上がっていく範囲を**線形領域**や**抵抗領域**という。MOSFETを**半導体スイッチ**として使う場合は**オン状態**を線形領域にする。線形領域であればドレーン電流を大きくしてもドレーン・ソース間電圧が小さいので損失を抑えられる。ゲート・ソース間電圧を大きくするほどチャネルのキャリアが多くなるため、**オン電圧**(**順方向電圧降下**)を小さくできる。

〈図07-09〉には示していないが、ゲート・ソース間電圧がゲートしきい値電圧以下の領域を**遮断領域**という。半導体スイッチとして使う場合は**オフ状態**を遮断領域にする。遮断領域でもドレーン・ソース電圧をかけるとわずかに**漏れ電流**が流れる。この漏れ電流を**ドレーン遮断電流**という。

なお、MOSFETとトランジスタでは飽和領域などの領域の意味や特性図上の位置が異なるので注意が必要だ。

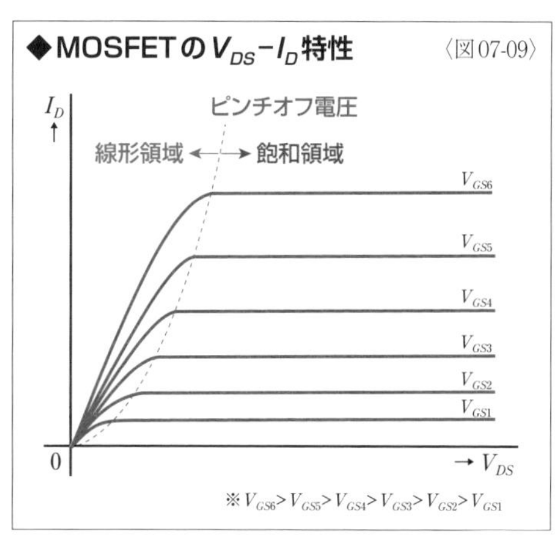

◆MOSFETのV_{DS}-I_D特性 〈図07-09〉

▶MOSFETのスイッチング特性と損失

MOSFETを**半導体スイッチ**として使用する場合、**オン状態**ではゲート・ソース間に電圧がかかっているが、ゲート端子は絶縁されているので**ゲート電流**は流れない。**ゲート・ソース間電圧**を0（もしくは逆方向電圧）にすると**オフ状態**になるが、この状態でもゲート電流は流れない。ただし、ターンオンの際には**チャネル**を作るために**自由電子**を引き寄せるので、その自由電子の移動によってわずかにゲート電流が流れる。また、ターンオフの際には引き寄せられていた自由電子が**拡散**することで逆方向のゲート電流がわずかに流れる。このようにターンオンとターンオフの際には自由電子が移動するが、p形領域の少数キャリアである自由電子がその領域内をで移動しているだけなので、**少数キャリアの蓄積作用**（**キャリアの蓄積作用**）は生じない。そのため、**ターンオン時間**も**ターンオフ時間**も非常に短い。

MOSFETの**スイッチング特性**は〈図07-10〉のようになり、波形だけで見るとトランジスタの特性と大きな違いはないが、時間軸が大きく異なる。トランジスタのターンオフ時間は[μs]単位で示されるのが一般的なのに対して、パワーMOSFETでは[ns]単位で示すことができる。ターンオフ時間が数十nsのものもあり、**スイッチング周波数**1MHz以上でも使える。

MOSFETは、ゲート電流がほとんど流れないので駆動のための電力消費は小さい。また、**スイッチング時間**が短いので**スイッチング損失**が抑えられるが、ドレーン電流を大きくすると

◆MOSFETのスイッチング特性 〈図07-10〉

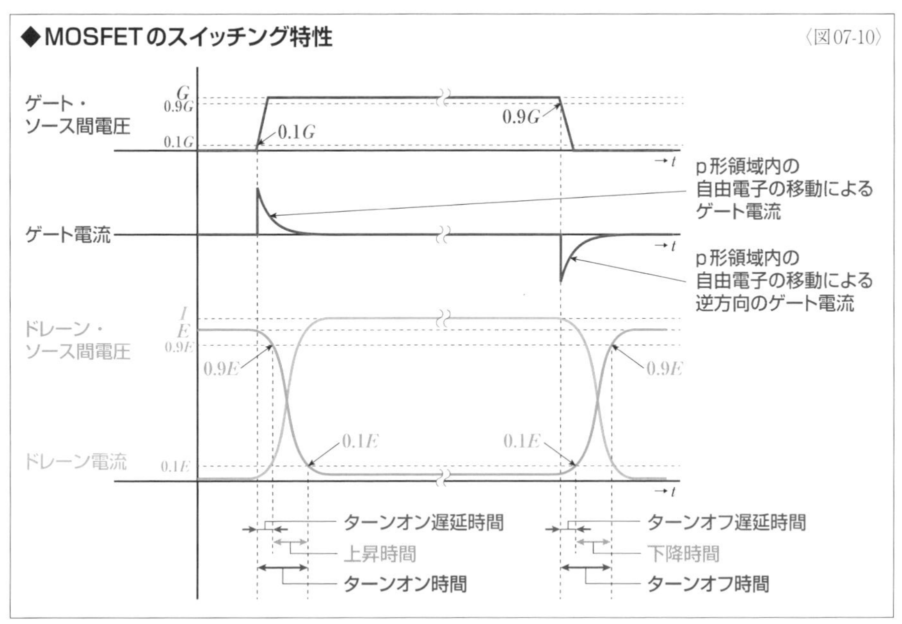

ドレーン・ソース間の**オン電圧**が大きくなるため、**定常オン損失**が大きくなる。オフ状態では**遮断領域**を使用しているが、**ドレーン遮断電流**が**漏れ電流**として流れる。この電流と**ドレーン・ソース間電圧**の積が**定常オフ損失**になるが、この損失が問題にされることは少ない。

▶MOSFETのボディダイオード

MOSFETはソース・ドレーン間に**pn接合**がある。この部分は**ダイオード**として作用するので、**ボディダイオード**や**内部ダイオード**、**寄生ダイオード**という。ボディダイオードはスイッチの主回路に逆並列接続されていることになり、主回路に**逆方向電圧**がかかった際には導通する。電力変換回路の種類によっては、このダイオードが役立つ存在になる。

◆MOSFETのボディダイオード

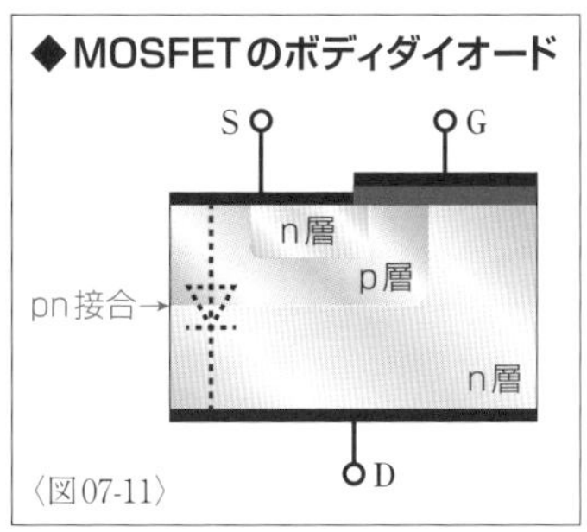

〈図07-11〉

▶パワーMOSFETの定格とSOA

パワーMOSFETでは、ドレーン・ソース間がスイッチの主回路になるので、**最大ドレーン・ソース間電圧**(**耐圧**)と**最大ドレーン電流**がもっとも重要な**定格**になる。損失については、ドレーン・ソース間で生じる**ドレーン損失**の上限が**許容損失**として示されている。このほか、**ゲート・ソース間電圧**の上限についても定格が示されている。

安全動作領域(SOA)については**順バイアス安全動作領域**(**順バイアスSOA**)が示されている。基本となるのは最大ドレーン・ソース間電圧と最大ドレーン電流だが、許容損失や**オン抵抗**に制限を受ける範囲、**二次降伏現象**の影響で削られる範囲がある。なお、パワーMOSFETでは逆バイアス安全動作領域(逆バイアスSOA)は示されないのが一般的だ。

▶パワーMOSFETとパワートランジスタ

パワーMOSFETと**バイポーラパワートランジスタ**を比較してみると一長一短がある。**電圧制御形デバイス**であるMOSFETは**電流制御形デバイス**であるトランジスタに比べて駆動のための電力消費が小さく、駆動回路が簡単に構成できる。また、MOSFETには**少数キャリアの蓄積作用**がないのでトランジスタより**スイッチング時間**が短く、高い**スイッチング周波数**で使うことができる。しかし、MOSFETは主回路の電流が大きくなると**オン電圧**(**順方向電圧降下**)が大きくなる傾向があり、**定常オン損失**が大きくなる。また、MOSFETは**耐圧**の高いものを作りにくく、耐圧を高めるとオン電圧が大きくなってしまう。

IGBT

パワートランジスタよりスイッチング速度が速く、パワーMOSFETより耐圧が高くオン抵抗が低いパワーデバイスIGBTは幅広い分野で活用されている。

▶絶縁ゲートバイポーラトランジスタ(IGBT)

絶縁ゲートバイポーラトランジスタは、英語の“insulated gate bipolar transistor”の頭文字からIGBTということが多い。**バイポーラトランジスタ**の長所は**オン抵抗**の小ささと**耐圧**の高さであり、**MOSFET**の長所は**スイッチング速度**の速さだ。この両方の長所を兼ね備えるのを目的に開発された複合デバイスがIGBTだ。なお、トランジスタやMOSFETは電力変換に使用するものを区別する場合はパワートランジスタや電力用MOSFETといったように「パワー」や「電力用」と明示するが、IGBTは基本的に電力変換にしか使われていないのでパワーIGBTや電力用IGBTといった表現が使われることはほとんどない。

IGBTはその名の通り、バイポーラトランジスタにMOSFET同様の**絶縁ゲート構造**が備えられている。IGBTの構造を模式的に示すと〈図08-01〉のようになる。この構造は、縦形の**nチャネルMOSFET**(P95参照)のドレーン側にp形半導体の層を加えたものだといえる。**絶縁膜**を介した**電極**を**ゲート**(G)、上部のn層とp層にまたがる電極を**エミッタ**(E)、下部のp層につながる電極を**コレクタ**(C)という。コレクタ・エミッタ間で考えてみると、下から順にp層-n層-p層になる部分

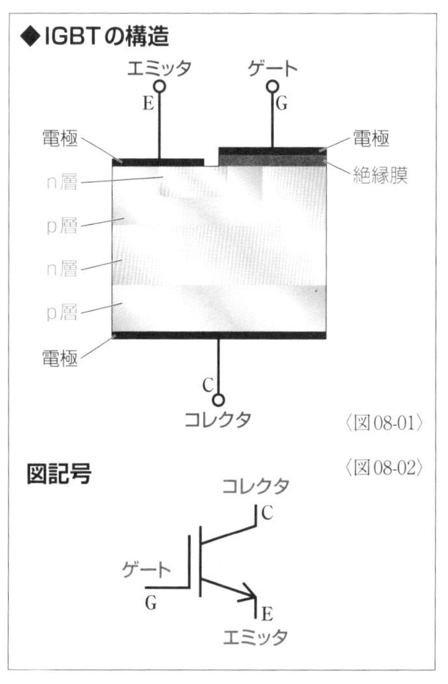

〈図08-01〉

〈図08-02〉

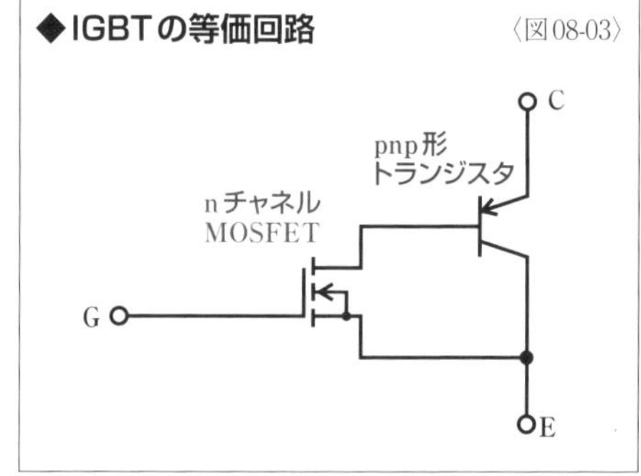

〈図08-03〉

があるので**pnp形トランジスタ**を構成していることになる。MOSFETとして考えてみると、**チャネル**によって**自由電子**が移動する先のn層には端子がなく、このn層がpnp形トランジスタのベース層に相当する部分になっている。そのため、IGBTはnチャネルMOSFETとpnp形トランジスタを組み合わせた〈図08-03〉のような等価回路で示すことができる。**図記号**には一般的に〈図08-02〉が使われているが、この図記号はJISに定められたものではない。

▶IGBTの動作

IGBTはコレクタ・エミッタ間だけに電圧をかけても、**空乏層**が存在するためどちらの方向にも電流が流れることはない。しかし、〈図08-04〉の回路のように、コレクタ・エミッタ間とゲート・エミッタ間にそれぞれ電圧をかけると、コレクタ・エミッタ間が導通する。

ゲート・エミッタ間に**ゲートしきい値電圧**(ゲート閾値電圧)以上の電圧をかけると、ゲート電極と絶縁膜を介して接しているp層に**反転層**が生じて、エミッタ電極に接したn層から**自由電子**が**チャネル**を通って中央のn層に至る。この自由電子の移動は**pnp形トランジスタ**のベース層に**ベース電流**を流していることに相当する。結果、トランジスタが**オン状態**になり、コレクタ側のp層の**正孔**がベース層に相当する中央のn層を貫通して、エミッタ側のp層に移動することで**コレクタ電流**が流れてコレクタ・エミッタ間が導通する。つまり、IGBTはゲート電極にかける**ゲート・エミッタ間電圧**でMOSFET部分の電流を制御し、その電流でpnp形トランジスタ部分の電流を間接的に制御することができる**電圧制御形デバイス**になる。

なお、ここで説明している構造は、動作原理がわかりやすいように基本的な構造を模式的に示したものだ。オン電圧の低減や耐圧向上のために改良や工夫が加えられ、現在使われているIGBTはさらに複雑な構造のものになっている。

◆IGBTの動作確認回路 〈図08-04〉

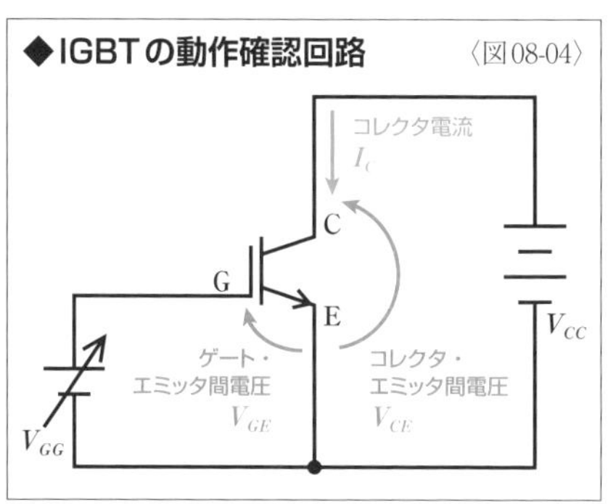

◆IGBTの動作 〈図08-05〉

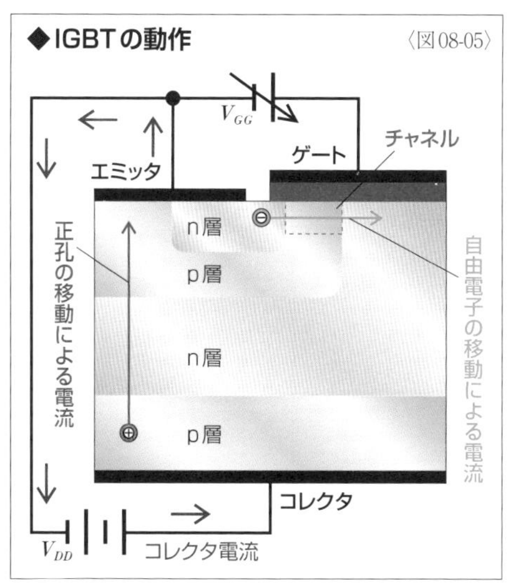

▶IGBTの特性

IGBTの**ゲート・エミッタ間電圧**V_{GE}を一定にした状態で、**コレクタ・エミッタ間電圧**V_{CE}の変化に対する**コレクタ電流**I_Cの変化を示した**V_{CE}-I_C特性**は、〈図08-06〉のようになる。I_Cが0に近くなってもV_{CE}が0まで下がらないが、特性曲線(とくせいきょくせん)の基本的な形状はMOSFET(モスエフイーティー)と同じであるため、**半導体(はんどうたい)スイッチ**として使えることがわかる。

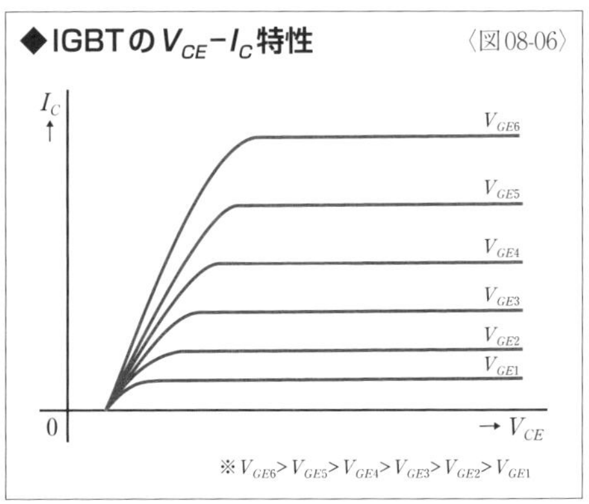

IGBTはゲート・エミッタ間電圧を0(もしくは逆方向電圧(ぎゃくほうこうでんあつ))にすることでターンオフさせられる。このとき、MOSFET部分の**自由電子(じゆうでんし)**の移動による電流は、ゲート・エミッタ間電圧の変化によって**チャネル**がなくなることで素早く消滅(しょうめつ)する。しかし、pnp形トランジスタの部分では、ベース層(そう)に相当(そうとう)する中央のn層(そう)に**正孔(せいこう)**が**注入(ちゅうにゅう)キャリア**として存在するため、蓄積(ちくせき)したキャリアを排出(はいしゅつ)するのに時間がかかる。そのため、IGBTの**スイッチング特性**は〈図08-07〉のようになり、ターンオフの際のコレクタ電流は2段階(だんかい)で減少する。**少数(しょうすう)キャリアの蓄積作用(ちくせきさよう)**(**キャリアの蓄積作用(ちくせきさよう)**)の影響(えいきょう)で流れる電流を**テイル電流**という。結果、IGBTのターンオフ時間はMOSFETより長くなるが、数百ns程度にはなるので、パワートランジスタに比(くら)べればはるかに高速なスイッチングが可能だ。

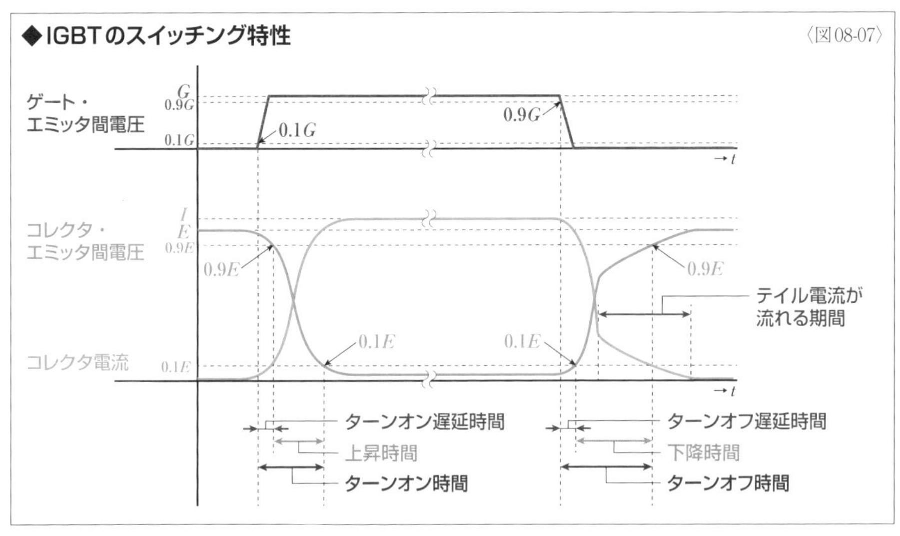

また、コレクタ・エミッタ間はトランジスタであるため、大電流でも**オン電圧**が低くなるので**定常オン損失**を抑えられる。ただし、テイル電流によりターンオフ時間が長くなるため、**ターンオフ損失**はMOSFETより大きくなる。また、IGBTはMOSFETより高耐圧にすることができるが、**耐圧**を高めるとオン電圧が高くなる。

以上のように、IGBTはパワートランジスタと同等もしくはトランジスタより優れた点の多い半導体スイッチであるうえ、電圧制御形デバイスであるIGBTはトランジスタより駆動のための電力消費が小さく駆動回路が簡単に構成できる。そのため、パワートランジスタからIGBTへの代替が進み、トランジスタが使われることは非常に少なくなっている。また、MOSFETより高耐圧化に適しているので、IGBTが使われる用途は幅広いが、高いスイッチング周波数が求められる用途ではMOSFETが必要になる。

▶IGBTの定格

IGBTの**半導体スイッチ**としての**主回路**はトランジスタであるため、コレクタ・エミッタ間に関する**定格**やSOAはトランジスタとほぼ同様だ。**最大コレクタ・エミッタ間電圧**（**耐圧**）、**最大コレクタ電流**、**最大コレクタ損失**などが上限として示されている。ゲート側については、**ゲート・エミッタ間電圧**の上限についても定格が示されている。

なお、IGBTはコレクタ・エミッタ間の**逆阻止状態**を維持できる逆方向電圧の上限が低く、**逆耐圧**が保証されていない。使用する際には逆方向電圧に対する対策が必要だ。しかし、現在では**逆阻止IGBT**や**逆導通IGBT**といった逆方向への対策がとられた単体のデバイスも開発されている。

………IGBTの端子の名称………

〈図08-03〉のIGBTの等価回路に違和感を覚えた人はいないだろうか。トランジスタ部分はpnp形なので、トランジスタにとっては図の上側の端子がエミッタ(E)であり、下側の端子がコレクタ(C)のはずだ。ところが、等価回路の図では上側がCにつながり、下側がEにつながっているが、これは間違いではない。等価回路に示されたCとEはIGBTにとってのコレクタ端子とエミッタ端子だ。IGBTの内部構造を考えない場合、主回路の電流が流れ込む側をコレクタ端子、流れ出す側をエミッタ端子としたほうが、パワートランジスタと同じになって間違いが起こりにくいため、このような端子の名称にされている。

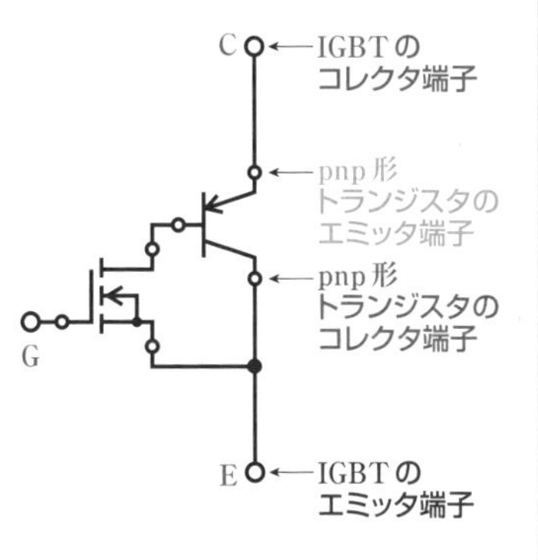

サイリスタ

サイリスタはターンオンだけしか制御できないオン可制御デバイスだが、大電力を扱うことができ、初期のパワーエレクトロニクスの発展に大きく貢献した。

▶逆阻止3端子サイリスタ

サイリスタは**pn接合**が3つ以上あるデバイスの総称として使われることが多く、さまざまなバリエーションがあるが、単にサイリスタといった場合には、最初に誕生した**逆阻止3端子サイリスタ**をさすのが一般的だ。本書でも、区別が必要な場合を除いては、逆阻止3端子のものをサイリスタと表現する。また、逆阻止3端子サイリスタは**シリコン制御整流子**の英語"silicon controlled rectifier"の頭文字から**SCR**ともいう。

サイリスタの構造を模式的に示すと〈図09-01〉のように、**p形半導体**と**n形半導体**がp-n-p-nの順に並んだ4層構造で、両端の端子はダイオードと同じように**アノード**(A)と**カソード**(K)といい、カソードに隣り合うp形半導体に備えられた端子が**ゲート**(G)になる。アノード・カソード間が**半導体スイッチ**としての**主回路**になり、ゲート端子が**制御端子**になる。

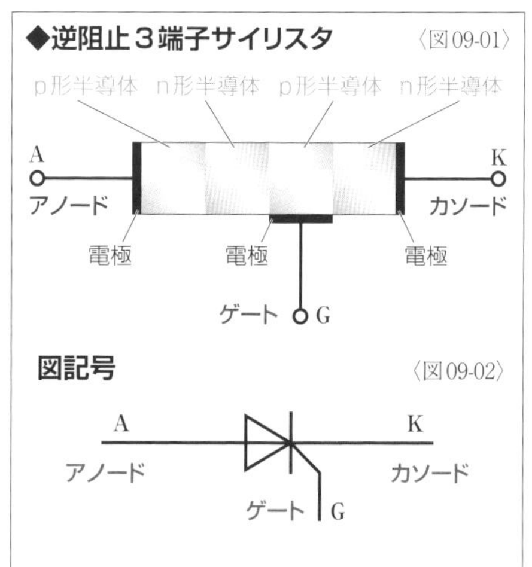

サイリスタは**3端子デバイス**であり**可制御デバイス**だが、信号によって制御できるのは**ターンオン**だけで、主回路の状態によって**ターンオフ**する**オン可制御デバイス**だ。機能から考えると、**ダイオード**のターンオンを制御できるようにしたもので、そのための端子としてゲート端子が加えられている。**図記号**は〈図09-02〉のようにダイオードの図記号にゲート端子が加えられたものが使われる。

▶サイリスタの動作

サイリスタは主回路であるアノード・カソード間に**順方向電圧**をかけても、中央の**pn接合**に**空乏層**があるため、電流が流れることはない。しかし、同時にゲート・カソード間にも順方向電圧をかけると、サイリスタならではの現象が生じてアノード・カソード間が導通する。

サイリスタの構造は〈図09-04〉のように考えることができ、**npn形トランジスタ**と**pnp形トランジスタ**を組み合わせた等価回路で〈図09-05〉のように示すことができる。ここではnpn形トランジスタをTr_1、pnp形トランジスタをTr_2とする。

サイリスタのアノード・カソード間に順方向電圧をかけた状態でゲート・カソード間にも順方向電圧をかけると、pn接合の順方向電圧なので、**ゲート電流**I_Gが流れる。このI_GはTr_1にとっては**ベース電流**I_{B1}になるので、増幅された**コレクタ電流**I_{C1}が流れる。Tr_1のI_{C1}は、Tr_2にとってはベース電流I_{B2}になるので、増幅されたコレクタ電流I_{C2}が流れる。このI_{C2}がゲート電流I_Gに加わることでベース電流I_{B1}が大きくなり、結果、増幅されたI_{C1}がさらに大きくなり、$I_{C1}=I_{B2}$が大きくなるとI_{C2}がさらに大きくなる。この循環が繰り返され、Tr_1とTr_2が**飽和**すると、**アノード電流**I_Aが流れ続け、サイリスタが**オン状態**になる。

このように、サイリスタでは内部の2つのトランジスタがお互いに相手のトランジスタのオン状態を維持しているといえるので、いったんサイリスタが**ターンオン**してしまえば、ゲート電流がなくなってもオン状態が維持される。ゲート電流がきっかけとなってターンオンするので、**電流制御形デバイス**に分類される。きっかけとなるゲート電流を**ゲートトリガ電流**や単に**トリガ電流**という。なお、トリガ(trigger)とは銃などの引き金のことで、電気回路では状態を変化させるために使われる短い信号を意味することが多い。

また、ゲート電流がなくなってもオン状態が維持されると説明したが、実際にはアノード電流が小さすぎると、トランジスタのオン状態を維持するためのベース電流が不足してオン状態が保てなくなって**ターンオフ**する。オン状態を維持するのに必要なアノード電流の最少の値を**保持電流**という。保持電流は小さな値だが、0ではない。

◆サイリスタの等価回路

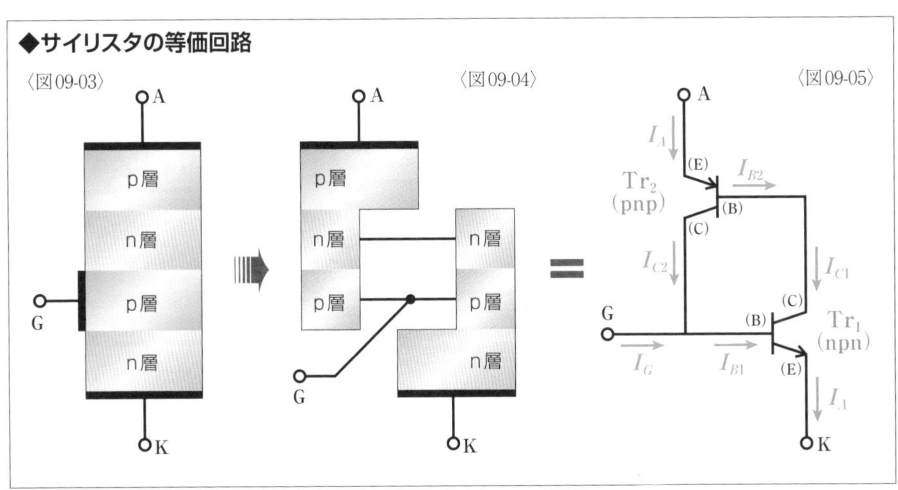

▶サイリスタの特性

サイリスタの**電圧−電流特性**は〈図09-06〉のようになる。先に、アノード・カソード間だけに**順方向電圧**をかけても導通することはないと説明した。この状態を**順阻止状態**というが、実際にはアノード・カソード間電圧を高めていくと、中央の**pn接合**に**降伏現象**が生じてアノード・カソード間が**ターンオン**する。この電圧を**ブレークオーバ電圧**や**順阻止電圧**という。ゲート電流を流した場合は、ゲート電流が増すに従ってターンオンする電圧が低下していく。これが順阻止状態で示した部分の複数の特性曲線だ。ゲート電流が一定以上の大きさになると、サイリスタがターンオンしてダイオードと同じような特性になる。これが**オン状態**で示した部分の特性曲線であり、下端の部分が**保持電流**の大きさになる。

アノード・カソード間に**逆方向電圧**をかけた場合は、**逆阻止状態**が基本だが、**漏れ電流**としてわずかな**逆阻止電流**が流れる。また、逆方向電圧がある電圧以上になると降伏現象が生じて**逆方向電流**が流れる。その電圧を**ブレークダウン電圧**や**逆阻止電圧**という。なお、一般的にサイリスタではブレークダウン電圧とブレークオーバ電圧の大きさはほぼ等しくなる。

サイリスタを**ターンオフ**させるには回路を開放して**アノード電流**を0にするか、アノード電流を保持電流以下にすればいい。**転流回路**を使ってアノード・カソード間に逆方向電圧をかければ、アノード電流が小さくなっていく。転流回路とはサイリスタをターンオフさせるための外部回路だ。とはいえ等価回路でnpn形トランジスタのp層に相当する部分には**注入キャリア**として**自由電子**が蓄積しているし、pnp形トランジスタのn層に相当する部分には**正孔**が蓄積しているので、**少数キャリアの蓄積作用**（**キャリアの蓄積作用**）によってターンオフの際には、ダイオードの場合と同じように**逆回復電流**（**リバースリカバリ電流、リカバリ電流**）が流れる。

◆サイリスタの電圧−電流特性 〈図09-06〉

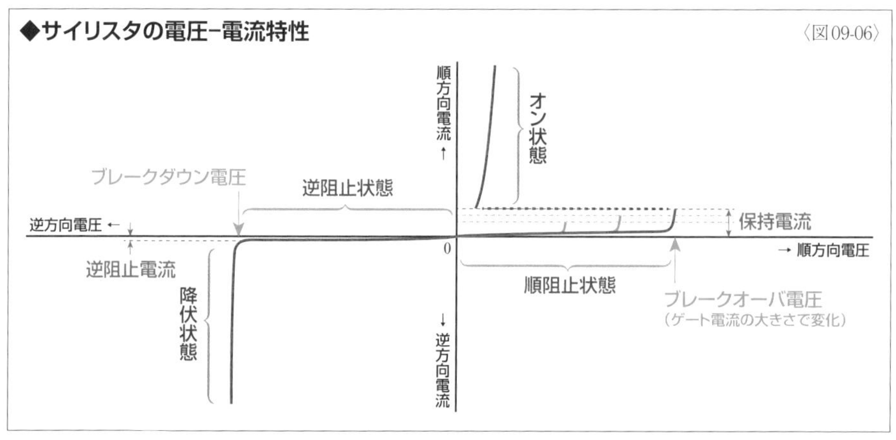

……… 光トリガサイリスタ ………

サイリスタに分類されるパワーデバイスにはさまざまなバリエーションがある。基本的な動作は逆阻止３端子サイリスタと同じだが、ゲート電流の代わりに光をゲート信号にするものを**光トリガサイリスタ**という。ゲート信号に光を使用することで駆動回路と主回路の電気的なつながりがなくなり、完全に絶縁できるため、高電圧や大容量の電力変換回路に使われる。光トリガサイリスタは、**光点弧サイリスタ**や単に**光サイリスタ**ともい、英語表現"light trigger thyristor"の頭文字から**LTT**ともいう。また、光活性化SCRを意味する英語"light activated SCR"を略して**LASCR**ともいう。光トリガサイリスタに図記号は定められていないので、一般的なサイリスタと同じ**図記号**が使われることが多いが、下の図のように光を意味する矢印が加えられることもある。

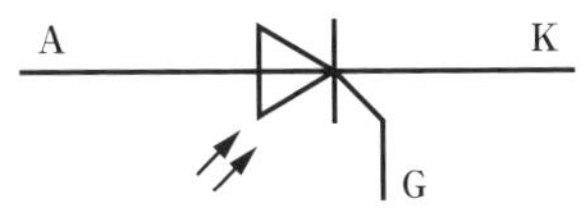

また、逆回復電流が流れなくなっても、すぐにアノード・カソード間に順方向電圧をかけると、サイリスタはターンオンしてしまう。これは蓄積キャリアがまだ残っているためだ。そのため、サイリスタの**ターンオフ時間**は長くなる。正確には、アノード電流が0の時点から順方向電圧が0を横切る時点までがターンオフ時間として定義されている。実際のサイリスタのターンオン時間は数～数十μs程度だが、ターンオフ時間は数十～数百μsになるため、実用的なスイッチング周波数は数百Hzが限界になる。

以上のように、サイリスタはMOSFETやIGBTのような高速のスイッチングには適さないため、あまり使われなくなっているが、**オン電圧**が小さく、大容量のデバイスが作りやすいため、大電力を扱う分野ではサイリスタの発展形といえる**GTOサイリスタ**（P108参照）が活用されている。

▶サイリスタの定格

サイリスタの**アノード・カソード間**はダイオードと同じように、**順方向電圧**、**逆方向電圧**、**順方向電流**のなどの上限が**最大定格**として定められている。また、ゲート・カソード間についても、順方向の電圧と電流、逆方向の電流などの上限が定められている。

なお、サイリスタのゲート信号に対する感度には製品ごとにかなりばらつきがある。そのため、どのデバイスでもターンオンできる電圧、電流の最小値として**ゲートトリガ電圧**と**ゲートトリガ電流**が定格に示されている。また、**ゲート非トリガ電圧**というものも示されている。これは外部からのノイズによってサイリスタが誤動作することを防ぐために示されているもので、ノイズレベルをこの電圧以下にすれば、ノイズによる誤動作がなくなる。

GTOサイリスタ

ターンオンしか制御できないサイリスタを、ターンオフも制御できるようにしたデバイスがGTOサイリスタだ。IGBTでは扱えない大電力の分野で使われている。

▶GTOサイリスタ

サイリスタは**ターンオン**しか制御できないことが大きなデメリットだ。**オンオフ可制御デバイス**に比べると使い勝手が悪いため、**ターンオフ**も制御できるサイリスタとして**GTOサイリスタ**が開発された。ゲートによるターンオフを意味する英語“gate turn off”の頭文字からGTOサイリスタといい、単に**GTO**ということも多い。ターンオンの際とは逆方向に**ゲート電流**を流すことでターンオフさせられる。当然、GTOも**電流制御形デバイス**に分類される。

オン状態のサイリスタの**ゲート・カソード間**に**逆方向電圧**をかけて大きな負のゲート電流を流すと、npn形トランジスタのベース層(p層)に相当する部分から**正孔**が吸い出されてターンオフし、サイリスタがターンオフする(pnp形トランジスタに相当する部分も当然ターンオフする)。しかし、最初にターンオフする領域はゲート電極の近くに限られるため、残ったオン状態の領域で局部的な電流集中が発生してサイリスタが破壊する可能性がある。そのため、GTOサイリスタでは、負のゲート電流がカソード全体にくまなく流れるように、カソードの幅を狭くして、その周囲に複数のゲート電極を備えている。構造を模式的に示すと〈図10-01〉のようになる。これは多数の微細なサイリスタを並列接続していると考えることができる。図の例では3個のサイリスタの並列接続といえるが、実際のGTOでは数千個のサイリスタが接続されることもある。また、ターンオフしやすいようにpnp形トランジスタに相当する部分の直流電流増幅率を小さくしている。

GTOサイリスタはゲート電流でターンオフできるとはいえ、多数の微細なユニットを並列

◆GTOサイリスタ 〈図10-01〉

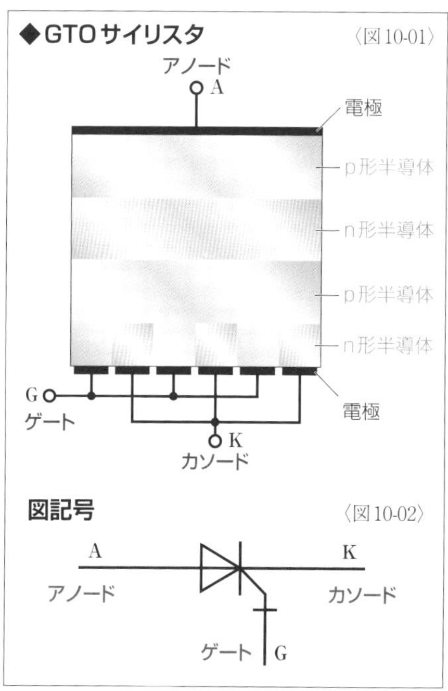

図記号 〈図10-02〉

接続した構造であるため、主回路の電流の20%程度の大きな電流を流す必要がある。同じようにターンオンさせるための正のゲート電流も、通常のサイリスタの数倍程度の大きさが必要になる。そのため、大容量の駆動回路が必要になる。

GTOサイリスタの**スイッチング特性**のうち、ターンオンについては通常のサイリスタに類似している。ターンオン後もわずかなゲート電流を流し続けるのが一般的だ。

ターンオフ特性はGTOならではのものになる。オン状態のGTOに負のゲート電流を流すと、**ターンオフ遅延時間**（**蓄積時間**）の経過後に**アノード電流**が減少を始めるが、そのまま0には向かわず、〈図10-03〉のように再びわずかに立ち上がった後に**テイル電流**として徐々に減少していく。アノード電流がいったん0近くまで減少する期間が**下降時間**になり、ターンオフ遅延時間と下降時間の和が**ターンオフ時間**になる。テイル電流が流れている期間にゲート・カソード間の逆方向電圧を取り除くとターンオンしてしまうため、逆方向電圧をかけ続ける必要がある。この期間を**テイル期間**という。いっぽう、アノード・カソード間電圧はテイル期間に、本来かけている電圧を超えて跳ね上がる。これを**サージ電圧**という。この電圧が最大定格電圧を超えるとGTOは破壊するため、抑制する対策が必要になる。

GTOサイリスタは高電圧、大電流が扱えることが大きなメリットだが、スイッチング時間が長く、大きな駆動回路が必要になる。スイッチング特性を改善した**GCTサイリスタ**といったものもあるが、多くの用途では使い勝手のよいIGBTへの代替が進んでいて、IGBTではカバーできない大電力の限られた用途でのみGTOや**GCT**が使われている。

◆GTOサイリスタのスイッチング特性 〈図10-03〉

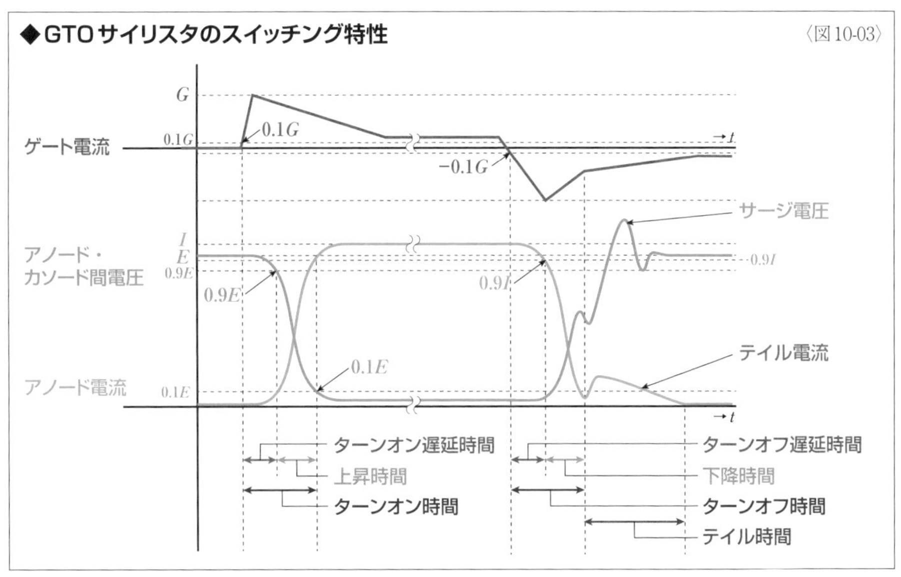

組み合わせスイッチ

可制御デバイスは逆耐圧が高くないものが多いためダイオードを組み合わせることで逆導通や逆阻止としている。組み合わせによっては双方向スイッチも可能だ。

▶逆導通片方向スイッチ

理想スイッチは順方向でも逆方向でもスイッチングを行うことができる**双方向スイッチ**だが、**可制御デバイス**は順方向でしかスイッチングが行えない**片方向スイッチ**であるのが一般的だ。逆方向については、**パワーMOSFET**のように**ボディダイオード**の存在によって**逆導通**するデバイスもあるが、**逆耐圧**があまり高くないものが多い。そのため、可制御デバイスに対して逆方向電圧や逆方向電流が想定される電力変換回路では、パワーデバイスを組み合わせてオフ状態での逆導通や**逆阻止**を実現している。

電力変換回路でもっともよく使われているのが**逆導通片方向スイッチ**にする組み合わせだ。〈図11-01〉のように可制御デバイスにダイオードを**逆並列接続**すると、順方向では**逆並列ダイオード**は導通しないので、可制御デバイスの動作に影響を与えることはない。いっぽう、逆方向ではダイオードが導通する。逆方向電流が流れている状態では、ダイオードの順方向電圧降下（オン電圧）である約0.6Vが可制御デバイスに逆電圧としてかかるが、この程度の低い電圧であれば可制御デバイスも耐えられる。MOSFETの場合、ボディダイオードの存在によって逆導通が可能だが、積極的に逆導通を行う必要がある場合は、適正な定格の高速なダイオードを逆並列接続する。

電力変換で使われることが多いため、現在では可制御デバイスと逆並列ダイオードがパッケージ化された**パワーモジュール**（P112参照）として販売されることも多い。

また、IGBTには内部に逆並列ダイオードが作り込まれた**逆導通形**の単体のデバイスもある。**逆導通**IGBTは、逆導通の英語“reverse conducting”の頭文字からRC-IGBTともいう。さらに、一般的な**サイリスタ**は**逆阻止形**だが、逆並列にダイオードを備えた**逆導通サイリスタ**という単体のデバイスも存在する。

◆逆導通片方向スイッチ 〈図11-01〉

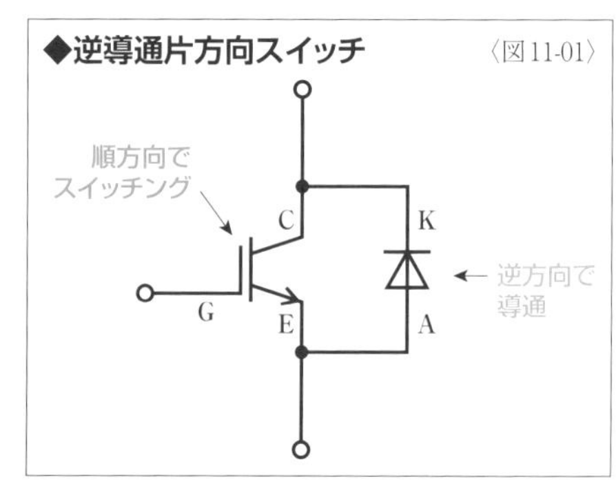

▶逆阻止片方向スイッチ

電力変換の回路構成によっては**逆阻止**が求められることもある。**逆阻止片方向スイッチ**にする場合は、〈図11-02〉のように**可制御デバイス**に**ダイオード**を直列接続すると、順方向のオン状態ではダイオードが導通するので、問題なくスイッチングが行える。ダイオードの順方向電圧降下（オン電圧）の分だけ**定常オン損失**が増加するだけだ。逆方向ではダイオードが**逆阻止状態**になるので、可制御デバイスは逆電圧から保護される。

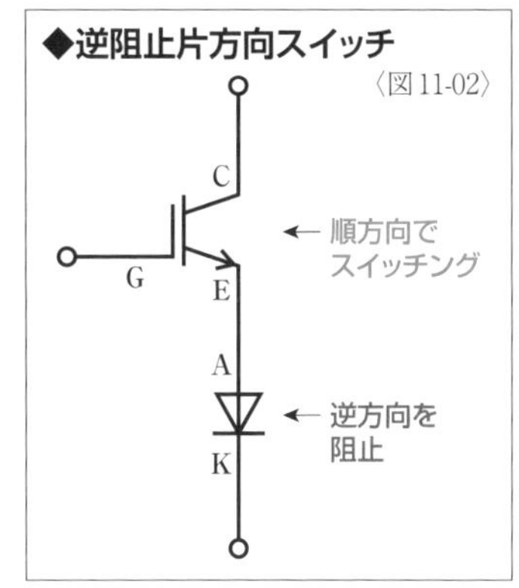

なお、IGBTには**逆阻止形**の単体のデバイスもある。**逆阻止**IGBTは、逆阻止の英語“reverse blocking”の頭文字から**RB-IGBT**ともいう。

▶双方向スイッチ

理想スイッチと同じような**双方向スイッチ**を実現することも可能だ。〈図11-03〉のように2組の**逆導通片方向スイッチ**の組み合わせを**逆直列接続**するか、〈図11-04〉のように2組の**逆阻止片方向スイッチ**を**逆並列接続**すればいい。これらの回路では、いずれの方向のオン状態でもダイオードの順方向電圧降下（オン電圧）の分だけ**定常オン損失**が増加する。

また、〈図11-05〉のようにダイオードでブリッジを構成した回路でも双方向スイッチが実現できる。使用する可制御デバイスは1個で済むが、いずれの方向のオン状態でも2個のダイオードを電流が流れるため、定常オン損失が大きくなる。

なお、**逆阻止3端子サイリスタ**は逆並列接続すると双方向スイッチになるが、同等の作用がある**双方向導通サイリスタ**という単体のデバイスもあり、**トライアック**（triac）ともいう。

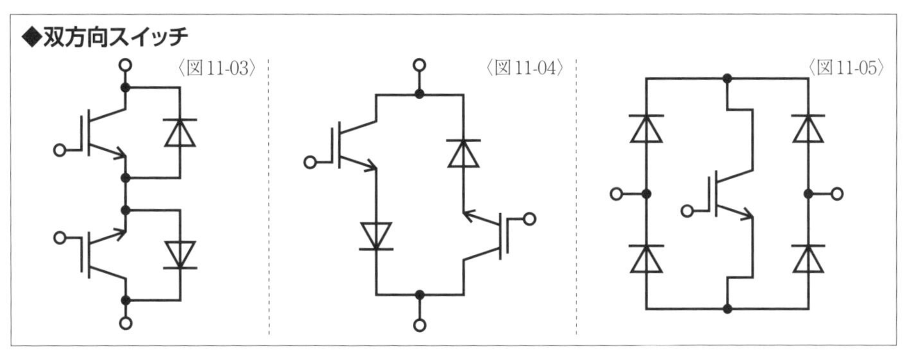

第2章 第12節

パワーモジュール

現在のパワーデバイスは、複数のデバイスで構成されたパワーモジュールとして使われることが多い。駆動回路や保護回路が一体化されたモジュールもある。

▶パワーモジュール

電力変換回路は**パワーデバイス**を組み合わせて構成されるが、単体のデバイスを接続していくのは手間がかかる。しかし、電力変換回路ではオンオフ可制御デバイスとダイオードの逆並列接続や、ブリッジ回路のように、よく使われる複数のパワーデバイスによる回路構成がある。また、高電圧や大電流に対応するために複数のパワーデバイスが直並列接続されることがある。こうした汎用される複数のデバイスの組み合わせを製造段階で配線も含めてパッケージ化しておけば、電力変換装置の製造が簡単になる。このように複数のデバイスをパッケージ化したものを**パワーモジュール**という。英語表記"power module"の頭文字から**PM**と略されることも多い。ちなみに、単体のデバイスのことは**ディスクリートデバイス**(discrete device)という。

パワーモジュールは、内蔵される主要なデバイスの種類によって、**ダイオードモジュール**や**MOSFETモジュール**、**IGBTモジュール**などと分類されることもある。また、回路の基本構成によって**1アームモジュール**や**ブリッジモジュール**と呼ばれたり、回路の目的によって**インバータモジュール**や**モータドライブモジュール**、**整流モジュール**と呼ばれたりすることもある。

パワーモジュールには、基板に実装できる小さなものから、大容量に対応した大きなものまである。パワーモジュールを使用することで、配線を短くすることができ、低インピーダンス化

◆各種ディスクリートパワーデバイス 〈写真12-01〉

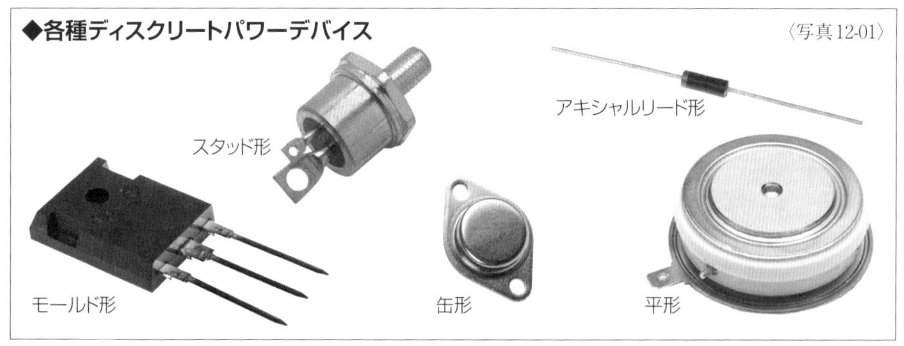

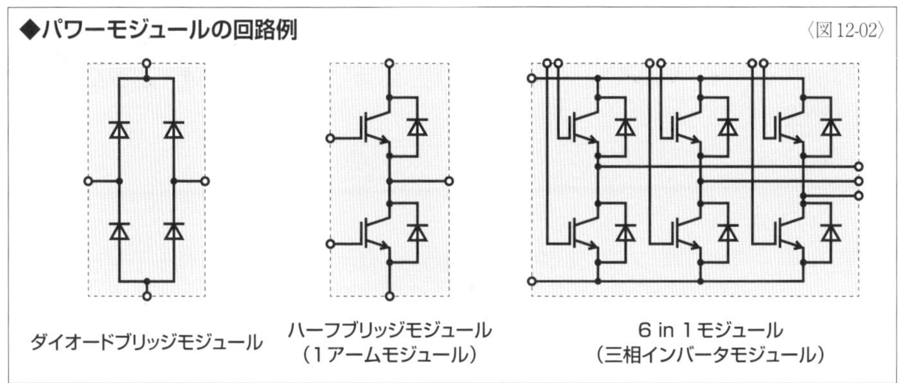

◆パワーモジュールの回路例 〈図12-02〉

を図ることができる。基板に実装しない大きなパワーモジュールの場合、上面などに端子がまとめられているので、配線作業が省力化される。また、パワーモジュールの多くは絶縁形であり、内部の回路から切り離されたベース基板をもっているので、**放熱フィン**（P262参照）などに取りつけることで容易に**放熱**でき、装置の小型化や軽量化が可能になる。現在では、その使いやすさからパワーデバイスが単体で扱われることは少なくなり、ほとんどのパワーデバイスが複数のデバイスで構成されたパワーモジュールになっている。

▶インテリジェントパワーモジュール

IGBTなどの**絶縁ゲート構造**を採用したデバイスが開発されたことで、**駆動回路**が小型化できるようになったため、パワーモジュールにIC化された駆動回路までもが内蔵されるようになった。こうしたモジュールを**インテリジェントパワーモジュール**（intelligent power module）といい、**IPM**と略される。インテリジェントパワーモジュールにはデバイスの電流や温度を検出して監視する**保護回路**も内蔵されていることが多い。

インテリジェントパワーモジュールを使用することで、回路の信頼性が向上する。また、従来以上の小型軽量化が可能になるばかりか、製造も容易になる。すでに評価済みの駆動回路や保護回路が内蔵されているので、回路の開発に要する時間が短縮される。

◆各種パワーモジュールとインテリジェントパワーモジュール

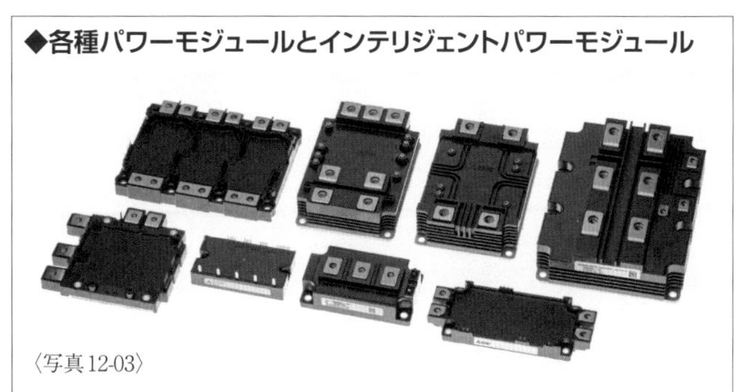

〈写真12-03〉

第2章 第13節

パワーデバイスの適用範囲

さまざまな可制御デバイスが使われ続けているのは、万能のパワーデバイスが存在しないためだ。電力容量とスイッチング周波数でパワーデバイスは選ばれる。

▶パワーデバイスの電力容量とスイッチング周波数

パワーデバイスの**電力容量**と動作可能な**スイッチング周波数**の間にはトレードオフの関係がある。**可制御デバイス**についての両者の関係をマッピングすると〈図13-01〉のようになる。容量は**サイリスタ類**がパワーデバイスのなかでもっとも大きい。**サイリスタ**のなかには1000kVAを扱うことができるものもあるが、スイッチング周波数は数百Hz程度だ。**GTOサイリスタ**であれば数kHzのスイッチングが可能だが、サイリスタより容量が小さい。いっぽう、**パワーMOSFET**はパワーデバイスのなかでもっともスイッチング周波数が高く、MHzクラスの動作も可能だが、容量はパワーデバイスのなかでもっとも小さい。**パワートランジスタ**は両者の中間領域をカバーしていたが、IGBTの登場によって活躍の場を失った。技術改良が続くIGBTはその適用範囲が大きく拡大し、サイリスタやGTOの用途も減少している。

本書では、動作原理を説明するためにパワーデバイスの基本的な構造を示したが、実際にはさらに複雑な構造になっている。pinダイオード(P82参照)と同じようにn⁻層を加えて耐圧を高めるといった構造は初歩的な段階であり、ちょっと見ただけではキャリアがどのように移動するかがわからないほどに複雑な構造になっているものもある。パワーエレクトロニクスを支えてきたパワーデバイスの材料は**シリコン**である。シリコンは優れた**半導体材料**だが、利用技術が成熟していて、その性能は限界に近いといわれている。そのため、新たな半導体材料によるパワーデバイスの開発が進んでいて、一部ではすでに実用化されている。詳しくは第7章で説明するが(P264参照)、将来的には容量とスイッチング周波数に関するマッピングが大きく変貌する可能性がある。

◆各種デバイスの適用範囲 〈図13-01〉

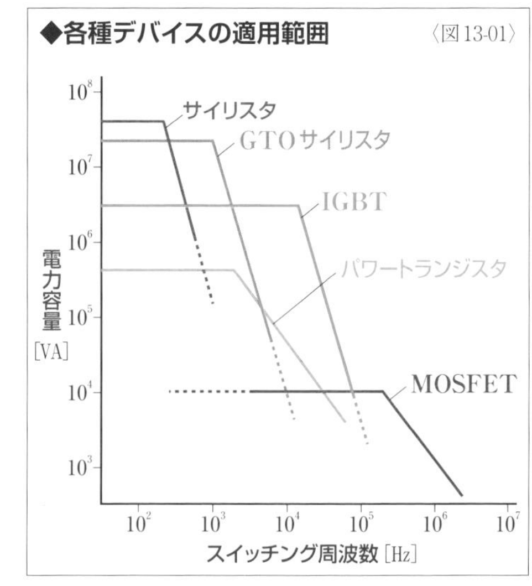

直流-直流
電力変換回路

第3章

降圧チョッパ回路

チョッパ回路のもっとも基本といえる回路が降圧チョッパ回路だ。スイッチングによって得られた方形パルス波をインダクタやキャパシタで平滑化している。

▶チョッパ回路

入出力がともに直流である電力変換を、**直流−直流電力変換**または単に**直流電力変換**ともいい、**直流−直流電圧変換**が行われる。直流電力変換を行う電力変換回路のうち、**チョッパ回路**は**直接変換**を行う。代表的なチョッパ回路には、**降圧チョッパ回路**、**昇圧チョッパ回路**、**昇降圧チョッパ回路**の3種類がある。降圧、昇圧、昇降圧の名称は、入出力の電圧の関係を示している。チョッパ回路では**スイッチング周波数**を一定に保った**デューティ比制御**、つまり**PWM制御**が行われるのが一般的だ。

これらのチョッパ回路に使われているパワーデバイスは、**可制御デバイス**と**ダイオード**が1つずつだ。この2種類のパワーデバイスに、回路に応じて**インダクタ**と**キャパシタ**を組み合わせて構成される。使用する可制御デバイスの種類は電力容量や求められるスイッチング周波数などによって選ばれる。

▶降圧チョッパ回路の構成

降圧チョッパ回路は直流の**降圧**が行える**チョッパ回路**だ。**ステップダウンコンバータ**(step-down converter)や**バックコンバータ**(buck converter)ともいう。英語の"buck"には「抵抗する」といった意味もあるが、語源は定かではないとされている。

降圧チョッパ回路の基本形は〈図01-01〉のような回路だ。**可制御デバイス**による**スイッチ**Sと**ダイオード**D、**インダクタ**Lで構成される。電力の供給源を直流電源Eとし、回路の動作をわかりやすくするために負荷は**純抵抗負荷**Rとする。実際の降圧チョッパ回路では、平滑化にキャパシタも併用されることが多いが、まずはインダクタのみで平滑を行う回路を説明する(キャパシタを併用する回路はP120参照)。

◆降圧チョッパ回路 〈図01-01〉

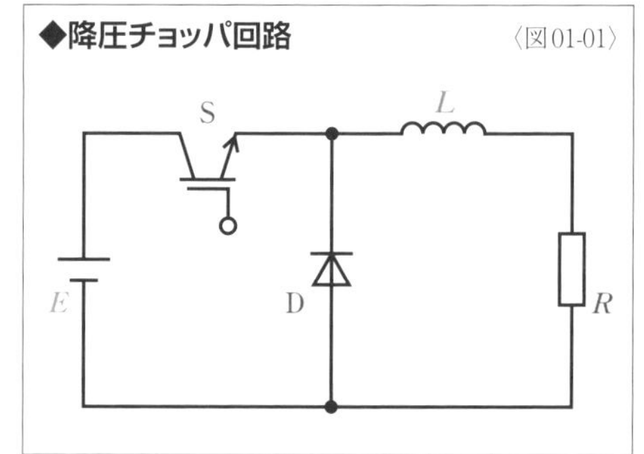

すでに第1章でチョッパ回路による**直流−直流電圧変換**の原理は説明しているが（P26参照）、スイッチSはこのチョッパ動作を行うものだ。ダイオードDはスイッチSがオフ状態でも回路を成立させるためのもので**還流ダイオード**という。**還流**とは電源からの電力の供給を受けずに負荷電流を回路内で循環させることという。還流ダイオードは**フリーホイールダイオード**（freewheel diode）や**フリーホイーリングダイオード**（freewheeling diode）、**フライホイールダイオード**（flywheel diode）ともいう。インダクタLは平滑を行うためのもので、**平滑インダクタ**や**平滑リアクトル**、**チョークコイル**という。

実はこの回路は、第1章でインダクタの**過渡現象**を検証した回路（P48参照）と同じ構成だ。先に説明した回路では〈図01-02〉のように切り替えスイッチを使っているが、〈図01-03〉のように一般的なスイッチ2つに置き換え、一方のターンオンと同時にもう一方をターンオフすれば同じ動作が実現できる。ただし、時間0で動作する理想スイッチでなければ短絡や高電圧の問題が生じてしまう。しかし、〈図01-01〉のようなオンオフ可制御デバイスとダイオードの組み合わせであれば、こうした問題が生じないため、降圧チョッパ回路を構成できる。

◆インダクタの過渡現象検証回路

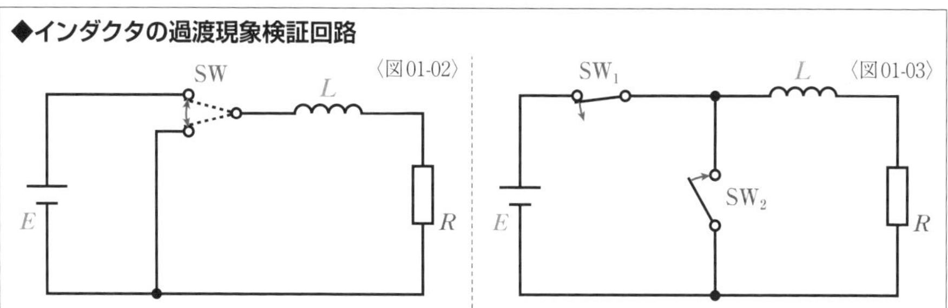

……… フリーホイールとフライホイール ………

フリーホイールとは機械要素の1つで、一定の方向にのみ回転を伝達する**ワンウェイクラッチ機構**のことだ。身近な例では自転車のペダルの根元に備えられている。自転車のペダルを回しているときは、その回転が後輪に伝達されるが、走行中にペダルをこぐのをやめても、車輪の回転がペダルに伝達されることがない。一定方向にだけ電流を流すという作用が似ているため、**還流ダイード**を**フリーホイールダイオード**や**フリーホイーリングダイオード**というわけだ。

いっぽう、**フライホイール**も機械要素の1つで、日本語では**弾み車**という。慣性を利用することで回転を継続させ、回転しようとする力の変動を抑えるために使われる。回路の電流を流し続けるという作用が似ているため、還流ダイオードを**フライホイールダイオード**という。なお、フライホイールダイオードという呼び方は、フリーホイールダイオードの読み間違えで使われるようになったとされるが、現在の日本ではフライホイールダイオードという名称も普通に通用している。

▶降圧チョッパ回路の動作

降圧チョッパ回路の**定常状態**の動作は、スイッチSのオン状態とオフ状態に分けて考えることができる。ここではオン状態をモードⅠ、オフ状態をモードⅡとする。

モードⅠでは、スイッチSがオン状態なので、ダイオードDには電源電圧Eによって**逆方向バイアス**されてオフ状態になるため、〈図01-04〉のような等価回路になる。電圧Eは直列接続されたRとLにかかることになるので、インダクタンスの存在によって流れる電流iは次第に増加していく。このとき、インダクタLには**磁気エネルギー**が蓄えられる。

スイッチSがターンオフすると、流れる電流が急激に減少するためインダクタLに**逆起電力**が生じて電流を流し続けようとする。これにより**順方向バイアス**されたダイオードDがオン状態になって導通するので、モードⅡの等価回路は〈図01-05〉になる。このとき流れる電流iは、モードⅠで蓄えた磁気エネルギーの放出によるものなので、次第に減少していく。

スイッチSを再びターンオンすると、モードⅠになってインダクタLには磁気エネルギーが蓄えられ、電流iは次第に増加していく。このようにして、インダクタLが磁気エネルギーの蓄積と放出を繰り返すことで、電流は断続せず連続して流れる。

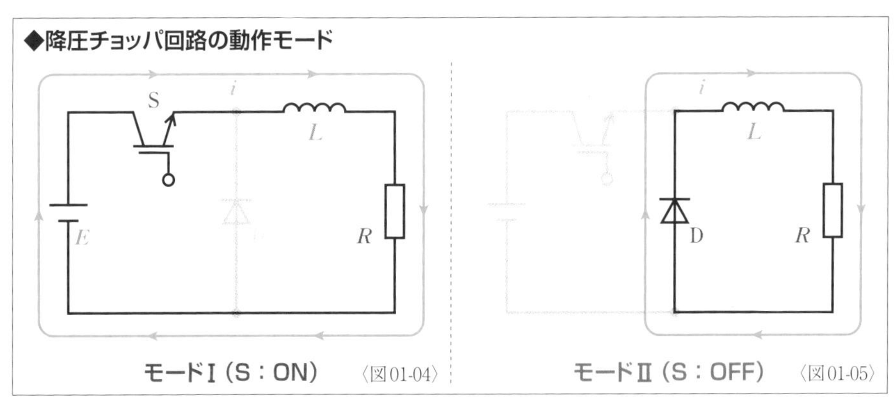

▶降圧チョッパ回路の各部の波形

降圧チョッパ回路の動作は各部の波形を見るとさらにわかりやすい。ここでは〈図01-06〉のように各部の電圧と電流を定め（v_Dの電圧の方向に注意）、i_Rが常に流れているとする。

電流については、i_SはモードⅠでのみ増加していく電流として流れ、i_DはモードⅡでのみ減少していく電流として流れ、両者を合成したものがi_L（$=i_R$）になる。

電圧については、モードⅠではv_Lとv_Rは電源電圧Eを**分圧**しているので、その和は常に

◆降圧チョッパ回路の各部の電圧と電流

〈図01-06〉

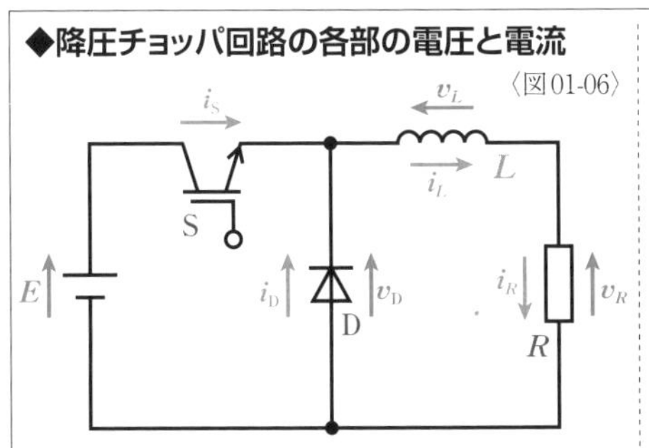

◆降圧チョッパ回路の各部の波形 〈図01-07〉

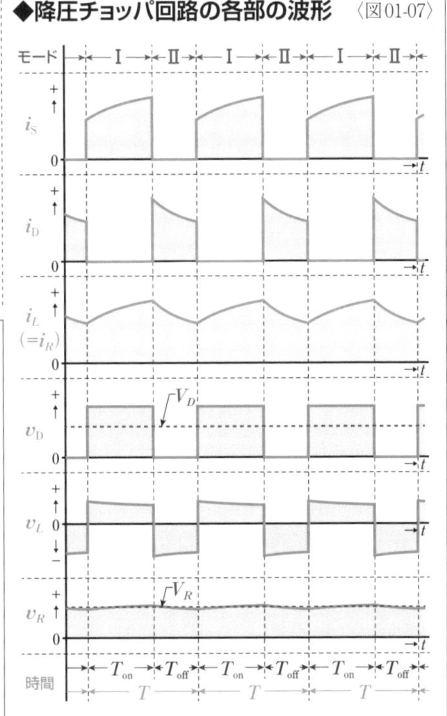

Eで一定になる。インダクタLが磁気エネルギーを蓄えつつ、$i_L\ (=i_R=i_S)$が増加していく状況では、v_Lは減少していき、それに応じてv_Rは増加していく。

モードIIでは、インダクタLの**逆起電力**$-v_L$が負荷Rにかかる。そのため、インダクタLが磁気エネルギーを放出しつつ、$i_L\ (=i_R=i_D)$が減少していく状況では、それに対応して起電力$-v_L$の大きさも次第に減少していく。v_Rは、インダクタLの逆起電力によるものなので、v_Lと同じ大きさになる。以上のように、v_LはモードIでは正の領域、モードIIでは負の領域になる。周期波形の定常状態なので、v_Lの1周期の時間積分は0になる。

回路の構成から、ダイオードD、インダクタL、負荷Rの端子電圧には〈式01-08〉の関係が常に成り立つ。この関係はそれぞれの平均値V_D、V_L、V_Rについても成立するが、**v_Lの1周期の時間積分は0 ($V_L=0$)**なので〈式01-10〉になる。v_DはモードIのオン時間T_{on}の間だけEがかかり、オフ時間T_{off}は0になるので、1周期Tの平均電圧は〈式01-11〉で求められ、**デューティ比**をdとすれば〈式01-12〉になる。よって出力電圧であるv_Rは、**リプル**はあるものの平均電圧ではデューティ比に比例した電圧になっていることが〈式01-13〉で確認できる。デューティ比の値の範囲は$0 \leqq d \leqq 1$なので、電源電圧Eを**降圧**して出力できることになる。

$$v_D = v_L + v_R \quad \cdots\cdots〈式01\text{-}08〉$$

$$V_D = V_L + V_R \quad \cdots\cdots〈式01\text{-}09〉$$

$$= V_R \quad \cdots\cdots〈式01\text{-}10〉$$

$$V_D = \frac{T_{on}}{T} E \quad \cdots\cdots〈式01\text{-}11〉$$

$$= dE \quad \cdots\cdots〈式01\text{-}12〉$$

$$V_R = dE \quad \cdots\cdots〈式01\text{-}13〉$$

第1節 降圧チョッパ回路

▶降圧チョッパ回路(キャパシタあり)の構成と動作

インダクタのみで**平滑化**を行う**降圧チョッパ回路**をRとLの**時定数**$\dfrac{L}{R}$で考えてみると、他の条件が同じならインダクタンスLを大きくするほど時定数が大きくなって変化が穏やかになり、**リプル**が小さくなる。しかし、Lを大きくするとインダクタが大型化しコストも高くなる。そのため実用的な降圧チョッパ回路では**キャパシタ**を併用する。

◆降圧チョッパ回路(Cあり)　〈図01-14〉

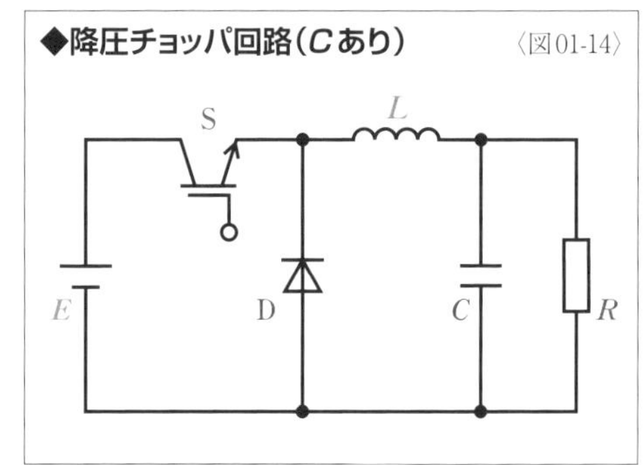

キャパシタも併用する降圧チョッパ回路では〈図01-14〉のように負荷Rと並列にキャパシタCが加えられる。このキャパシタを**平滑キャパシタ**という。スイッチSがオン状態のモードⅠは〈図01-15〉、オフ状態のモードⅡは〈図01-16〉の等価回路で示される。基本的な動作はキャパシタのない場合と同じだが、状況に応じてキャパシタCが充電と放電を行うことで負荷Rの端子電圧の変動を抑える。そのため、キャパシタCの電流の方向はモードの途中で変化する。

◆降圧チョッパ回路(Cあり)の動作モード

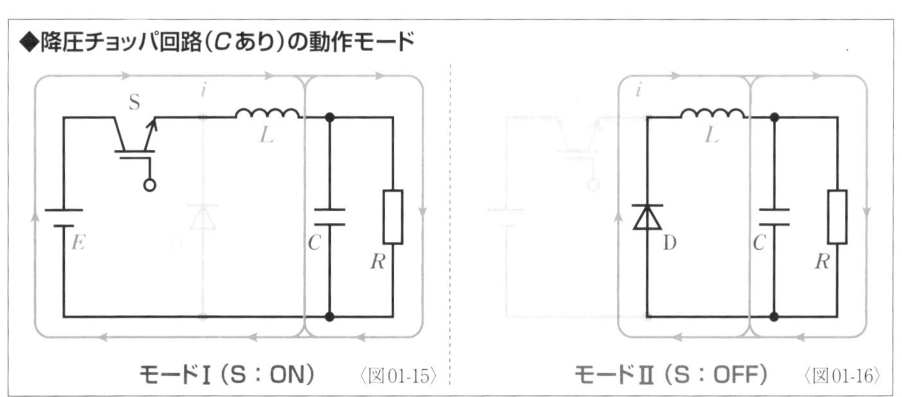

モードⅠ(S：ON)　〈図01-15〉　　モードⅡ(S：OFF)　〈図01-16〉

▶降圧チョッパ回路(キャパシタあり)の各部の波形

降圧チョッパ回路の各部の波形を見てみよう。ここでは〈図01-17〉のように各部の電圧と電流を定めている。キャパシタンスCが十分に大きいと仮定し、i_Rが常に流れているとする。厳密にいえばわずかな変動があるが、Cが十分に大きいとv_Cとv_Rは一定と見なせる。

モードⅠでは、v_Lとv_R $(=v_C)$は電源電圧Eを**分圧**しているので〈式01-19〉の関係にある。また、インダクタLの電圧と電流の関係は〈式01-20〉で示される。この2式をi_Lについて整

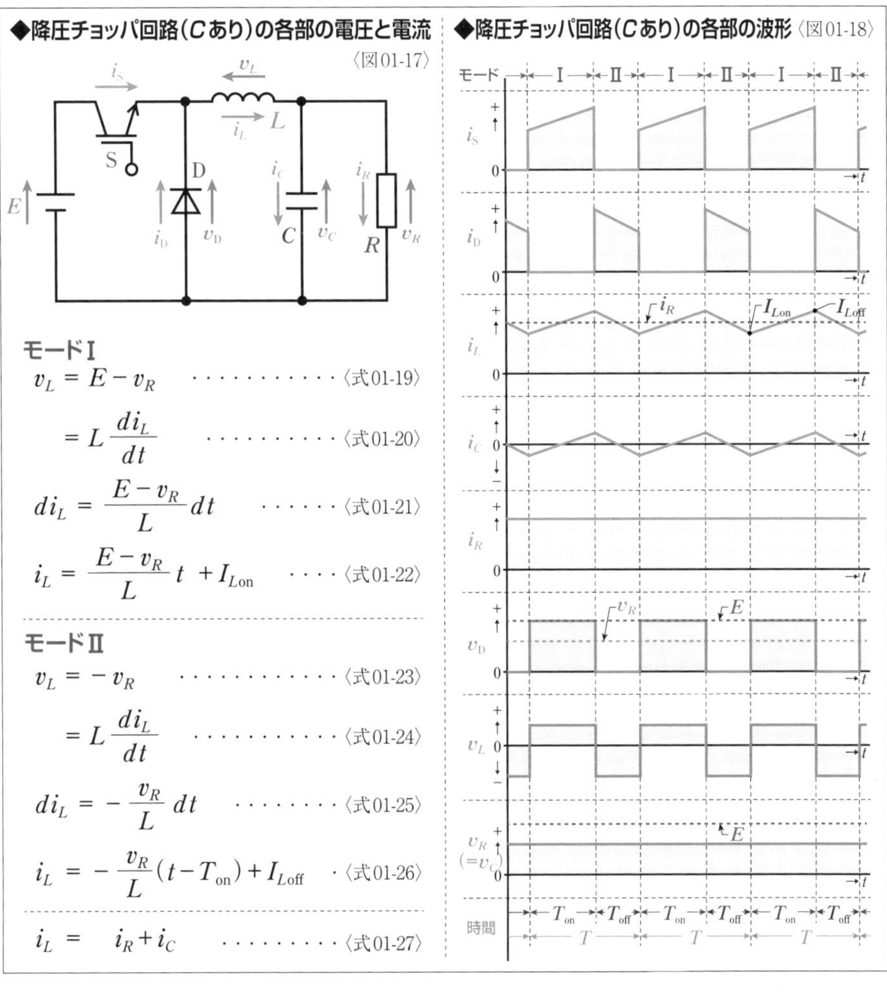

モードII

$$v_L = -v_R \quad \cdots\cdots\cdots \text{〈式01-23〉}$$

$$= L\frac{di_L}{dt} \quad \cdots\cdots\cdots \text{〈式01-24〉}$$

$$di_L = -\frac{v_R}{L}dt \quad \cdots\cdots \text{〈式01-25〉}$$

$$i_L = -\frac{v_R}{L}(t - T_{on}) + I_{Loff} \quad \cdot \text{〈式01-26〉}$$

$$i_L = i_R + i_C \quad \cdots\cdots\cdots \text{〈式01-27〉}$$

◆降圧チョッパ回路(*C*あり)の各部の波形 〈図01-18〉

理すると〈式01-21〉になり、さらにターンオンした時点をt=0、その時点でのi_Lの値をI_{Lon}として時間積分すると〈式01-22〉になり、i_Lが直線的に増加するのがわかる。

モードⅡでは、インダクタLの逆起電力$-v_L$はv_R（$=v_C$）と等しいので〈式01-23〉の関係にあり、インダクタLの電圧と電流の関係は〈式01-24〉で示される。この2式を整理すると〈式01-25〉になり、さらに時間積分すると〈式01-26〉になり、i_Lが直線的に減少するのがわかる。この式におけるI_{Loff}はSがターンオフした時点でのi_Lの値だ。

なお、ここではv_Rを一定と見なしているので、i_Rも一定になる。回路の構成上、i_Lはi_Rとi_Cの和に等しくなるので、i_Lとi_Rの差がi_Cになる。これは、i_Lのうち変動する交流成分がキャパシタCを流れ、直流成分が負荷Rを流れると考えることができる。

▶降圧チョッパ回路(キャパシタあり)の出力電圧

キャパシタも併用する**降圧チョッパ回路**の出力電圧を考えてみる。ここでは一定と見なしているv_Rの平均値をV_Rとする。モードⅠでのi_Lの増加量をΔi_{Lon}とすると、前ページの〈式01-22〉を使ってオン時間T_{on}によって〈式01-28〉で示される。同様にして、モードⅡでのi_Lの減少量をΔi_{Loff}すると、前ページの〈式01-26〉を使ってオフ時間T_{off}によって〈式01-29〉で示される。周期波形の定常状態なので、Δi_{Lon}とΔi_{Loff}の大きさは等しくなるので、〈式01-30〉の関係が成立する。この式をV_Rで整理すると〈式01-31〉になり、周期Tを使えば〈式01-32〉、**デューティ比**をdとすれば〈式01-33〉になる。これにより出力電圧V_Rは、入力電圧Eとデューティ比dに比例した電圧になっていることが確認できる。デューティ比の値の範囲は$0 \leqq d \leqq 1$なので、電源電圧Eを**降圧**して出力できることになる。

$$\Delta i_{Lon} = \frac{E - V_R}{L} T_{on} \quad \cdots\cdots〈式01\text{-}28〉$$

$$\Delta i_{Loff} = -\frac{V_R}{L} T_{off} \quad \cdots\cdots〈式01\text{-}29〉$$

$$\frac{E - V_R}{L} T_{on} = \frac{V_R}{L} T_{off} \quad \cdots〈式01\text{-}30〉$$

$$V_R = \frac{T_{on}}{T_{on} + T_{off}} E \quad \cdots\cdots〈式01\text{-}31〉$$

$$= \frac{T_{on}}{T} E \quad \cdots\cdots〈式01\text{-}32〉$$

$$= dE \quad \cdots\cdots〈式01\text{-}33〉$$

▶連続モード動作と不連続モード動作

ここまではインダクタ電流i_Lが途切れないことを前提に**降圧チョッパ回路**を説明してきた。こうした動作を**連続モード動作**という。しかし、Lが小さかったりRが小さかったりすると、モードⅠで蓄えられた磁気エネルギーが、モードⅡの途中で使い切られてしまい、インダクタ電流i_Lが途切れてしまうことがある。こうした動作を**不連続モード動作**という。

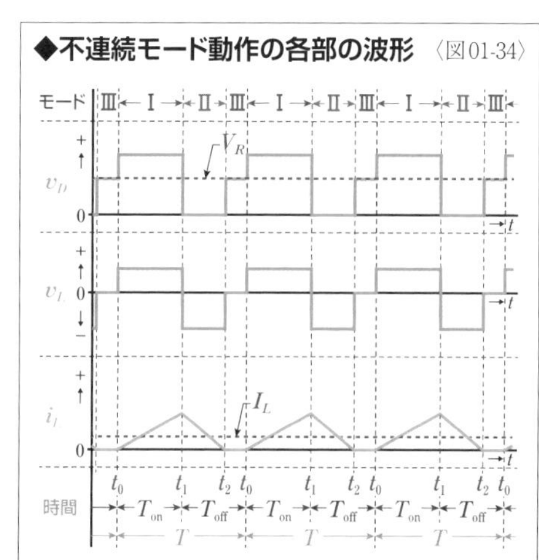

◆不連続モード動作の各部の波形〈図01-34〉

キャパシタンスCは十分に大きいと仮定し、$i_L = 0$の状態をモードⅢとする。〈図01-34〉のように、時刻t_0でスイッチSがターンオンするとモードⅠになり、i_Lは0から増加していく。t_1でSがターンオフするとモードⅡになり、i_Lは減少していく。t_2でi_Lが0になるとモードⅢになる。インダクタLに逆起電力

$-v_L$がなくなるため、ダイオードDはオフ状態になり、v_D、v_C、v_Rが等しくなる。

Cが十分に大きければ、不連続モード動作でも出力電圧と出力電流は一定に保たれるが、電圧の大きさに問題が生じる。モードⅠのv_Lの時間積分とモードⅡのv_Lの時間積分は等しいので、モードⅡの時間をT_dとすると〈式01-35〉の関係が成立し、V_Rについて整理すると〈式01-36〉になる。不連続動作モードでは、T_dはT_{off}より小さいので、〈式01-36〉の分母の$T_{on}+T_d$はTより小さくなる。〈式01-31～33〉と比較すればわかるように、不連続モードでは出力電圧がデューティ比dに比例しなくなる。そのため、一般的には使用を避けるようにしている。

$$(E-V_R)\,T_{on}=V_R\,T_d \quad \cdots\cdots〈式01\text{-}35〉$$

$$V_R=\frac{T_{on}}{T_{on}+T_d}E \quad \cdots\cdots〈式01\text{-}36〉$$

連続モード動作と不連続モード動作の境界は、〈図01-37〉のようにモードⅠのi_Lの初期値を0として考えられる。このとき、i_Lの変化量をΔi_L、平均値をI_Lとすると〈式01-38〉の関係が成立する。$\frac{1}{2}\Delta i_L>I_L$であれば、$i_L$が0になることはなく連続モード動作になる。$\frac{1}{2}\Delta i_L<I_L$の場合は、$i_L$が負の領域に入ってしまうことになるが、この回路ではi_Lが逆方向に流れることができないため$i_L=0$になり、不連続モード動作になる。

〈図01-37〉

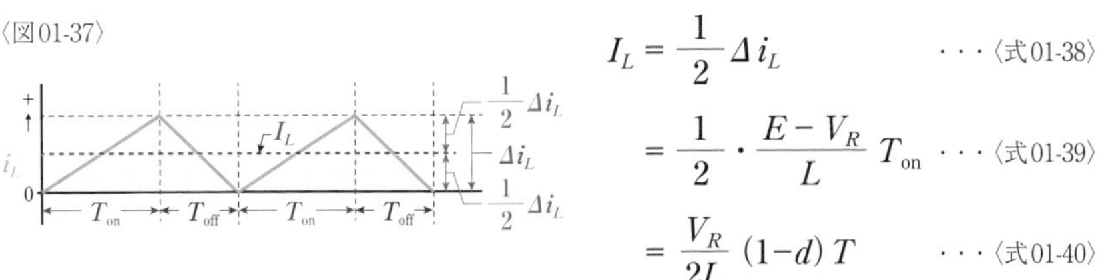

$$I_L=\frac{1}{2}\Delta i_L \quad \cdots〈式01\text{-}38〉$$

$$=\frac{1}{2}\cdot\frac{E-V_R}{L}T_{on} \quad \cdots〈式01\text{-}39〉$$

$$=\frac{V_R}{2L}(1-d)\,T \quad \cdots〈式01\text{-}40〉$$

連続モード動作させるためのLの条件を考えてみよう。境界条件〈式01-38〉のΔi_Lは、モードⅠでの増加量Δi_{Lon}に等しいので、〈式01-28〉を使って〈式01-39〉で示される。この式に$T_{on}=dT$と〈式01-33〉を変形した$E=\frac{V_R}{d}$を代入して整理すると〈式01-40〉が得られる。1周期の入出力の電力量は〈式01-41〉で示される。この式の左辺に〈式01-40〉、右辺に$E=\frac{V_R}{d}$を代入して整理すると、〈式01-42〉の関係が導かれる。Lが大きいほど、i_Lの変化は小さくなるので、連続モード動作させるためのLの条件は〈式01-43〉になる。

$$E\,I_L\,dT=\frac{{V_R}^2}{R}T \quad \cdots\cdots〈式01\text{-}41〉$$

$$\frac{1}{2L}(1-d)\,T=\frac{1}{R} \quad \cdots\cdots〈式01\text{-}42〉$$

$$L>\frac{R}{2}(1-d)\,T \quad \cdots\cdots〈式01\text{-}43〉$$

昇圧チョッパ回路

インダクタとキャパシタの作用を上手く利用することで、スイッチングによって電源電圧より高い電圧を出力できるチョッパ回路が昇圧チョッパ回路だ。

▶昇圧チョッパ回路の構成と動作

スイッチングによって電圧を切り刻むと出力の平均電圧が低下するという**直流−直流電圧変換**の基本原理はわかりやすいので、**チョッパ回路**による降圧は容易に理解できる。しかし、同じようにスイッチングを利用することで不思議なことに電源電圧より高い電圧に変換することも可能だ。このようにスイッチングによって直流の**昇圧**が行えるチョッパ回路を**昇圧チョッパ回路**という。昇圧チョッパ回路は**ステップアップコンバータ**(step-up converter)や**ブーストコンバータ**(boost converter)ともいう。英語の“boost”には「高める」という意味がある。

昇圧チョッパ回路は〈図02-01〉のような回路で、構成要素は実用的な降圧チョッパ回路と同じく、**可制御デバイス**による**スイッチ**Sと**ダイオード**D、**インダクタ**L、**キャパシタ**Cだ。ここでは電力の供給源を直流電源E、負荷を純抵抗負荷Rとし、インダクタンスLは**連続モード動作**できる大きさがあり、キャパシタンスCは十分に大きいものとする。また、定常状態におけるスイッチSのオン状態をモードⅠ、オフ状態をモードⅡとする。

モードⅠから説明を始めるが、定常状態では前回のモードⅡでキャパシタCが十分に充電されていることが前提になる。Sがオン状態になってモードⅠになると、ダイオードDはキャパシタCの端子電圧によって**逆方向バイアス**されるのでオフ状態になり、〈図02-02〉の等価回路になる。結果、モードⅠでは独立した電流経路が2つできる。1つは電源電圧EがインダクタLにかかる回路で、インダクタンスの存在によって流れる電流i_1は次第に増加していき、Lには磁気エネルギーが蓄えられる。もう1つの電流経路ではキャパシタCが電源に相当し、その放電によって負荷Rに電流i_2を流す。ダイオードDには、出力側から入力側への電流の逆流を阻止する働きがあるため、**阻止ダイオード**や**放電防止用ダイオード**ということもある。

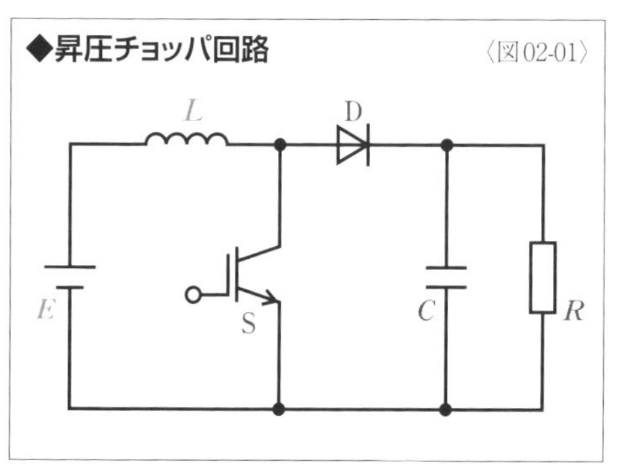

◆昇圧チョッパ回路 〈図02-01〉

スイッチSがターンオフすると、Sを通じ

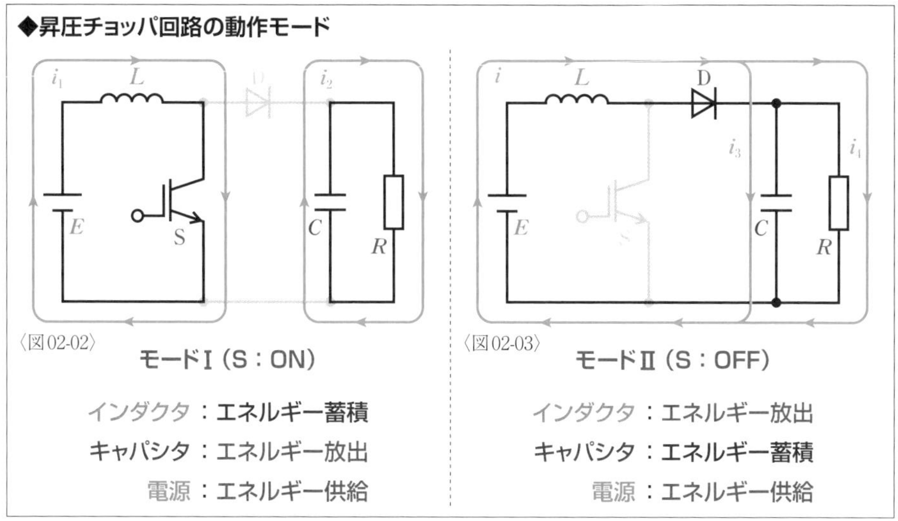

て電流を流せなくなるが、インダクタンスLは電流を流し続けようとするため、ダイオードDが**順方向バイアス**されてオン状態になって導通するので、モードⅡの等価回路は〈図02-03〉のようになる。このとき、インダクタLには**逆起電力**が生じるので、電源電圧Eに逆起電力を加えた電圧が、並列接続されたキャパシタCと負荷Rにかかる。流れる電流iは**分流**して負荷Rに電流i_4を流すと同時に電流i_3でキャパシタCを充電する。

再びモードⅠになると、モードⅡでキャパシタCに充電された電圧が負荷Rにかかる。キャパシタCの端子電圧は電源電圧EにインダクタLの逆起電力を加えたものなので、負荷Rには常に電源電圧Eより高い電圧がかかることになる。これにより昇圧が行われる。

降圧チョッパ回路はキャパシタがなくても成立することからもわかるように、欠かせない重要な存在はインダクタだ。スイッチSのオン状態ではインダクタがエネルギーを蓄積し、オフ状態ではエネルギーを放出することで平滑化を行っている。電源のエネルギーはオン状態でのみ負荷とインダクタに供給される。つまり、電源からの電流はオン状態でのみ流れる。

いっぽう、昇圧チョッパ回路ではインダクタもキャパシタも欠かせない重要な存在だ。スイッチSのオン状態ではインダクタがエネルギーを蓄積し、キャパシタがエネルギーを放出する。オフ状態ではインダクタがエネルギーを放出し、キャパシタがエネルギーを蓄積する。電源のエネルギーはオン状態ではインダクタのみに供給され、オフ状態では負荷とキャパシタに供給される。つまり、昇圧チョッパ回路ではスイッチングが行われていても電源からの電流は常に流れ続けている。このようにして、負荷に直接エネルギーが供給される時間より、電源がエネルギーを供給する時間を長くすることで昇圧を可能にしている。

▶昇圧チョッパ回路の各部の波形

昇圧チョッパ回路の各部の波形を見てみよう。ここでは〈図02-04〉のように各部の電圧と電流を定めている。Cは十分に大きく、v_Cとv_Rは一定と見なすことができるものとする。

モードⅠでは、〈式02-06〉のようにv_Lは電源電圧Eに等しく、インダクタLの電圧と電流の関係は〈式02-07〉で示される。この2式をi_Lについて整理すると〈式02-08〉になり、さらにターンオンした時点をt=0、その時点でのi_Lの値をI_{Lon}として時間積分すると〈式02-09〉になり、i_Lが直線的に増加するのがわかる。

モードⅡでは、インダクタLの逆起電力$-v_L$と電源電圧Eの和がv_R(=v_C)と等しいので〈式

◆昇圧チョッパ回路の各部の電圧と電流　〈図02-04〉

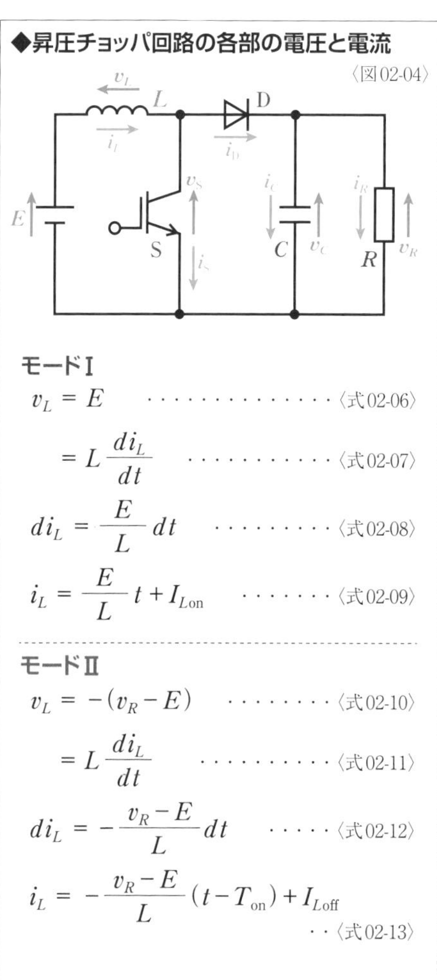

モードⅠ

$$v_L = E \quad \cdots\cdots\cdots\cdots\cdots\cdots \text{〈式02-06〉}$$

$$= L\frac{di_L}{dt} \quad \cdots\cdots\cdots\cdots \text{〈式02-07〉}$$

$$di_L = \frac{E}{L}dt \quad \cdots\cdots\cdots\cdots \text{〈式02-08〉}$$

$$i_L = \frac{E}{L}t + I_{Lon} \quad \cdots\cdots\cdots \text{〈式02-09〉}$$

モードⅡ

$$v_L = -(v_R - E) \quad \cdots\cdots\cdots \text{〈式02-10〉}$$

$$= L\frac{di_L}{dt} \quad \cdots\cdots\cdots\cdots \text{〈式02-11〉}$$

$$di_L = -\frac{v_R - E}{L}dt \quad \cdots\cdots \text{〈式02-12〉}$$

$$i_L = -\frac{v_R - E}{L}(t - T_{on}) + I_{Loff} \quad \cdots \text{〈式02-13〉}$$

◆昇圧チョッパ回路の各部の波形　〈図02-05〉

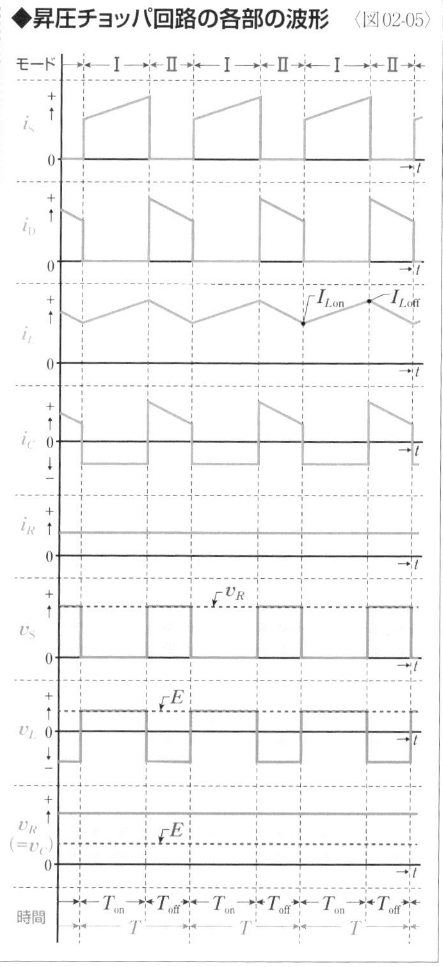

02-10〉の関係にあり、インダクタLの電圧と電流の関係は〈式02-11〉で示される。この2式を整理すると〈式02-12〉になり、さらに時間積分すると〈式02-13〉になり、i_Lが直線的に減少するのがわかる。この式におけるI_{Loff}はSがターンオフした時点でのi_Lの値だ。

モードⅡでは、インダクタLの逆起電力$-v_L$と電源電圧Eの和がv_R $(=v_C)$にかかる。Cが十分に大きく、v_Cとv_Rは一定と見なしているので、モードⅠでもこの電圧がRとCにかかり続けることになる。

▶昇圧チョッパ回路の出力電圧と連続モード動作

実際には出力電圧はどの程度(ていど)**昇圧(しょうあつ)**されるのだろうか。ここでは一定と見なしているv_Rの平均値(へいきんち)をV_Rとする。モードⅠでのi_Lの増加量をΔi_{Lon}とすると、前ページの〈式02-09〉を使ってオン時間T_{on}によって〈式02-14〉で示される。同様にして、モードⅡでのi_Lの減少量をΔi_{Loff}すると、前ページの〈式02-13〉を使ってオフ時間T_{off}によって〈式02-15〉で示される。周期波形(しゅうきはけい)の定常状態(ていじょうじょうたい)なので、Δi_{Lon}とΔi_{Loff}の大きさは等しくなるので、〈式02-16〉の関係が成立する。この式をV_Rで整理すると入出力電圧の関係は〈式02-17〉で示され、**周期(しゅうき)**Tを使えば〈式02-18〉、**デューティ比(ひ)**をdとすれば〈式02-19〉になる。デューティ比の値の範囲(はんい)は$0 \leqq d \leqq 1$だ。d=0であれば、V_RはEに等しくなり、dが1に近づくとV_Rは∞に近づくので、V_RはEから∞の範囲で調整できることがわかる。ただし、$d=1$では回路が動作できなくなる。

$$\Delta i_{Lon} = \frac{E}{L} T_{on} \quad \cdots\cdots〈式02\text{-}14〉$$

$$\Delta i_{Loff} = -\frac{V_R - E}{L} T_{off} \quad \cdots〈式02\text{-}15〉$$

$$\frac{E}{L} T_{on} = \frac{V_R - E}{L} T_{off} \quad \cdot\cdot〈式02\text{-}16〉$$

$$V_R = \frac{T_{on} + T_{off}}{T_{off}} E \quad \cdots\cdots〈式02\text{-}17〉$$

$$= \frac{T}{T_{off}} E \quad \cdots\cdots〈式02\text{-}18〉$$

$$= \frac{1}{1-d} E \quad \cdots\cdots〈式02\text{-}19〉$$

昇圧チョッパ回路でもインダクタンスLが小さければi_Lが途切(とぎ)れる**不連続(ふれんぞく)モード動作(どうさ)**になる。i_Lの変化量をΔi_L、平均値をI_Lとすると、境界条件(きょうかいじょうけん)は降圧(こうあつ)チョッパ回路(かいろ)と同じく〈式02-20〉になる。**連続(れんぞく)モード動作(どうさ)**させるためのLの条件も、降圧チョッパ回路の場合と同じように、1周期の入出力の電力量の式から求められる。導出(どうしゅつ)の計算式は省略するが、Lの条件は〈式02-21〉になる。

$$I_L = \frac{1}{2} \Delta i_L \quad \cdots\cdots〈式02\text{-}20〉$$

$$L > \frac{R}{2} (1-d)^2 dT \quad \cdots〈式02\text{-}21〉$$

昇降圧チョッパ回路

構成要素は降圧チョッパと昇圧チョッパと同じなのに、双方の能力を備えたチョッパ回路が昇降圧チョッパ回路だ。1つの回路で幅広い電圧に対応できる。

▶昇降圧チョッパ回路の構成と動作

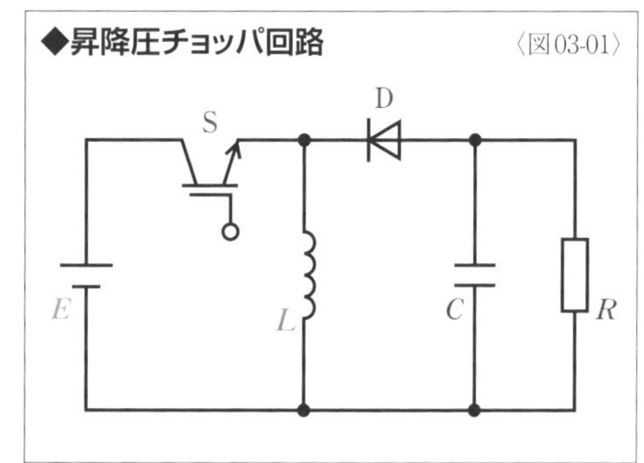

〈図03-01〉

降圧も**昇圧**も可能な**チョッパ回路**も存在する。**昇降圧チョッパ回路**や**バックブーストコンバータ**(buck boost converter)といい、構成要素は降圧チョッパ回路や昇圧チョッパ回路と同じく、**可制御デバイス**による**スイッチ**Sと**ダイオード**D、**インダクタ**L、**キャパシタ**Cで、〈図03-01〉のような回路になる。ここでは電力の供給源を直流電源E、負荷を純抵抗負荷Rとし、インダクタンスLは**連続モード動作**できる大きさがあり、キャパシタンスCは十分に大きいものとする。また、定常状態におけるスイッチSのオン状態をモードⅠ、オフ状態をモードⅡとする。なお、昇降圧チョッパ回路は、電源電圧Eのマイナス側が負荷の出力電圧のプラス側になる。つまり、降圧チョッパ回路や昇圧チョッパ回路とは出力の極性が反転するため、**極性反転形チョッパ回路**ということもある。

モードⅠから説明を始めるが、定常状態では前回のモードⅡでキャパシタCが十分に充電されていることが前提になる。SがターンオンしてモードⅠになると、ダイオードDはキャパシタC

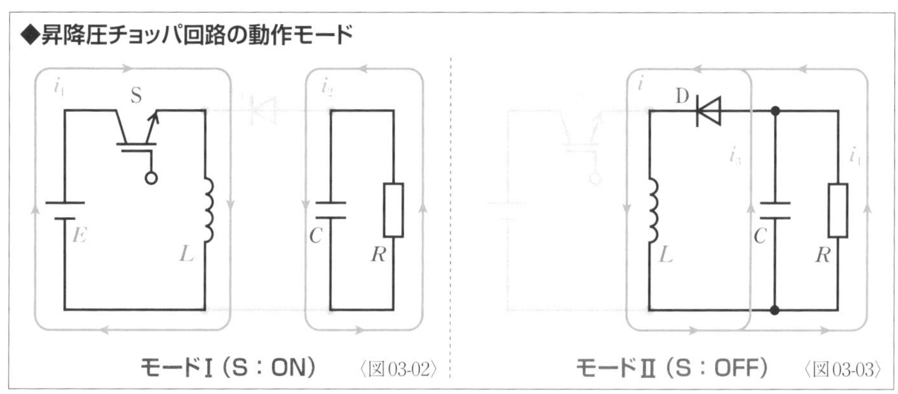

〈図03-02〉〈図03-03〉

の端子電圧によって**逆方向バイアス**されるのでオフ状態になり、〈図03-02〉の等価回路になる。結果、独立した電流経路が2つできる。1つは電源電圧EがインダクタLにかかる回路で、インダクタンスの存在によって流れる電流i_1は次第に増加していき、Lには磁気エネルギーが蓄えられる。もう1つの電流経路ではキャパシタCが電源に相当し、その放電によって負荷Rに電流i_2を流す。このとき、ダイオードDは**阻止ダイオード**として機能する。

スイッチSがターンオフすると、Sを通じて電流を流せなくなるが、インダクタLは電流を流し続けようとするため、ダイオードDが順方向バイアスされてオン状態になって導通するので、モードⅡの等価回路は〈図03-03〉になる。このとき、ダイオードDは**還流ダイオード**として機能する。インダクタLに生じた**逆起電力**が、並列接続されたキャパシタCと負荷Rにかかり、流れる電流iは**分流**して負荷Rに電流i_4を流すと同時に電流i_3でCを充電する。

こうした動作の説明だけでは、降圧と昇圧が可能なことがわからないため、まずは出力電圧を考えてみよう。ここでは他のチョッパ回路と比較しやすいように〈図03-04〉のように各部の電圧を定め、一定と見なしているv_Cとv_Rの平均値をV_Rとする。

モードⅠでは、v_Lは電源電圧Eに等しい。オン時間をT_{on}とすると、v_Lの時間積分は〈式03-05〉になる。いっぽう、モードⅡではインダクタLの逆起電力$-v_L$は$v_R = V_R$に等しい。オフ時間を$T_{off}(= T - T_{on})$とすると、v_Lの時間積分は〈式03-06〉になる。**v_Lの1周期の時間積分は0**なので、〈式03-05〉と〈式03-06〉の和は0になり、〈式03-07〉が導かれる。この式をV_Rで整理すると入出力電圧の関係は〈式03-08〉で示され、デューティ比をdとすれば〈式03-09〉になる。デューティ比の値の範囲は$0 \leqq d \leqq 1$なので、$d=0$であればV_Rは0になり、dが1に近づくとV_Rは∞に近づく。つまり、V_Rは0から∞の範囲で**降圧**も**昇圧**も可能なことがわかる。$d=0.5$のときに、V_RとEは等しくなる。ただし、$d=1$では回路が動作できなくなる。

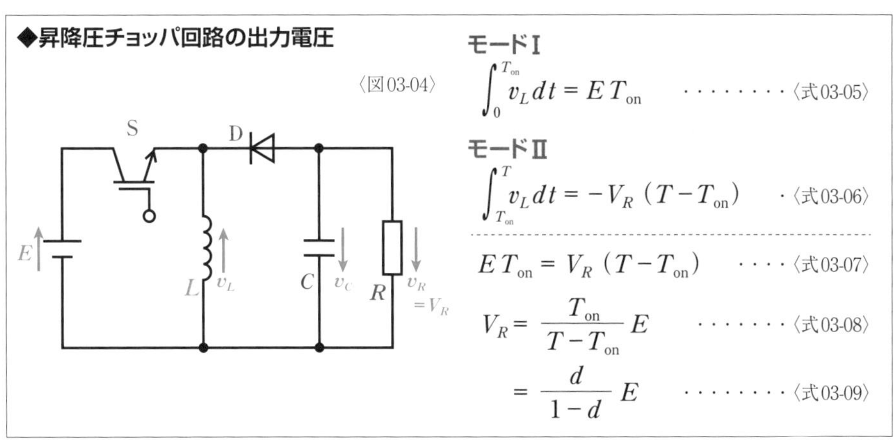

◆昇降圧チョッパ回路の出力電圧
〈図03-04〉
S
D
E
L
v_L
C
v_C
R
v_R
$=V_R$
モードⅠ
$\int_0^{T_{on}} v_L dt = E T_{on}$ ……〈式03-05〉
モードⅡ
$\int_{T_{on}}^{T} v_L dt = -V_R (T - T_{on})$ ·〈式03-06〉
$E T_{on} = V_R (T - T_{on})$ ……〈式03-07〉
$V_R = \frac{T_{on}}{T - T_{on}} E$ ……〈式03-08〉
$= \frac{d}{1-d} E$ ……〈式03-09〉

▶昇降圧チョッパ回路の各部の波形

昇降圧チョッパ回路の各部の波形を確認しておこう。〈図03-10〉のように各部の電圧と電流を定め、ここでもv_Cとv_Rは一定と見なせるものとする。

◆昇降圧チョッパ回路の各部の電圧と電流

〈図03-10〉

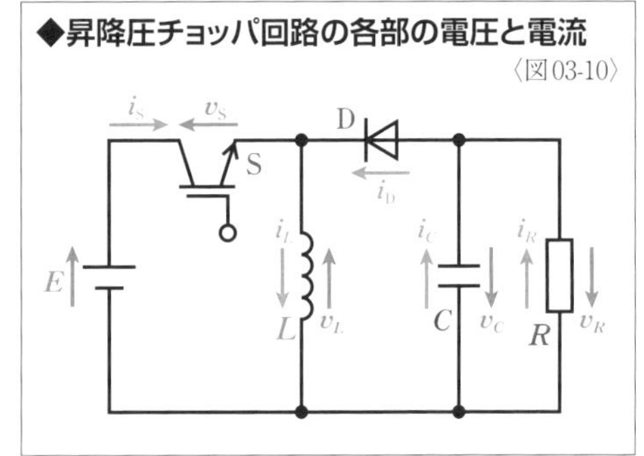

モードⅠでは〈式03-11〉のようにv_Lは電源電圧Eに等しく、インダクタLの電圧と電流の関係は〈式03-12〉で示される。この2式をi_Lについて整理すると〈式03-13〉になり、さらにターンオンした時点をt=0、その時点でのi_Lの値をI_{Lon}として時間積分すると〈式03-14〉になり、i_Lが直線的に増加するのがわかる。また、モードⅠでのi_Lの変化量をΔi_{Lon}とすると、〈式03-15〉になる。

モードⅡでは、インダクタLの逆起電力$-v_L$とv_R（$=v_C$）と等しいので〈式03-16〉の関係にあり、インダクタLの電圧と電流の関係は〈式03-17〉で示される。この2式を整理すると〈式03-18〉になり、さらに時間積分すると〈式03-19〉になり、i_Lが直線的に減少するのがわかる。この式におけるI_{Loff}はSがターンオフした時点でのi_Lの値だ。また、モードⅡでのi_Lの変化量をΔi_{Loff}とすると、〈式03-20〉になる。

モードⅠ

$$v_L = E \quad \cdots\cdots〈式03\text{-}11〉$$

$$= L\frac{di_L}{dt} \quad \cdots\cdots〈式03\text{-}12〉$$

$$di_L = \frac{E}{L}dt \quad \cdots\cdots〈式03\text{-}13〉$$

$$i_L = \frac{E}{L}t + I_{Lon} \quad \cdots\cdots〈式03\text{-}14〉$$

$$\Delta i_{Lon} = \frac{E}{L}T_{on} \quad \cdots\cdots〈式03\text{-}15〉$$

モードⅡ

$$v_L = -v_R \quad \cdots\cdots〈式03\text{-}16〉$$

$$= L\frac{di_L}{dt} \quad \cdots\cdots〈式03\text{-}17〉$$

$$di_L = -\frac{v_R}{L}dt \quad \cdots\cdots〈式03\text{-}18〉$$

$$i_L = -\frac{v_R}{L}(t - T_{on}) + I_{Loff} \quad \cdot〈式03\text{-}19〉$$

$$\Delta i_{Loff} = -\frac{V_R}{L}T_{off} \quad \cdots\cdots〈式03\text{-}20〉$$

周期波形の定常状態なので、Δi_{Lon}とΔi_{Loff}の大きさは等しいため、〈式03-15〉と〈式03-20〉から、〈式03-23〉の関係が成立する。この式の左辺に$T_{on}=dT$、右辺に$T_{off}=(1-d)T$を代入すると〈式03-24〉になる。この式をV_Rで整理すると、入出力の電圧の関係を〈式03-25〉のように導くことができる。

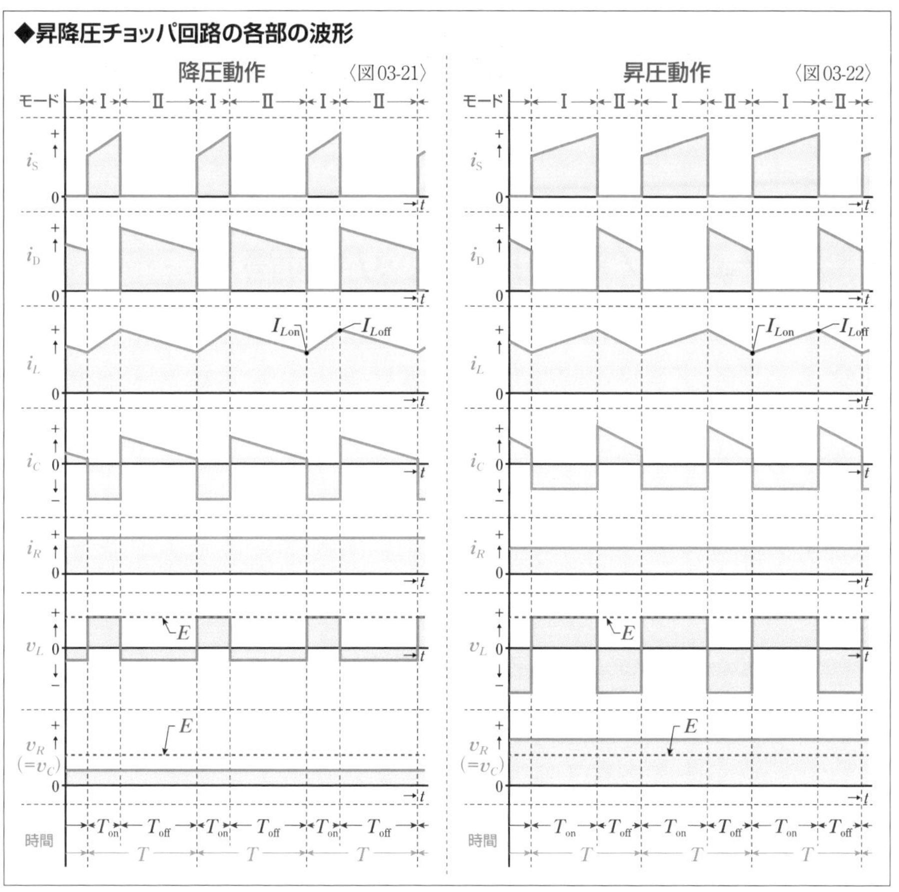

◆昇降圧チョッパ回路の各部の波形

$$\frac{E}{L}T_{on}=\frac{V_R}{L}T_{off}\quad\cdots〈式03\text{-}23〉$$

$$\frac{E}{L}dT=\frac{V_R}{L}(1-d)T\quad\cdots〈式03\text{-}24〉$$

$$V_R=\frac{d}{1-d}E\quad\cdots〈式03\text{-}25〉$$

昇降圧チョッパ回路でもインダクタンスLが小さければi_Lが途切れる**不連続モード動作**になる。i_Lの変化量をΔi_L、平均値をI_Lとすると、境界条件は降圧チョッパ回路や昇圧チョッパ回路と同じく〈式03-26〉になる。**連続モード動作**させるためのLの条件も、降圧チョッパ回路などの場合と同じように、1周期の入出力の電力量の式から求められる。導出の計算式は省略するが、Lの条件は〈式03-27〉になる。

$$I_L=\frac{1}{2}\varDelta i_L\quad\cdots〈式03\text{-}26〉$$

$$L>\frac{R}{2}(1-d)^2T\quad\cdots〈式03\text{-}27〉$$

チョッパ回路3種類の比較

降圧から昇圧までが可能な昇降圧チョッパ回路があれば、降圧チョッパ回路や昇圧チョッパ回路は不要なようだが、昇降圧チョッパ回路にもデメリットが存在する。

▶降圧／昇圧／昇降圧チョッパ回路

代表的な3種類の**チョッパ回路**において重要な役割を果たしているのが**インダクタ**だ。インダクタの1周期分の端子電圧の変化は〈図04-01〉のようになる。それぞれのグラフを見ると入出力電圧の関係がよくわかる。ここでは入力電圧を電源電圧E、出力電圧の平均値をV_R、**デューティ比**をdとし、キャパシタのキャパシタンスは十分に大きいものと仮定する。なお、以下で取り上げる**降圧チョッパ回路**はキャパシタも併用するものだ。

入出力の電圧の比とデューティ比の関係は〈図04-02〉のようになる。降圧チョッパ回路は出力電圧がデューティ比に比例するので制御しやすい。**昇圧チョッパ回路**と**昇降圧チョッパ**

◆チョッパ回路のインダクタの端子電圧と入出力電圧の関係 〈図04-01〉

	降圧チョッパ回路	昇圧チョッパ回路	昇降圧チョッパ回路
	$V_R = dE$	$V_R = \dfrac{1}{1-d}E$	$V_R = \dfrac{d}{1-d}E$
デューティ比 $d = 0.5$	E, V_R	E, V_R	E, V_R
$d = 0.3$	E, V_R	E, V_R	E, V_R
$d = 0.7$	E, V_R	E, V_R	E, V_R

パ回路はディーティ比が大きくなるほど、わずかなデューティ比の変化で出力電圧が大きく変化する。また、同じデューティ比では昇降圧チョッパ回路より昇圧チョッパ回路のほうが高い電圧を得られる。

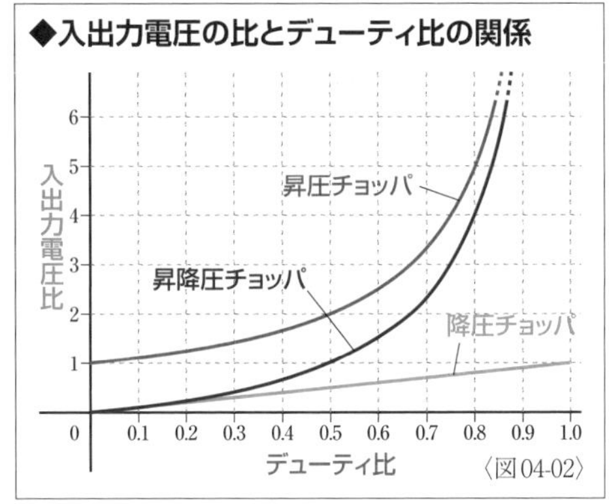

〈図04-02〉

負荷にエネルギーを供給する要素をモードごとにまとめると、〈表04-03〉のようになる。電源との関係で考えてみると、降圧チョッパ回路と昇圧チョッパ回路には電源から負荷に直接エネルギーが供給されるモードがあるが、昇降圧チョッパ回路にはない。つまり、昇降圧チョッパ回路のインダクタはモードⅠの間に1周期で必要とされるエネルギーをすべて蓄えなければならないので、他のチョッパ回路よりインダクタンスの大きなものが必要になる。インダクタンスが大きくなるほどインダクタは大型化しコストも高くなる。

また、ここまでではキャパシタンスが十分に大きいものと仮定して説明してきたが、必要十分な大きさはチョッパ回路の種類によって異なる。〈表04-03〉からわかるように、昇圧チョッパ回路と昇降圧チョッパ回路の場合、モードⅠではキャパシタからしか負荷にエネルギーが供給されないため、降圧チョッパより大きなキャパシタンスが必要になる。キャパシタンスが大きくなるほどキャパシタは大型化しコストも高くなる。

昇降圧チョッパ回路は降圧から昇圧まで可能なのは大きなメリットだが、他のチョッパ回路に比較するとデメリットもある。そのため、出力電圧の範囲が降圧か昇圧に収まるようならば、降圧チョッパ回路もしくは昇圧チョッパ回路を使ったほうが余裕をもって設計できることになる。

最後に**スイッチング周期**について考えてみる。スイッチング周期を小さくする、つまり**スイッチング周波数**を高くすれば、それだけ1周期で扱うエネルギーが小さくなる。結果、インダクタもキャパシタも蓄えるべきエネルギーが小さくなり、インダクタンスやキャパシタンスが小さなものを使うことができ、電力変換装置の小型軽量化や低コスト化が可能になる。

◆負荷へのエネルギー供給源　〈表04-03〉

	モードⅠ（S：ON）	モードⅡ（S：OFF）
降圧チョッパ回路	電源・インダクタ・キャパシタ	電源・インダクタ・キャパシタ
昇圧チョッパ回路	電源・インダクタ・キャパシタ	電源・インダクタ・キャパシタ
昇降圧チョッパ回路	電源・インダクタ・キャパシタ	電源・インダクタ・キャパシタ

第3章

可逆チョッパ回路

双方向に直流電圧変換を行えるのが可逆チョッパ回路で、直流モータの駆動と回生に使われる。正逆回転の駆動と回生が可能な４象限チョッパ回路もある。

▶モータの駆動と回生

モータは**電気エネルギー**を**運動エネルギー**に変換するものだが、運動エネルギーを電気エネルギーに変換することも可能だ。つまり、**発電機**としても使える。エンジン自動車の場合、燃料の**化学エネルギー**を運動エネルギーに変換して走行し、減速の際にはブレーキ装置によって運動エネルギーを**熱エネルギー**に変換して周囲に捨てている。しかし、動力源がモータであれば、駆動時には電気エネルギーを運動エネルギーに変換し、減速時に車輪の回転をモータに伝えて発電すれば運動エネルギーを電気エネルギーに変換して回収できエネルギーの無駄を抑えられる。これを**エネルギー回生**や単に**回生**といい、電気自動車やハイブリッド車のエネルギー効率の高さの一因だ。電車でも古くからエネルギー回生が行われている。

こうした駆動時と回生時の**直流モータ**の制御を1つの電力変換装置で行えるようにした**チョッパ回路**が**可逆チョッパ回路**だ。**双方向チョッパ回路**や**２象限チョッパ回路**ともいう。

▶可逆チョッパ回路

可逆チョッパ回路には各種あるが、〈図05-01〉の回路は、**直流モータ**駆動時には**降圧チョッパ回路**として動作し、回生時には**昇圧チョッパ回路**として動作する。構成要素は、**オンオフ可制御デバイス**による**スイッチ**、**ダイオード**、**キャパシタ**が各2つと、**インダクタ**が1つで、**2アーム**の**1レグ**回路になる。なお、電源Eは回生できるものとする。

◆可逆チョッパ回路 〈図05-01〉

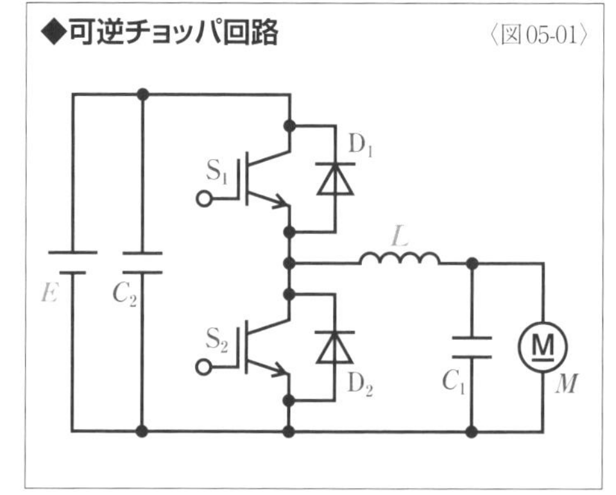

降圧チョッパ回路として使用する際には、スイッチS_2は常にオフ状態にする。このとき、ダイオードD_1は導通しないので、降圧チョッパ回路〈図01-14〉（P120参照）の入力側にキャパシタC_2を加えた〈図05-02〉の回路になる。S_1のスイッチングによって**降圧**が行え、直流モータを可変速制御

◆可逆チョッパ回路の動作回路

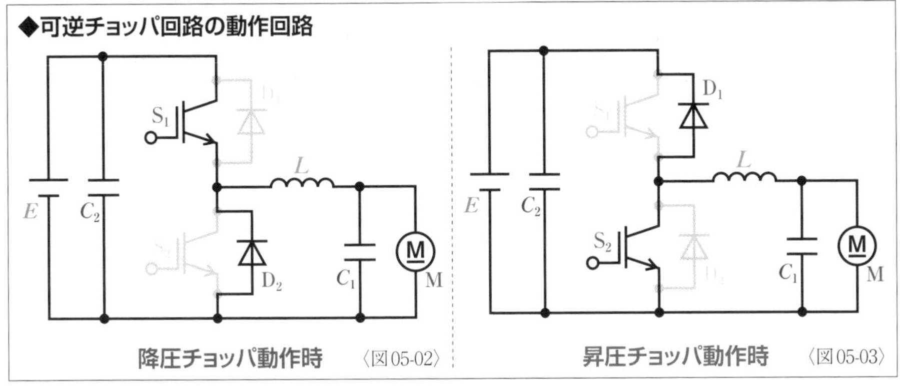

降圧チョッパ動作時〈図05-02〉　　昇圧チョッパ動作時〈図05-03〉

できる。C_2は入力電圧を安定させるだけで降圧動作には影響を与えない。いっぽう、回生時に昇圧チョッパ回路として使用する際には、スイッチS_1は常にオフ状態にする。このとき、ダイオードD_2は導通しないので、昇圧チョッパ回路〈図02-01〉(P124参照)の入力側にキャパシタC_1を加えた〈図05-03〉の回路になる。S_2のスイッチングによって**昇圧**が行え、回生に適した電圧にできる。C_1は入力電圧を安定させるだけで、昇圧動作には影響を与えない。なお、電源や負荷の種類、また用途によっては、キャパシタC_1やC_2が使われないこともある。

▶4象限チョッパ回路

可逆チョッパ回路を使えば直流モータの駆動と回生を行えるが、交通機関は状況によって後退が必要だ。直流モータは電源の極性を反転すれば逆回転する。こうした正転時と逆転時の双方で駆動と回生が行えるチョッパ回路が**4象限チョッパ回路**だ。各種の回路があるが、〈図05-04〉の回路は2つの可逆チョッパ回路を組み合わせたものだ。**Hブリッジ回路**を構成しているので、**Hブリッジ可逆チョッパ回路**ともいう。図の回路はもっともシンプルなものでキャパシタを省略している。

S_2とS_3をオフ状態、S_4をオン状態にしてS_1をスイッチングすると**降圧チョッパ回路**としてモータを駆動でき、S_1とS_3とS_4をオフ状態にしてS_2をスイッチングすると**昇圧チョッパ回路**として回生が行える。使用するスイッチの組み合わせをかえれば、逆回転でも同じように駆動と回生が行える。

◆4象限チョッパ回路〈図05-04〉

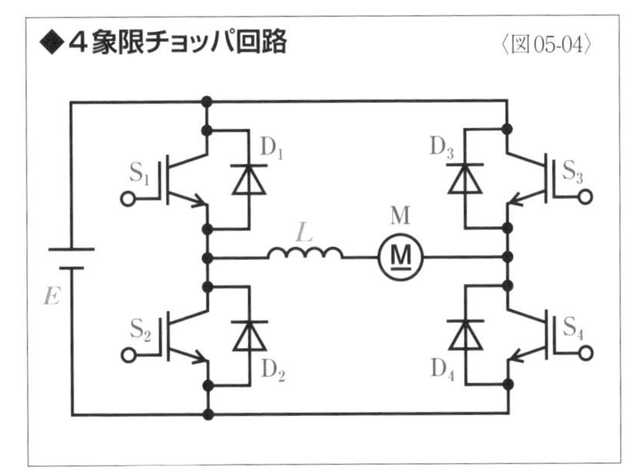

DC-DCコンバータ

直流−交流−直流の順に間接変換を行う直流電力変換装置がDC-DCコンバータだ。安全のためにトランスで入出力間の絶縁を確保している。

▶間接変換形DC-DCコンバータ

直流−直流電力変換装置は、英語で表現すれば**DC-DCコンバータ**だが、日本のパワーエレクトロニクスの分野では、直流−交流−直流の順に変換する**間接変換形直流−直流電力変換装置**のみをDC-DCコンバータということが多い。**間接変換**を行うのは、安全を確保するためだ。家電製品など不特定多数の人が使うような機器の場合、安全のためには回路の**絶縁**が望まれる。そのため、**間接変換形DC-DCコンバータ**では**トランス**を使用して入出力間の絶縁を実現している。スイッチングによる方形パルス波をトランスに入力すると、出力は交流になるので、直流−交流−直流という間接変換が可能になる。トランスの採用によって入出力電圧の比を大きくすることも可能だ。使用されるトランスは取り扱う周波数が高いため、**高周波トランス**ともいう。また、間接変換形はトランスによって絶縁されているので、**絶縁形DC-DCコンバータ**ともいう。さらに、電力変換装置の分野では**定電圧安定化**を行う装置を**レギュレータ**(regulator)というので、スイッチングによって電圧の制御を行うDC-DCコンバータは**スイッチングレギュレータ**ともいう。DC-DCコンバータには**共振形DC-DCコンバータ**もあるが、本書では**非共振形DC-DCコンバータ**を取り上げる。

DC-DCコンバータは電子回路用の**定電圧電源回路**に使われることが多く、出力電圧は0.8〜数十V程度まで、出力は数Wから数kW程度である。小型軽量化のために、スイッチング周波数は500kHzから1MHzが一般的だ。オンオフ可制御にはパワーMOSFETが使われることが多いが、電源電圧によってはIGBTが使われることもある。

なお、**チョッパ回路**を単にDC-DCコンバータということは少ないが、**直接変換形DC-DCコンバータ**や**非絶縁形DC-DCコンバータ**ということはある。

▶フライバックコンバータ

フライバックコンバータ(flyback converter)は**昇降圧チョッパ回路**の**インダクタ**を**トランス**に置き換えたものだ。構成要素は**オンオフ可制御デバイス**による**スイッチ**Sと**ダイオード**D、**高周波トランス**T、**キャパシタ**Cで、〈図06-01〉が基本形になる。昇降圧チョッパ回路は出力の極性が反転するが、フライバックコンバータではトランスで極性を反転させることで、入出力の極性を揃えている。そのため昇降圧チョッパ回路とはダイオードが逆向きになる。

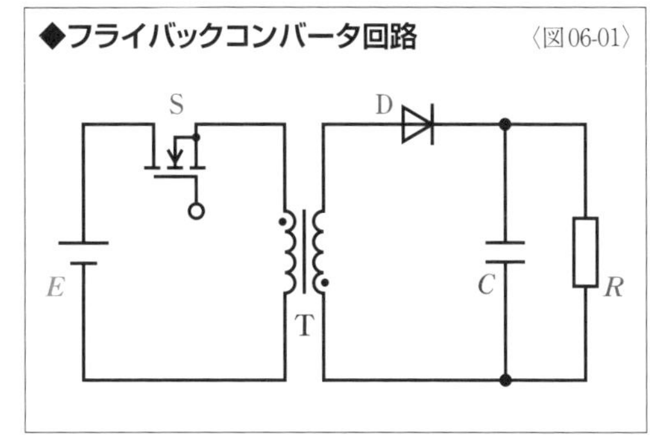

◆フライバックコンバータ回路 〈図06-01〉

回路の動作も昇降圧チョッパ回路とほぼ同じだ。ここでは電力の供給源を直流電源E、負荷を純抵抗負荷Rとし、キャパシタンスCは十分に大きいものとする。Sがターンオンしてモード I になるとトランスの一次コイルに電流i_1が流れるが、二次側のダイオードDが**逆方向バイアス**されるので二次コイルには電流が流れず、トランスTのインダクタンスに磁気エネルギーが蓄積される。このとき、前回のモードⅡで充電されたキャパシタが放電して負荷Rに電流i_2を流す。Sがターンオフしてモード Ⅱ になると、一次コイルに電流が流れなくなるが、二次コイルに逆起電力が生じてダイオードDが**順方向バイアス**されるので、Tのインダクタンスが磁気エネルギーを放出することで、負荷Rに電流i_4を流すと同時に、電流i_3でキャパシタCを充電する。ちなみに、**デューティ比**をd、トランスTの**巻数比**をn、出力電圧の平均値をV_Rとすると、入出力電圧の関係は〈式06-04〉で示される。

フライバックコンバータでは出力する電力をいったんはすべてトランスに蓄えるため、大容量にするとトランスが大きく重くなるが、部品点数が少なくて済むため、中容量以下のDC-DCコンバータで多用されている。大電流の場合はトランスの鉄心にギャップ（隙間）を設けるといった**直流偏磁**（**磁気飽和**）への対策が必要だが、中容量以下では問題になることは少ない。

◆フライバックコンバータの動作

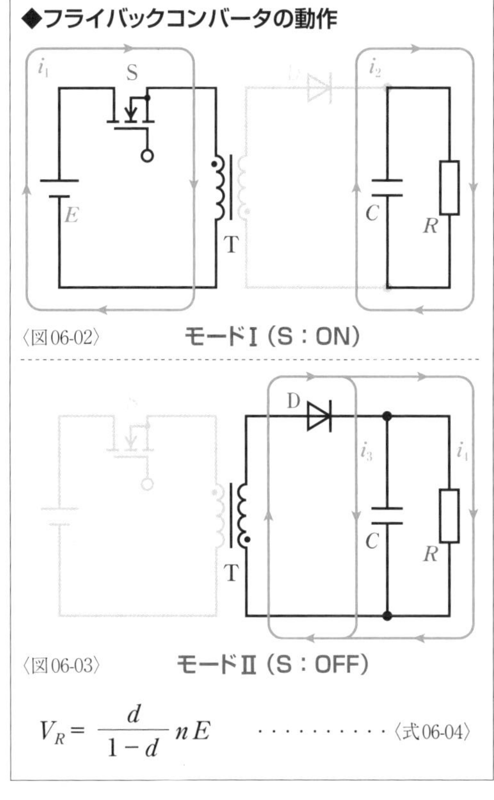

〈図06-02〉 モードⅠ（S：ON）

〈図06-03〉 モードⅡ（S：OFF）

$$V_R = \frac{d}{1-d}nE$$ ……………〈式06-04〉

▶フォワードコンバータ

フォワードコンバータ（forward converter）は**降圧チョッパ回路**の途中に**絶縁**のための**トランス**を備えたものだ。トランスの出力は交流になるため、整流用のダイオードも加える必要がある。結果、**オンオフ可制御デバイス**による**スイッチ**S、**ダイオード**D_1とD_2、**トランス**T、**インダクタ**L、**キャパシタ**Cで構成される〈図06-05〉のような回路になる。

◆フォワードコンバータの原理 〈図06-05〉

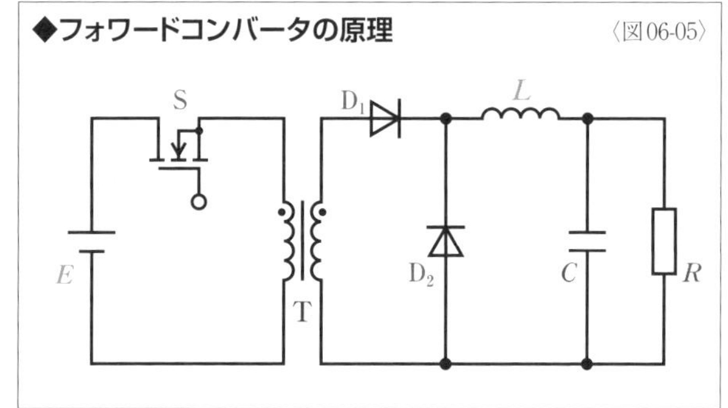

ここでは電力の供給源を直流電源E、負荷を純抵抗負荷Rとし、キャパシタンスCは十分に大きいものとする。モードごとの等価回路は省略するが、スイッチSがターンオンしてモードIになると、一次コイルのインダクタンスによって流れる電流が立ち上がっていく。一次コイルの電流が変化しているので、相互誘導作用によって二次コイルにも同極性の電圧が誘導され、その起電力によってダイオードD_1が順方向バイアスされて導通し、二次コイルにも同一波形の電流が流れ、降圧チョッパ回路と同じ動作になる。SがターンオフしてモードIIになると、一次コイルを電流が流れなくなる。ダイオードD_1によって二次コイルにも電流が流れないが、**還流ダイオード**D_2によって回路が成立し、降圧チョッパ回路と同じ動作になる。

以上のようにして動作するが、トランスへの入力は交流成分を含んだ直流であるため、トランスに磁気エネルギーが蓄積していって**直流偏磁**してしまい、最終的にはトランスが**磁気飽和**してしまうため、実用的な回路とはいえない。直流偏磁による問題を解消するためには、モードIIの間にトランスの磁気エネルギーをなくして、元の状態にする必要がある。これをトランスのリセットという。

トランスのリセットにはさまざまな方法があるが、トランスに**リセット巻線**を付加する方法が一般的だ。リセット巻線を加えたフォワードコンバータの回路は〈図06-06〉のようになる。リセットの際に電流を流れる方向を定めるためにダイオードD_3も付加する必要がある。リセット巻線の巻数は一次コイルの巻数と同じにされることが多い。

モードIでは、一次コイルに電流が流れるが、ダイオードD_3の存在によってリセット巻線に電流が流れることはないので、〈図06-07〉のような等価回路になり先の説明と同じように動作する。モードⅡではリセット巻線に**逆起電力**が生じる。これによりD$_3$が順方向バイアスされ、トランスが蓄えられた磁気エネルギーを放出することで電流が流れ、そのエネルギーは電源に戻される。負荷側は降圧チョッパ回路と同じように動作する。

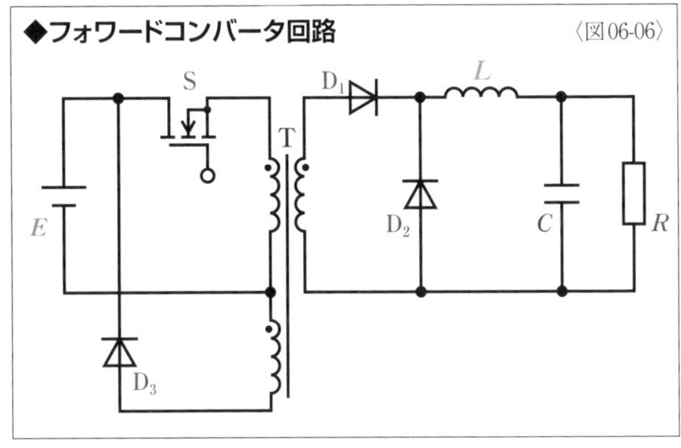

◆フォワードコンバータ回路 〈図06-06〉

ちなみに、**デューティ比**をd、トランスTの**巻数比**をn、出力電圧の平均値をV_Rとすると、入出力電圧の関係は〈式06-09〉で示される。ただし、リセット動作の時間が必要になるため、デューティ比には上限が生じる（一次コイルとリセット巻線の巻数が同じなら0.5以下）。デューティ比がさらに小さいとリセット動作はモードⅡの途中で終わることもある。また、リセット動作中には、電源電圧E以上の電圧（一次コイルとリセット巻線の巻数が同じなら$2E$）がスイッチSにかかかるため、耐圧の高いパワーデバイスが必要になる。

フォワードコンバータは幅広い容量に対応することができるが、小容量ではフライバックコンバータが使われることが多いため、中容量以上で採用されることが多い。なお、実際には3つのコイルを備えたトランスではなく、一次コイルに**センタタップ**のあるものを使用するのが一般的だ。

◆フォワードコンバータの動作

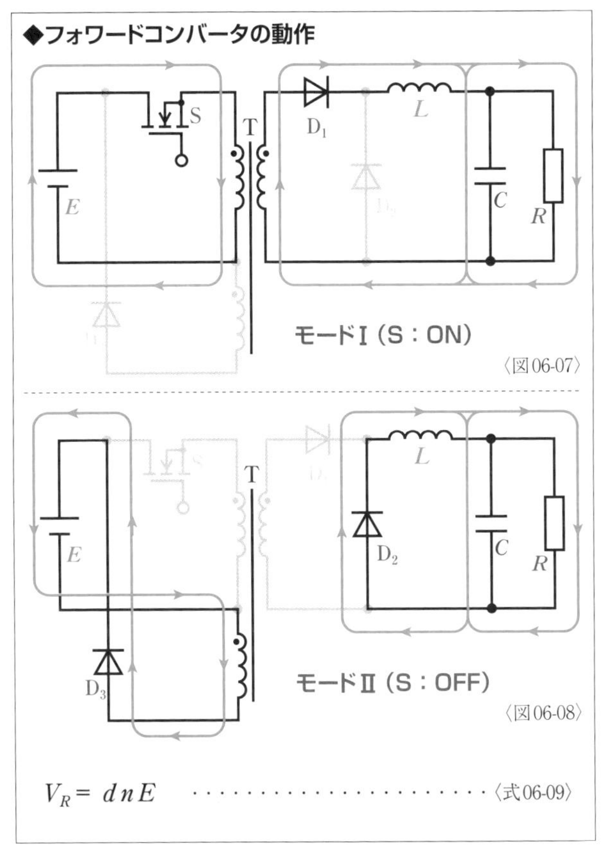

〈図06-07〉

〈図06-08〉

$$V_R = dnE$$ ……〈式06-09〉

▶プッシュプルコンバータ

プッシュプルコンバータ（push-pull converter）も、**降圧チョッパ回路**を応用したものだ。基本形は〈図06-10〉のような回路になる。フォワードコンバータでは**トランス**に直流である方形パルス波を入力しているが、プッシュプルコンバータでは正負の方形パルス波を組み合わせることで交流を入力しているので、トランスをリセットする必要がなくなる。トランスの出力は交流になるので整流は必要だ。フォワードコンバータでは**半波整流**が一般的だが、プッシュプルコンバータではダイオード2個を使った**全波整流**が行われることが多い。整流後の**平滑化**は降圧チョッパ回路と同じように、インダクタとキャパシタによって行われる。結果、構成要素は**オンオフ可制御デバイス**による**スイッチ**S_1とS_2、**ダイオード**D_1とD_2、**高周波トランス**T、**インダクタ**L、**キャパシタ**Cになる。トランスには一次コイル、二次コイルの双方に**センタタップ**のあるものを使用する。

◆プッシュプルコンバータ回路 〈図06-10〉

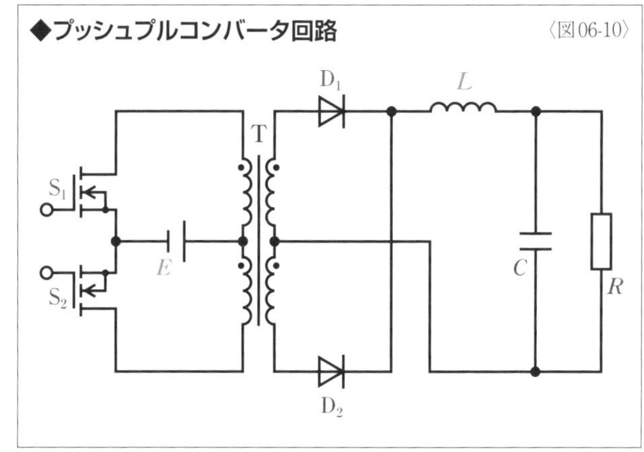

ここでは電力の供給源を直流電源E、負荷を純抵抗負荷Rとし、キャパシタンスCは十分に大きいものとする。スイッチS_1がオン状態、S_2がオフ状態をモードⅠとすると、一次コイルの上半分に電流が立ち上がっていく。一次コイルの電流が変化しているので、相互誘導作用によって二次コイルにも同極性の電圧が誘導されるが、二次コイルの上半分はダイオードD_1の存在によって電流が流れない。しかし、下半分ではダイオードD_2が順方向バイアスされて導通し、二次コイルにも一次コイルと同一波形の電流が流れる。この電流によってインダクタLに磁気エネルギーが蓄積され、L、C、Rが降圧チョッパ回路と同じように動作する。等価回路で示すと〈図06-11〉になる。

スイッチS_1とS_2が両方ともオフ状態をモードⅡとすると、〈図06-12〉のようになる。一次コイルにはまったく電流が流れないが、トランスの二次側ではインダクタLが逆起電力によって電流を流し続け、L、C、Rが降圧チョッパ回路と同じように動作する。このとき、二次コイルの上半分と下半分の端子電圧は、同じ大きさで極性の異なる電圧になる。二次コイル全体で考えれば端子電圧は0になるので、トランスの磁束に影響を与えることはない。

スイッチS_1がオフ状態、S_2がオン状態をモードⅢとすると、ダイオードD_2は電流が流れないが、D_1が導通して、〈図06-13〉の等価回路になる。モードⅠとはトランスのコイルの使用箇所が反転するが、インダクタLには同じ方向の電流を流れ続け、L、C、Rが降圧チョッパ回路と同じように動作する。このようにモードⅠ→Ⅱ→Ⅲ→Ⅱを繰り返して直流電力変換が行われる。

なお、2つのスイッチが同時にオン状態になると逆極性の磁束が発生してトランスが**磁気飽和**してしまう。また、2つのスイッチのオン時間が等しくないと、トランスが偏磁してしまうため、パワーデバイスの制御には注意が必要だ。

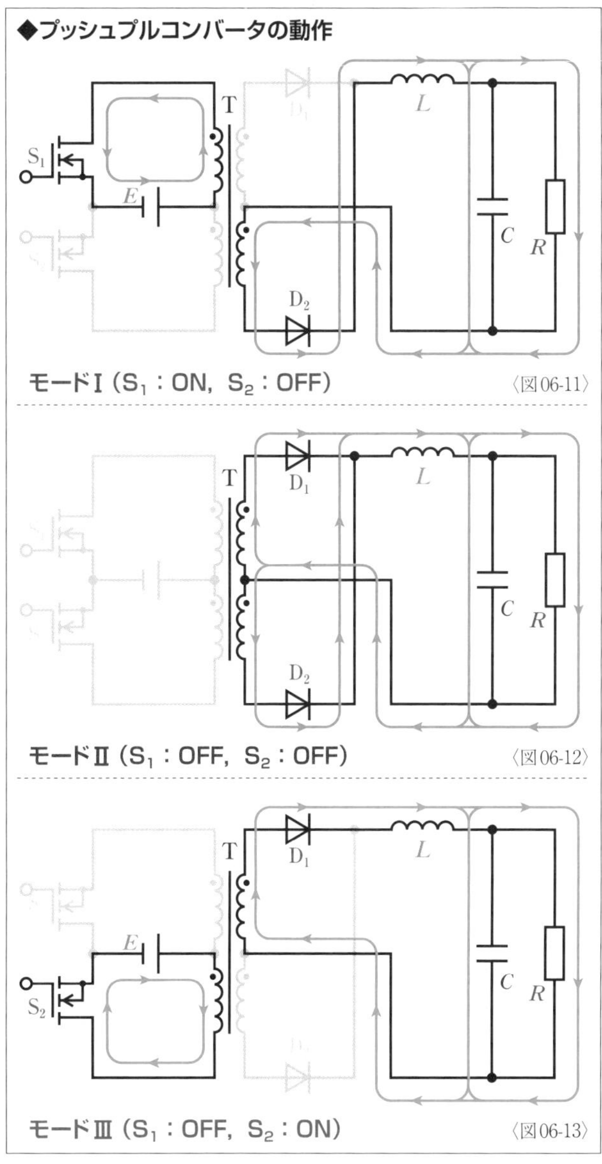

プッシュプルコンバータではオンオフ可制御デバイスを2つ使う必要があるが、一次コイルとリセット巻線の巻数が同じフォワードコンバータと比較してみると、スイッチにかかる最大電圧は同じだが、流れる電流は半分になるので、電流定格が半分のパワーデバイスが使用できる。また、インダクタやキャパシタにもフォワードコンバータより容量の小さなものが使えるので、プッシュプルコンバータは大容量の直流電力変換に使われることが多い。

▶ブリッジコンバータ

ブリッジコンバータには**ハーフブリッジコンバータ**(half-bridge converter)と**フルブリッジコンバータ**(full-bridge converter)があり、〈図06-14〉と〈図06-15〉が基本形だ。どちらも**降圧チョッパ回路**の応用といえるが、直流−交流変換を行う**単相インバータ**と交流−直流変換を行う**整流回路**を組み合わせて、直流−交流−直流の**間接変換**しているともいえる。**トランス**の一次側では、それぞれ**ハーフブリッジインバータ**と**フルブリッジインバータ**が使われている(インバータについては第4章参照)。また、図の回路では**センタタップ**のある二次コイルを使用して2つのダイオードで整流を行う**センタタップ形全波整流回路**を採用しているが、**ブリッジ形全波整流回路**が使われることもある(整流については第5章参照)。

動作の詳しい説明は省略するが、ハーフブリッジ形ではプッシュプルコンバータと同じようにスイッチS_1とS_2を動作させて電力変換を行う。容量の等しいキャパシタC_1とC_2の**分圧**を利用することで、電源電圧Eの$\frac{1}{2}$の電圧を一次コイルに入力している。フルブリッジ形ではS_1とS_4のセットとS_2とS_3のセットで動作させることで電源電圧を一次コイルに入力している。

フルブリッジ形の4つに対してハーフブリッジ形は2つのスイッチで構成できるが、電流定格はフルブリッジ形の2倍のものが必要になる。また、どちらもスイッチにかかる最大電圧は電源電圧なので、フォワードコンバータやプッシュプルコンバータに比べると低い電圧定格のものが使える。よって、ブリッジコンバータは大容量の電力変換に使われることが多いが、特にフルブリッジ形は大電流出力の電源に使われる。

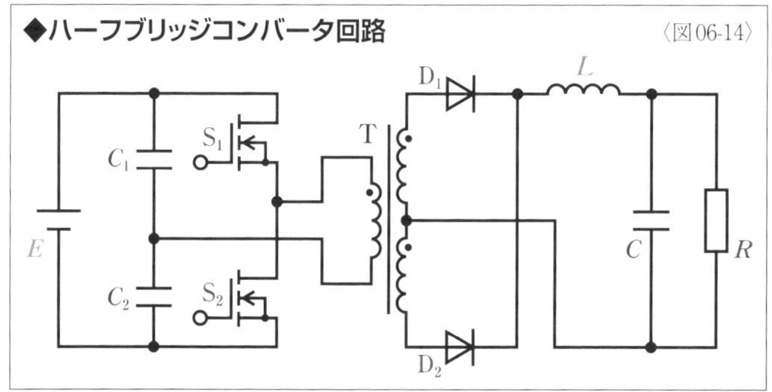

◆ハーフブリッジコンバータ回路 〈図06-14〉

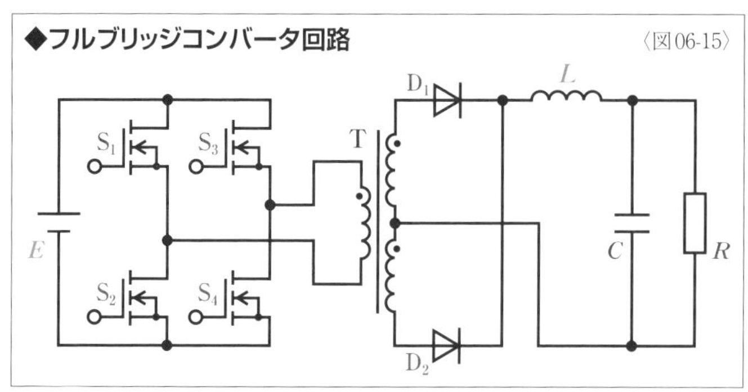

◆フルブリッジコンバータ回路 〈図06-15〉

直流-交流電力変換回路

第1節 インバータ

直流−交流変換を行う電力変換装置がインバータだ。パワーエレクトロニクスの中核をなす技術として発展してきたもので、現在では生活にも産業にも欠かせない。

▶インバータの種類

入力が直流、出力が交流の**直流−交流電力変換**を行う**直流−交流電力変換装置**は**インバータ**や**逆変換装置**という。出力交流の周波数や振幅が一定のインバータはもちろん、周波数や振幅を自在に可変できるものもある。こうした可変が可能なインバータは**可変電圧可変周波数**の英語“variable voltage variable freqency”の頭文字から、**VVVFインバータ**という。VVVFインバータを使えば、直流モータに比べて堅牢、軽量、安価で保守も容易な**交流誘導モータ**を可変速運転できる。そのため、サイリスタの誕生と同時にインバータが開発され、以降インバータはパワーエレクトロニクスの中核をなす技術として発展してきた。現在では産業用モータはもちろん家電製品、電車や自動車のモータ駆動にも使われている。

インバータにはさまざまな回路方式やその駆動方法がある。出力の相で考えみると、商用電源と同じように単相交流と三相交流があり、単相交流を出力するものを**単相インバータ**、三相交流を出力するものを**三相インバータ**という。

パワーデバイスで考えてみると、過去にはサイリスタによるインバータも使われていたが、サイリスタの場合、**転流回路**が駆動回路とは別に必要になる。こうしたインバータを**他励式インバータ**というが、現在では**オンオフ可制御デバイス**が普及し大容量にも対応できるため、駆動回路だけで制御が行える**自励式インバータ**が一般的になっている。使用するデバイスの種類は求められるスイッチング周波数や電力容量などによって選ばれる。

◆直流−交流電力変換の基本原理　〈図01-01〉

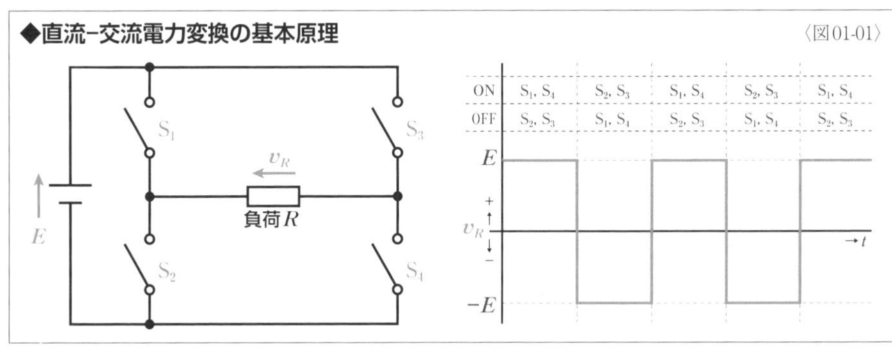

◆インバータの出力波形 〈図01-02〉

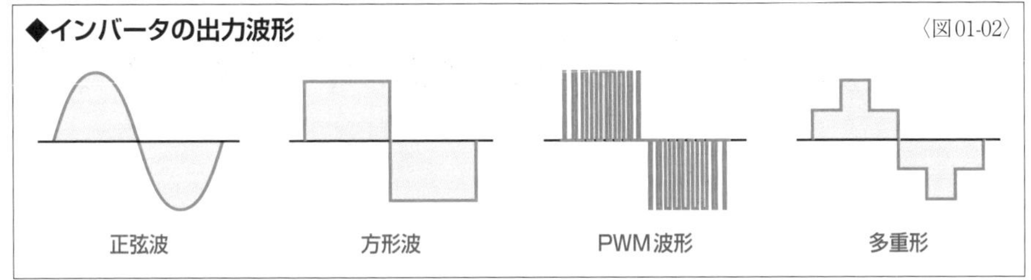

可制御デバイスの数で考えてみると、すでに第1章で**フルブリッジ回路**による**直流−交流電力変換**の基本原理（P32参照）を説明しているように、4つのデバイスでブリッジ回路を構成すれば〈図01-01〉のような単相インバータが構成できるが、2つの可制御デバイスだけを使い1つのレグで構成される**ハーフブリッジ回路**でも単相インバータが実現できる。三相インバータであれば、6つの可制御デバイスによる3レグで構成できる。

出力波形で考えてみると、理想は**正弦波**だが、実際のインバータの出力には**方形波**、**PWM波形**、**多重形**などがある。それぞれ**方形波インバータ**、**PWMインバータ**、**多重形インバータ**という。もっとも簡単なものが方形波出力だが、**PWM制御**を用いれば正弦波に近づけられる。多重形は複数のインバータを組み合わせて出力を正弦波に近づけるもので、PWM制御より優れた点もあるが使用するデバイスの数が増え制御も複雑になる。

負荷への電力供給で考えてみると、電圧源として供給する**電圧形インバータ**と、電流源として供給する**電流形インバータ**がある。電圧形の入力は電圧源で、電流形の入力は電流源だ。しかし、電源に電流源特性を与えるためにはインダクタンスの大きなインダクタが必要になる。これはサイズ、重量、コストの面で不利だ。また、現在では振幅と周波数を精密に制御できる電圧形インバータがあるため、負荷の電流をフィードバック制御することで交流電流源を実現できる。そのため、現在では電圧形インバータが一般的だ。

なお、多くの**交流負荷**は**誘導性負荷**であるため電流を途切れさせられない。そのため、電流が流れているスイッチをターンオフさせる際には、別の電流経路を確保する必要がある。こうした電流経路の確保には**ダイオード**が使われる。また、誘導性負荷では電源に電流が逆流することがあるが、現実世界の直流電源には**回生**（充電）できないものもあるため、電源と並列にキャパシタが備えて電流を吸収できるようにしている。電源にキャパシタを並列接続すると、電源の電圧を安定させ電圧源特性を与えることにもなる。電源が整流回路の場合はキャパシタンスの大きな**平滑キャパシタ**が使用される（整流回路についてはP190〜参照）。

以上のような状況から、本章では電圧形の自励式インバータについて説明する（以降の回路図では電圧源は理想電圧源として電源並列のキャパシタは省略する）。

ハーフブリッジインバータ

2アームの1レグで構成されたインバータがハーフブリッジインバータだ。2つの可制御デバイスと2つのダイオードで直流−交流変換を行うことができる。

▶ハーフブリッジインバータの構成

直流−交流電力変換は1つの**レグ**だけで構成される**ハーフブリッジ回路**でも実現できる。こうした**単相インバータ**を**ハーフブリッジインバータ**という。まずは、インバータの基本ともいえるハーフブリッジインバータを見てみよう。基本的な回路構成は〈図02-01〉のようになる。大きさの等しい2つの直流電源が必要だ。**誘導性負荷**を想定して、直列接続された**抵抗**Rと**インダクタ**Lの等価回路としている。**可制御デバイス**による**スイッチ**は2つで、それぞれに**ダイオード**を逆並列接続している。この**逆並列ダイオード**は電源に電流が帰還するための経路を確保するものなので、**帰還ダイオード**や**フィードバックダイオード**(feed-back diode)という。

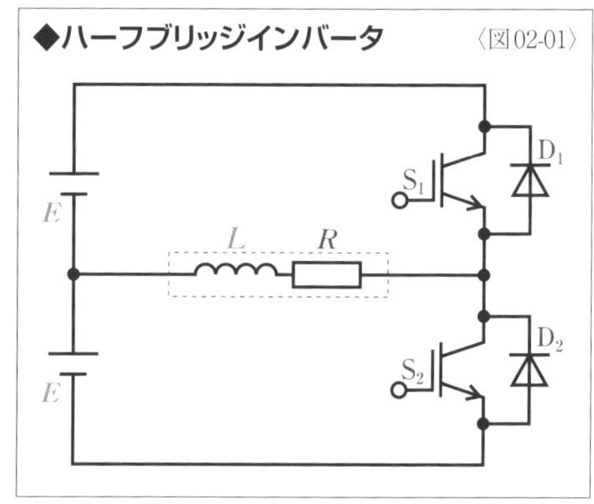

◆ハーフブリッジインバータ 〈図02-01〉

なお、ハーフブリッジインバータの動作原理が理解しやすいので、〈図02-01〉の回路では大きさの等しい2つの電源を使用しているが、電源が1つでもハーフブリッジインバータの回路を構成できる。〈図02-02〉の回路のように、直列接続した大きさの等しい2つのキャパシタを電源に並列に接続すれば、キャパシタの**分圧**を利用して2つの大きさの等しい電源として利用できる。ただし、この場合は負荷にかかる電圧は電源電圧の半分、つまり$\frac{E}{2}$になる。このようにして2つの電源を得る方法は、ハーフブリッジコンバータの回路〈図06-14〉(P142参照)でもすでに取り上げている。

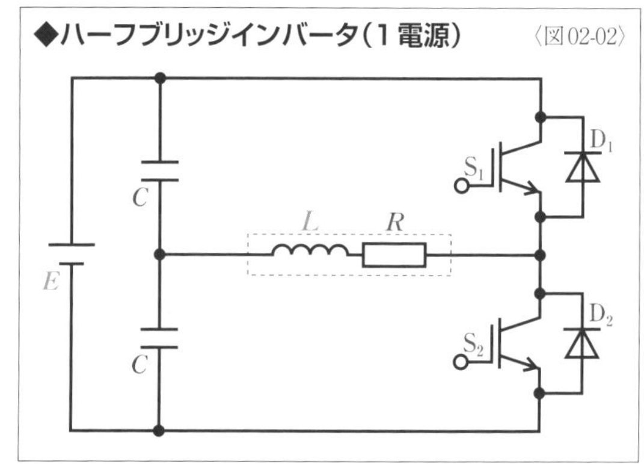

◆ハーフブリッジインバータ(1電源) 〈図02-02〉

▶ハーフブリッジインバータと純抵抗負荷

交流負荷は誘導性負荷が多いが、まずは**ハーフブリッジインバータ**の**方形波インバータ**としての基本的な動作を知るために、**純抵抗負荷**の場合を考えてみる。出力電圧である負荷Rの端子電圧v_Rと、出力電流である電流i_Rは〈図02-03〉に示した方向とする。

スイッチS_1がオン状態、S_2がオフ状態をモードIとすると、〈図02-03〉のような等価回路になり、負荷Rの端子電圧v_RはEになり、流れる電流i_Rは$\frac{E}{R}$になる。いっぽう、スイッチS_1がオフ状態、S_2がオン状態をモードIIとすると、〈図02-04〉のような等価回路になり、負荷Rの端子電圧v_Rは$-E$になり、負荷Rを流れる電流i_Rは$-\frac{E}{R}$になる。

よって、モードIとIIを時間$\frac{T}{2}$ごとに繰り返せば、〈図02-05〉のような**周期**T（**周波数**$\frac{1}{T}$）の**方形波交流**が出力される。電圧の**実効値**はEだ。回路にインダクタンスもキャパシタンスも存在しないため、電圧も電流も正と負で一定の値を繰り返す方形波になる。当然、電圧と電流に**位相差**も生じない。また、エネルギーを蓄える要素がないので、**帰還ダイオード**が導通することはない。スイッチS_1が出力の正の領域を担当し、S_2が出力の負の領域を担当し、電流は常にいずれかのスイッチを流れる。

◆ハーフブリッジインバータ（純抵抗負荷）のデバイスの動作と出力波形 〈図02-05〉

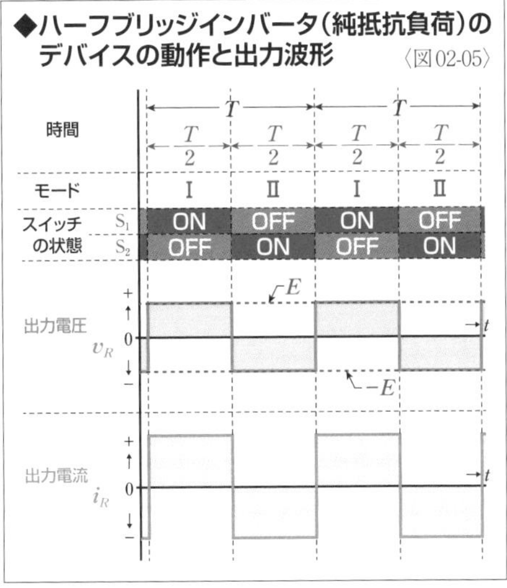

◆ハーフブリッジインバータの動作（純抵抗負荷）

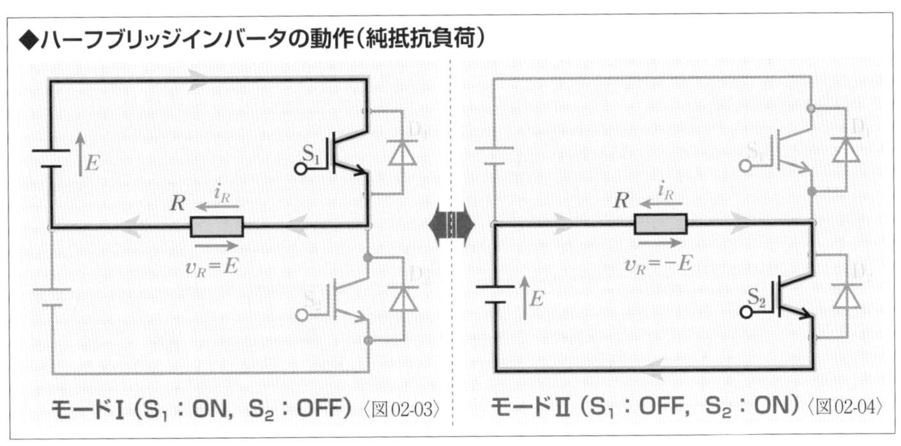

モードI（S_1：ON，S_2：OFF）〈図02-03〉　モードII（S_1：OFF，S_2：ON）〈図02-04〉

▶ハーフブリッジインバータと誘導性負荷

誘導性負荷の場合の**ハーフブリッジインバータ**の動作を考えてみよう。誘導性負荷は、直列接続された**抵抗**Rと**インダクタ**Lの等価回路とする。

誘導性負荷の場合も**周期**T（**周波数**$\frac{1}{T}$）の**方形波交流**を出力するのであれば、スイッチS_1とS_2を時間$\frac{T}{2}$ごとに交互にオン状態にするのでスイッチの動作は2通りだが、インダクタタンスの存在によって電流の流れ方は4通りになる。これをモードⅠ〜Ⅳとする。動作が複雑なので、各モードの等価回路〈図02-08〜11〉とデバイスの動作や導通、各部の波形〈図02-07〉を確認しながら読み進めてほしい。各部の電圧と電流は〈図02-06〉のように定めている。

周期波形の定常状態では、時刻t_0でS_2がターンオフ、S_1がターンオンすると、負荷の端子電圧v_{RL}は正の電圧Eになるが、直前のモードⅣで**磁気エネルギー**を蓄えたインダクタLは、**逆起電力**によってそれまでと同じ方向に電流を流し続けようとするため、i_{RL}は負の電流になる。エネルギーの放出によってi_{RL}は小さくなっていき、時刻t_1で0になる。このt_0〜t_1の期間がモードⅠだ。この間、S_1はオン状態だが電流は流れず、D_1が**帰還ダイオード**として導通して電流が流れ、上の電源が**回生**される。こうした状態を**帰還モード**ともいう。

時刻t_1でインダクタLのエネルギーが0になると、端子電圧v_{RL}によって今度はLがエネルギーを蓄えていく。i_{RL}は正の電流になり増加していく。この状態がスイッチが切

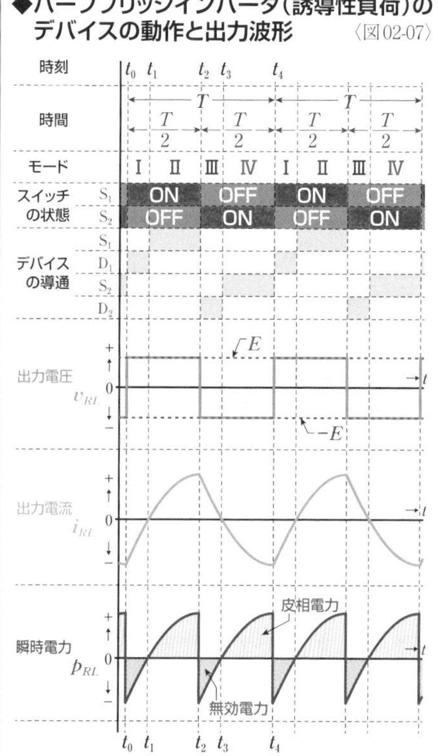

◆ハーフブリッジインバータ（誘導性負荷）のデバイスの動作と出力波形〈図02-07〉

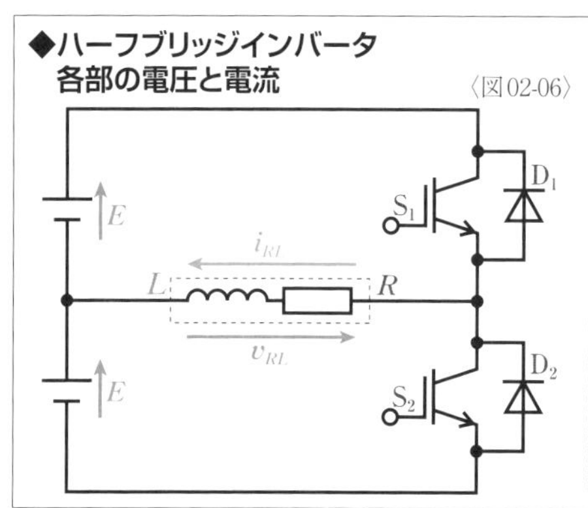

◆ハーフブリッジインバータ 各部の電圧と電流〈図02-06〉

り替わる時刻t_2まで続く。このt_1〜t_2の期間がモードⅡで、電流はS_1を流れる。モードⅠからモードⅡへの移行では電流の極性が反転する。これを**ゼロクロス**という。

時刻t_2でS_1がターンオフし、S_2がターンオンすると、負荷の端子電圧v_{RL}は負の電圧$-E$になるが、インダクタLが逆起電力によって電流i_{RL}を流し続けようとするため、Lのエネルギーが0になる時刻t_3まで正の電流が減少しつつ流れる。このt_2〜t_3の期間がモードⅢで、帰還モードになる。S_2には電流が流れず、D_2が導通して、下の電源が回生される。

時刻t_3でt_1とは逆方向のゼロクロスが生じ、端子電圧v_{RL}によってインダクタLがエネルギーを蓄えていく。i_{RL}は負の電流になり増加していく。この状態がスイッチが切り替わる時刻t_4まで続く。このt_3〜t_4の期間がモードⅣで、電流はS_2を流れる。t_4は新たなt_0になる。

以上のようにモードⅠ→Ⅱ→Ⅲ→Ⅳを繰り返すことで直流−交流変換が行われる。出力電圧は**方形波**だが、出力電流は順次大きさが変化していくため、方形波よりはひずみが小さくなる。ただし、インダクタンスLの存在によって**位相差**が生じ、電流の位相は電圧より遅れることになる。

◆ハーフブリッジインバータの動作（誘導性負荷）

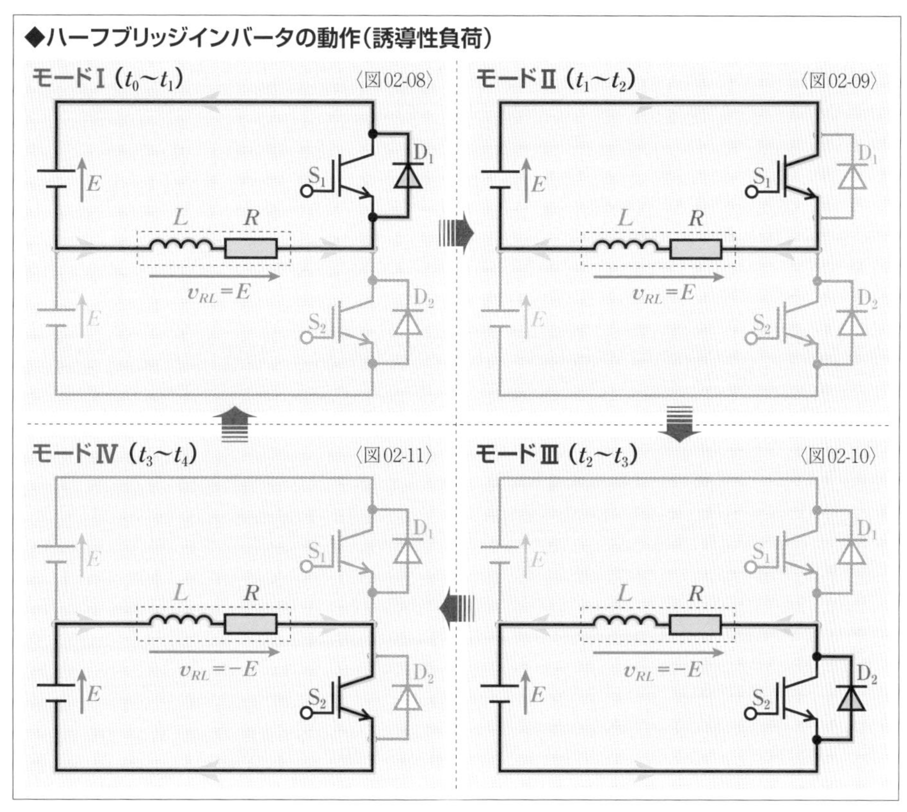

▶デッドタイム

ここまでの**ハーフブリッジインバータ**の動作の説明では、上下の**アーム**で構成された**レグ**の**上アーム**のS_1をターンオンすると同時に**下アーム**のS_2がターンオフさせたり、S_1をターンオフすると同時にS_2がターンオンさせたりしている。**理想スイッチ**であれば、**スイッチング時間**は0なので、このように一方のスイッチのターンオンと、もう一方のスイッチのターンオフを同時に行っても問題は生じないが、現実世界のパワーデバイスの場合はスイッチングの際に**ターンオン時間**や**ターンオフ時間**という動作時間が必要なため、上下アームのデバイスに同時にターンオンやターンオンを指示すると、〈図02-15〉のように電源の**短絡**が起こってしまい、パワーデバイスや電源に過大な電流が流れ、パワーデバイスが破壊してしまう危険性がある。以降で説明する**フルブリッジインバータ**や**三相インバータ**もレグによって回路が構成されるので、同じように**電源短絡**の危険性がある。

◆ハーフブリッジインバータ 〈図02-12〉

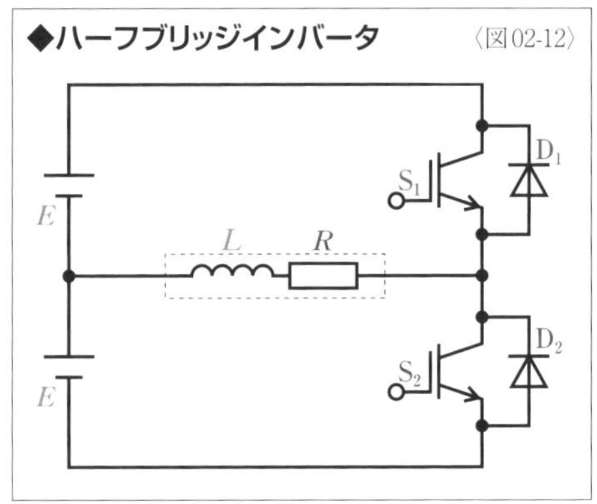

こうした電源短絡を防止するためには、同じレグの一方のアームが完全にオフ状態になってから、もう一方のアームのターンオンを開始させる必要がある。つまり、上下アームのデバイスの両方がオフ状態になる期間を設ける必要があるわけだ。ターンオフの開始を早めることで

◆理想スイッチとパワーデバイスのスイッチング時間（ターンオン時間とターンオフ時間）

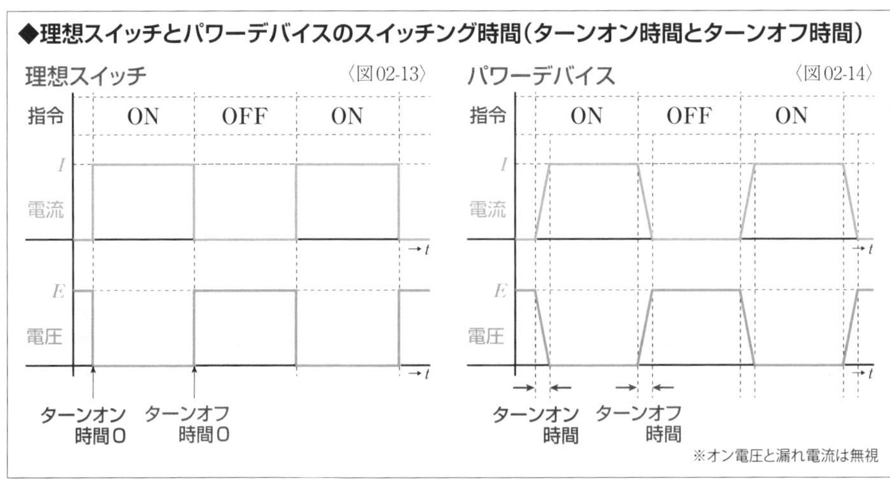

も可能だが、一般的にはターンオンの開始を遅らせる。

〈図02-16〉のように一方のアームのターンオフ開始の時刻から、もう一方のアームのターンオン開始の時刻までを**デッドタイム**や**短絡防止時間**という。デッドタイムの長さは、使用するデバイスのターンオフ時間より長くする必要がある。たとえば、パワートランジスタでは5～20μs程度、パワーMOSFETやIGBTでは0.5～3μs程度になる。同じ種類のデバイスでは電圧定格や電流定格の大きなデバイスのほうがデッドタイムが大きくなる傾向がある。

◆ターンオフとターンオンの同時進行による電源短絡 〈図02-15〉

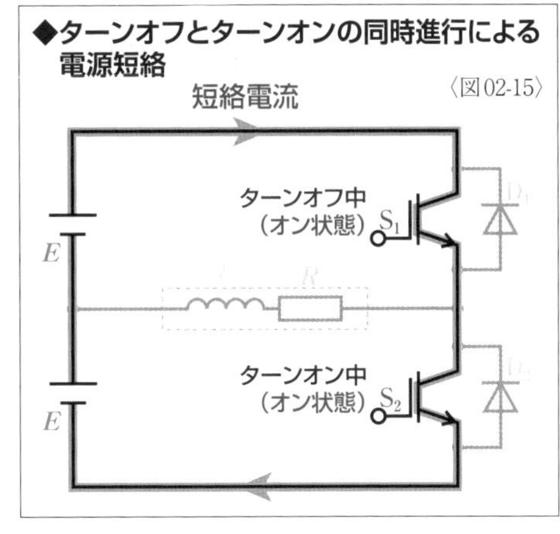

デッドタイムを設けると、理想スイッチの状態に比べてパワーデバイスがオン状態の時間が短くなるので、出力電圧が理想の状態より低下してしまう。**スイッチング周期**に対してデッドタイムの割合が大きくなるほど、その影響が現れやすくなる。特に**PWMインバータ**の場合は**方形波インバータ**に比べてスイッチング周波数が高くなるのでデッドタイムによる悪影響が顕著になり、インバータの出力波形の悪化や、インバータで駆動するモータなどの制御性が低下したりする。そのため、ターンオフ時間の長いデバイスを使用する場合は、スイッチング周波数を高くすることが難しくなる。

◆デッドタイム 〈図02-16〉

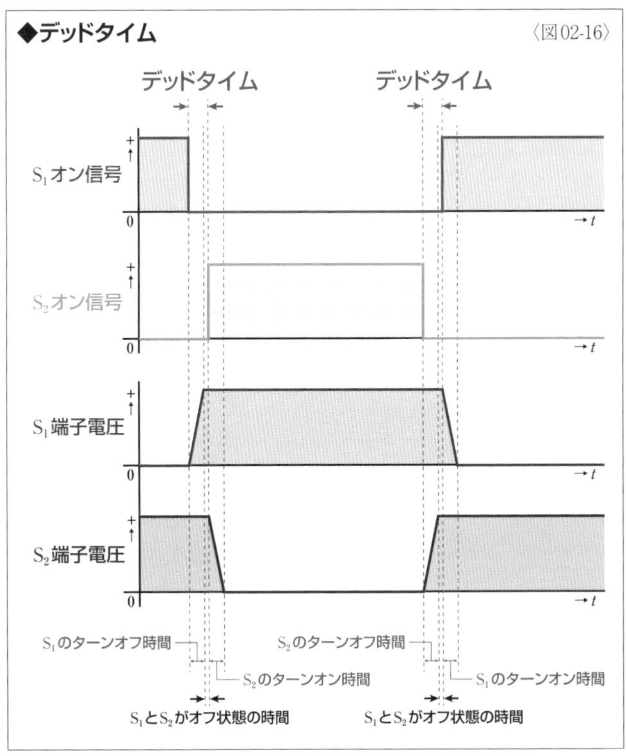

第4章

第3節 フルブリッジインバータ

Hブリッジ回路で構成されたインバータがフルブリッジインバータだ。4つの可制御デバイスと4つのダイオードで直流ー交流変換を行うことができる。

▶フルブリッジインバータの構成

フルブリッジ回路を使った**単相インバータ**が、**単相フルブリッジインバータ**で単に**フルブリッジインバータ**や**Hブリッジインバータ**ともいう。その基本原理については、第1章の「スイッチングによる直流−交流電力変換(P32参照)」で説明しているが、パワーデバイスを使ってフルブリッジインバータを構成すると〈図03-01〉のような回路になる。各**アーム**は**可制御デバイス**と**逆並列ダイオード**で構成されるので、合計4つのスイッチと4つのダイオードが使われる。**誘導性負荷**を想定し、負荷は直列接続された**抵抗**Rと**インダクタ**Lの等価回路とする。

◆フルブリッジインバータ 〈図03-01〉

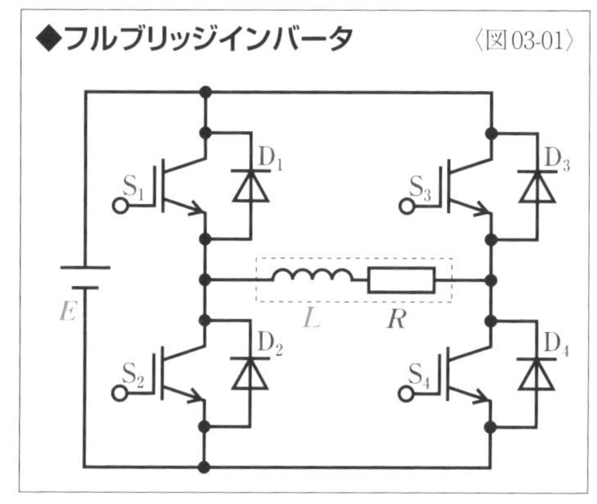

また、この回路は**4象限チョッパ回路**と基本的に同じ構成になる(P135参照)。

なお、電流の流れ方がわかりやすいため、以降での説明ではフルブリッジ回路を〈図03-01〉のように示しているが、〈図03-02〉のように回路が示されることもある。

◆フルブリッジインバータ(変形) 〈図03-02〉

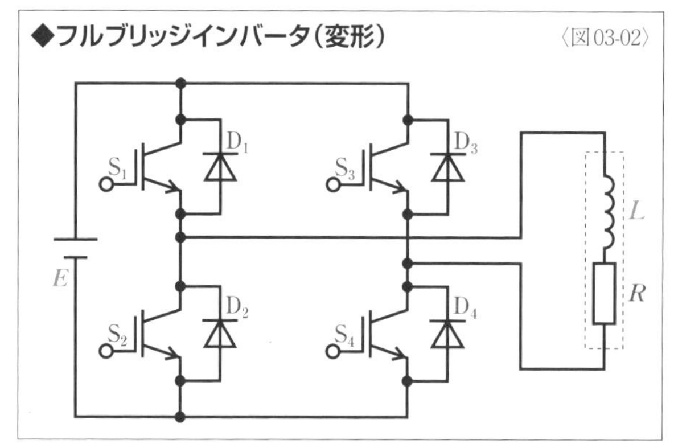

▶フルブリッジインバータと純抵抗負荷

まずは**フルブリッジインバータ**の**方形波インバータ**としての基本的な動作を知るために、**純抵抗負荷**の場合を考えてみる。各部の電圧と電流は〈図03-05〉のように定めている。

◆フルブリッジインバータの動作（純抵抗負荷）

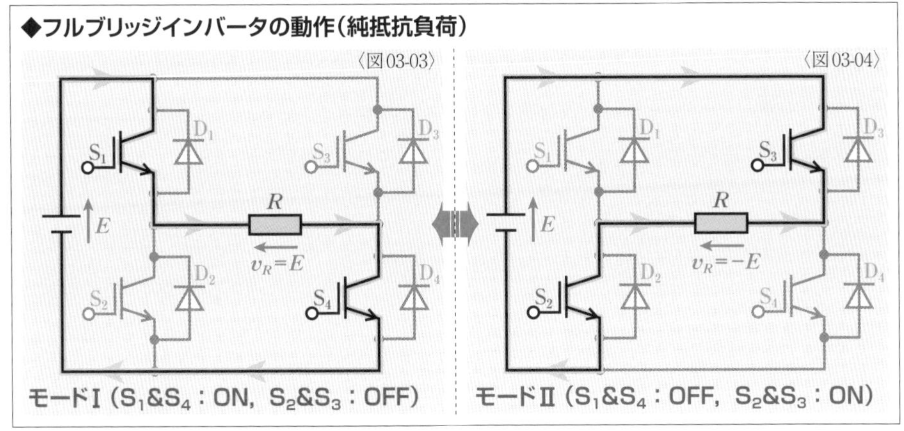

スイッチS_1とS_4がオン状態、S_2とS_3がオフ状態をモードⅠとすると、〈図 03-03〉のような等価回路になり、負荷Rの端子電圧v_RはEになり、流れる電流i_Rは$\frac{E}{R}$になる。いっぽう、スイッチS_1とS_4がオフ状態、S_2とS_3がオン状態をモードⅡとすると、〈図 03-04〉のような等価回路になり、負荷Rの端子電圧v_Rは$-E$になり、流れる電流i_Rは$-\frac{E}{R}$になる。

よって、モードⅠとⅡを時間$\frac{T}{2}$ごとに繰り返せば、〈図 03-06〉のように**周期**T（**周波数**$\frac{1}{T}$）の**方形波**が出力される。電圧の**実効値**はEだ。回路にインダクタンスもキャパシタンスも存在しないため、電圧も電流も正と負で一定の値を繰り返す方形波になる。当然、電圧と電流に**位相差**も生じない。また、エネルギーを蓄える要素がないので、**帰還ダイオード**が導通することはなく、電源が回生されることもない。スイッチS_1とS_4のセットが出力の正の領域を担当し、S_2とS_3のセットが出力の負の領域を担当することになる。

◆フルブリッジインバータ（純抵抗負荷）のデバイスの動作と出力波形　〈図 03-06〉

時間	$\frac{T}{2}$	$\frac{T}{2}$	$\frac{T}{2}$	$\frac{T}{2}$
モード	Ⅰ	Ⅱ	Ⅰ	Ⅱ
スイッチの状態 S_1	ON	OFF	ON	OFF
S_2	OFF	ON	OFF	ON
S_3	OFF	ON	OFF	ON
S_4	ON	OFF	ON	OFF

出力電圧 v_R（E、$-E$、t）

出力電流 i_R（t）

◆フルブリッジインバータ各部の電圧と電流

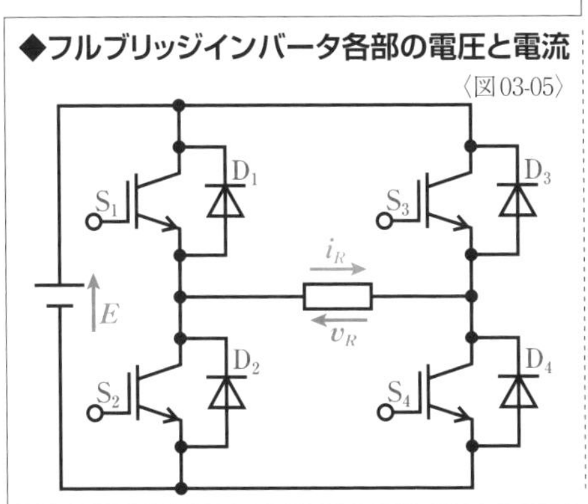

▶フルブリッジインバータと誘導性負荷

誘導性負荷の場合の**フルブリッジインバータ**の動作を考えてみよう。負荷は直列接続された**抵抗**Rと**インダクタ**Lの等価回路とする。**周期**T（**周波数**$\frac{1}{T}$）の交流を出力するのであれば、スイッチS_1とS_4のセットと、S_2とS_3のセットを時間$\frac{T}{2}$ごとに交互にオン状態にすればいい。スイッチの動作は2通りだが、インダクタタンスの存在によって電流の流れ方はモードⅠ～Ⅳの4通りになる。各モードの等価回路は〈図03-07～10〉のようになり、各部の電圧と電流を〈図03-11〉のように定めると、デバイスの動作や導通、各部の波形は〈図03-12〉のようになる。

周期波形の定常状態では、時刻t_0でS_2とS_3がターンオフ、S_1とS_4がターンオンすると、モードⅠになる。負荷の端子電圧v_{RL}は正の電圧Eになるが、直前のモードⅣで磁気エネルギーを蓄えたインダクタLは、それまでと同じ方向に電流を流し続けようとするため、i_{RL}は負の電流だ。i_{RL}は次第に小さくなっていき時刻t_1で0になる。この間、S_1とS_4はオン状態だが電流は流れず、D_1とD_4が**帰還ダイオード**として導通して電源を**回生**する**帰還モード**だ。

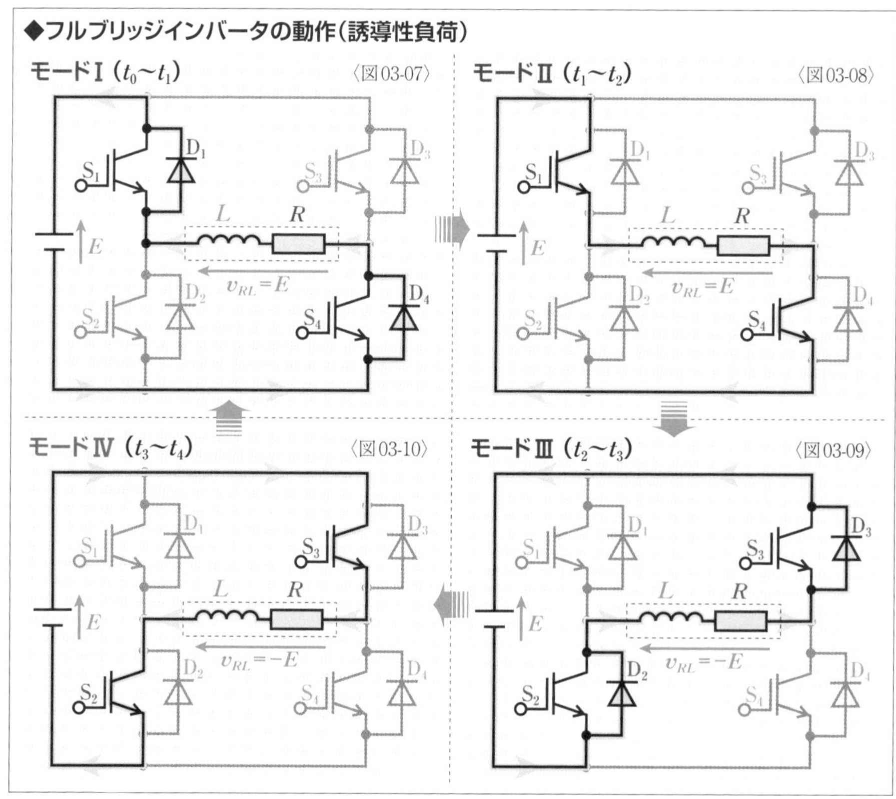

時刻t_1からはLがエネルギーを蓄えていくモードⅡになる。**ゼロクロス**したi_{RL}は正の電流になり増加していく。この状態がスイッチが切り替わる時刻t_2まで続く。電流はS_1とS_4を流れる。

時刻t_2でS_1とS_4がターンオフ、S_2とS_3がターンオンするとモードⅢになる。v_{RL}は負の電圧$-E$になるが、インダクタLがそれまでと同じ方向に電流i_{RL}を流し続けようとするため、Lのエネルギーが0になる時刻t_3まで正の電流が減少しつつ流れる。S_2とS_3には電流が流れず、D_2とD_3が帰還ダイオードとして導通して電流が流れる。

◆フルブリッジインバータ各部の電圧と電流

〈図03-11〉

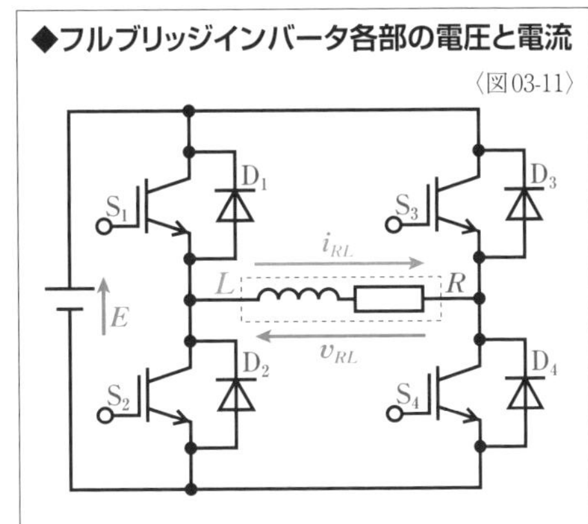

時刻t_3でゼロクロスが生じ、モードⅣになる。電流はS_2とS_3を流れ、i_{RL}は負の電流になり増加していき、インダクタLがエネルギーを蓄えていく。この状態がスイッチが切り替わる時刻t_4まで続く。t_4は新たなt_0になり、モードⅠに移行する

以上のように、モードⅠ→Ⅱ→Ⅲ→Ⅳを繰り返すことで直流－交流変換が行われていく。出力電圧は方形波だが、出力電流は順次大きさが変化していくため、方形波よりは正弦波に近い波形になる。また、インダクタタンスLの存在によって**位相差**が生じ、電流の位相は電圧より遅れることになる。

◆フルブリッジインバータ（純抵抗負荷）のデバイスの動作と各部の波形

〈図03-12〉

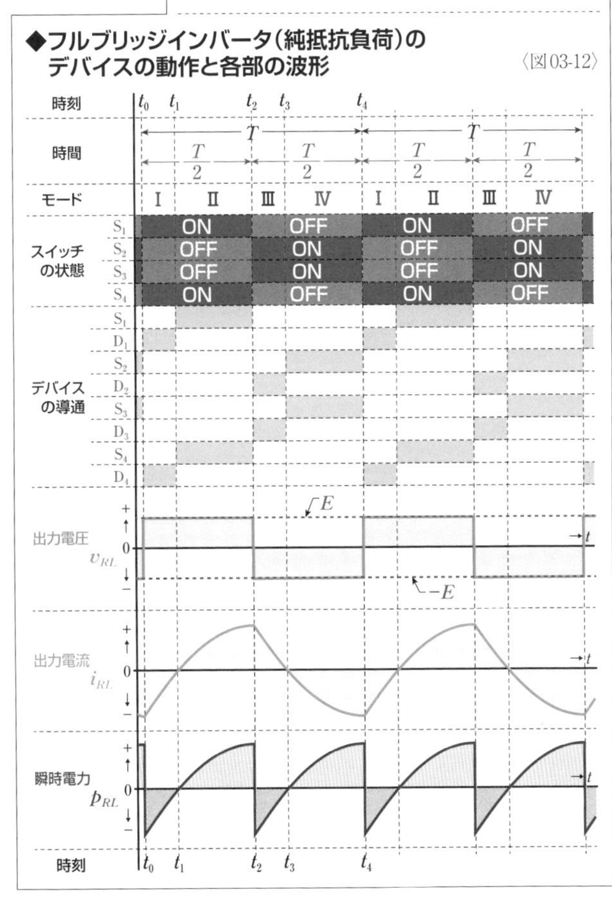

▶フルブリッジインバータの電圧可変

第1章の「スイッチングによる直流−交流電力変換(P32参照)」で説明したように、**フルブリッジインバータ**のそれぞれのスイッチがオン状態の時間を$\frac{T}{2}$より短くして、出力電圧が0になる期間を設ければ、出力電圧の半周期の平均電圧が低下し、電圧の可変が可能になる。

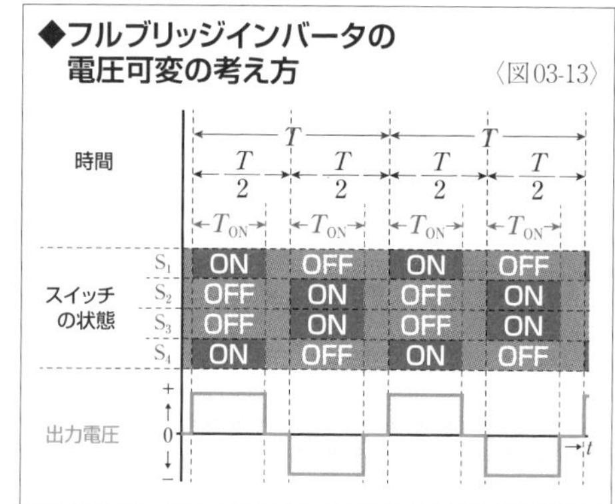

◆フルブリッジインバータの電圧可変の考え方〈図03-13〉

たとえば〈図03-13〉のようにスイッチを動作させれば、出力電圧は電圧0の期間がある**広義の方形波**になる。純抵抗負荷ならばこれでも問題ないが、誘導性負荷の場合は問題が生じてしまう。自分で確認してみて欲しいが、このようにスイッチを動作させると電流が流れる回路が成立しない期間が生じる。そのため、出力電圧が0でも回路が成立して電流が**還流**するように**逆並列ダイオード**を備えたうえで、個々のスイッチを動作させる必要がある。

難しそうに思えるかもしれないが、実際にはスイッチの**位相**をずらすという方法で簡単に回路を常に成立させることができる。ここまでの説明では、スイッチS_1とS_4をセットで捉え、S_2とS_3もセットで捉えてきたが、それぞれのレグで考えると、S_1とS_2は時間$\frac{T}{2}$ごとにオンとオフを繰り返し、S_3とS_4は時間$\frac{T}{2}$ごとにオフとオンを繰り返しているわけだ。そこで、S_1とS_2をa相のスイッチ、S_3とS_4をb相のスイッチとする。1周期を2π[rad](=360°)で考え、〈図03-14〉のようにa相の**上アーム**S_1のターンオンを位相0とすると、位相πで下アームS_2がターンオンして上下アームのオン/オフが切り替わる。b相についても上アームであるS_3のターンオンを基準にすると、b相はa相と位相がπずれている(b相の位相がa相よりπ遅れている)といえる。

この位相のずれを、たとえば$\frac{3}{4}\pi$にすると、〈図03-15〉のようにS_1とS_4が同時にオン状態になる期間と、S_2とS_3が同時にオン状態になる期間が短くなり、電圧0の期間ができる。詳しくは次の見開きで実際の動作とともに説明するが、このようにスイッチを動作させると、出力電圧0の期間でも、逆並列ダイオードの1つが**還流ダイオード**として動作して回路を成立させ、電流の途切れをなくしてくれる。こうした状態のモードを**還流モード**といい、モードⅡとⅢの間に還流モードⅤ、モードⅣとⅠの間に還流モードⅥが生じる。

このように、それぞれの相のスイッチはπごとに交互にオン/オフを繰り返すようにしておき、どちらか一方の相の位相をずらすことで電圧の可変が可能になる。このようにして電圧を制

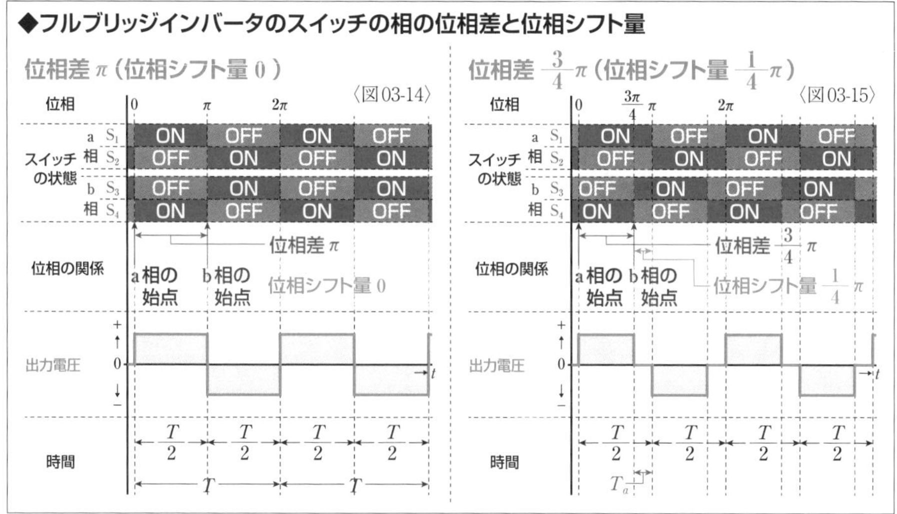

御することを**位相シフト**という。たとえば、a相とb相の位相差を$\frac{3}{4}\pi$にした場合は、電圧制御を行わない場合の位相差πとの差、つまり$\frac{1}{4}\pi$を**位相シフト量**という。位相シフト量をαとすると、その範囲は$0 \leqq \alpha \leqq \pi$になる。また、時間で考えると、電圧制御なしの場合に比べて、b相のスイッチの動作をT_αだけ早めることになる。その範囲は$0 \leqq T_\alpha \leqq \frac{T}{2}$になる。計算による説明は省略するが、入力電圧を$E$とすると、$\alpha$と$T_\alpha$を使って出力電圧の実効値を$V_{RL}$とすると、〈式03-16〉と〈式03-17〉のように示すことができる。フルブリッジインバータにおけるこうした電圧制御の方法は、出力電圧の**方形パルス波**の幅をかえることになるので、**パルス幅制御**ともいい、PWM制御の考え方の基本となる。

$$V_{RL} = \sqrt{\frac{\pi - \alpha}{\pi}}\,E \quad \cdots\cdots\cdot〈式03\text{-}16〉$$

$$V_{RL} = \sqrt{1 - \frac{2T_\alpha}{T}}\,E \quad \cdots\cdot〈式03\text{-}17〉$$

▶フルブリッジインバータの電圧可変の動作

誘導性負荷で電圧を可変した場合の**フルブリッジインバータ**の動作を考えてみよう。負荷は直列接続された**抵抗**Rと**インダクタ**Lの等価回路とする。出力電流は途切れないものとする。スイッチの動作の組み合わせは4通りになるが、インダクタタンスの存在によって電流の流れ方はモードⅠ～Ⅵの6通りになる。説明は次の見開きだが、各モードの等価回路は〈図03-18～23〉のようになり、各部の電圧と電流を〈図03-24〉のように定めると、デバイスの動作や導通、各部の波形は〈図03-25〉のようになる。

➡次ページに続く

時刻t_0～t_1のモードⅠと、時刻t_1～t_2のモードⅡでは、スイッチS_1とS_4がオン状態、スイッチS_2とS_3がオフ状態で、$v_{RL}=E$になり、電圧制御を行わない場合と同じように動作する。モードⅠでは負の電流i_{RL}が減少し、モードⅡでは正の電流i_{RL}が増加する。

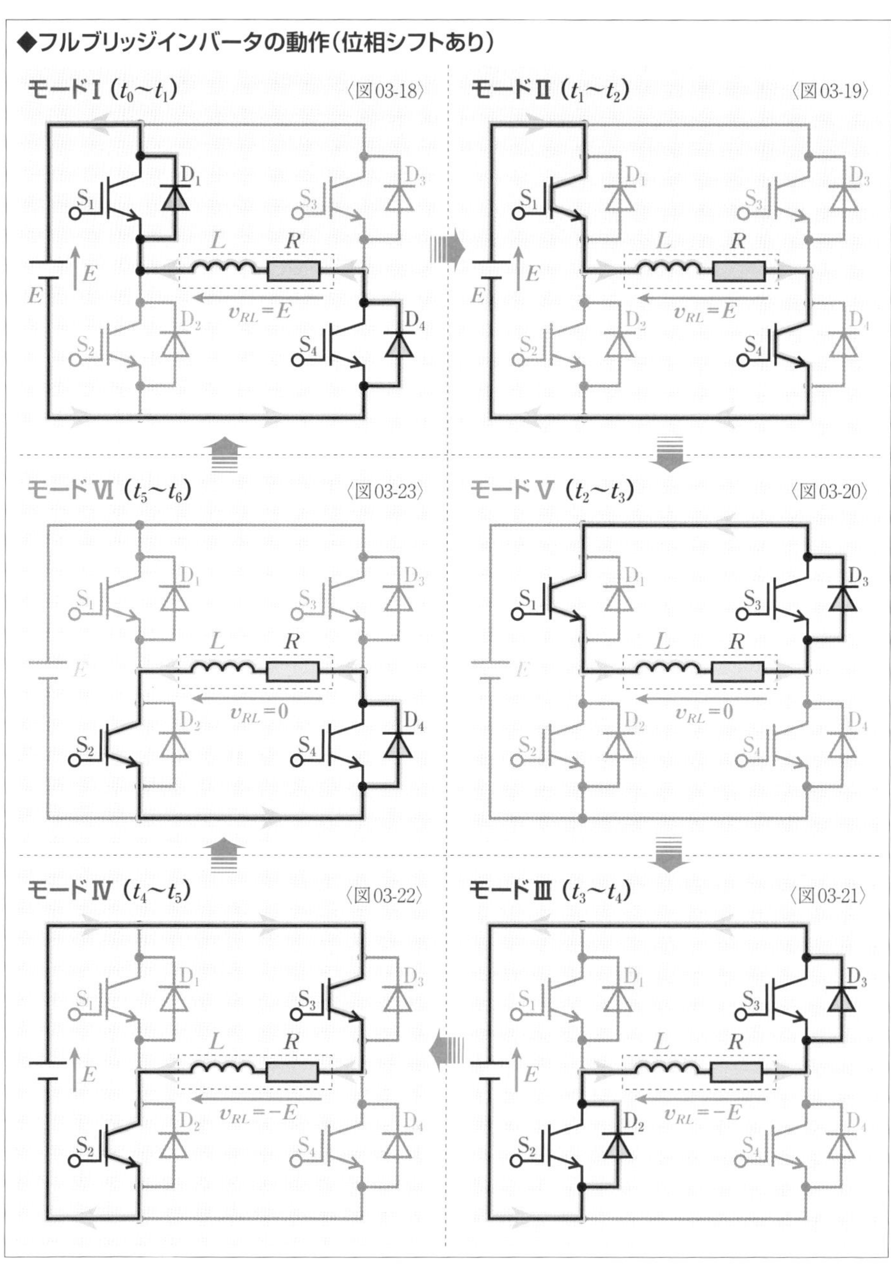

時刻t_2で、b相のS_4がターンオフし、S_3がターンオンすると(a相のS_1はオン状態、S_2はオフ状態を維持)、モードVになる。負荷は電源から切り離され、$v_{RL}=0$になり、電源電流i_Eも0になるが、インダクタLはそれまでと同じ方向に電流を流し続けようとするため、**順方向バイアス**された逆並列ダイオードD_3が導通して、オン状態のS_1とともに回路を成立させて**還流モード**になり、正の電流i_{RL}が減少しつつ流れる。

時刻t_3で、a相のS_1がターンオフし、S_4がターンオンすると(b相のS_3はオン状態、S_4はオフ状態を維持)、モードⅢになり、時刻t_4で**ゼロクロス**を経てモードⅣになる。この間、$v_{RL}=-E$であり、電圧制御を行わない場合と同じように動作する。

時刻t_5で、b相のS_3がターンオフし、S_4がターンオンすると(a相のS_1はオフ状態、S_2はオン状態を維持)、モードⅥになり、$v_{RL}=0$、$i_E=0$になる。S_2とD_4によって回路が構成され、負の電流i_{RL}が減少しつつ流れる還流モードになる。t_6は新たなt_0になる。

以上のようにモードⅠ→Ⅱ→Ⅴ→Ⅲ→Ⅳ→Ⅵを繰り返すことで、出力電流が途切れることなく直流－交流変換が行われる。

◆フルブリッジインバータ各部の電圧と電流

〈図03-24〉

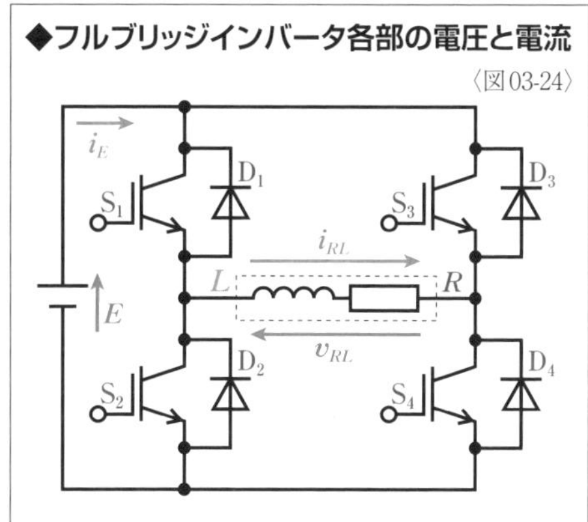

◆フルブリッジインバータ(位相シフトあり)のデバイスの動作と各部の波形

〈図03-25〉

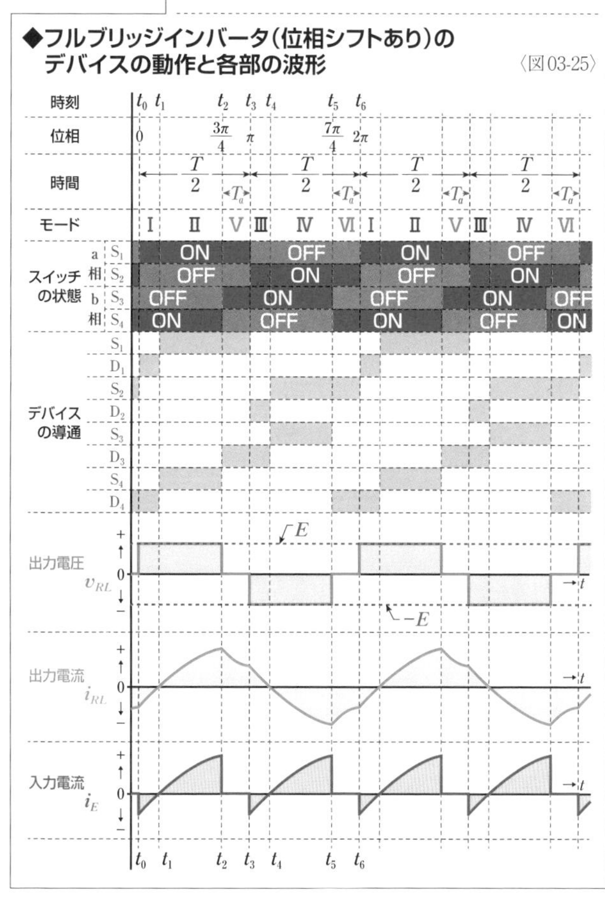

三相インバータ

三相交流を出力するインバータが三相インバータだ。3つのレグで構成される6つの可制御デバイスと6つのダイオードで直流−交流変換を行うことができる。

▶三相インバータの構成

三相交流を出力する**インバータ**が**三相インバータ**だ。3つのレグで構成されるので**3レグインバータ**ともいう。また、この3レグをブリッジということもあるので**三相ブリッジインバータ**ということもある。三相インバータの基本的な回路は〈図04-01〉のようになる。各アームは**可制御デバイス**と**逆並列ダイオード**で構成されるので、合計6つのスイッチと6つのダイオードが使われる。負荷はY**結線**の**三相平衡負荷**とし、**誘導性負荷**を想定し直列接続された**抵抗** R と**インダクタ** L の等価回路とする。各レグは負荷に対応してU相、V相、W相と呼ぶ。

◆三相インバータ 〈図04-01〉

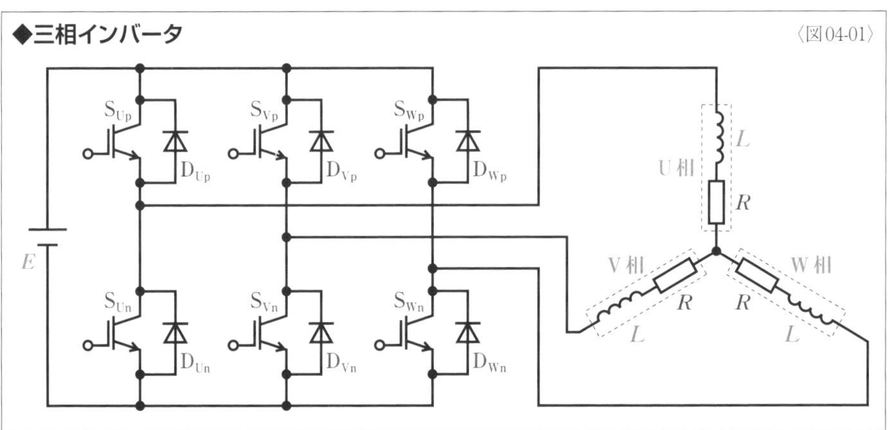

▶三相インバータと純抵抗負荷

三相インバータを**方形波インバータ**として動作させる場合、もっとも一般的に使われているのは、**周期** T（**周波数** $\frac{1}{T}$）ならば、〈図04-02〉のように各相の各レグの上下アームの2つのスイッチは時間 $\frac{T}{2}$ ごとに交互にオン／オフを繰り返し、3つの相の位相を $\frac{T}{3}$ ずつずらして動作させる方法だ。結果、スイッチの動作パターンの組み合わせは6通りになる。1周期を 2π [rad]（=360°）で表現すると、各相の2つのスイッチは π ごとに交互にオン／オフを繰り返し、3つの相の位相を $\frac{2}{3}\pi$ ずつずらすことになる。こうした方法は、各アームの導通が π（=180°）

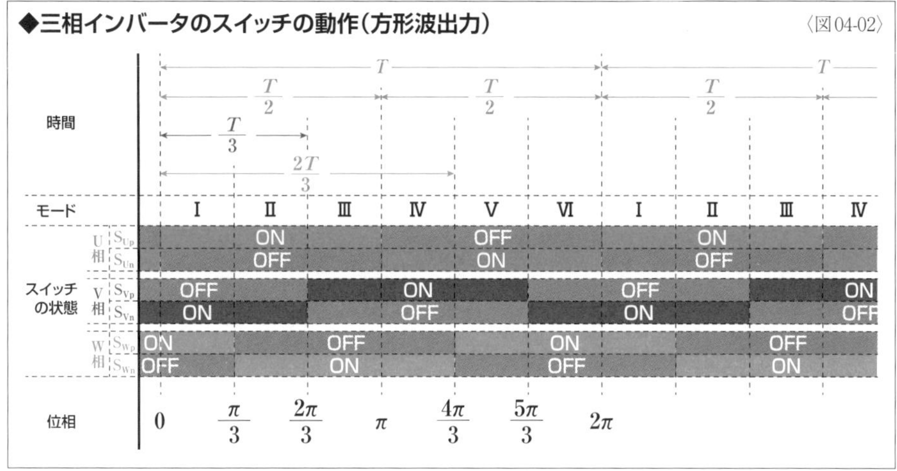

◆三相インバータのスイッチの動作(方形波出力)〈図04-02〉

ごとに切り替わるので**180度通電方式**という。このほかに、1つのレグの両スイッチがオフ状態になる期間を設ける**120度通電方式**という方法もある(P170参照)。

まずは三相インバータの基本的な動作を知るために、**純抵抗負荷**の場合を考えてみる。回路にインダクタンスもキャパシタンスも存在しないため、スイッチの動作の組み合わせ通りに動作するので、これをモードI～VIとすると、各モードの等価回路は次の見開きのようになる。

なお、〈図04-01〉のまま電源のマイナス側を電位の基準として解析しても同じ結果になるが、各レグが上下対称になり、動作がわかりやすくなるので、ここでは〈図04-03〉のように電源内に仮想の接地点(電源電圧の$\frac{1}{2}$の位置)を設け、そこを電位の基準にする。各レグの中間点の電位をv_U、v_V、v_W、三相負荷の**中性点**の電位をv_Oとし、負荷の**相電圧**はv_{UO}、v_{VO}、v_{WO}、**線間電圧**はv_{UV}、v_{VW}、v_{WU}、**相電流=線電流**はi_U、i_V、i_W、電源電流はi_Eとする。

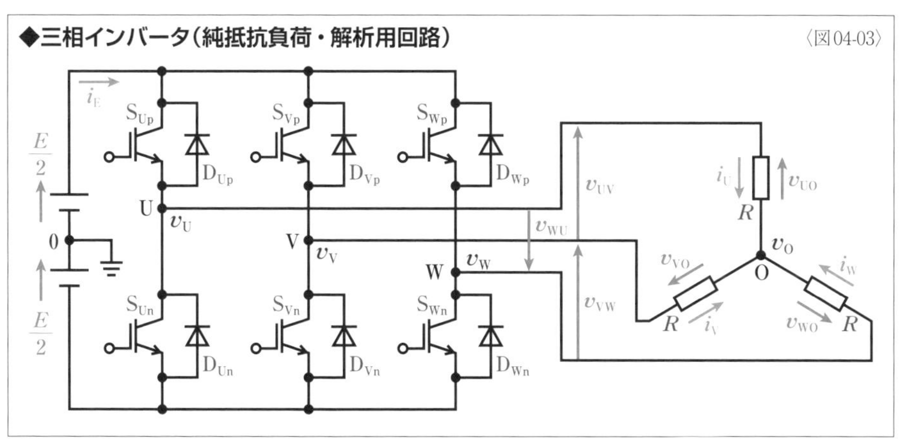

◆三相インバータ(純抵抗負荷・解析用回路)〈図04-03〉

◆三相インバータの動作（純抵抗負荷）

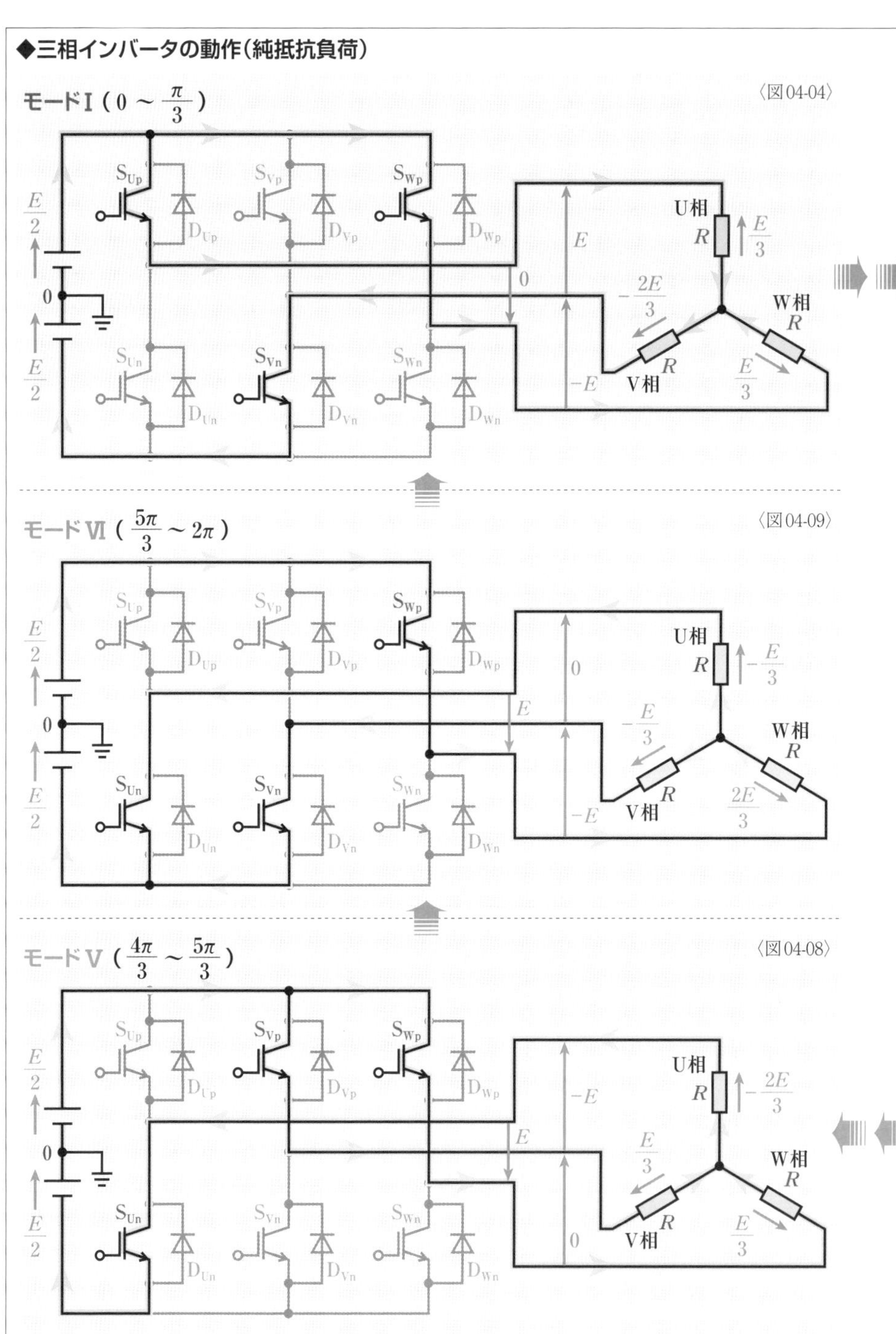

第4章 直流－交流電力変換回路

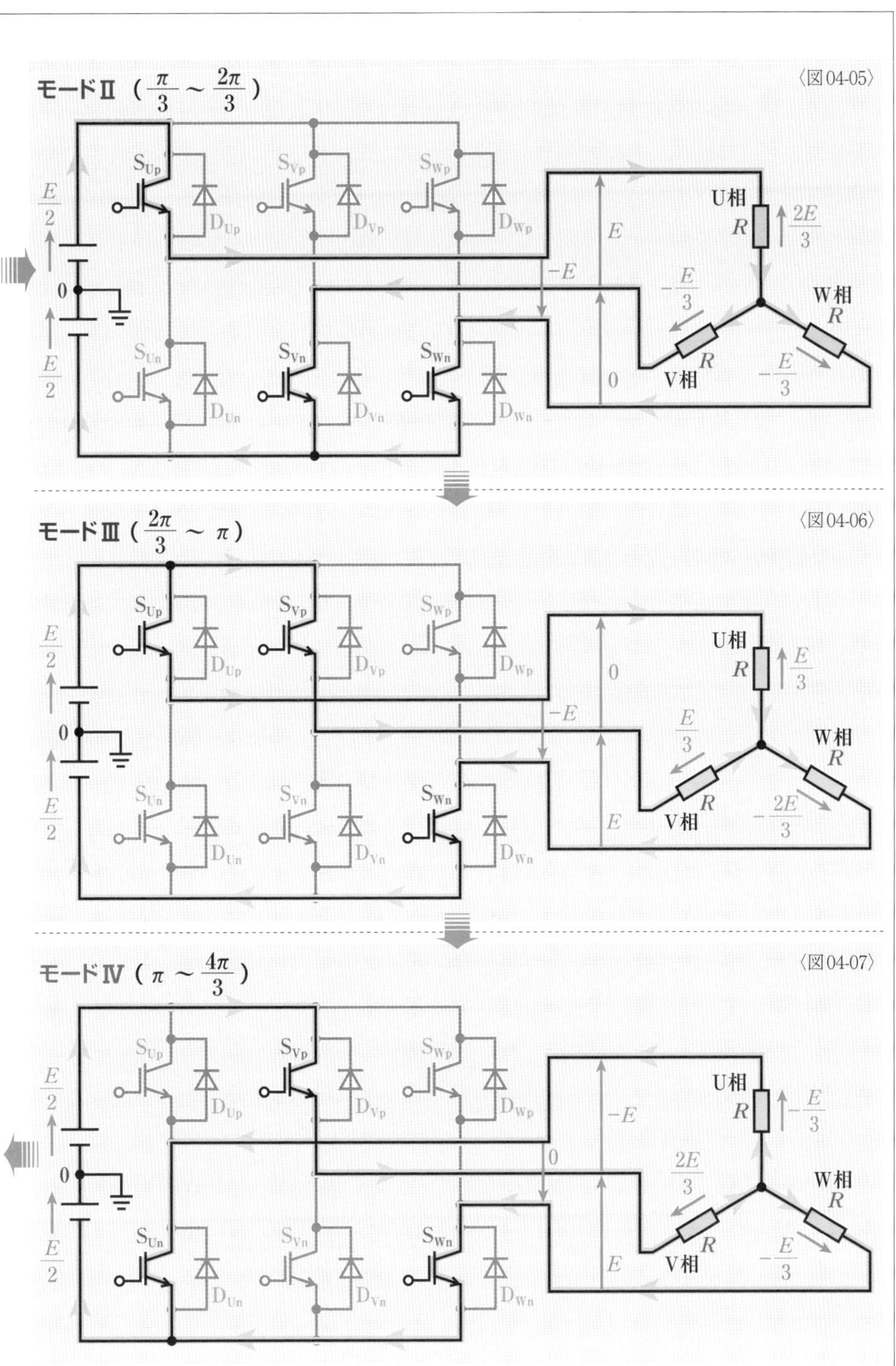

モードⅡ（$\frac{\pi}{3}$ ～ $\frac{2\pi}{3}$）
〈図04-05〉
S_{Up}
S_{Vp}
S_{Wp}
D_{Up}
D_{Vp}
D_{Wp}
S_{Un}
S_{Vn}
S_{Wn}
D_{Un}
D_{Vn}
D_{Wn}
$\frac{E}{2}$
0
$\frac{E}{2}$
E
$-E$
0
U相
R
$\frac{2E}{3}$
$-\frac{E}{3}$
W相
R
V相
R
$-\frac{E}{3}$
モードⅢ（$\frac{2\pi}{3}$ ～ π）
〈図04-06〉
0
$-E$
E
U相
R
$\frac{E}{3}$
$\frac{E}{3}$
W相
R
V相
R
$-\frac{2E}{3}$
モードⅣ（π ～ $\frac{4\pi}{3}$）
〈図04-07〉
$-E$
0
E
U相
R
$-\frac{E}{3}$
$\frac{2E}{3}$
W相
R
V相
R
$-\frac{E}{3}$

第4節 三相インバータ

▶三相インバータの各部の波形(純抵抗負荷)

三相インバータを**方形波インバータ**として動作させた場合は、デバイスの動作、各部の電位と電圧の波形は〈図04-24〉のようになる。エネルギーを蓄える要素がないので、**逆並列ダイオード**が導通することはなく、電源が回生されることもない。

負荷の**相電圧**は、各相のレグの中間点の電位と**中性点**の電位の差になる。レグの中間点の電位v_U、v_V、v_Wは、各相のレグは独立しており、上下いずれかのアームが必ずオン状態にあるので、$\frac{E}{2}$または$-\frac{E}{2}$だ。それぞれのモードのスイッチの状態で決まる。いっぽう、中性点の電位は以下のように求めることができる。

相電圧v_{UO}は〈式04-10〉のように、U相のレグの中間点の電位v_Uと中性点Oの電位v_Oの差で示され、相電流i_Uと負荷Rで〈式04-11〉のように示すこともできる。相電圧v_{VO}とv_{WO}についても、同じように〈式04-12～15〉で示すことができ、以上の各辺を加えると〈式04-16〉及び〈式04-17〉を導くことができる。また、i_U、i_V、i_Wはいずれも中性点Oに流れ込む電流なので、〈式04-18〉の関係が成立する。この式を先の式に代入して、v_Oについて整理すると〈式04-20〉になる。

$$v_{UO} = v_U - v_O \quad \cdots〈式04\text{-}10〉$$
$$= R\,i_U \quad \cdots〈式04\text{-}11〉$$
$$v_{VO} = v_V - v_O \quad \cdots〈式04\text{-}12〉$$
$$= R\,i_V \quad \cdots〈式04\text{-}13〉$$
$$v_{WO} = v_W - v_O \quad \cdots〈式04\text{-}14〉$$
$$= R\,i_W \quad \cdots〈式04\text{-}15〉$$

$$v_{UO} + v_{VO} + v_{WO} = v_U + v_V + v_W - 3v_O \quad \cdots〈式04\text{-}16〉$$
$$= R\,(i_U + i_V + i_W) \quad \cdots〈式04\text{-}17〉$$
$$i_U + i_V + i_W = 0 \quad \cdots〈式04\text{-}18〉$$
$$v_U + v_V + v_W - 3v_O = 0 \quad \cdots〈式04\text{-}19〉$$
$$v_O = \frac{1}{3}(v_U + v_V + v_W) \quad \cdots〈式04\text{-}20〉$$

実際に各モードでの中性点の電位v_Oを計算してみると、時間$\frac{T}{6}$ごとに$\frac{E}{6}$と$-\frac{E}{6}$の値を交互にとる方形波になる。ここから、各モードの相電圧を計算すると、時間$\frac{T}{6}$ごとに$\frac{E}{3} \rightarrow \frac{2E}{3} \rightarrow \frac{E}{3} \rightarrow -\frac{E}{3} \rightarrow -\frac{2E}{3} \rightarrow -\frac{E}{3}$と階段状に電圧が変化する波形になる。

いっぽう、各相の**線間電圧**v_{UV}、v_{VW}、v_{WU}は、各相のレグの中間点の電位v_U、v_V、v_Wの差によって〈式04-21～23〉のように求めることができる。なお、グラフには示していないが、純抵抗負荷なので、**相電流＝線電流**も各相電圧と同じ波形になる。

$$v_{UV} = v_U - v_V \quad \cdots〈式04\text{-}21〉$$
$$v_{VW} = v_V - v_W \quad \cdots〈式04\text{-}22〉$$
$$v_{WU} = v_W - v_U \quad \cdots〈式04\text{-}23〉$$

◆三相インバータのデバイスの動作と各部の波形（純抵抗負荷）〈図04-24〉

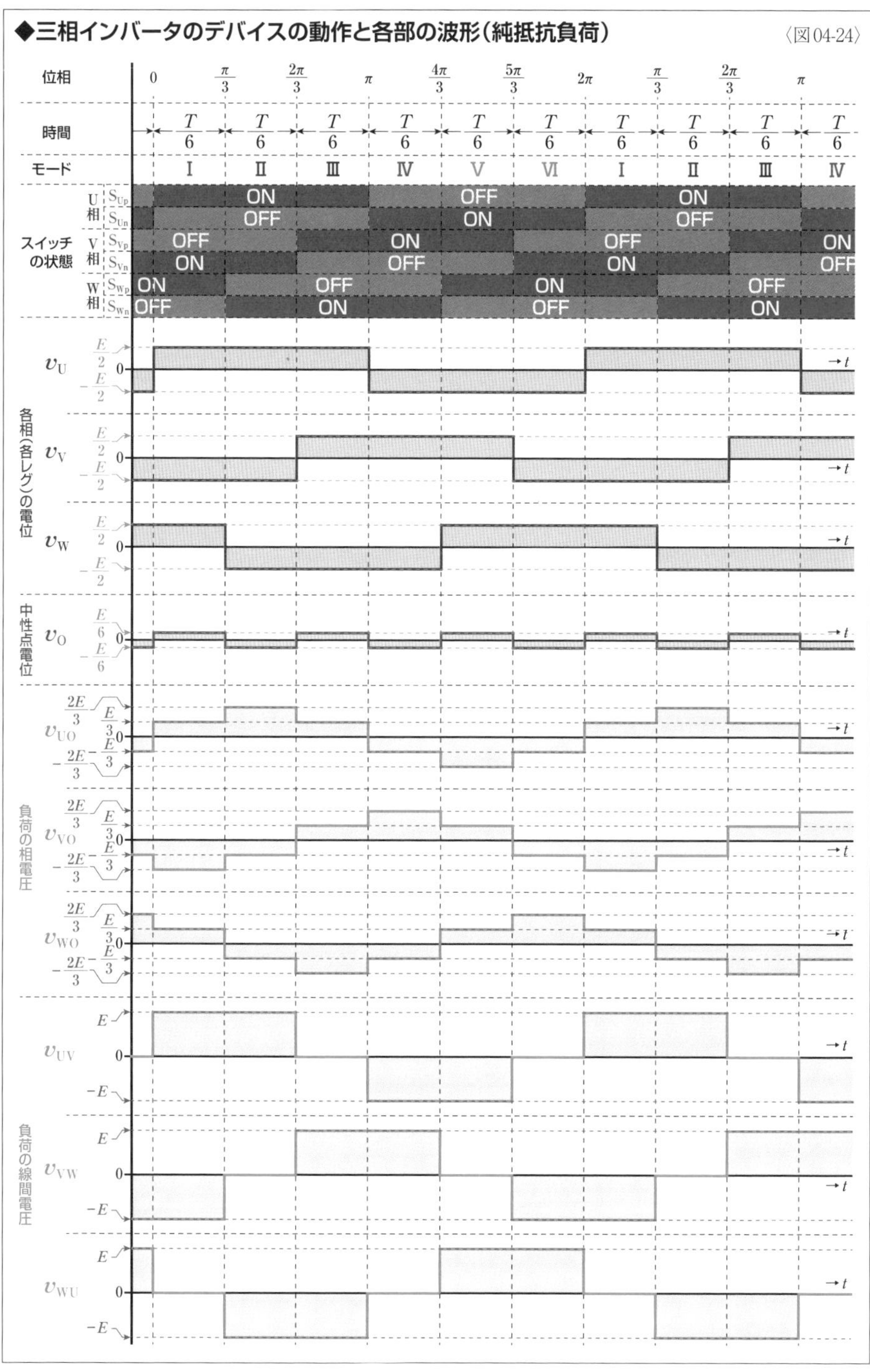

▶三相インバータと誘導性負荷

単相インバータで見てきたように、**誘導性負荷**の場合は**インダクタンス**の作用によって、スイッチが切り替わっても電流が同じ方向に流れ続けるモードが生じる。その際には**逆並列ダイオード**が導通して、回路を成立させる。**三相インバータ**の場合も同様だ。純抵抗負荷で説明したモードⅥからモードⅠへの移行を、誘導性負荷で考えてみよう。ここでは**相電圧**は**中性点**を基準として正／負を捉え、電流は中性点に流れ込むものを正の電流とする。また、インダクタンスの大きさはすべて等しいが、ここでは動作説明のためにL_U、L_V、L_Wとする。

モードⅥでは、オン状態のスイッチはS_{Un}、S_{Vn}、S_{Wp}で、〈図04-26〉のような等価回路になる。電流の方向や負荷の電圧は純抵抗負荷の場合と同じだが、インダクタンスの存在によって電流の大きさは変化している。〈図04-25〉のように、L_Uは磁気エネルギーの放出中で、負の電流が減少しつつ流れている。L_VとL_Wはエネルギーの蓄積中で、L_Vには負の電流が増加しつつ流れ、L_Wには正の電流が増加しつつ流れている。

この状態から、U相のスイッチが切り替わることで次のモードに移行し、等価回路〈図04-27〉になる。各部の電圧は純抵抗負荷のモードⅠと同じだが、電流は異なるので、モードⅠ'とする。U相では、負荷にかかる電圧が負から正に転じるが、L_Uはエネルギーの放出を続け、同じ方向に電流を流し続けようとするため、**順方向バイアス**された逆並列ダイオードD_{Up}が導通して負の電流が流れ続ける。V相では負荷にかかる負の電圧が大きくなるため、L_Vはエネルギーの蓄積が続き、電流の方向は変化しない。W相では負荷にかかる正の電圧が小さくなるため、L_Wはエネルギーの蓄積から放出に転じるが、電圧の極性は同じなので、電流の方向は変化しない。

モードⅠ'はL_Uのエネルギーが0になるまで続く。エネルギーが0になるとL_Uを流れる電流は**ゼロクロス**してモードⅠに移行し等価回路〈図04-28〉になる。各部の電圧の状態は変化せず、V相とW相にも変化が生じない。S_{Up}が導通して正の電流が増加しつつ流れ、L_Uはエネルギーを蓄積していく。

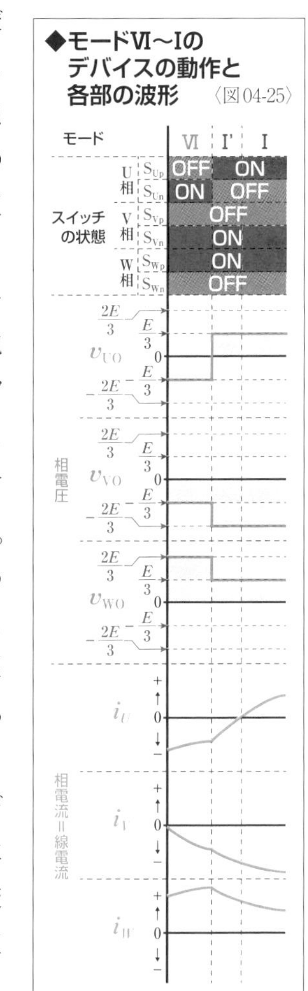

◆モードⅥ～Ⅰのデバイスの動作と各部の波形〈図04-25〉

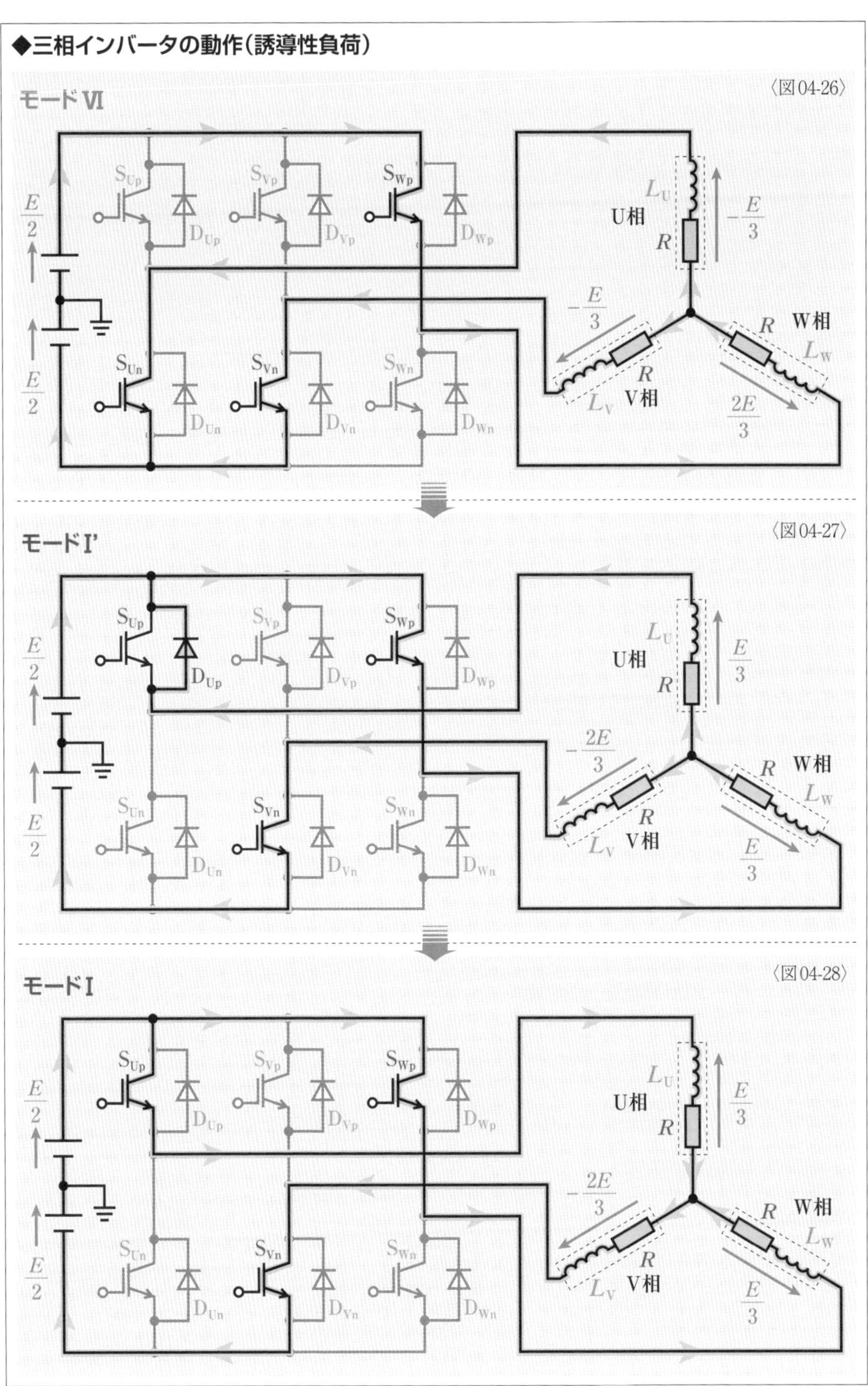
◆三相インバータの動作（誘導性負荷）
モードⅥ
〈図04-26〉
S_{Up} S_{Vp} S_{Wp}
D_{Up} D_{Vp} D_{Wp}
S_{Un} S_{Vn} S_{Wn}
D_{Un} D_{Vn} D_{Wn}
$\frac{E}{2}$
$\frac{E}{2}$
U相
L_U
R
$-\frac{E}{3}$
$-\frac{E}{3}$
W相
R
L_W
R
V相
L_V
$\frac{2E}{3}$
モードⅠ'
〈図04-27〉
S_{Up} S_{Vp} S_{Wp}
D_{Up} D_{Vp} D_{Wp}
S_{Un} S_{Vn} S_{Wn}
D_{Un} D_{Vn} D_{Wn}
$\frac{E}{2}$
$\frac{E}{2}$
U相
L_U
R
$\frac{E}{3}$
$-\frac{2E}{3}$
W相
R
L_W
R
V相
L_V
$\frac{E}{3}$
モードⅠ
〈図04-28〉
S_{Up} S_{Vp} S_{Wp}
D_{Up} D_{Vp} D_{Wp}
S_{Un} S_{Vn} S_{Wn}
D_{Un} D_{Vn} D_{Wn}
$\frac{E}{2}$
$\frac{E}{2}$
U相
L_U
R
$\frac{E}{3}$
$-\frac{2E}{3}$
W相
R
L_W
R
V相
L_V
$\frac{E}{3}$

▶三相インバータの各部の波形（誘導性負荷）

純抵抗負荷の場合、6つのモードⅠ→Ⅱ→Ⅲ→Ⅳ→Ⅴ→Ⅵを繰り返すことで直流が三相交流に変換される。前の見開きでは例としてモードⅥからⅠへの移行を説明したが、**誘導性負荷**の場合は、純抵抗負荷で説明したどのモードからの移行の際にも、**還流モード**を経過していくことになる。いずれの場合もターンオンしたスイッチを即座に電流が流れることはなく、そのスイッチに逆並列接続されたダイオードが導通し、それまでと同じ方向に電流を流し続けた後に**ゼロクロス**してモードが移行する。これらの**還流**するモードをそれぞれⅠ'～Ⅵ'とすると、誘導性負荷の場合はⅠ'→Ⅰ→Ⅱ'→Ⅱ→Ⅲ'→Ⅲ→Ⅳ'→Ⅳ→Ⅴ'→Ⅴ→Ⅵ'→Ⅵの12のモードを繰り返すことになる。全モードの等価回路は掲載しないが、各部の電圧と電流を〈図04-29〉のように定めると、デバイスの動作や導通、各部の波形は〈図04-30〉のようになる。

各相の負荷の**相電圧**は、純抵抗負荷の場合と同じように1周期で時間$\frac{T}{6}$ごとに$\frac{E}{3}$→$\frac{2E}{3}$→$\frac{E}{3}$→$-\frac{E}{3}$→$-\frac{2E}{3}$→$-\frac{E}{3}$と階段状に電圧が変化する波形になり、方形波よりは正弦波に近い波形になる。**線間電圧**は1周期で時間$\frac{T}{3}$はE、$\frac{T}{6}$は0、$\frac{T}{3}$は$-E$、$\frac{T}{6}$は0を繰り返す波形になる。（線間電圧のグラフはP165〈図04-24〉参照）。

いっぽう、各相の**相電流**=**線電流**は、インダクタンスの作用によって途切れることなく、方形波よりは正弦波に近い波形を描く。もちろんインダクタンスの存在によって、各相の相電流の位相は相電圧の位相より遅れる。また、電源電流i_Eは、負の値になることはなく、出力の1周期の間に同じ波形を6回繰り返す。

なお、ここでは還流モードを前提として説明したが、負荷のインダクタンスLが非常に大きい場合には、電源電流が逆流することもある。

◆三相インバータ各部の電圧と電流 〈図04-29〉

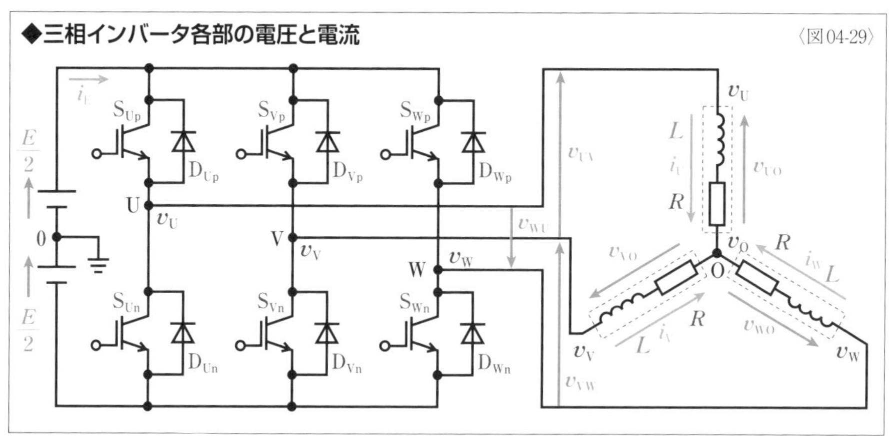

◆三相インバータのデバイスの動作と各部の波形（誘導性負荷）〈図04-30〉

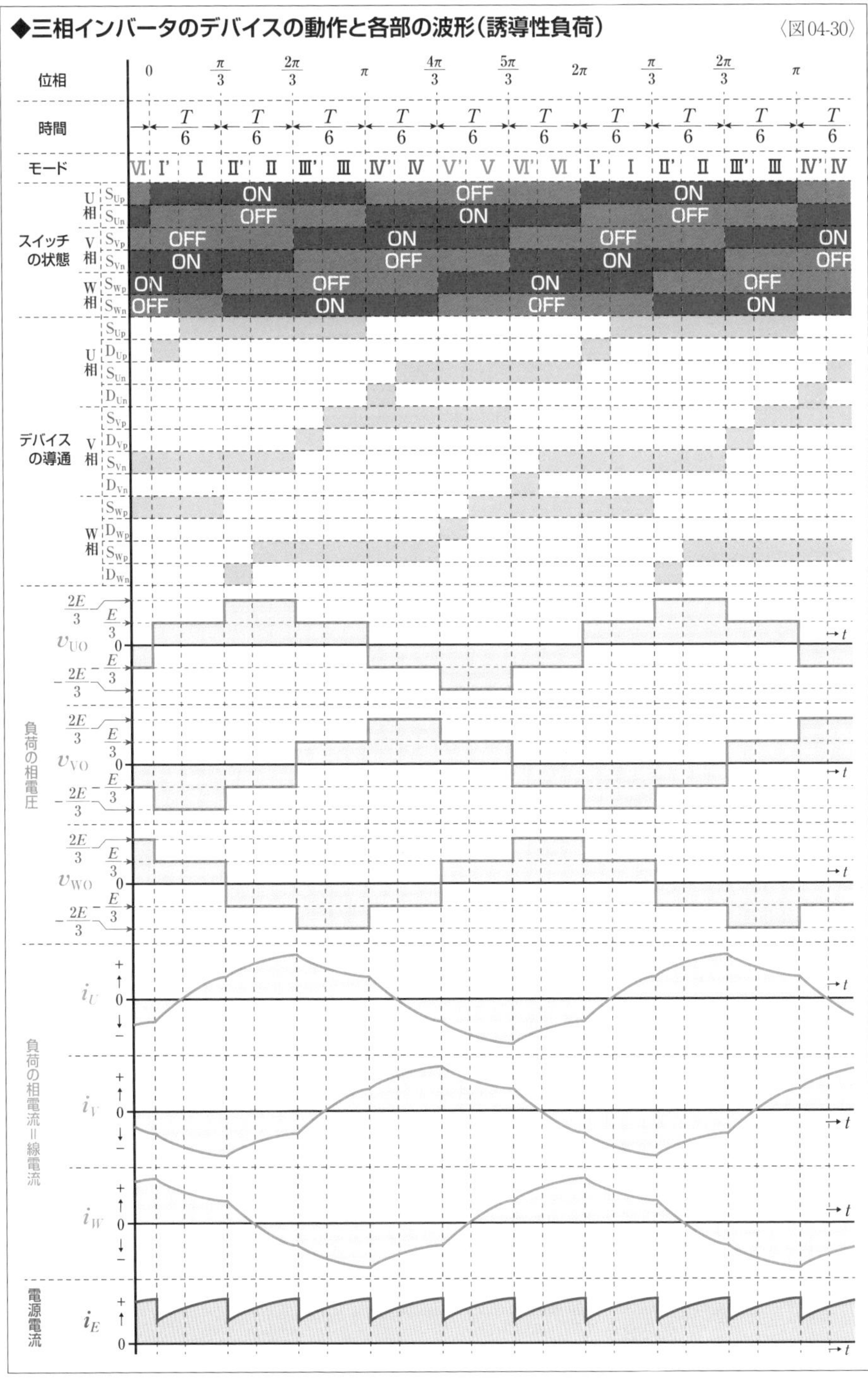

▶三相インバータの120度通電方式

ここまでは**180度通電方式**で**三相インバータ**を説明してきたが、**120度通電方式**という方法もある。120度通電方式の場合も、各スイッチがターンオンするタイミングは180度通電と同じだが、1周期の間に各スイッチがオン状態になる期間を$\frac{2}{3}\pi$（120°）にする。**純抵抗負荷**で考えてみるとモードⅠ～Ⅵの6モードで動作し、各モードの等価回路は次の見開きのようになる。それぞれのモードではいずれか1つの相の2つのスイッチが同時にオフ状態になる。

〈図04-31〉のように各部の電圧を定めると、モードⅠではW相はS_{Wp}もS_{Wn}もオフ状態なので相電圧v_{WO}は0だ。また、S_{Up}とS_{Vn}がオン状態になるので線間電圧v_{UV}はEになる。W相には電流が流れないので、v_{UV}は相電圧v_{UO}とv_{VO}で〈式04-35〉で表わせるが、平衡負荷であるU相の抵抗RとV相の抵抗Rは、線間電圧v_{UV}を均等に分圧するので、相電圧v_{UO}は$\frac{E}{2}$、v_{VO}は$-\frac{E}{2}$になる。線間電圧v_{VW}は〈式04-41〉のようにv_{VO}とv_{WO}で示すことができるので$-\frac{E}{2}$になり、同じようにしてv_{WO}とv_{UO}で示される線間電圧v_{WU}は$-\frac{E}{2}$になる。

$$v_{WO} = 0 \quad \cdots\cdots 〈式04-33〉$$

$$v_{UV} = E \quad \cdots\cdots 〈式04-34〉$$

$$= v_{UO} - v_{VO} \quad \cdot 〈式04-35〉$$

$$v_{UO} = -v_{VO} \quad \cdot\cdot 〈式04-36〉$$

$$v_{UO} = \frac{1}{2}v_{UV} \quad \cdot 〈式04-37〉$$

$$= \frac{1}{2}E \quad \cdot\cdot 〈式04-38〉$$

$$v_{VO} = -\frac{1}{2}v_{UV} \quad 〈式04-39〉$$

$$= -\frac{1}{2}E \quad \cdot 〈式04-40〉$$

$$v_{VW} = v_{VO} - v_{WO} \quad \cdot 〈式04-41〉$$

$$= -\frac{1}{2}E - 0 \quad 〈式04-42〉$$

$$= -\frac{1}{2}E \quad \cdot 〈式04-43〉$$

$$v_{WU} = v_{WO} - v_{UO} \quad \cdot 〈式04-44〉$$

$$= 0 - \frac{1}{2}E \quad \cdot 〈式04-45〉$$

$$= -\frac{1}{2}E \quad \cdot 〈式04-46〉$$

◆三相インバータ各部の電圧 〈図04-31〉

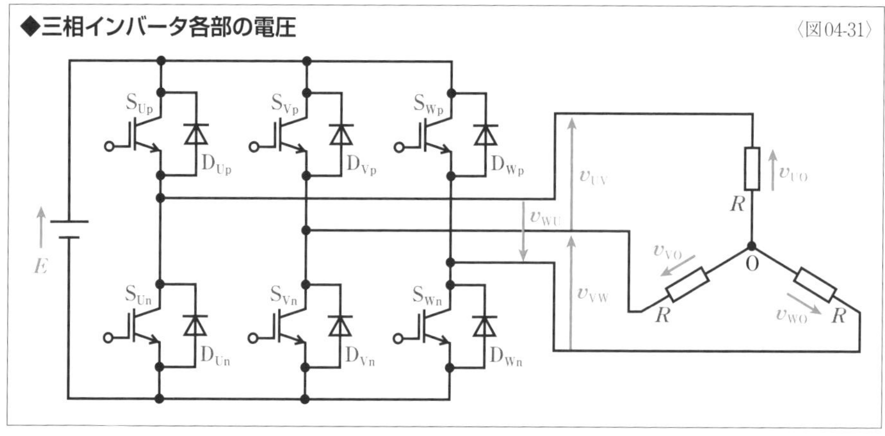

同じようにして各モードの相電圧と線間電圧を計算すると、〈図04-32〉ように各部の電圧が変化し、インバータとして動作しているのがわかる。

180度通電方式では常に3つのスイッチを電流が流れるが、常に2つのスイッチにしか電流が流れない120度通電方式のほうが、インバータ損失(そんしつ)が小さくなり効率が高い。また、**ブラシレスモータ**(P277参照)の駆動(くどう)には回転位置センサからの情報が必要になる。詳しい説明は省略するが、120度通電方式のほうが駆動信号を作りやすい(連続した回転位置の信号が不要)ため、ブラシレスモータの駆動によく使われている。ただし、120度通電方式では電流のリプルが大きくなるため、モータに振動(しんどう)や騒音(そうおん)が発生しやすい。

◆三相インバータのデバイスの動作と各部の波形(120度通電方式・純抵抗負荷)〈図04-32〉

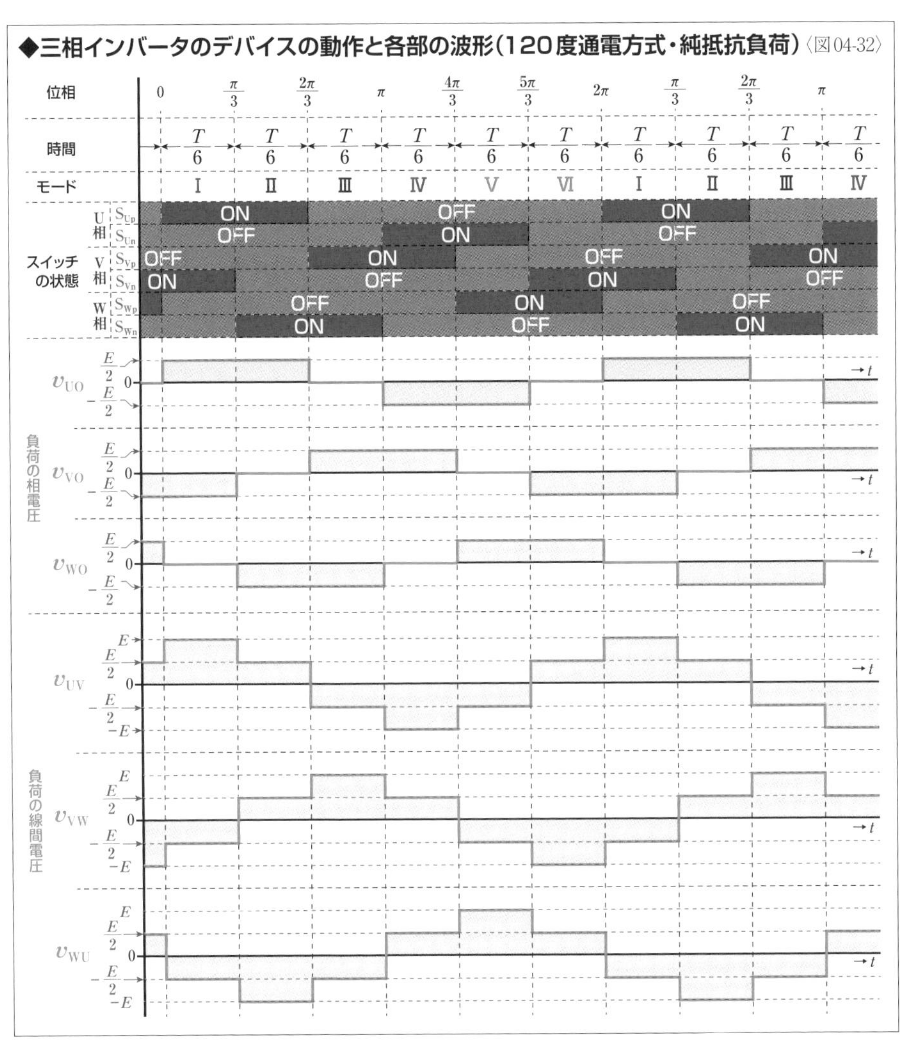

◆三相インバータの動作（120度通電方式・純抵抗負荷）

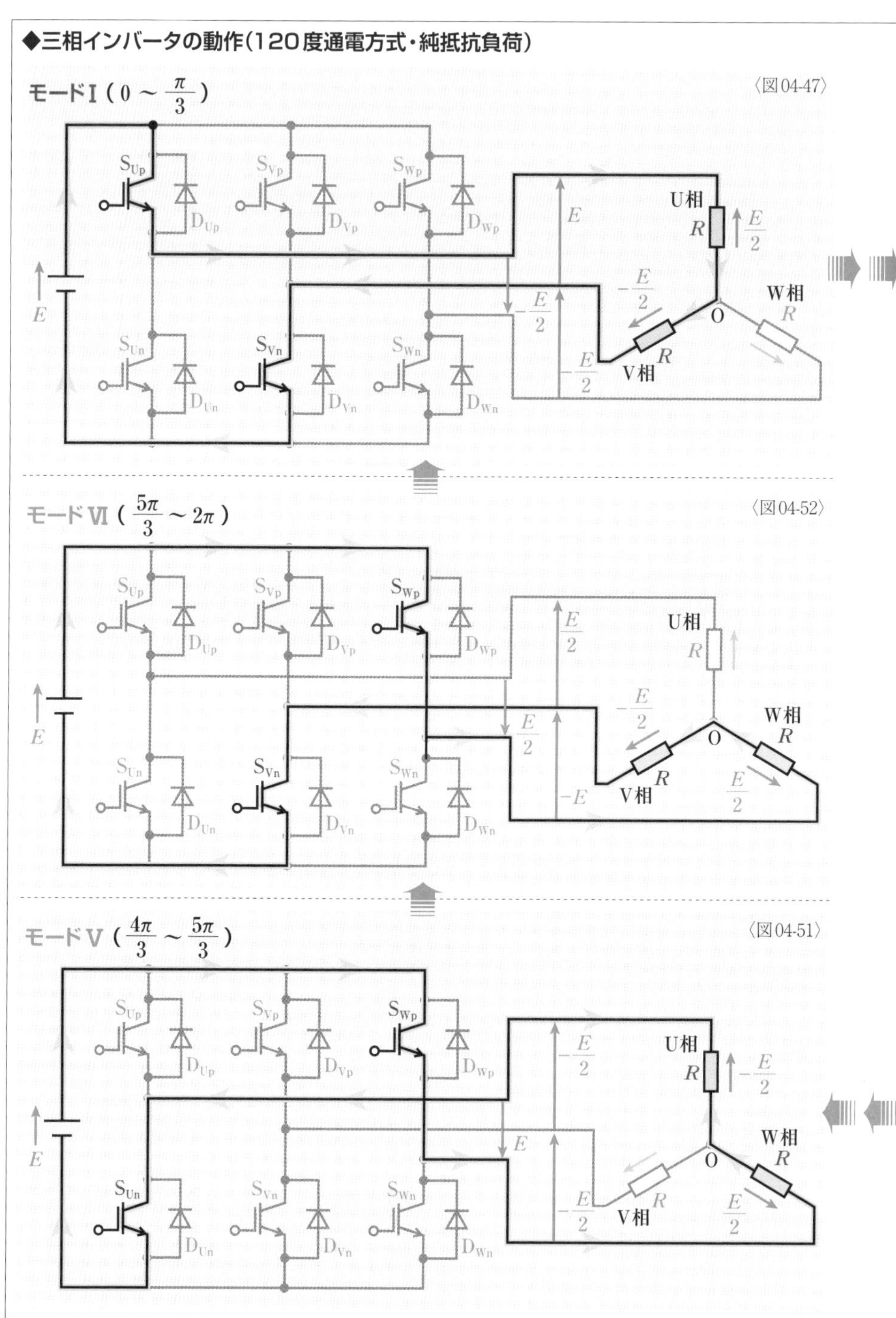

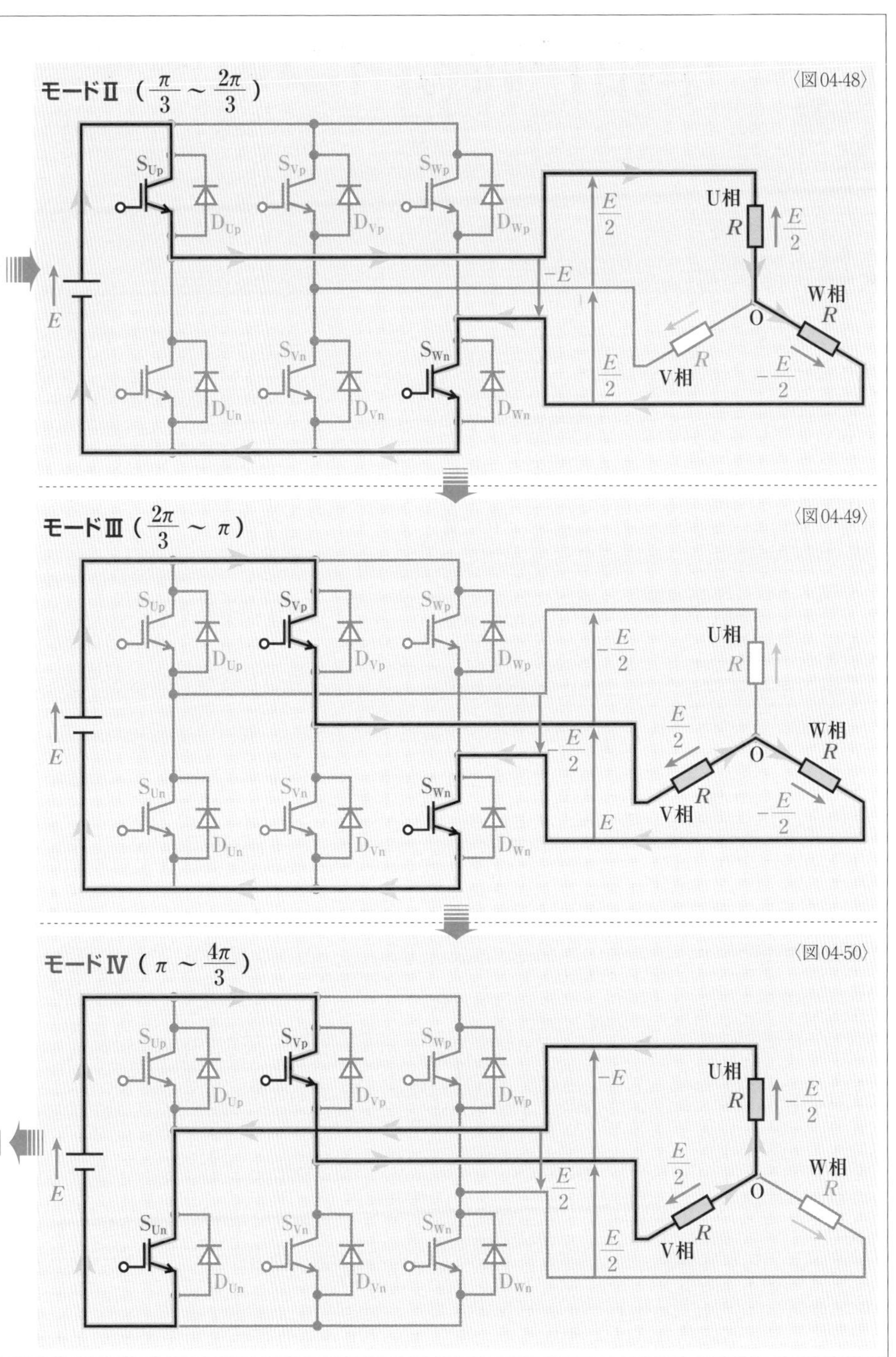
モードⅡ（π/3 ～ 2π/3）
〈図04-48〉
S_Up
S_Vp
S_Wp
D_Up
D_Vp
D_Wp
S_Vn
S_Wn
D_Un
D_Vn
D_Wn
E
E/2
−E
U相
R
V相
W相
O
−E/2
モードⅢ（2π/3 ～ π）
〈図04-49〉
モードⅣ（π ～ 4π/3）
〈図04-50〉
S_Un

第4章 第5節

単相PWMインバータ

単相方形波インバータと同じ回路を使っているがPWM制御を行うことで疑似方形波波形を出力できるのが単相PWMインバータだ。さまざまな制御方法がある。

▶PWMインバータ

PWM**制御**を行う**インバータ**を**PWMインバータ**といい、出力に応じて**単相PWMインバータ**や**三相PWMインバータ**という。PWM（plus width modulation）制御とは**パルス幅変調制御**のことだ。なお、**方形波インバータ**とPWMインバータは制御方法の違いを表わした名称であり、電力変換を行う回路の構成は基本的に同じだ。

方形波インバータの出力電圧は多くの**高調波**を含む**ひずみ波交流**だが、第1章の「直流-交流電力変換のPWM制御（P33参照）」で説明したように、交流出力の周波数より十分に高い**スイッチング周波数**を設定し、スイッチングの1周期ごとに**デューティ比**を調整して出力電圧を変化させていけば、出力波形を正弦波に近づけられる。こうした波形を**PWM波形**や**疑似正弦波波形**という。スイッチング周波数は出力周波数の最低でも10倍以上とされる。実際には出力が百Hz程度ならスイッチング周波数は数kHz～数十kHzが使われる。

また、出力交流の周波数を**基本波周波数**とすると、方形波インバータの出力には、基本波周波数の3倍、5倍、7倍…といった高調波が含まれる。いっぽう、PWMインバータの場合も出力は方形パルス波なので高調波が含まれるが、基本波周波数に対する高調波は存在せず、スイッチングによって生じる波形に対して高調波が発生する。スイッチング周波数は基本波周波数より十分に高く設定するので、方形波インバータに比べてPWMインバータでは高調波成分の周波数が十分に高くなる。こうした高い周波数の高調波であれば、**ローパスフィルタ**で取り除きやすい。高調波の周波数が高くなるほどフィルタの小型軽量化も可能になる。誘導性負荷の場合であれば、負荷自体が十分にフィルタとして機能してくれる。

以上のようなメリットがあるため、超高周波や大容量など可制御デバイスの能力によって制限を受ける一部のインバータ以外では、PWMインバータが一般的になっている。なお、理論上はスイッチング周波数を高くするほど出力波形が滑らかになり正弦波に近づくが、一定期間のスイッチング回数が増加するとスイッチング損失が増大するし、スイッチング時間や**デッドタイム**の影響も大きくなる。そのため、出力の用途やそれに対応可能な可制御デバイスの種類などによってスイッチング周波数が決定される。

▶単相PWMインバータ

単相PWMインバータは**ハーフブリッジインバータ**でも実現できるが、本書では一般的に使われている**フルブリッジインバータ**で説明する。

まずは、わかりやすい例でスイッチの動作と出力を考えてみよう。ここでは〈図05-01〉のように、2つのレグをa相、b相とし、各相のスイッチはいずれか一方がオン状態のとき、もう一方はオフ状態になるものとする。フルブリッジインバータの電圧可変(P156参照)で見たように、このようにスイッチを動作させれば、各相の2つのスイッチが同時にオフ状態になることがないため、誘導性負荷のインダクタンスの作用によって電流が流れ続けようとした場合にも逆並列(ぎゃくへいれつ)ダイオードの導通(どうつう)によって必ず回路が成立するので問題は生じない。

出力電圧が正の領域(りょういき)では、a相のS_1をオン状態に保ったまま、b相のS_4のオン状態を正弦波の電圧の変化に応じて**デューティ比制御**(ひせいぎょ)し、出力電圧が負の領域では、a相のS_2をオン状態に保ったまま、b相のS_3のオン状態を同じようにデューティ比制御すれば、〈図05-02〉のように**疑似正弦波波形**の出力電圧が得られる。

同様にS_3とS_4をオン/オフ状態に保ち、S_1とS_2をデューティ比制御しても同じ出力電圧が得られ、S_1とS_4のセットとS_2とS_3のセットを同時にオン/オフさせてもよい。

◆フルブリッジインバータ 〈図05-01〉

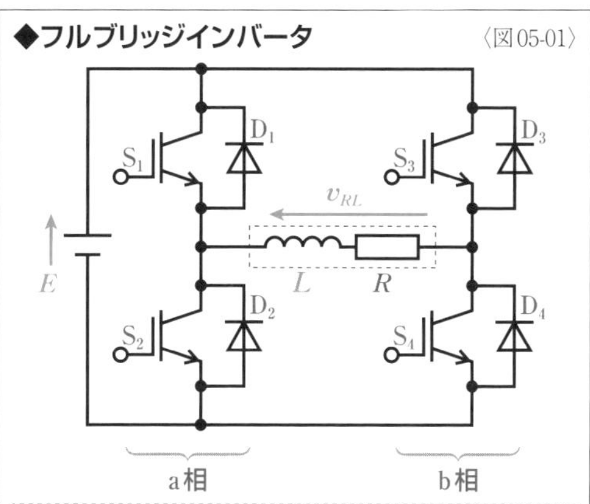

◆フルブリッジインバータのPWM制御 〈図05-02〉

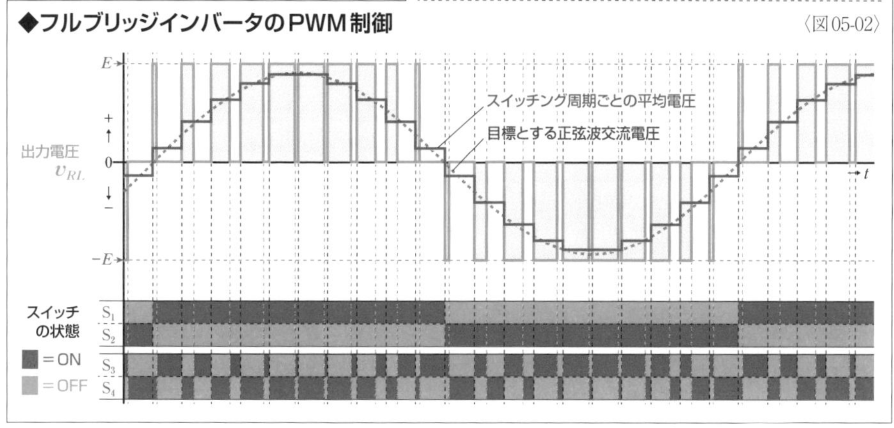

▶単相PWM制御の方法（2レベル制御）

実際のPWM**制御**にはさまざまな方法があるが、ここでは代表的な方法の1つである**三角波搬送波比較方式**を説明する。その名の通りこの方式では、**正弦波**と**三角波**を比較することでスイッチの制御を行う。この正弦波を**変調波**、三角波を**搬送波**という。搬送波は**キャリア**（carrier）ともいうため、**三角波キャリア比較方式**や単に**三角波比較方式**ともいう。搬送波の周波数は**搬送波周波数**（**キャリア周波数**）という。

もっともシンプルな三角波比較方式は、1つの正弦波と1つの三角波を比較する方法だ。制御回路は〈図05-03〉のようになる。**比較回路**（**コンパレータ**）とは基準電圧と入力電圧の大小を判定する回路だ。ここでは、入力電圧のほうが基準電圧より大きいと信号を出力する回路を使っている。**反転回路**とは入力電圧の極性を反転して出力する回路だ。この制御回路はアナログ電子回路として説明しているので、比較回路と反転回路の出力をそのまま駆動信号として使えるが、現在ではデジタル処理されることも多い。

電位の基準点を電源のマイナス側とし、各レグの中間点a、bの電位をv_a、v_b、電源電圧をE、負荷の端子電圧をv_{ab}、変調波の電圧をv_r、搬送波の電圧をv_c、変調波の周期をTとし、搬送波周波数を変調波の周波数の10倍に設定すると、各部の波形は〈図05-05〉のようになる。制御回路によって、$v_r \geqq v_c$の期間は、a相のスイッチS_1にオン信号、b相のスイッチS_4にオン信号が送られる。各レグの中間点の電位は$v_a=E$、$v_b=0$になり、出力電圧$v_{ab}=E$になる。いっぽう、$v_r<v_c$の期間は、a相のスイッチS_2にオン信号、b相のスイッチS_3にオン信号が送られる。各レグの中間点の電位は$v_a=0$、$v_b=E$になり、出力電圧$v_{ab}=-E$になる。

このように制御を行った場合、三角波の半周期の間に、出力電圧v_{ab}には正の期間と負の期間が生じるが、スイッチングによる電力変換では平均値として扱うことができる。三角波の振幅をEに仮定すると、三角波の半周期における出力電圧v_{ab}の平均値と変調波v_rの電圧の平均値とはほぼ等しくなる。よって、出力電圧v_{ab}は変調波に相当する**疑似正弦波波形**になる。三角波の振幅がEではないとしても、三角波の半周期ごとの出力電圧の平均値

◆単相PWMインバータの制御回路（2レベル制御） 〈図05-03〉

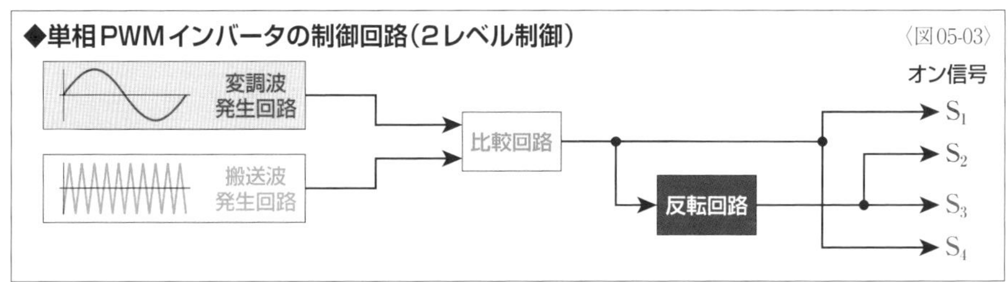

と搬送波の平均値には一定の比例関係が成立するので、疑似正弦波波形の出力が可能だ。

なお、こうした方法は、出力電圧がEと$-E$の2つのレベルなので、**2レベル制御**という。また、出力である疑似正弦波の半周期の間に正負の両極性の電圧が現れるので、**バイポーラ式**ともいう。

◆フルブリッジインバータの電位と電圧〈図05-04〉

v1
S1
D1
v3
S3
D3
vab
E
va
a
b
vb
L
R
0
S2
D2
v2
S4
D4
v4
a相
b相

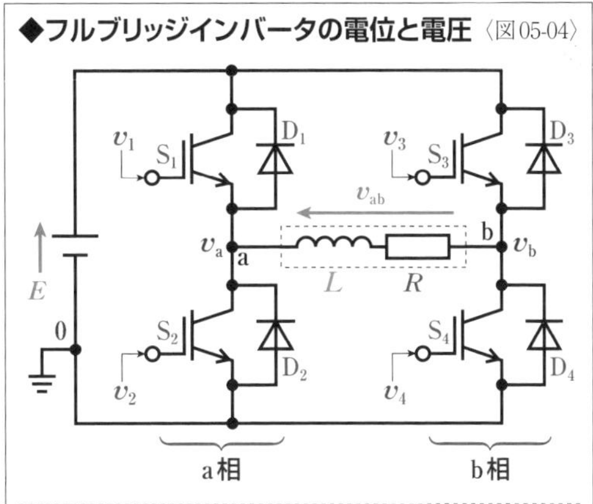

◆単相PWMインバータの各部の波形(2レベル制御)〈図05-05〉

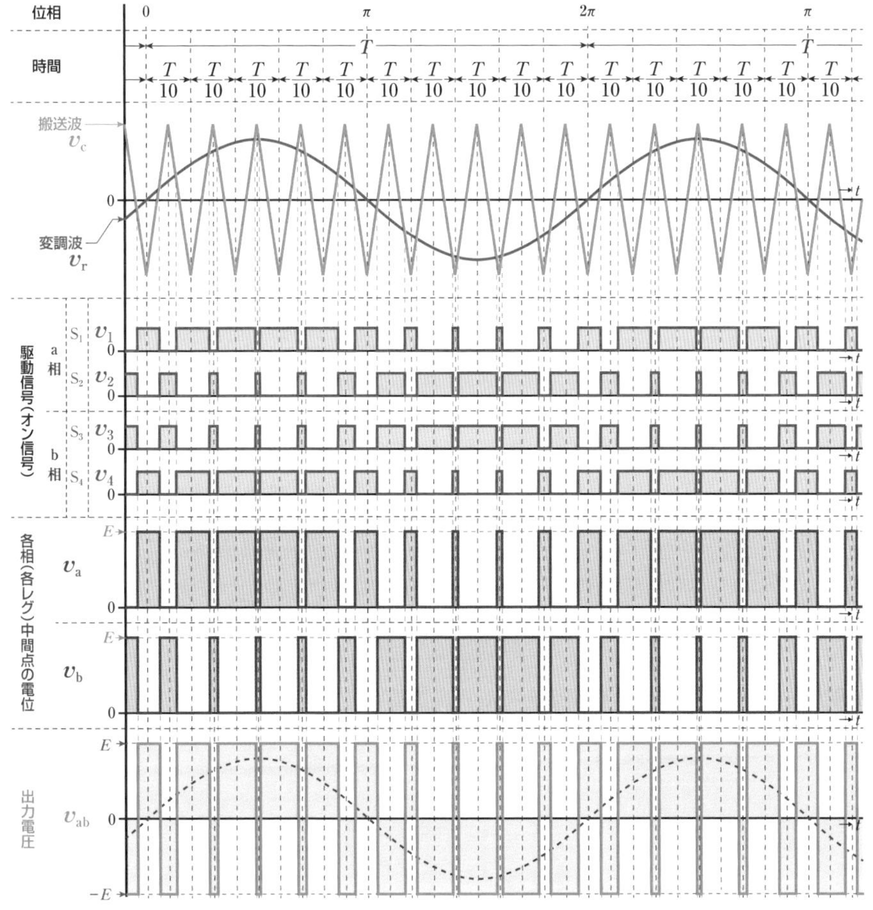

位相
0
π
2π
π
時間
T
T/10
搬送波 vc
変調波 vr
0
t
駆動信号(オン信号)
a相
b相
S1 v1
S2 v2
S3 v3
S4 v4
各相(各レグ)中間点の電位
va
vb
E
出力電圧
vab
−E

▶単相PWM制御の方法（3レベル制御）

三角波比較方式のなかでもっともよく使われているのが**ユニポーラ式**だ。出力波形の半周期の間に正負のいずれかの極性の電圧しか現れないので、ユニポーラ式という。また、出力電圧がEと0と$-E$の3つのレベルなので、**3レベル制御**ともいう。ユニポーラ式では、**正弦波**に加えて、その正負を反転した（位相をπずらした）正弦波の2つの正弦波を**変調波**として使用する。これを**基準変調波**と**反転変調波**という。**搬送波**は**三角波**だ。

制御回路は〈図05-06〉のようになる。電位の基準点を電源のマイナス側とし、各レグの中間点a、bの電位をv_a、v_b、電源電圧をE、負荷の端子電圧をv_{ab}、基準変調波の電圧をv_{rp}、反転変調波の電圧をv_{rn}、搬送波の電圧をv_c、変調波の周期をTとし、三角波の周波数を変調波の周波数の10倍に設定すると、各部の波形は〈図05-08〉のようになる。

基準変調波と三角波の比較はa相のスイッチの制御に使われ、反転変調波と三角波の比較はb相のスイッチの制御に使われる。a相では、$v_{rp} \geqq v_c$の期間はスイッチS_1にオン信号、$v_{rp} < v_c$の期間はスイッチS_2にオン信号が送られる。a相のレグの中間点aの電位はS_1のオン状態では$v_a = E$、S_2のオン状態では$v_a = 0$になる。いっぽう、b相では、$v_{rn} \geqq v_c$の期間はスイッチS_3にオン信号、$v_{rn} < v_c$の期間はスイッチS_4にオン信号が送られる。b相のレグの中間点bの電位はS_3のオン状態では$v_b = E$、S_4のオン状態では$v_b = 0$になる。

これにより、v_aとv_bには4種類の組み合わせが生じ、$v_a = E$、$v_b = E$のときと$v_a = 0$、$v_b = 0$のときは$v_{ab} = 0$になり、$v_a = E$、$v_b = 0$のときは$v_{ab} = E$になり、$v_a = 0$、$v_b = E$のときは$v_{ab} = -E$になる。この場合も、三角波の半周期ごとに考えていくと、基準変調波の平均値と出力電圧の平均値には一定の比例関係が成立するので、出力電圧は**疑似正弦波波形**になる。

前ページのバイポーラ式と比較してみると、どちらの方式でも変調波の1周期の間のオン信号は10パルスで、バイポーラ式では変調波の1周期の間に正負10組のパルスになる。しかし、ユニポーラ式ではa相とb相でターンオンとターンオフの時期がずれているため、20パルスになる。ユニポーラ式のほうが出力電圧の個々の方形パルス波の幅が狭くなって、疑似

◆単相PWMインバータの制御回路（3レベル制御） 〈図05-06〉

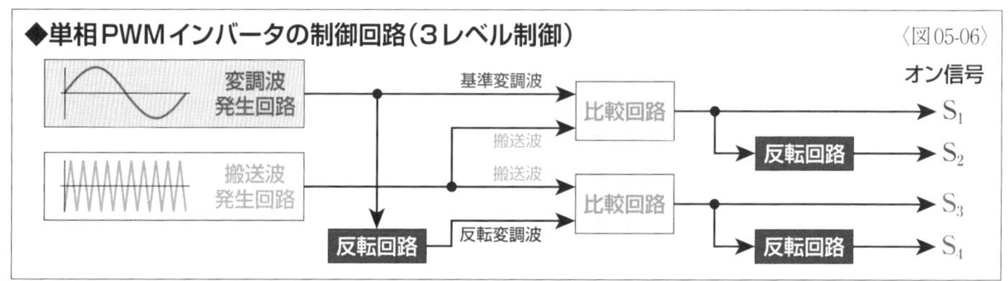

正弦波の波形が滑らかになり、より正弦波に近づく。また、ユニポーラ式のほうがバイポーラ式より出力電圧の変化の周波数が高くなるため、高調波成分の周波数がさらに高くなり、ローパスフィルタの小型軽量化も可能になる。そのため、制御回路は複雑になるものの、一般的にはユニポーラ式が使われている。

◆フルブリッジインバータの電位と電圧〈図05-07〉

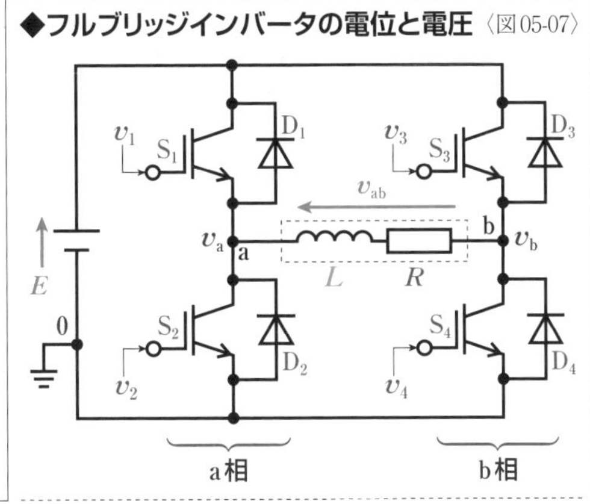

◆単相PWMインバータの各部の波形（3レベル制御）〈図05-08〉

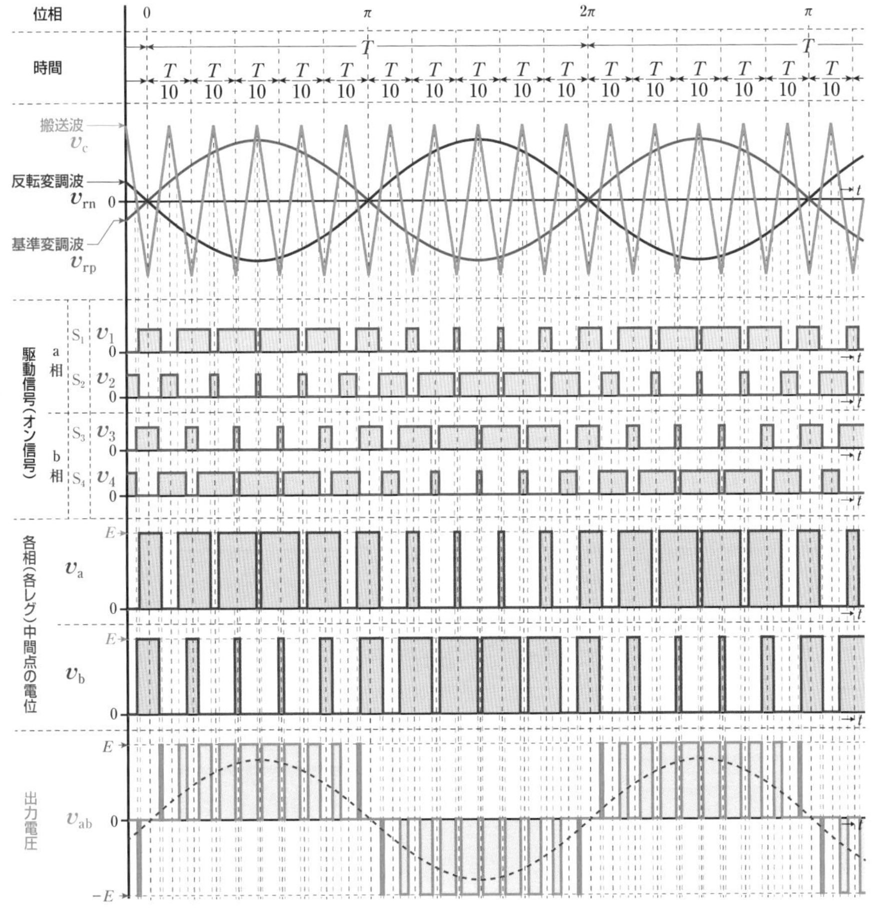

位相　0　π　2π　π
時間　T　$\frac{T}{10}$
搬送波 v_c
反転変調波 v_{rn}
基準変調波 v_{rp}
駆動信号（オン信号）　a相　S_1 v_1　S_2 v_2　b相　S_3 v_3　S_4 v_4
各相（各レグ）中間点の電位　v_a　v_b
出力電圧　v_{ab}　E　0　−E

第4章 第6節

三相PWMインバータ

3レグインバータをPWM制御すると三相の疑似正弦波波形を出力する三相PWMインバータになる。制御には三角波比較方式や空間電圧ベクトル方式などがある。

▶三相PWMインバータ(三角波比較方式)

三相PWMインバータは3レグインバータで実現できる。PWM**制御**の方法には各種あるが、**三角波比較方式**の場合は、3つの**正弦波**と1つの**三角波**を比較する。3つの**変調波**であるU**相変調波**、V**相変調波**、W**相変調波**の位相は$\frac{2}{3}\pi$ずつずれている。

ここでも、電源内の仮想の接地点(電源電圧の$\frac{1}{2}$の位置)を電位の基準にする。各レグの中間点の電位をv_U、v_V、v_W、三相負荷の**中性点**の電位をv_Oとし、各相の負荷の**相電圧**はv_{UO}、v_{VO}、v_{WO}、**線間電圧**はv_{UV}、v_{VW}、v_{WU}とする。また、3つの変調波の電圧をv_{rU}、v_{rV}、v_{rW}、**搬送波**の電圧をv_c、変調波の周期をTとし、**搬送波周波数**を変調波の周波数の12倍に設定すると、各部の波形は〈図06-02〉のようになる。

各相において、搬送波電圧より変調波電圧が大きい期間は上アームのスイッチがオン状態になるのでレグの中間点の電位は$\frac{E}{2}$になり、搬送波電圧より変調波電圧が小さい期間は下アームのスイッチをオン状態になるので各レグの中間点の電位は$-\frac{E}{2}$になる。この組み合わせによって、線間電圧は$E\rightarrow 0\rightarrow -E\rightarrow 0$と順次変化していく**疑似正弦波波形**になる。

いっぽう、相電圧は$\frac{E}{3}$、$\frac{2E}{3}$、0、$-\frac{E}{3}$、$-\frac{2E}{3}$の5つの値をとるかなり複雑な波形になるが、搬送波の半周期ごとの平均値で捉えれば疑似正弦波波形になっている。

◆三相インバータ各部の電位と電圧 〈図06-01〉

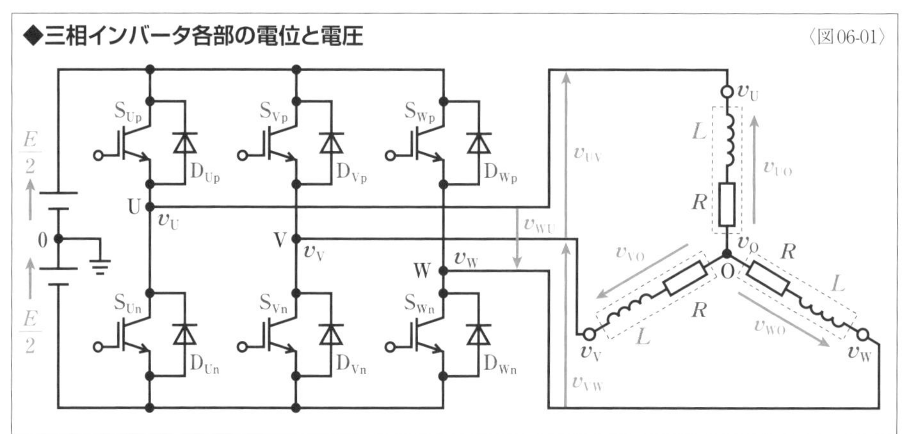

◆三相PWMインバータの各部の波形 〈図06-02〉

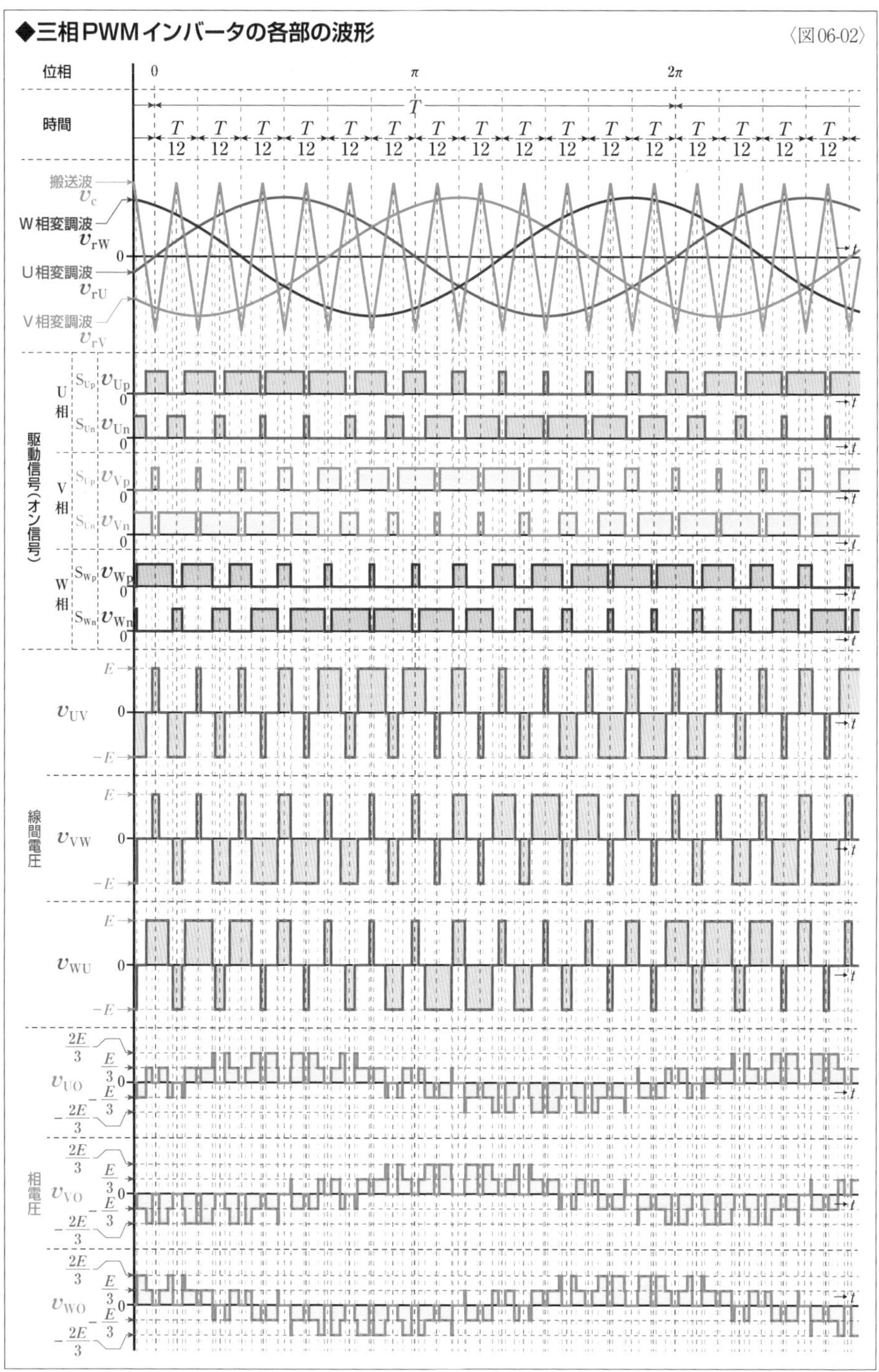

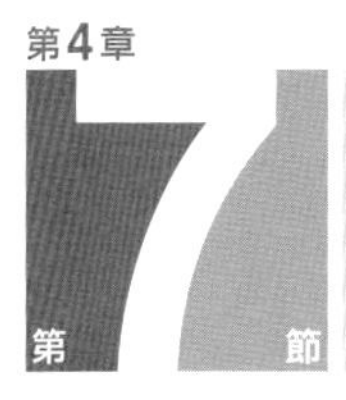

インバータの波形改善

PWMインバータは疑似正弦波波形を出力できる優れたインバータだが、方形波インバータをベースにしてもさまざまな工夫によって高調波を低減できる。

▶方形波の高調波

ここで改めて**方形波**の**高調波**について考えてみよう。単相の**方形波インバータ**の出力電圧波形の基本形は、**狭義の方形波**で出力電圧はEと$-E$の2レベルだ。そこには、第3、第5、第7…といった具合に**基本波**の奇数倍の高調波が含まれている。〈図07-01〉のような2レベルの狭義の方形波の波形は、見た目でも正弦波波形とは大きく異なるものだ。

いっぽう、**フルブリッジインバータ**で**位相シフト**を行った場合は、**広義の方形波**になり、出力電圧は$\pm E$と0の3レベルになる。〈図07-02〉のような3レベルの広義の方形波の波形もまだまだ正弦波波形にはほど遠いものだが、2レベルの狭義の方形波より多少は正弦波波形に近づいたと思えるだろう。実際、高調波は低減されている。**位相シフト量**によって変化するが、たとえば位相シフト量を$\frac{\pi}{3}$にすると、第3、第9、第15といった3の倍数の高調波が含まれない出力が得られる。

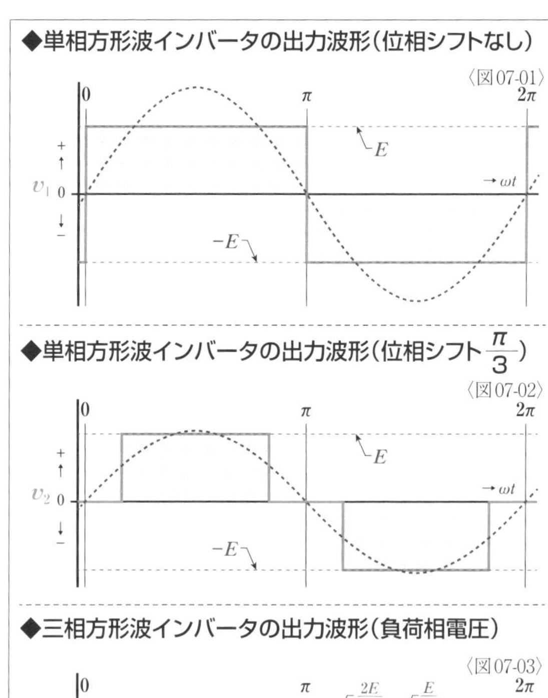

ちなみに、三相の方形波インバータでは、負荷の相電圧は〈図07-03〉のような階段状の波形になる。出力電圧は4レベルある。この波形も**フーリエ級数**に展開すると第3、第9、第15

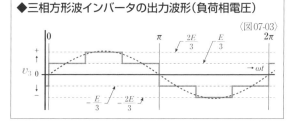

といった3の倍数の高調波が含まれない波形であることがわかる。

それぞれ波形をフーリエ級数に展開すると、以下のようになる（式は第11高調波まで）。

$$v_1(t) = \frac{4}{\pi}E\left(\sin\omega t + \frac{1}{3}\sin 3\omega t + \frac{1}{5}\sin 5\omega t + \frac{1}{7}\sin 7\omega t + \frac{1}{9}\sin 9\omega t + \frac{1}{11}\sin 11\omega t + \cdots\right)$$

・・・〈式07-04〉

$$v_2(t) = \frac{4}{\pi}E\left(\sin\omega t + \frac{1}{5}\sin 5\omega t + \frac{1}{7}\sin 7\omega t + \frac{1}{11}\sin 11\omega t + \cdots\right)$$

・・・〈式07-05〉

$$v_3(t) = \frac{2}{\pi}E\left(\sin\omega t + \frac{1}{5}\sin 5\omega t + \frac{1}{7}\sin 7\omega t + \frac{1}{11}\sin 11\omega t + \cdots\right)$$

・・・〈式07-06〉

▶低次高調波消去式PWM制御

疑似正弦波波形を出力する**PWMインバータ**であれば、スイッチング周波数を出力交流の周波数より十分に高くすることで、高調波の周波数も高めることができ、ひずみの少ない出力になる。しかし、スイッチング損失の制約からスイッチング周波数を上げられない条件のもとで高調波をある程度は抑制しなければならない場合には**低次高調波消去式PWM制御**が採用されることがある。低次高調波消去式は**パルス幅制御**の一種で、**特定高調波消去式PWM制御**ともいい、その名の通り低次の特定の高調波に的を絞って除去する制御方法だ。

一般的なPWM制御では、出力交流の1周期の間のスイッチングは最低でも10回だが、たとえば、6回のスイッチングでは2種類の次数の高調波を除去することができる。6回のスイッチングにはさまざまな波形が考えられるが、〈図07-07〉のようにスイッチングする場合、この波形をフーリエ級数に展開したうえで、消去したい高調波を0にする連立方程式を立てて、α_1、α_2、α_3を求めればよいわけだ。

低次高調波消去式PWM制御ではあらかじめパターンを計算しておく必要があるが、限定された条件下では高調波を抑制する有効な方法だ。1周期の間のスイッチングの回数を増やすほど、消去できる高調波の数を増やすことができる。

◆低次高調波消去式PWM制御の波形例 〈図07-07〉

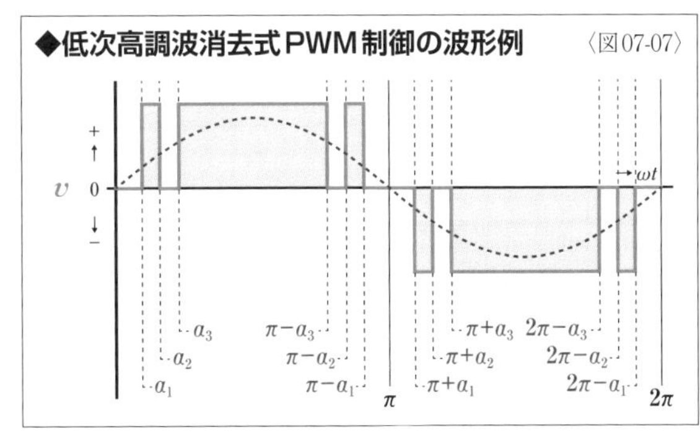

第7節 インバータの波形改善

▶マルチレベルインバータ

インバータでは、出力端子が取りうる電位の値の種類数を**レベル数**という。ここまでに説明してきたハーフブリッジインバータ、フルブリッジインバータ、3レグインバータはいずれも2レベルなので**2レベルインバータ**という(単相PWMインバータで説明した2レベル制御と3レベル制御におけるレベルの数は負荷の端子電圧が取りうる値の種類数を示している)。このレベル数を3以上にしたインバータを、**多レベルインバータ**や**マルチレベルインバータ**、**多重形インバータ**いう。たとえば、単相の3レベルインバータで、2つの出力端子それぞれに$\pm E$と0の3つのレベルが出力できるとすると、負荷の端子電圧は$\pm 2E$、$\pm E$、0の5つの値を取ることができる。これにより、出力波形を改善し、**高調波**を低減することが可能だ。また、マルチレベルインバータでは使用するパワーデバイスの数が増え、制御回路も複雑になるが、個々のパワーデバイスの負担は小さくなるため、大容量化にも適している。

マルチレベルインバータには、複数のインバータ回路を接続して構成される**多重接続インバータ**と、マルチレベルの出力が可能なインバータ回路で構成された**直接多重インバータ**がある。多重接続インバータには、制御の違いによって**階調制御形インバータ**と呼ばれるものもある。

▶3レベルインバータ

多重接続インバータと区別するために**直接多重インバータ**という名称を使用したが、実際にはこの名称が使われることは少ない。**レベル数**をそのまま示した名称が使われるのが一般的で、3レベルのものであれば**3レベルインバータ**という。**5レベルインバータ**や**9レベルインバータ**といったものもある。

単相3レベルインバータの代表的な回路は〈図07-08〉のようになる。フルブリッジインバータの各レグのスイッチが4つにされ、上2つのスイッチの中間点と下2つのスイッチの中間点がそれぞれダイオードを介して電源の中間点と接続されている。このダイオードを**クランプダイオード**という。ここでは大きさの等しい電源を2つ使用しているが、2つのキャパシタを併用すれば1つの電源でも構成できる(P146〈図02-02〉参照)。

電源の中間点を電位の基準として、出力端子であるa点の電位v_aを考えてみると、S_1とS_2がオン状態、S_3とS_4がオフ状態のときはE、S_1とS_4がオフ状態、S_2とS_3がオン状態のときは0、S_1とS_2がオフ状態、S_3とS_4がオン状態のときは$-E$の**3レベル**になる。もう一方の出力端子であるb点の電位v_bも同じく$\pm E$と0の3レベルなので、出力電圧v_{ab}は$\pm 2E$、$\pm E$、

◆単相3レベルインバータ

〈図07-08〉

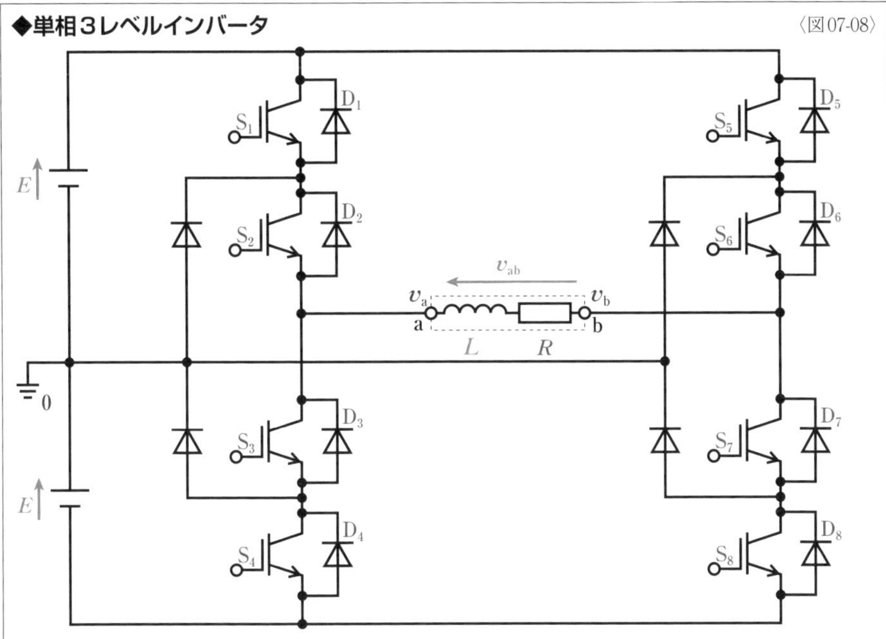

0の5レベルにできる。

たとえば、〈図07-09〉のようにオン状態のスイッチを切り替えていくと、出力電圧は階段状の波形になり、正弦波波形に近づけられる。スイッチ切り替えの位相を工夫すれば、低次の高調波を効果的に低減できる。なお、どのダイオードが導通するかは、負荷を流れる電流の極性によって決まる。

ここでは方形波によって動作を考えたが、こうした3レベルインバータにも**PWM制御**を導入でき、2レベルの**PWMインバータ**より、高調波のさらなる低減が可能になる。

もちろん、レグを1つ増やして3レグの回路にすれば、**三相3レベルインバータ**を構成することも可能だ(回路図〈図07-10〉は次ページに掲載)。

◆3レベルインバータのデバイスの動作と各部の波形

〈図07-09〉

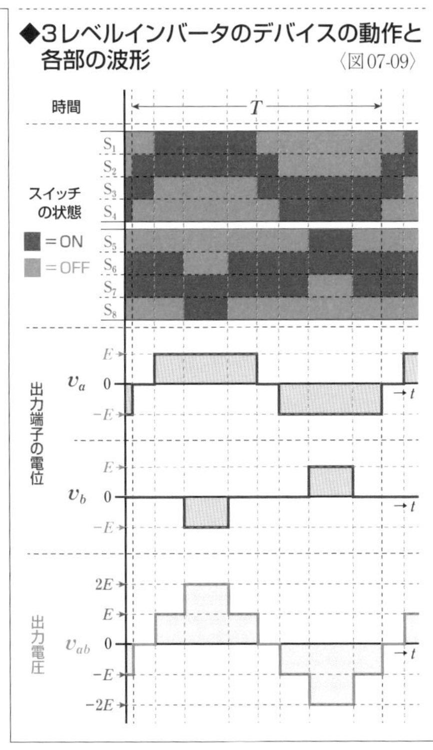

◆三相３レベルインバータ　〈図07-10〉

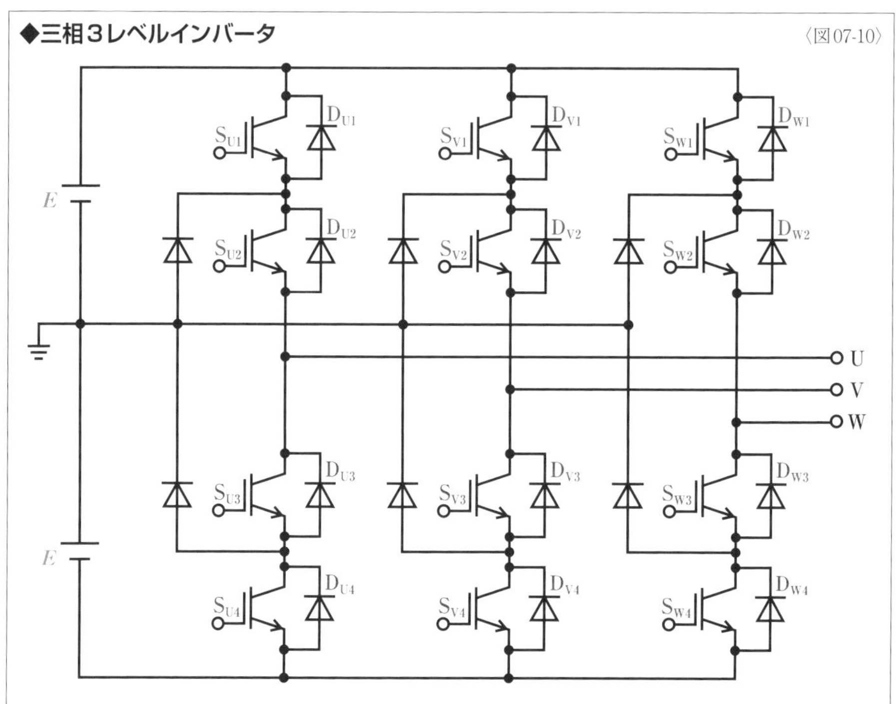

▶多重インバータ

複数のインバータを接続して構成される**多重接続インバータ**は単に**多重インバータ**ということが多い。直列接続されるものを**直列多重インバータ**、並列接続されるものを**並列多重インバータ**という。

さまざまな構成や制御方法の多重インバータを考えることができるが、〈図07-11〉は2基のインバータを直列接続した直列多重インバータの例だ。それぞれのインバータの出力電圧をv_1とv_2とすると、多重インバータの出力電圧は両者を加算した$v_1+v_2=v_{12}$になる。

たとえば、2つの電源が同じ大きさ(E_1=E_2=E)で、どちらのインバータも**単相フルブリッジインバータ**で**位相シフト**ありで同じように制御されていると、v_1とv_2はそれぞれ$\pm E$と0の3レベルになる。そのまま合成したのでは、v_{12}は$\pm 2E$と0の3レベルにしかならないが、2つのインバータ同士の位相をずらすと、出力電圧v_{12}は、$\pm 2E$、$\pm E$、0の5レベルになり、出力電圧v_{12}の波形を〈図07-12〉のようにすることができる。出力端子の電位で考えると、接続したそれぞれのインバータはどちらも2レベルインバータだが、全体としては**3レベルインバータ**になるわけだ。

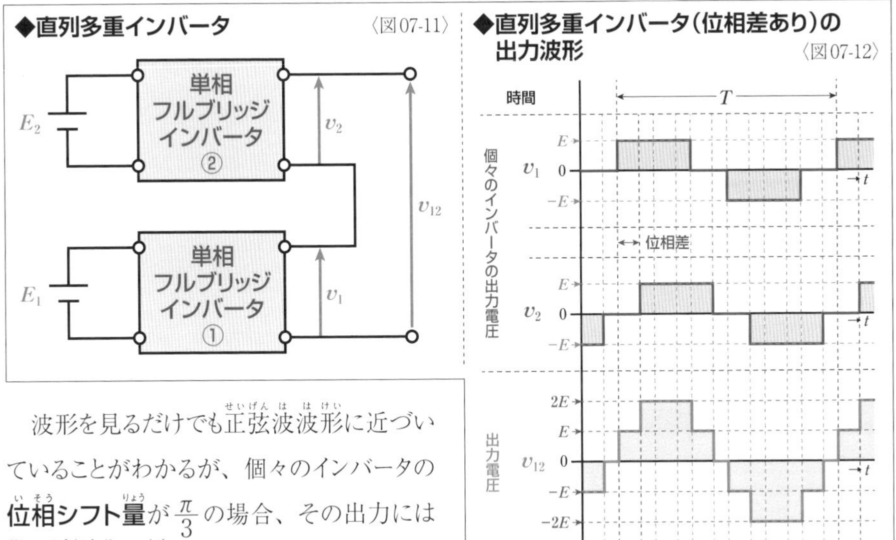

波形を見るだけでも正弦波波形に近づいていることがわかるが、個々のインバータの**位相シフト量**が$\frac{\pi}{3}$の場合、その出力には第3高調波が含まれていない。ここで、2つのインバータの位相差を$\frac{\pi}{5}$にすると、第5高調波を消去することができる。結果、最終的な出力からは第3と第5の高調波を消去できる。このようにして、多重化を行うことで特定の高調波の消去が可能になる。

2つのインバータの位相差を$\frac{\pi}{7}$にすると第7高調波の消去が可能になるが、位相差を$\frac{\pi}{6}$にすることで第5と第7の高調波の両方を抑制する(消去はできない)といった使い方も考えられる。接続するインバータの数を増やしていけば、スイッチング周波数を上げることなく、幅広い高調波を抑制できるわけだ。

ここでは方形波で考えてみたが、3レベルインバータの場合と同じように、**PWMインバータ**の多重接続も可能だ。2つのPWMインバータの位相差を適切に設定すれば、当然のごとく高調波のさらなる低減が可能になる。

なお、〈図07-11〉のような回路構成の場合、必ず2つの独立した電源が必要だ。電源を共用すると、双方のインバータのスイッチングの状況によっては、短絡状態が発生してしまう。しかし、〈図07-13〉のように巻数比1:1の**トランス**を介して2つの出力を合成するのであれば、1つの共通の電源を使用することができる。

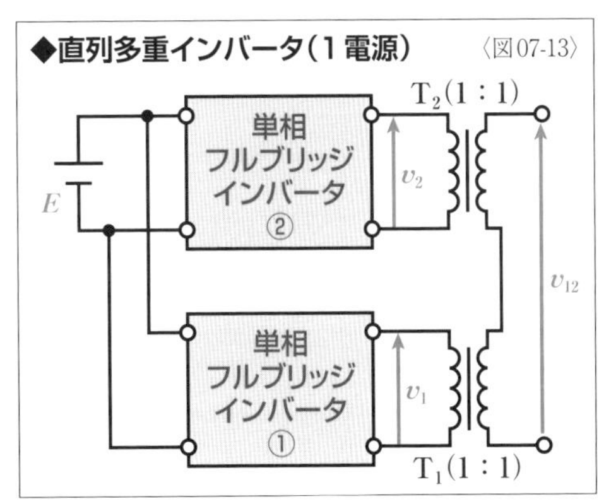

▶階調制御形インバータ

前ページの**直列多重インバータ**では、2つの電源の大きさは同じだが、〈図07-14〉のように電源の大きさを異なった値にする方法もある。たとえば、$E_1=E$、$E_2=2E$とした場合、v_1は$\pm E$と0の3レベル、v_2は$\pm 2E$と0の3レベルだが、v_{12}は$\pm 3E_1$、$\pm 2E_1$、$\pm E_1$、0の7レベルが可能だ。双方のインバータのスイッチングを上手く組み合わせると、出力電圧v_{12}の波形を〈図07-15〉のようにできる。2レベルインバータの組み合わせで全体としては**4レベルインバータ**になる。波形の見た目からも明らかなように、3レベルインバータより正弦波波形に近づけられ、**高調波**を低減させられる。こうした制御方法は出力電圧のレベル（階調）を段階的に変化させるので**階調制御**といい、採用するインバータを**階調制御形インバータ**という。

さらに電源電圧$3E$のインバータを加えれば、8レベルインバータになり、振幅が$\pm 7E$の範囲でEずつ15レベルで階段状に変化する波形を出力が可能だが、インバータを3基の場合は、電源電圧をE、$3E$、$9E$の3種類にしたほうが効果的に波形を改善できる。スイッチングの制御はかなり複雑になるが、振幅が$\pm 13E$の範囲でEずつ27レベルで階段状に変化する波形が出力できる。

◆階調制御形インバータの出力波形 〈図07-15〉

◆階調制御形インバータ 〈図07-14〉

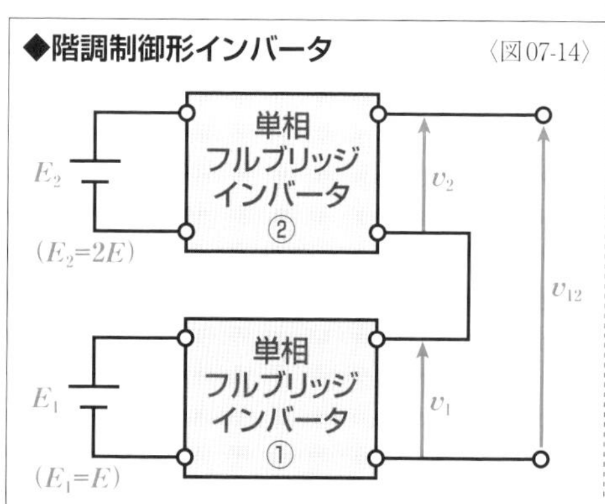

……… パルス、ステップ、レベル ………

インバータや整流回路では、動作内容を表わすためにレベル数のほかにも、**パルス数**や**ステップ数**が使われることがある。

パルス数は、PWM制御を行うか行わないかで数え方が異なる。PWM制御を行う場合は交流側の半周期の間に1レグで行われるスイッチングの回数がパルス数になる。PWM制御を行わない場合は直流側電流波形の繰り返し回数がパルス数になる。

ステップ数は、交流側の1周期の間に、電圧レベルの変化している場所の数になる。

交流-直流電力変換回路

第5章

第5章

第1節

整流回路

交流−直流変換を行うのが整流回路だ。ダイオードを使用する他励式整流回路が基本になるが、単相/三相、半波/全波などさまざまな構成の回路がある。

▶整流回路

入力が交流、出力が直流の**交流−直流電力変換**を行う**交流−直流電力変換装置**は、**順変換装置**や**AC-DCコンバータ**ともいうが、一般的には**整流装置**や単に**コンバータ**いう。整流装置を構成する**整流回路**には、単に**整流**だけを行う回路もあれば、出力電圧の可変が可能な回路もある。整流回路では整流だけを行い、チョッパ回路やDC-DCコンバータなどの直流電力変換が可能な回路を組み合わせることで出力電圧の可変を行うことも多い。

整流回路にはさまざまなものがあるが、電源には単相交流と三相交流があり、それぞれ**単相整流回路**と**三相整流回路**という。また、第1章の「スイッチングによる交流−直流電力変換(P30参照)」で説明したように、整流には入力交流波形の半分だけを対象にする**半波整流**と、全体を対象にする**全波整流**がある。これらの組み合わせによって、**単相半波整流回路**、**単相全波整流回路**、**三相半波整流回路**、**三相全波整流回路**に分類することができる。

パワーデバイスで考えてみると、**ダイオード**か**サイリスタ**のどちらかもしくは両方を使用するものを**他励式整流回路**、**オンオフ可制御デバイス**を使用するものを**自励式整流回路**という。他励式整流回路については、ダイオードだけを使用するものを**ダイオード整流回路**、サイリスタだけを用いるものを**サイリスタ整流回路**、ダイオードとサイリスタを組み合わせて使用するものを**混合ブリッジ整流回路**という。サイリスタを使用する整流回路は、ターンオンする位相をかえることで出力電圧を制御できるため**位相制御整流回路**ともいう。

ただし、他励式整流回路を使用すると、電源を流れる電流に多くの**高調波**が含まれてしまう。そのため電力系統に接続して使用する電力変換回路には、入力電流を正弦波に制御する**高調波対策**が求められるようになっている。***LC*フィルタ**などの**ローパスフィルタ**を使用すれば高調波対策は可能だが、商用電源の周波数の場合、フィルタが大きく重くなりコストも高くなる。また、効率が悪く、負荷の電圧変動が大きなものになる。そのため、入力電流を正弦波状に制御できる自励式整流回路が採用されるようになっている。自励式整流回路の代表的なものは**PWM整流回路**だ。このほかにも、整流回路の入力電流波形を改善するために整流回路に付加回路を接続した**複合整流回路**も各種ある。

まずは、他励式整流回路の基本中の基本といえるダイオードによる各種の整流回路を見てみよう。これらの回路のダイオードをサイリスタに置き換えれば電圧可変が可能な位相制御整流回路になる。なお、この節の整流回路の説明では、整流動作の基本を考えるために、負荷は純抵抗負荷とする。

▶単相半波整流回路

もっともシンプルな整流回路がダイオード1つで構成される〈図01-01〉のような**単相半波整流回路**だ。第1章で説明した半波整流回路〈図05-18〉(P30参照)の理想スイッチをダイオードに置き換えたものだといえる。電源電圧が正の半周期ではダイオードDが導通し、負の半周期では導通しないので、**半波整流**が行われる。電源電圧eが実効値Eで$e=\sqrt{2}\,E\sin\theta$で表わされるとすると、出力電圧である負荷の端子電圧v_Rの波形は〈図01-02〉のような**脈流**になる。純抵抗負荷なので各部を流れる電流も同じように正弦波の正の領域だけの波形になる。

出力電圧v_Rの平均値V_Rは、〈式01-03～06〉のようにeの正の半周期を積分して、1周期で割れば求められる。電源電圧の実効値Eで示すと、$\dfrac{\sqrt{2}}{\pi}E \fallingdotseq 0.45E$になる。もっとも、正弦波交流の実効値$E$と振幅$E_m$や平均値$E_a$との関係を覚えていれば、簡単に求められる。

計算は省略するが、**リプル率**は実効値で正式に求めると約121%、ピークトゥピークによる簡易計算で求めると約314%になる。いずれの値も、後で説明する他の整流回路に比べると大きな値になっている。

◆単相半波整流回路のデバイスの動作と入出力波形 〈図01-02〉

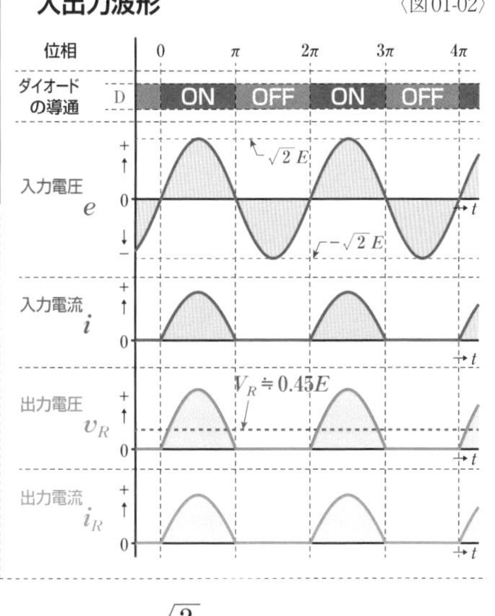

◆単相半波整流回路 〈図01-01〉

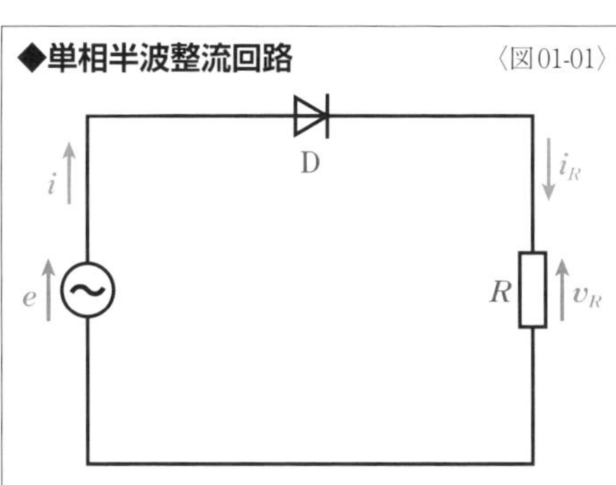

$$V_R=\frac{1}{2\pi}\int_0^{2\pi} v_R\,d\theta \quad\cdot〈式01\text{-}03〉 \qquad =\frac{1}{2\pi}\int_0^{\pi}\sqrt{2}\,E\sin\theta\,d\theta \quad\cdot〈式01\text{-}04〉 \qquad =\frac{\sqrt{2}}{\pi}E \quad\cdot〈式01\text{-}05〉 \qquad \fallingdotseq 0.45E \quad\cdot〈式01\text{-}06〉$$

▶ブリッジ形全波整流回路

ダイオードによる**単相全波整流回路**でもっともよく使われているのが、〈図01-07〉のような**ブリッジ形全波整流回路**だ。第1章で説明した全波整流回路〈図05-23〉(P31参照)の理想スイッチをダイオードに置き換えたもので、ダイオードの**フルブリッジ回路**が構成されている。非常によく使われるものなので、単体のデバイス内に**ダイオードブリッジ**が構成された**ブリッジダイオード**も市販されている。

電源電圧が正の半周期ではダイオードD_1とD_4が導通し、D_2とD_3が逆阻止状態になるので電源電圧がそのまま出力され、負の半周期では逆にD_2とD_3が導通し、D_1とD_4が逆阻止状態になるので電源電圧の極性が反転されて出力されることで**全波整流**が行われる。電源電圧eが実効値Eで$e=\sqrt{2}\,E\sin\theta$で表わされるとすると、出力電圧である負荷の端子電圧v_Rの波形は〈図01-08〉のような**脈流**になる。純抵抗負荷なので各部の電流も同じ波形になる。

出力される脈流の周期は電源電圧の半周期なので、v_Rの平均値V_Rは、〈式01-09～12〉のように電源電圧eの半周期を積分して、半周期で割れば求められる。電源電圧の実効値Eで示すと、$\dfrac{2\sqrt{2}}{\pi}E \fallingdotseq 0.90E$になる。また、**リプル率**は実効値で正式に求めると約41%、ピークトゥピークによる簡易計算で求めると約157%になる。

◆ブリッジ形全波整流回路のデバイスの動作と入出力波形　〈図01-08〉

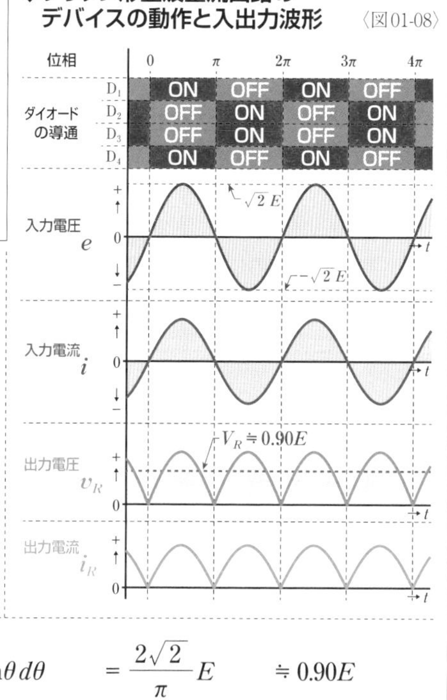

◆ブリッジ形全波整流回路　〈図01-07〉

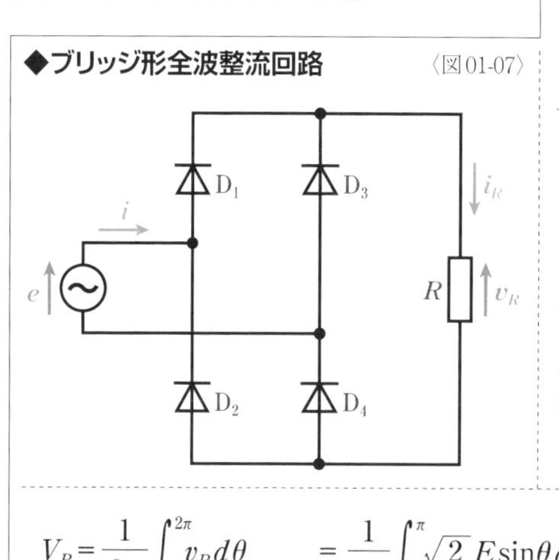

$$V_R = \frac{1}{2\pi}\int_0^{2\pi} v_R\,d\theta \quad = \frac{1}{\pi}\int_0^{\pi}\sqrt{2}\,E\sin\theta\,d\theta \quad = \frac{2\sqrt{2}}{\pi}E \quad \fallingdotseq 0.90E$$

・〈式01-09〉　・〈式01-10〉　・〈式01-11〉　・〈式01-12〉

▶センタタップ形全波整流回路

単相全波整流回路には、2つのダイオードで構成できる〈図01-13〉のような**センタタップ形全波整流回路**もある。ブリッジ形に比べて使用するダイオードの数は減るが、必ず二次側に**センタタップ**のある**トランス**を併用する必要がある。トランスを利用することで極性が逆転した2つの電源にしたうえで、2組の半波整流回路を組み合わせたものだと考えられる。実際、電源を2つ使用すれば、〈図01-14〉のような整流回路が構成できる。こうした回路では電源に2つの相があるといえるのでセンタタップ形も含めて**二相整流回路**という。

一方の電源では電圧が正の半周期だけを**半波整流**し、もう一方の電源は電圧が負の半周期だけを半波整流することになる。ここでは、トランスの巻数比は1：2（センタタップと端子間は1：1）とする。電源電圧が正の半周期ではダイオードD_1が導通し、D_2は逆阻止状態になるので、二次コイルの上半分だけが利用されて、電源電圧がそのまま出力される。負の半周期ではダイオードD_2が導通し、D_1は逆阻止状態になるので、二次コイルの下半分だけが利用されて、極性が反転された電源電圧が出力される。これにより、負荷には全波整流された電圧がかかる。出力波形や平均電圧、**リプル率**はブリッジ形の場合と同じだ。

同じ出力電圧でブリッジ形とセンタタップ形を比較すると、ブリッジ形は電流が2つのダイオードを必ず通過するので、出力電圧に対する**オン電圧**の影響はセンンタタップ形の2倍になる。いっぽう、センタタップ形はブリッジ形に比べて2倍の**逆阻止電圧**のダイオードを使用する必要がある。また、ブリッジ形でも入力側に変圧トランスが使われることがあるので、トランスの存在そのものがセンタタップ形のデメリットだとはいえないが、二次側の巻線は2倍必要になるのでコストがかかるうえ、二次側の巻線は半周期ごとに半分しか使われないための利用の効率も悪いといえる。全体のコストの面ではブリッジ形のほうが有利だ。

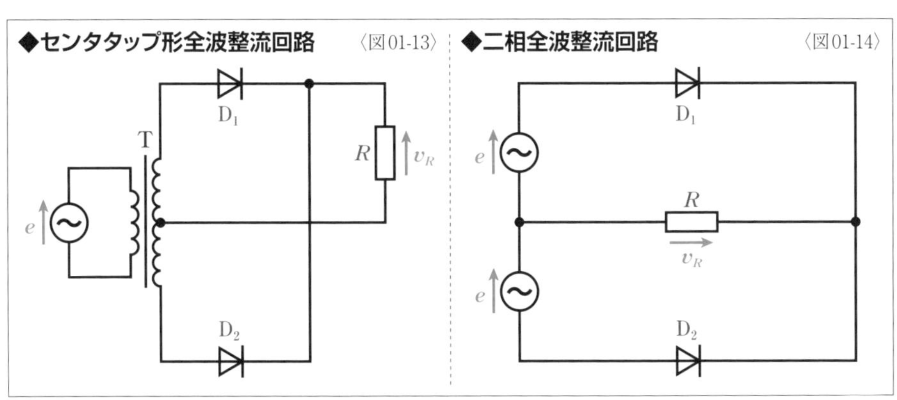

◆センタタップ形全波整流回路 〈図01-13〉

◆二相全波整流回路 〈図01-14〉

倍電圧整流回路

交流の電圧を高める際にはトランスを使うのが一般的だが、ダイオードとキャパシタを組み合わせることで、**整流**と同時に**昇圧**ができる整流回路が構成できる。右図の回路は**倍電圧整流回路**といい、電源電圧が正の半周期ではダイオードD_1が導通してキャパシタC_1が充電され、負の半周期ではD_2が導通してC_2が充電される。C_1とC_2のキャパシタンスが十分に大きければ、それぞれの端子電圧は交流電源の振幅V_mでほぼ一定になる。結果、負荷Rの端子電圧は$2V_m$でほぼ一定になるので、2倍の電圧で全波整流が行われたと考えられる。

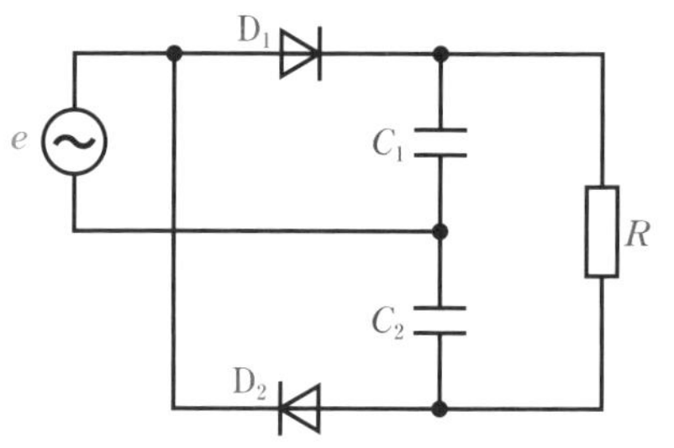

ただし、実用的な倍電圧整流にするためにはキャパシタンスが十分に大きい必要があり、整流回路が大きき重くなるが、小電力用途ではトランスを使用するより軽量コンパクトに**昇圧整流回路**を構成することができることが多い。ほかにも、3倍や4倍などn倍の直流電圧が得られる**複数倍電圧整流回路**もあるが、倍数に応じて必要なダイオードやキャパシタの数が増えていく。

▶三相半波整流回路

三相交流の各相を**半波整流**する整流回路が**三相半波整流回路**だ。使用するダイオードは3つで、〈図01-15〉のような回路になる。この回路では、三相電源の**中性点**が必要になるが、一般的な三相交流の配電は**三相3線式**なので、中性点を取り出すことができない。こうした場合は、二次側がY結線で中性点を取り出せる**三相トランス**を使用する必要がある。

どのダイオードが導通するかがわかりにくいが、3つのダイオードD_U、D_V、D_Wの**カソード**側が共通になっていて、**アノード**側はそれぞれの相の電源に接続されている。そのため、もっとも**相電圧**の高い相のダイオードだけが**順方向バイアス**されて導通することになる。ここでは、もっとも電圧が高い相を最大相と呼ぶとすると、その他の相のダイオードは、最大相の電圧とその相の電圧との差によって**逆方向バイアス**されて逆阻止状態になる。よって、常に最大相の電圧が出力電圧として現れる。

◆三相半波整流回路 〈図01-15〉

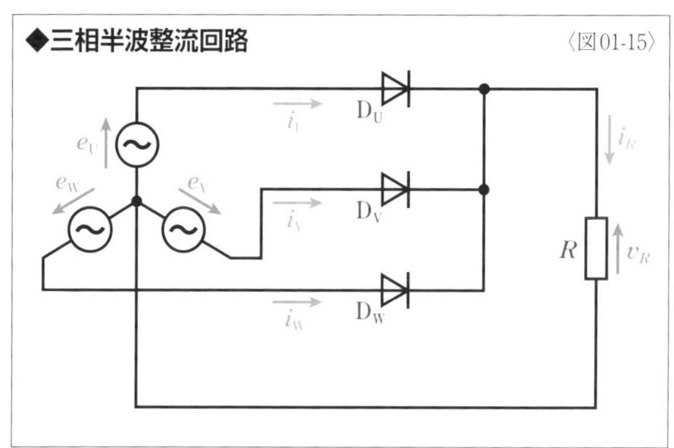

三相交流の相電圧e_U、

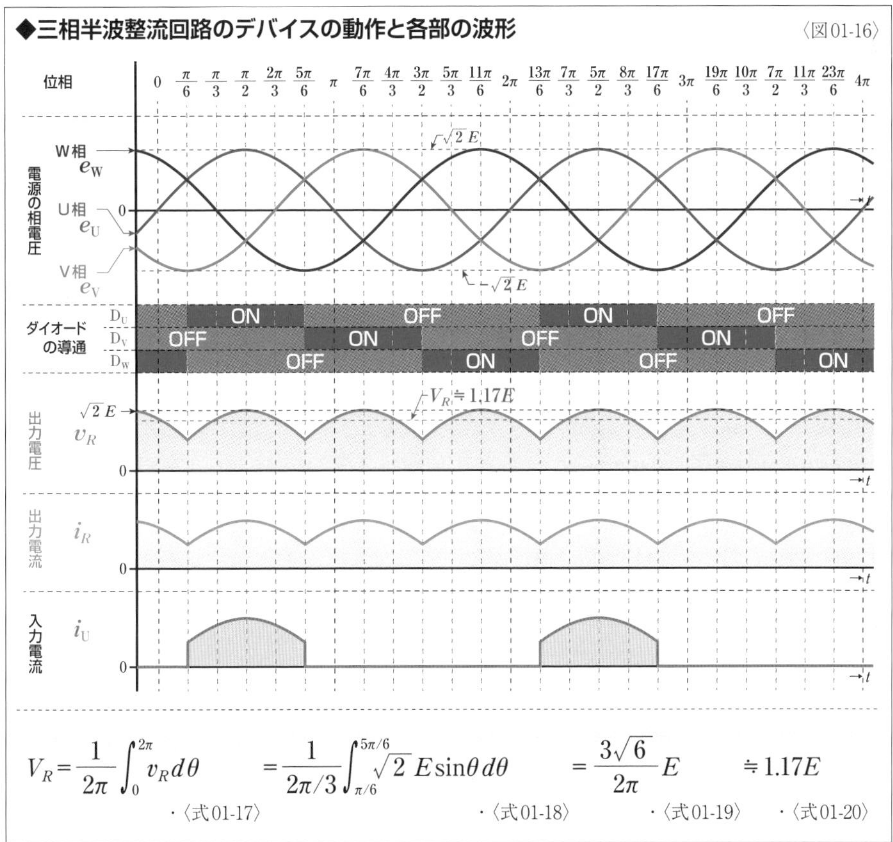

$$V_R=\frac{1}{2\pi}\int_0^{2\pi}v_R d\theta \qquad =\frac{1}{2\pi/3}\int_{\pi/6}^{5\pi/6}\sqrt{2}\,E\sin\theta\, d\theta \qquad =\frac{3\sqrt{6}}{2\pi}E \qquad \fallingdotseq 1.17E$$

・〈式01-17〉　・〈式01-18〉　・〈式01-19〉　・〈式01-20〉

e_V、e_Wが実効値Eで$e_U=\sqrt{2}\,E\sin\theta$、$e_V=\sqrt{2}\,E\sin\left(\theta-\frac{2}{3}\pi\right)$、$e_W=\sqrt{2}\,E\sin\left(\theta+\frac{2}{3}\pi\right)$で表わされるとすると、出力電圧である負荷の端子電圧v_Rの波形は〈図01-16〉のような**脈流**になる。最大相の電圧がその最大値を取る位相の前後$\frac{\pi}{3}$の期間（合わせて$\frac{2}{3}\pi$の期間）だけ出力電圧になるので、脈流の周期は電源交流の周期の$\frac{1}{3}$になる。

出力電圧は同じ波形が繰り返される脈流なので$\frac{1}{3}$周期の平均電圧を求めれば、出力電圧v_Rの平均値V_Rを求められる。U相が最大相になる期間$\frac{\pi}{6}$〜$\frac{5\pi}{6}$を使うと、〈式01-17〜20〉のように求めらる。電源電圧の実効値Eで示すと$\frac{3\sqrt{6}}{2\pi}E \fallingdotseq 1.17E$になる。計算は省略するが、**リプル率**は実効値で正式に求めると約19%、ピークトゥピークによる簡易計算で求めると約60%になる。

純抵抗負荷なので負荷Rを流れる電流i_Rも、出力電圧の波形に比例した脈流になる。いっぽう、入力電流である各相の**線電流**=**相電流**i_U、i_V、i_Wは最大相の状態のときにだけ流れる（グラフはi_Uのみを表示）。

▶三相全波整流回路

三相全波整流回路でもっとも多用されているのが単相のブリッジ形全波整流回路にレグを1つ増やした〈図01-21〉のような回路だ。この3レグをブリッジということもある。動作は三相半波整流回路と同じように考えればいい。ダイオードD_{Up}、D_{Vp}、D_{Wp}は**カソード**側が共通で、**アノード**側は各相の電源に接続されているので、もっとも相電圧の高い相のダイオードが導通する。D_{Un}、D_{Vn}、D_{Wn}はアノード側が共通で、カソード側は各相の電源に接続されているので、もっとも相電圧の低い相のダイオードが導通する。**線間電圧**で考えるともう少しわかりやすい。e_{UV}、e_{VW}、e_{WU}の3つの線間電圧のうち絶対値がもっとも大きい電圧が出力電圧として現れる。e_{UW}、e_{VU}、e_{WV}も加えて6つの線間電圧で考えると、もっとも大きい正の線間電圧が出力電圧として現れるといえる(動作の等価回路は次の見開きに掲載)。

相電圧e_U、e_V、e_Wが実効値Eで$e_U=\sqrt{2}\,E\sin\theta$、$e_V=\sqrt{2}\,E\sin\left(\theta-\frac{2}{3}\pi\right)$、$e_W=\sqrt{2}\,E\sin\left(\theta+\frac{2}{3}\pi\right)$で表わされるとすると、出力電圧である負荷の端子電圧v_Rの波形は〈図01-22〉のような**脈流**になる。脈流の周期は電源交流の周期の$\frac{1}{6}$だ。脈流の1周期の平均電圧を求めれば、v_Rの平均値V_Rを求められる。線間電圧e_{UV}が最大になる期間$\frac{\pi}{6}\sim\frac{\pi}{2}$を使うと、以下のように求められる。相電圧の実効値$E$で示すと$\frac{3\sqrt{6}}{\pi}E\fallingdotseq 2.34E$になる。〈式01-24〉の括弧内の$\frac{\pi}{6}$は$e_{UV}$の位相が$e_U$より$\frac{\pi}{6}$進んでいるためだ。また、線間電圧の実効値を$E_{UV}$として換算すると〈式01-27～30〉のように計算され、$\frac{3\sqrt{2}}{\pi}E_{UV}\fallingdotseq 1.35E_{UV}$になる。**リプル率**は実効値で正式に求めると約4.2%、ピークトゥピークによる簡易計算で求めると約14%になる。

純抵抗負荷なので電流i_Rも、出力電圧の波形に比例した脈流になる。線電流=相電流i_U、i_V、i_Wは、相電圧の正の領域で電圧がもっとも大きいときにだけ正の電流が流れ、負の領域で電圧の絶対値がもっとも大きいときにだけ負の電流が流れる(グラフはi_Uのみを表示)。

◆三相全波整流回路 〈図01-21〉

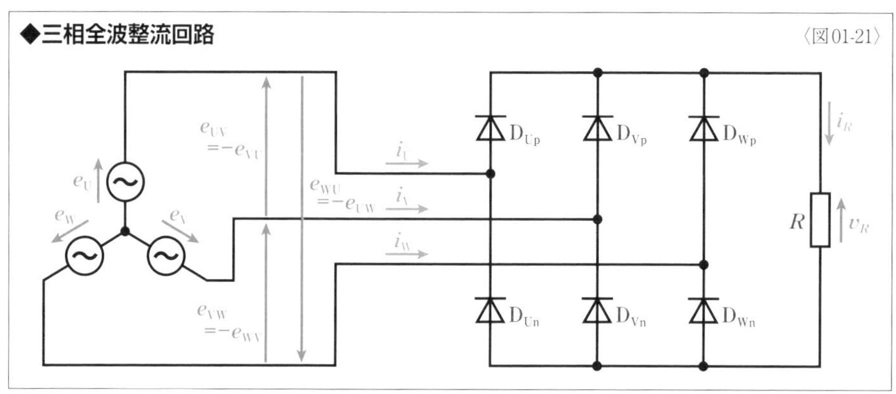

◆三相全波整流回路のデバイスの動作と各部の波形　〈図01-22〉

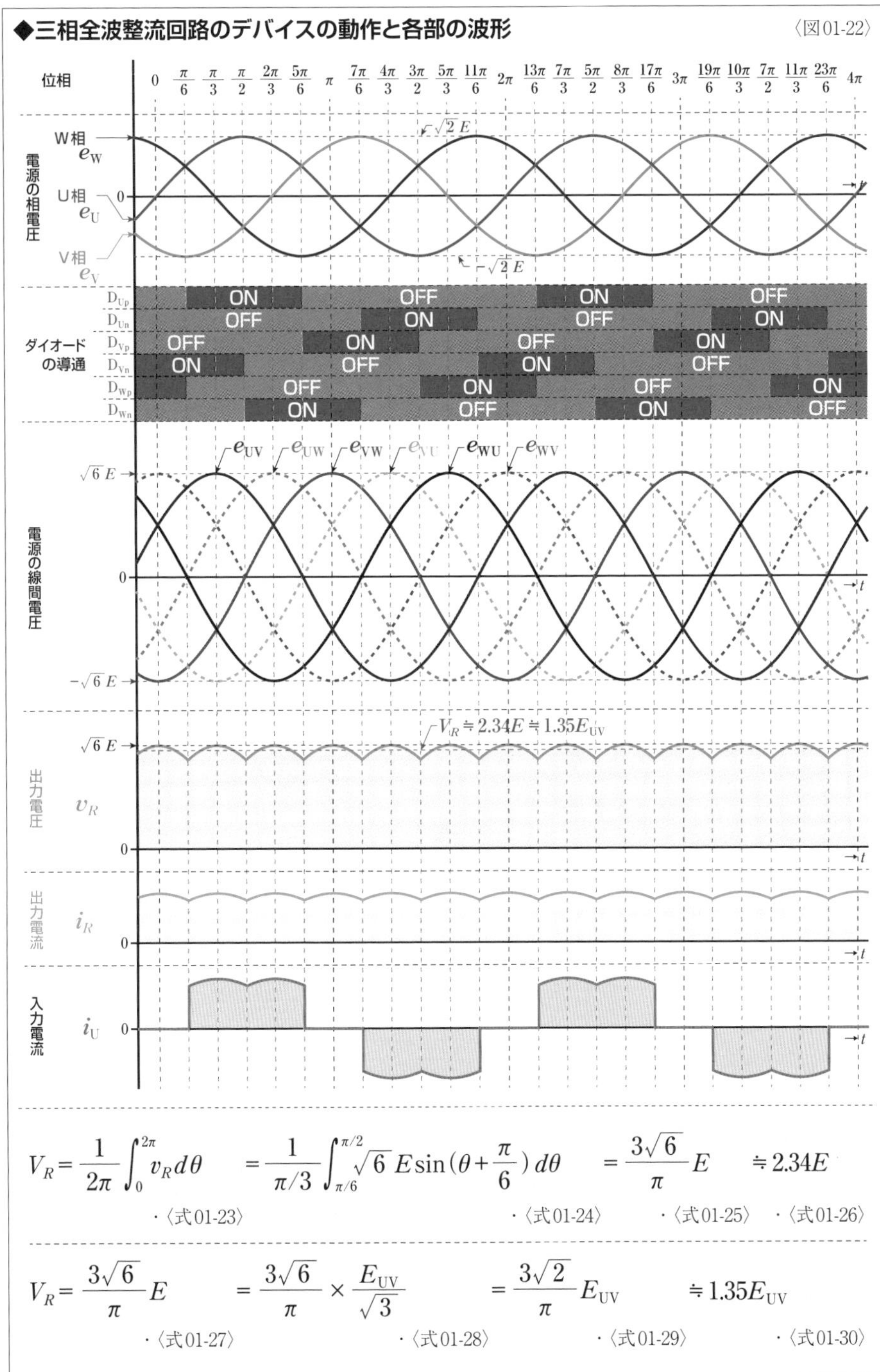

$$V_R=\frac{1}{2\pi}\int_0^{2\pi}v_R\,d\theta \quad =\frac{1}{\pi/3}\int_{\pi/6}^{\pi/2}\sqrt{6}\,E\sin\left(\theta+\frac{\pi}{6}\right)d\theta \quad =\frac{3\sqrt{6}}{\pi}E \quad \fallingdotseq 2.34E$$

・〈式01-23〉　・〈式01-24〉　・〈式01-25〉　・〈式01-26〉

$$V_R=\frac{3\sqrt{6}}{\pi}E \quad =\frac{3\sqrt{6}}{\pi}\times\frac{E_{UV}}{\sqrt{3}} \quad =\frac{3\sqrt{2}}{\pi}E_{UV} \quad \fallingdotseq 1.35E_{UV}$$

・〈式01-27〉　・〈式01-28〉　・〈式01-29〉　・〈式01-30〉

◆三相全波整流回路の動作（純抵抗負荷）

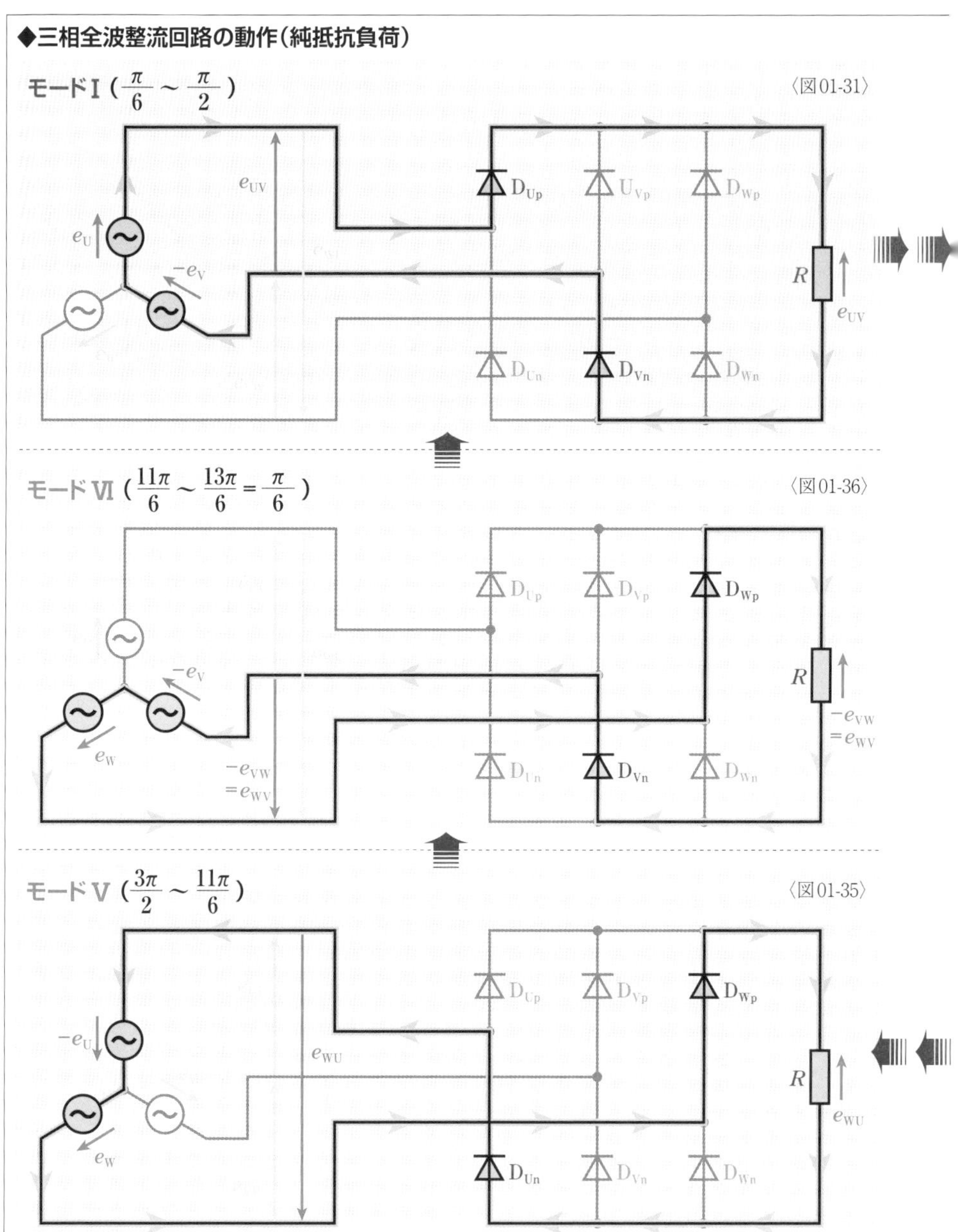

純抵抗負荷であれば、単相の整流回路は2モードでの動作、三相半波整流回路は3モードでの動作だといえるので、比較的簡単に各モードの等価回路を考えることができるが、**三相全波整流回路**の場合は複雑だ。6つの線間電圧のうち、もっとも大きい正の線間電圧

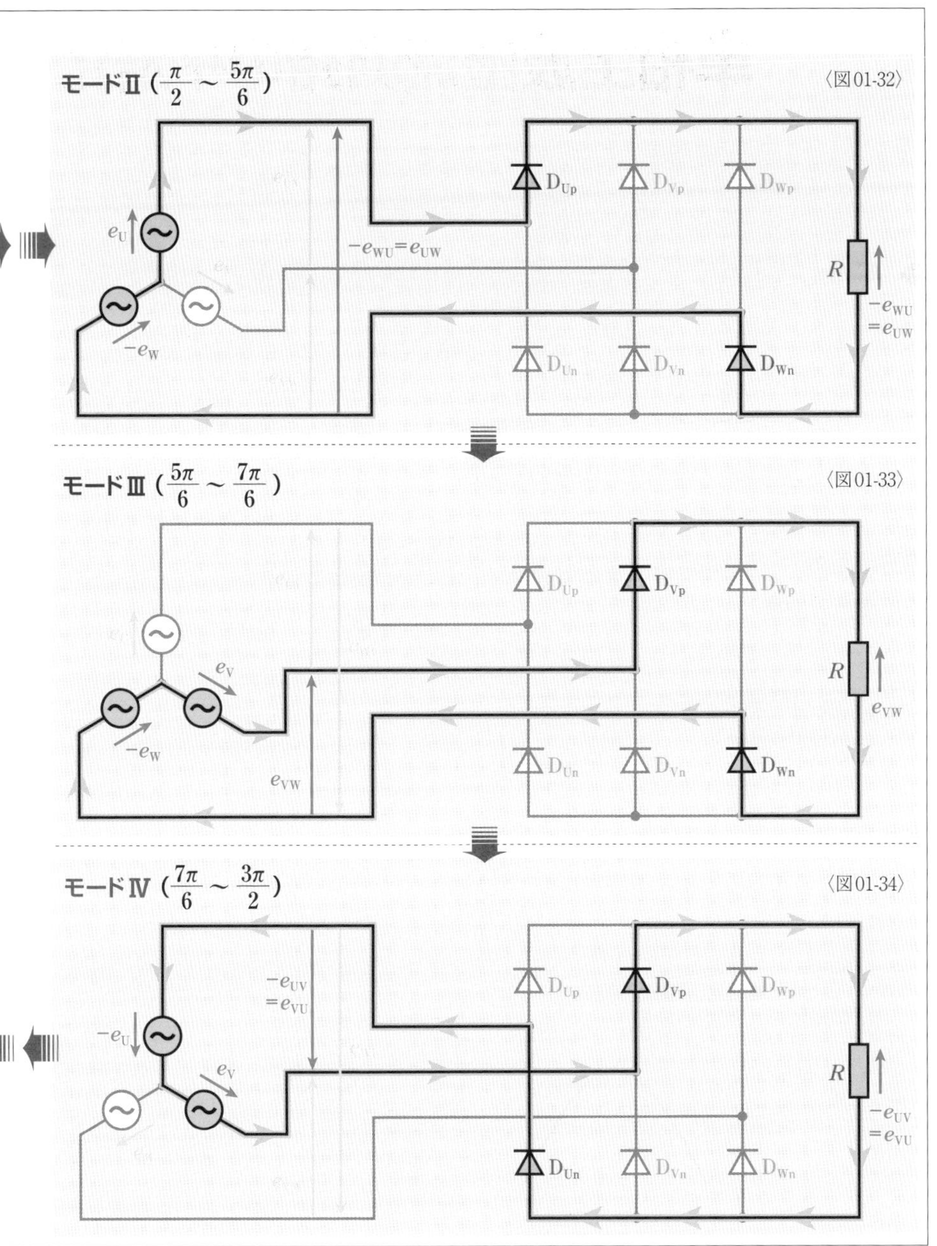

が出力電圧として現れているので、6つのモードで動作していることになる。それぞれのモードを等価回路で表わすと〈図01-31～36〉のようになる。モードごとに、導通するダイオードが異なり、電源になる相電圧の組み合わせとその極性が変化する。

単相全波整流回路の平滑化

ダイオードで単相交流を全波整流しただけでは脈流になってしまうので、一般的には平滑キャパシタや平滑インダクタを使って平滑化を行いリプルをなくしている。

▶キャパシタ入力形整流回路の構成と動作

ダイオードで整流したままの**脈流**で問題なく動作する負荷もあるが、一般的には出力電圧と電流の**リプル**が小さいことが求められる。こうしたリプルの**平滑化**には**キャパシタ**や**インダクタ**が使われる。まずは**単相整流回路**でもっともよく使われる**ブリッジ形全波整流回路**の平滑化を見てみよう。

◆キャパシタ入力形全波整流回路
〈図02-01〉

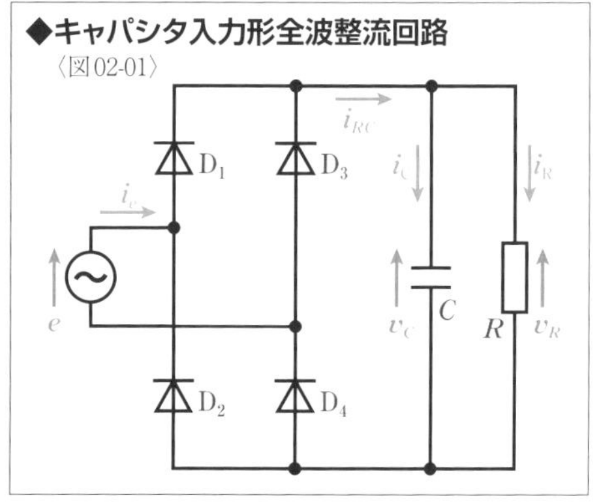

キャパシタで平滑化を行う整流回路を**キャパシタ入力形整流回路**や**キャパシタインプット形整流回路**といい、負荷と並列に挿入するキャパシタを**平滑キャパシタ**という。キャパシタが充電と放電(エネルギーの蓄積と放出)を行うことで、出力電圧の変動が抑えられる。キャパシタを併用する降圧チョッパ回路(P120参照)のキャパシタと同じように作用する。

キャパシタ入力形単相全波整流回路は〈図02-01〉のような回路になるこ。の回路はモードI～IIIの3つのモードで動作し、それぞれの等価回路は〈図02-03～06〉になる。〈図02-01〉のように各部の電圧と電流を定め、電源電圧eが実効値Eで$e=\sqrt{2}\,E\sin\theta$で表わされるとする。まずはv_Rに多少リプルが残る状態で考えてみよう。回路の動作には、v_Cとeの大きさの関係が重要な意味をもつ。定常状態の入力交流1波形分のv_Cとeの関係は〈図02-02〉のようになる。

◆キャパシタ入力形全波整流回路の各部の電圧の1周期の波形
〈図02-02〉

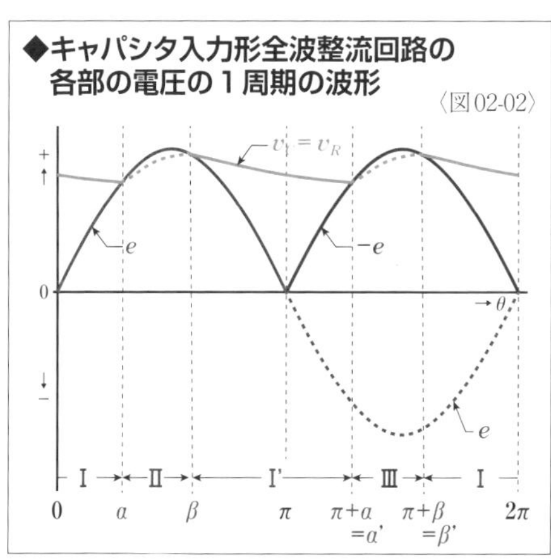

定常状態では、$\theta=0$の時点ではモードIの状態が続いている。キャパシタンスCにはそれ以前のモードIIIで充電されたエネルギー

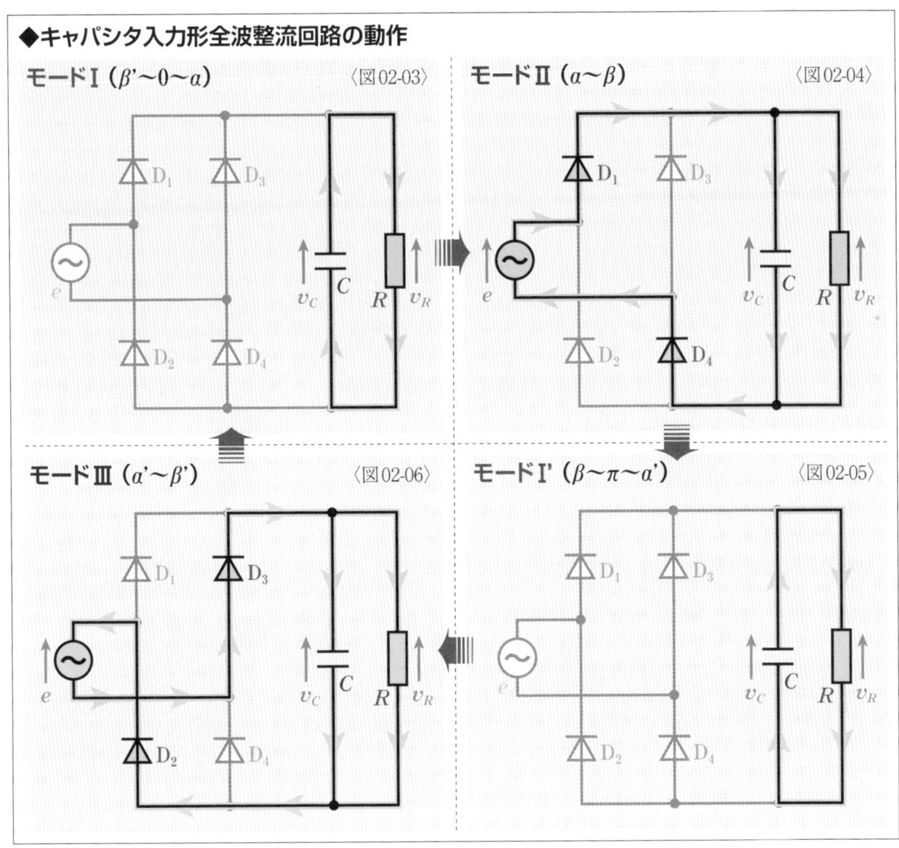

（電荷）が存在し放電中だ。$v_R = v_C$であり、CからRへ電流が流れ、Rが電力を消費する。$\theta=0$を超えるとeが0から立ち上がっていくが、$v_C > e$の状態では、v_Cがすべてのダイオードを**逆方向バイアス**するため、導通するものはなく、電源eは切り離された状態にある。v_Cは放電によって電圧が低下していく。このモードⅠが$v_C=e$になる$\theta=\alpha$まで続く。

$\theta=\alpha$を超えて$v_C < e$になると、正の電圧であるeによってダイオードD_1とD_4が順方向バイアスされて導通し、eがRとCにかかる。これによりCは充電され、Rは電力を消費する。この状態がモードⅡだ。等価回路を見ると、$e=v_C=v_R$になるはずだが、実際には$e>v_C=v_R$であり、その差の電圧は回路導体のインピーダンスなどが受け持つことになる。

$\theta=\dfrac{\pi}{2}$を超えてeが低下を始め、$v_C=e$になる$\theta=\beta$を超えて$v_C>e$の状態になると、再びv_Cがすべてのダイオードを逆方向バイアスし電源eが切り離さる。Cは放電を開始し、Rが電力を消費する。この状態がモードⅠ'だ。$\theta=\pi$を超えてeが負の領域になっても、eの絶対値が小さく、$v_C>|e|$の状態ではモードⅠ'が続く。

➡次ページに続く

$\theta=\pi+\alpha$を超えて$v_C<|e|$になると、負の電圧であるeによってダイオードD_2とD_3が順方向バイアスされて導通し、$-e$がRとCにかかる。Cは充電され、Rは電力を消費する。この状態がモードⅢだ。$\theta=\frac{3}{2}\pi$を超えて$|e|$が低下を始め、さらに$\theta=\pi+\beta$を超えて$v_C>|e|$の状態になると、再びv_Cがすべてのダイオードを逆方向バイアスするため電源eが切り離され、Cが放電し、Rが電力を消費するモードⅠになる。この状態が$\theta=2\pi=0$を超えても続き、説明の最初に戻る。以上のようにモードⅠ→Ⅱ→Ⅰ'→Ⅲを繰り返すことで**平滑化**が行われる。

▶キャパシタ入力形整流回路の各部の波形

動作を確認した**キャパシタ入力形単相全波整流回路**の入出力の電圧と電流の波形をまとめると〈図02-08〉のようになる。出力電圧v_Rは、整流したままの**脈流**よりは平滑化されている。もちろん、同じ波形になる出力電流i_Rのリプルも減少している。**平滑キャパシタ**のキャパシタンスCを大きくしていけば、v_Rのリプルをさらに小さくできる。Cを十分に大きくすれば、v_Rは入力交流電圧eの振幅$\sqrt{2}E$でほぼ一定になるが、Cが小さくリプルが残ると、v_Rの平均電圧V_Rが低下する。また、Rが小さくなると、i_Rが大きくなるので、平滑化のためにCが蓄えるべきエネルギーが大きくなり、v_Rにリプルが生じ、V_Rが低下する。

いっぽう、ダイオードが導通して入力電流i_eが流れるのは、$\alpha<\theta<\beta$と$\alpha'<\theta<\beta'$の期間に限られるため、i_eは不連続波形になる（現実世界の電源では配線などにイ

◆キャパシタ入力形整流回路のデバイスの動作と入出力波形 〈図02-08〉

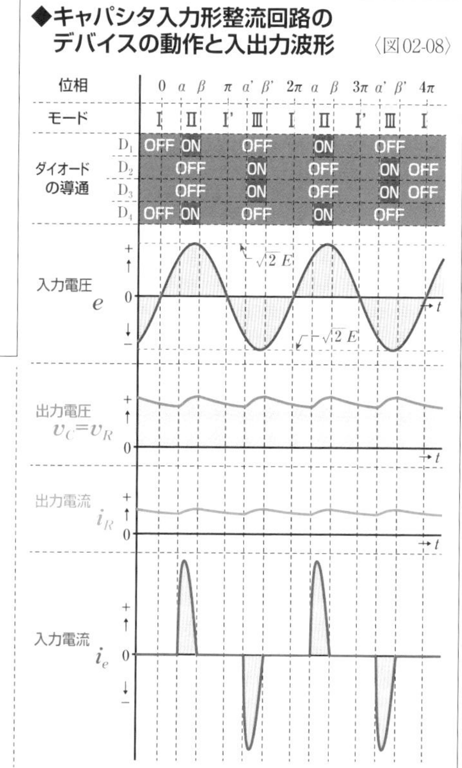

◆キャパシタ入力形整流回路の各部の電圧と電流 〈図02-07〉

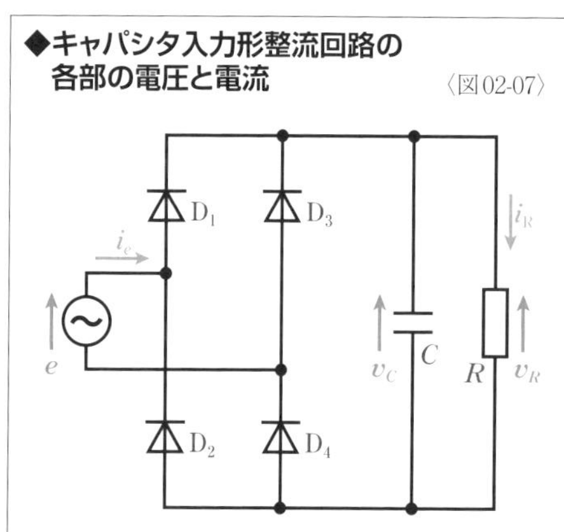

ンダクタンス成分があるため、その影響を受けることもある)。結果、入力電流には**高調波**が含まれ、**力率**も悪くなる。

Cを十分に大きくして出力電圧v_Rをほぼ一定にした場合、ダイオードの導通期間は極端が短くなるので、入力電流は非常に高いピークをもった不連続波形になり、高調波がさらに増えてしまう。こうした場合、**高調波対策**や**力率改善**のために、〈図02-09〉のように電源側にインダクタLが備えられることがある。入力側にインダクタンスが存在すると、入力電流i_eの値が急変できなくなるので、ピーク値を抑えてダイオードの導通期間を長くすることができる。

◆高調波対策用インダクタ付きキャパシタ入力形整流回路 〈図02-09〉

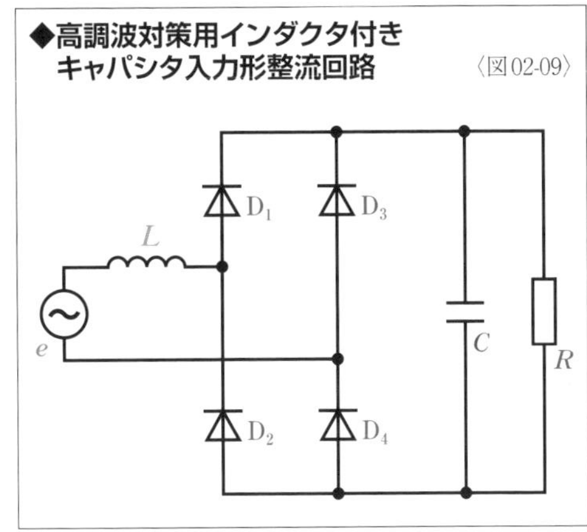

キャパシタ入力形整流回路はこうした高調波対策などが必要というデメリットがあるが、次に説明するインダクタによる平滑化より高い出力電圧を得ることができ、重量、サイズ、コスト面で有利であるため、小容量の整流回路に使われている。ただし、最近では電源側にインダクタを備える程度の高調波対策では不十分となることもある。

▶チョーク入力形整流回路の構成

インダクタで**平滑化**を行う整流回路を**チョーク入力形整流回路**や**チョークインプット形整流回路**といい、負荷と直列に挿入するインダクタは、**平滑インダクタ**や**平滑リアクトル**、**チョークコイル**、**直流リアクトル**という。また、直流負荷のなかには誘導性負荷のものもあり、そのインダクタンス成分が平滑化に役立つこともある。こうした平滑化では、インダクタがエネルギーの蓄積と放出を行うことで、出力電流の変動を抑えられる。降圧チョッパ回路(P118参照)のインダクタと同じように作用する。なお、英語の“choke”には水路やパイプを「詰まらせる」という意味があり、平滑化のために振幅の大きな電流を詰まらせていることを意味しているようだ。**チョーク入力形単相全波整流回路**は〈図02-10〉のような構成になる。

◆チョーク入力形全波整流回 〈図02-10〉

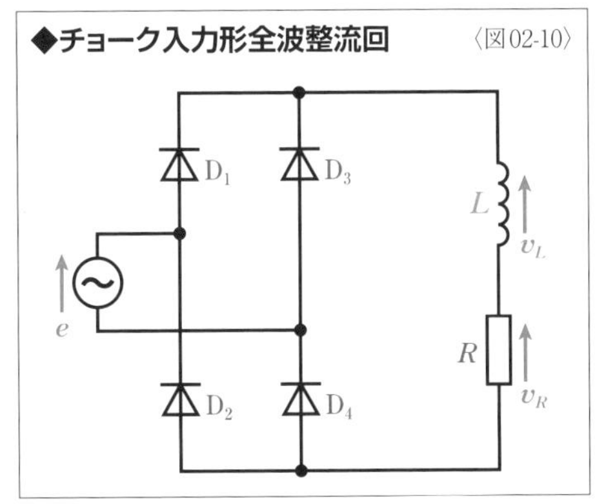

▶チョーク入力形整流回路の動作

チョーク入力形単相全波整流回路の動作を見てみよう。まずは出力電流に多少リプルが残る状態で考えてみる。〈図02-11〉のように各部の電圧と電流を定め、電源電圧eは実効値Eで$e=\sqrt{2}E\sin\theta$で示されるとする。定常状態の入力交流1波形分の電圧の関係は〈図02-12〉のようになる。この回路は実質的には4つのモードで動作するといえるが、順を追って理解しやすくするために6つのモードで説明する。いっぽう、等価回路で表わすと2つになるが、各部の電圧の変化が複雑なので、6つのモードすべてを等価回路で示す。

◆チョーク入力形全波整流回路の電圧と電流

〈図02-11〉

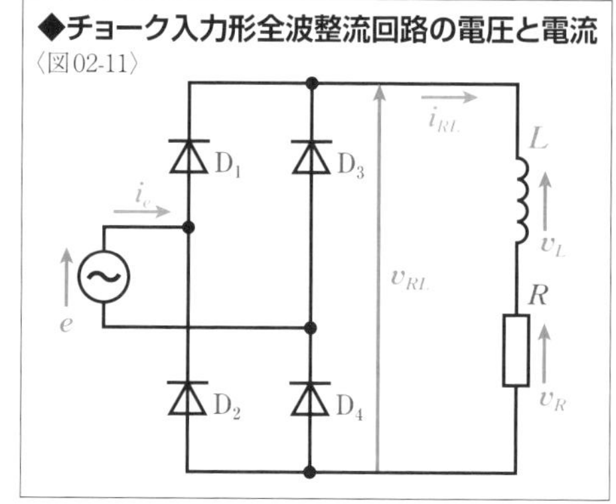

$\theta=0$でモードⅠが始まる。$\theta=0$で$e=0$の瞬間に電流が途切れず流れているので、この時点ではインダクタLが電流を流していることになる。つまり、Lには磁気エネルギーが存在し、**逆起電力**を生じている。ここからeが立ち上がるとダイオードD_1とD_4が順方向バイアスされて導通し、$v_{RL}=e$の関係になる。また、RとLはv_{RL}を**分圧**しているので、$v_{RL}=v_R+v_L$の関係がある。よって、D_1とD_4が導通している間は$v_R=e-v_L$の関係が成立する。この状態では、Rに電源電圧eと逆起電力$-v_L$の両方がかかる。$v_R=e-v_L$の関係が成立しているが、v_Lは負の値なので、$v_R=e+|v_L|$になる。この状態はLのエネルギーがなくなる$\theta=\alpha$まで続く。この状態がモードⅠで、等価回路は〈図02-13〉のようになる。

◆チョーク入力形全波整流回路の各部の電圧の1周期の波形

〈図02-12〉

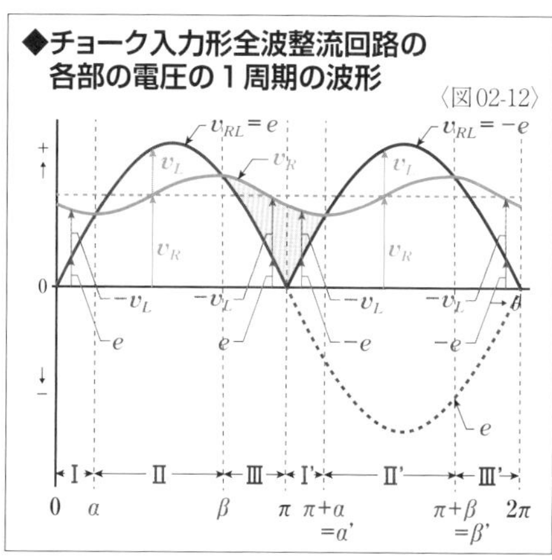

Lのエネルギーがなくなると、$v_R<e$の状態になる。$v_R=e-v_L$の関係を保ちながらv_Rが上昇していき、i_{RL}によってLはエネルギーを蓄積する。この状態がモードⅡで、等価回路は〈図02-14〉だ。$\theta=\dfrac{\pi}{2}$でeが最大値を超えて下降を始めてもこの状態が続くが、やがて$\theta=\beta$で$v_R=e$になると、$v_L=0$になる。

$\theta=\beta$を超えて$v_R>e$の状態になると、v_Rの下降が始まり、$i_e=i_{RL}$も減少していく。電流が減少に転じると、Lはエネルギーの放出

を開始し逆起電力を生じる。電圧の関係はモードIと同じ状態になり、電源電圧eと逆起電力$-v_L$の両方がRにかかり、再び$v_R=e+|v_L|$になる。$\theta=\pi$まで続くこの状態がモードIIIで、等価回路は〈図02-15〉のようになる。

➡次ページに続く

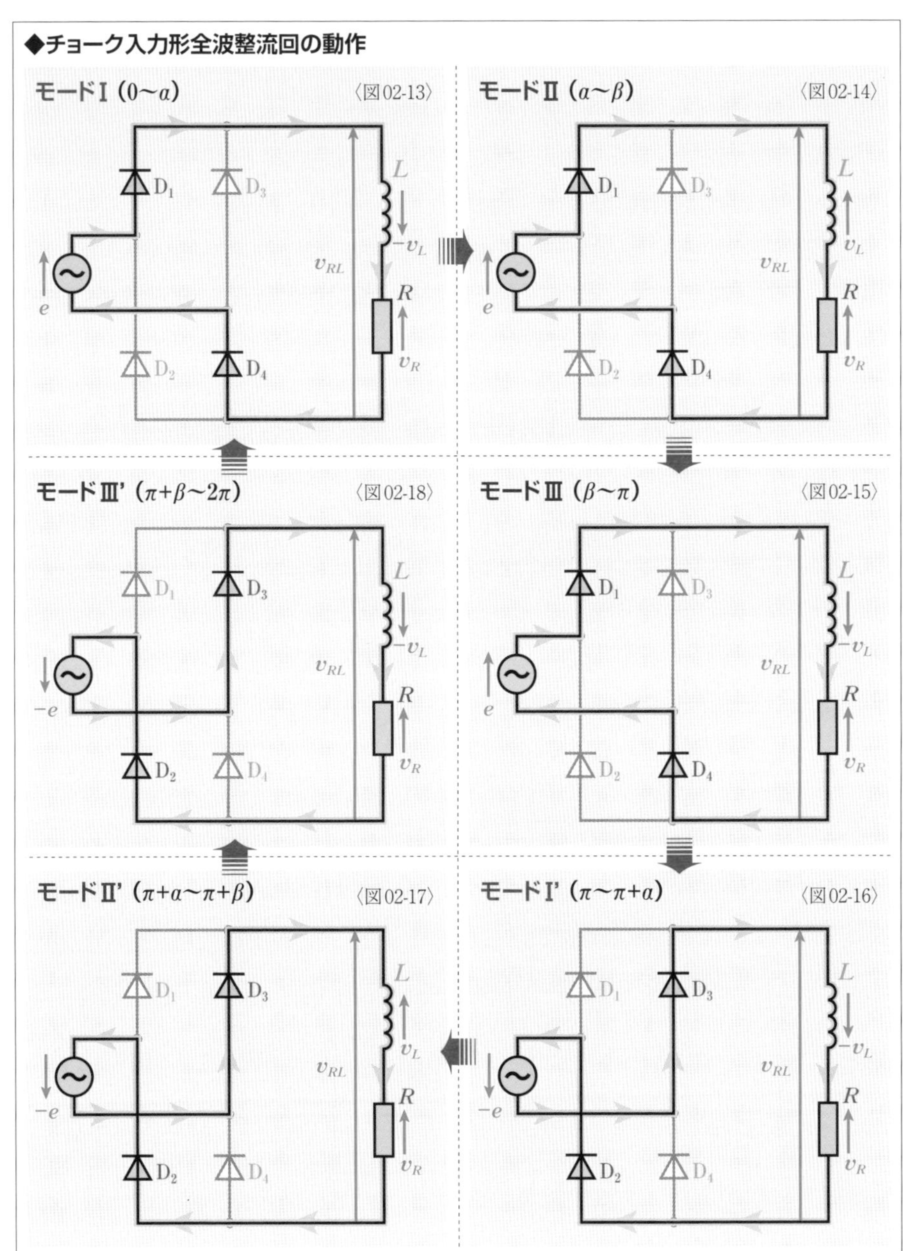

$\theta=\pi$を過ぎるとeが負の領域になるので、D_1とD_4が逆方向バイアスされて逆阻止状態になり、D_2とD_3が順方向バイアスされて導通してモードI'になる。導通するダイオードの変化によって、以降は$v_{RL}=-e$の関係になる。いっぽう、$v_{RL}=v_R+v_L$の関係は続いているので、D_2とD_3が導通している間は$v_R=-e-v_L$の関係が成立する。（※見やすくするために、〈図02-12〉と〈図02-16～18〉を本ページに再掲載）

モードI'では、極性が反転された電源電圧eと**逆起電力**$-v_L$の両方がRにかかる。つまり、eもv_Lも負の値なので、$v_R=|e|+|v_L|$になる。この状態はLのエネルギーがなくなる$\theta=\pi+\alpha$まで続く。等価回路は〈図02-16〉のようになる。

Lのエネルギーがなくなると、$v_R<|e|$の状態になる。$v_R=-e-v_L$の関係を保ちながらv_Rが上昇していき、i_{RL}によってLはエネルギーを蓄積する。$\theta=\dfrac{3}{2}\pi$で$|e|$が最大値を超えて下降を始めてもこの状態が続くが、やがて$\theta=\pi+\beta$で$v_R=-e$になると、$v_L=0$になる。この状

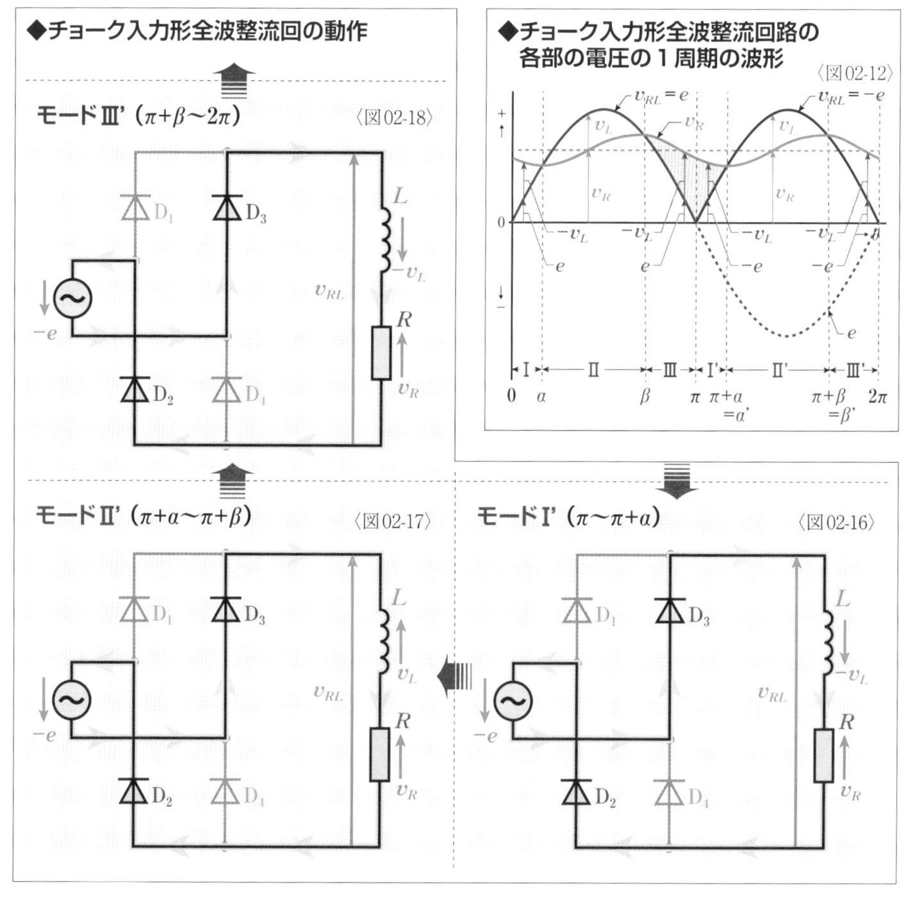

態がθがモードⅡ'で、等価回路は〈図02-17〉のようになる。

$\theta=\pi+\beta$を超えて$v_R>|e|$の状態になるとモードⅢ'だ。v_Rの下降が始まり、$i_e=i_{RL}$も減少していく。電流が減少に転じると、Lはエネルギーの放出を開始し逆起電力を生じる。電圧の関係はモードⅠ'と同じ状態になり、極性が反転された電源電圧eと逆起電力$-v_L$の両方がRにかかり、再び$v_R=|e|+|v_L|$になる。入力交流の1周期が終わる$\theta=2\pi$まで続くこの状態がモードⅢ'で、等価回路は〈図02-18〉のようになる。

以上のようにモードⅠ→Ⅱ→Ⅲ→Ⅰ'→Ⅱ'→Ⅲ'を繰り返すことで平滑化が行われる。ダイオードによる整流が行われることによって、直列接続されたRとLだけを見れば入力交流の半周期ごとに同じ動作を繰り返すわけだ。

▶チョーク入力形整流回路の各部の波形

チョーク入力形単相全波整流回路の各部の電圧と電流の波形をまとめると〈図02-19〉のようになる。出力電圧v_Rは、整流したままの**脈流**よりは平滑化されている。もちろん、同じ波形になる出力電流i_{RL}の脈動も小さなものになっている。ここでは多少リプルが残る状態で考えてみたが、**平滑インダクタ**のインダクタンスLを十分に大きくすれば、v_Rとi_{RL}はほぼ一定になる。

定常状態では**v_Lの1周期の平均電圧は0**になるので、〈図02-12〉のグラフの水色の部分とピンク色の部分の面積は等しくなる。よって、出力電圧であるv_Rの平均値V_Rは、純抵抗負荷の場合と同じ値になる。

いっぽう、入力電流i_eを半周期ごとに見れば、出力電流i_{RL}と同じように変動する。こうした波形なので、入力電流の**高調波**は低次のものが中心になる。Lを大きくしてi_{RL}のリプルをなくせば、i_eは方形波になる。

ただし、Lを大きくしていくと、サイズ、重量、コストの面で不利になる。そのため、**平滑キャパシタ**が併用されることも多い。

◆チョーク入力形整流回路のデバイスの動作と各部の波形 〈図02-19〉

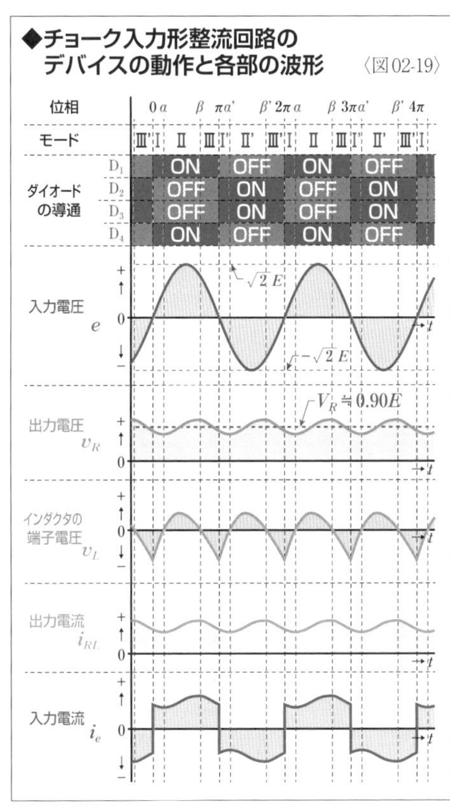

単相半波整流回路の平滑化

リプルが大きい単相半波整流の場合もキャパシタやインダクタによって平滑化が行えるが、インダクタによる平滑化の場合は回路に一工夫が必要になる。

▶単相半波整流回路の平滑化

ダイオードで**半波整流**しただけの**脈流**は全波整流の場合より**リプル率**が大きく、電圧が0になる期間もあるため、**平滑化**するのが一般的だ。**キャパシタ入力形単相半波整流回路**とする場合は、全波整流の場合と同じように平滑化が行える。負荷と並列に**平滑キャパシタ**を挿入すればいいが、脈流の半周期（入力交流の半周期）は出力電圧0であるため、全波整流の場合より大きなキャパシタンスが求められる。

◆単相半波整流回路（平滑インダクタあり）

〈図03-01〉

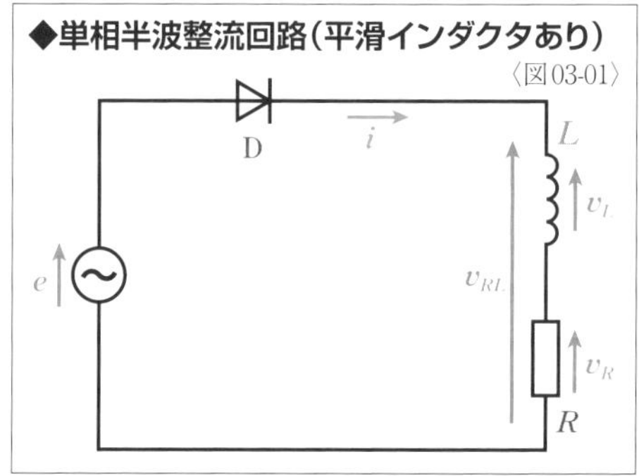

いっぽう、**チョーク入力形単相半波整流回路**にする場合、負荷と直列に**平滑インダクタ**を挿入しただけでは実用的な整流回路にならない。まずは、どのように動作するかを確認してみよう。ここでは〈図03-01〉のように各部の電圧と電流を定め、電源電圧eは実効値Eで$e=\sqrt{2}\,E\sin\theta$で表わされるとする。純抵抗負荷の場合、ダイオードの導通と逆阻止という2つのモードで動作するが、平滑インダクタが存在する場合は4つのモードになる。

◆単相半波整流回路（平滑インダクタあり）の各部の電圧の関係とその1周期の波形

〈図03-02〉

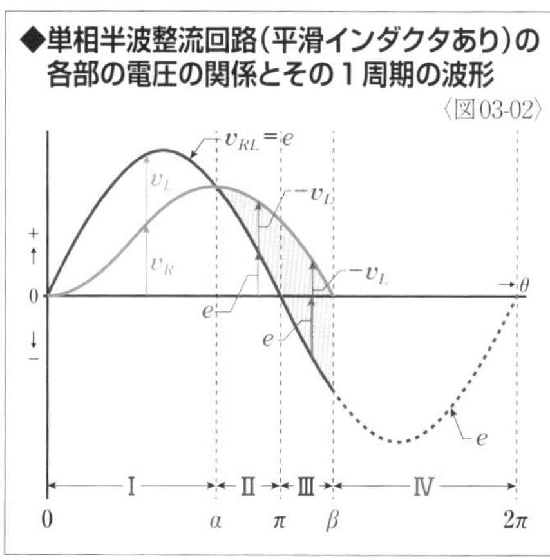

$\theta=0$で電源電圧eが0から立ち上がると、即座にダイオードDが順方向バイアスされて導通し、eをRとLが**分圧**して、$v_R=e-v_L$の関係になる。この状態がモードIだ。以降も、ダイオードが導通している間はこの関係が続く。eが上昇していくと、v_Rも立ち上がっていくが、Lの存在によって$v_R<e$の関係を保ちながらv_Rが上昇していく。定常状態の入力交流1波形分の電圧の関係を1つのグラフにまとめると〈図03-02〉のようにな

る。v_Rの立ち上がりとともに電流iも立ち上がっていくので、インダクタLは磁気エネルギーを蓄積する。$\theta=\dfrac{\pi}{2}$でeが最大値を超えて下降を始めてもこの状態が続くが、やがて$\theta=\alpha$で$v_R=e$になって$v_L=0$になる。

$\theta=\alpha$を超えて$v_R>e$の状態になると、v_Rの下降が始まり、iも減少していく。この状態がモードⅡだ。iが減少に転じると、Lはエネルギーの放出を開始し、逆起電力を生じて、同じ方向に電流を流し続けようとする。Rには電源電圧と逆起電力の両方がかかり、$v_R=e-v_L$の関係が成立しているが、v_Lは負の値なので、$v_R=e+|v_L|$になる。この状態が$\theta=\pi$まで続く。

$\theta=\pi$を超えるとeが負の値になるが、Lがエネルギーを放出してiを流し続けている限り、順方向電流でDは導通状態を続ける。Rには電源電圧と逆起電力の両方がかかり、$v_R=e-v_L$の関係が成立しているが、eも$v_R=e-v_L$も負の値なので、$v_R=|v_L|-|e|$になる。Lが放出しているエネルギーの一部は電源に戻されることになる。この状態がモードⅢで、Lのエネルギーがなくなるまで続く。$\theta=\beta$でエネルギーがなくなると、v_R、v_L、iがすべて0になり、ダイオードがターンオフする。$\beta-\pi$を**消弧角**という。

以降は、$v_L=0$なので、負の電圧であるeによってDが逆方向バイアスされ、$i=0$、$v_R=0$の状態が$\theta=2\pi$まで続く。この状態がモードⅣだ。各部の波形をまとめると〈図03-03〉のようになる。なお、周期波形の定常状態においては、**v_Lの1周期の平均値は0**になるので、〈図03-02〉のグラフのピンク色の部分と水色の部分の面積は等しくなる。

この回路で問題といえるのはモードⅢだ。Lが放出するエネルギーの一部はiの平滑化に貢献し、Rで消費されるが、残りは電源に回生されるので、Lに蓄積されたエネルギーの一部しか平滑化に使われない。また、Lが大きくなるほどiが立ち上がる勾配が小さくなるので、iやv_Rの最大値が低下し、消弧角が大きくなっていく。仮に$L\to\infty$とすると、$i\to 0$、$v_R\to 0$、$\alpha\to\pi$、$\beta\to 2\pi$になる。つまり、この回路で出力電流が途切れないように平滑化しようとすると、出力電圧が0になってしまう。そのため、実用性のある十分な平滑化は行えないことになる。

◆単相半波整流回路（平滑インダクタあり）のデバイスの動作と各部の波形 〈図03-03〉

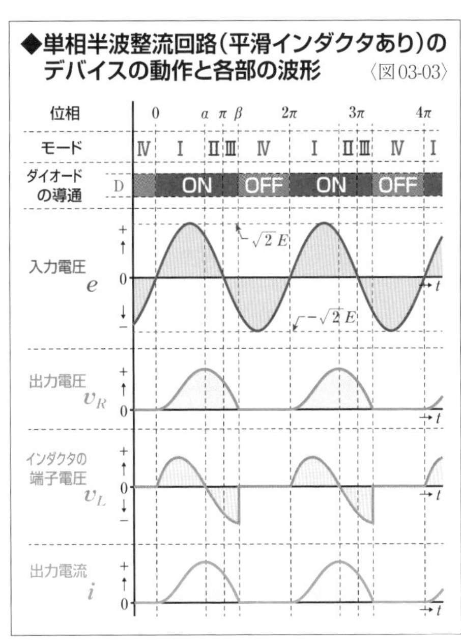

▶還流ダイオード付単相半波整流回路

前ページで説明した**チョーク入力形単相半波整流回路**の問題点は**還流ダイオード**によって解決できる。〈図03-04〉のような回路にすれば、電源への回生をなくして、電流の連続性を保つことができ、実用的な整流回路になる。こうした回路を**還流ダイオード付単相半波整流回路**という。**平滑化**の考え方は降圧チョッパ回路(P116参照)と同じで、回路の構成も降圧チョッパ回路の可制御デバイスを整流用のダイオードに置き換え、電源を直流電源から交流電源に置き換えたものになっている。

◆還流ダイオード付単相半波整流回路

〈図03-04〉

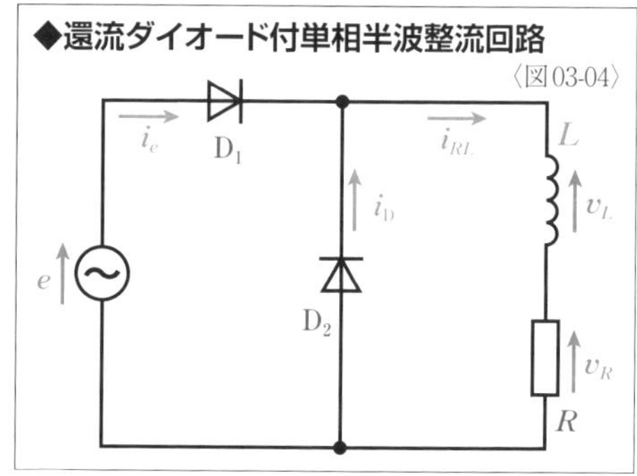

ここでは〈図03-04〉のように各部の電圧と電流を定め、インダクタンスLは十分に大きく電流が途切れないものとし、電源電圧eは実効値Eで$e=\sqrt{2}\,E\sin\theta$で表わされるとする。定常状態の入力交流1波形分の電圧の関係をグラフにまとめると〈図03-05〉のようになる。

$\theta=0$で$e=0$の瞬間を考えてみると、電流が途切れないということは、この時点ではLに逆起電力が生じて電流i_{RL}を流していることになる。つまり、Lには磁気エネルギーが存在する。ここからeが立ち上がるとD_1が順方向バイアスされて導通するので、負荷には電源電圧と逆起電力の両方がかかる。$v_R=e-v_L$の関係が成立しているが、v_Lは負の値なので、$v_R=e+|v_L|$になる。この状態がモードⅠで、$\theta=\beta$でLのエネルギーがなくなるまで続く。

以降のモードⅡとⅢの動作は還流ダイオードのない場合と同じだ。$\theta=\beta$でLのエネルギーがなくなると、$v_R=e-v_L$の関係を保ちながらv_Rが上昇していき、$i_e=i_{RL}$によってLはエネルギーを蓄積する。この状態がモードⅡだ。$\theta=\dfrac{\pi}{2}$でeが最大値を超えて下降を始めてもこの状態が続くが、やがて$\theta=\alpha$で$v_R=e$になって$v_L=0$になる。

◆還流ダイオード付単相半波整流回路の各部の電圧の1周期の波形

〈図03-05〉

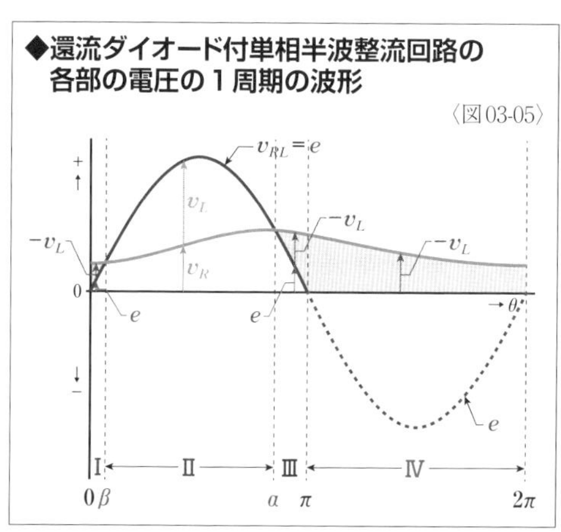

$\theta=\alpha$を超えて$v_R>e$の状態になると、v_Rの下降が始まり、$i_e=i_{RL}$も減少していく。電流が減少に転じると、Lはエネルギーの放出を開始し逆起電力を生じる。Rに

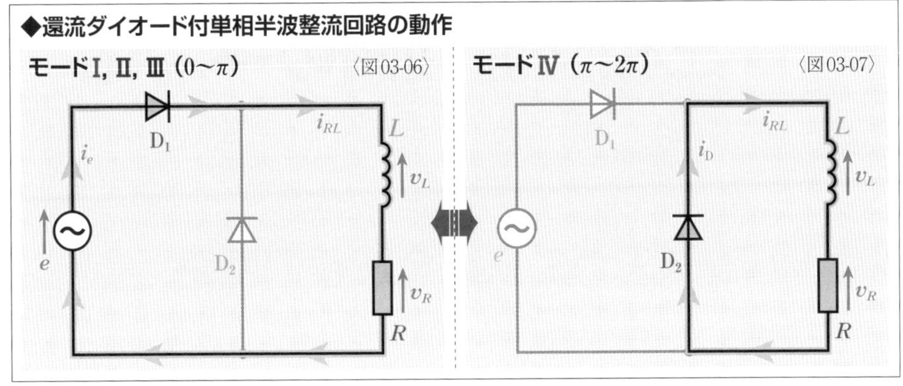

◆還流ダイオード付単相半波整流回路の動作

は電源電圧と逆起電力の両方がかかり、再び$v_R=e+|v_L|$になる。$\theta=\pi$まで続くこの状態がモードIIIだ。モードI〜IIIの等価回路は〈図02-10〉になるが、モードIとIIIではLに逆起電力が生じている。

$\theta=\pi$を過ぎるとeが負の領域になるが、Lの逆起電力によって還流ダイオードD_2が順方向バイアスされて導通すると、整流用ダイオードD_1に順方向電流が流れなくなりターンオフする。等価回路は〈図02-11〉になり、Lの逆起電力だけがRにかかり、$v_R=|v_L|$になり、$i_{RL}=i_D$が流れる。電流が途切れないという条件なので、この状態が$\theta=2\pi$まで続く。この期間がモードIVだ。もし、Lが小さいと途中でエネルギーがなくなり、電流が途切れて$v_L=0$、$i_{RL}=0$になる。この場合、モードIはなくなり、次の周期ではモードIIから始まる。

以上のように、電源電圧が負の領域では、還流ダイオードによってLのエネルギーがRに送られるため、電源に回生されることがなくなる。周期波形の定常状態なので、**v_Lの1周期の電圧の平均は0**になり、電流が途切れなくても途切れても、v_Rの平均電圧V_Rは純抵抗負荷の場合と同じ約$0.45E$になる。Lが大きくなるほど、v_Rとi_{RL}のリプルが小さくなる。**時定数**$\dfrac{L}{R}$を入力交流の周期Tより十分に大きくすれば、v_Rとi_{RL}はほぼ一定になり、実用的な整流回路として使える。

◆還流ダイオード付単相半波整流回路のデバイスの動作と各部の波形 〈図03-08〉

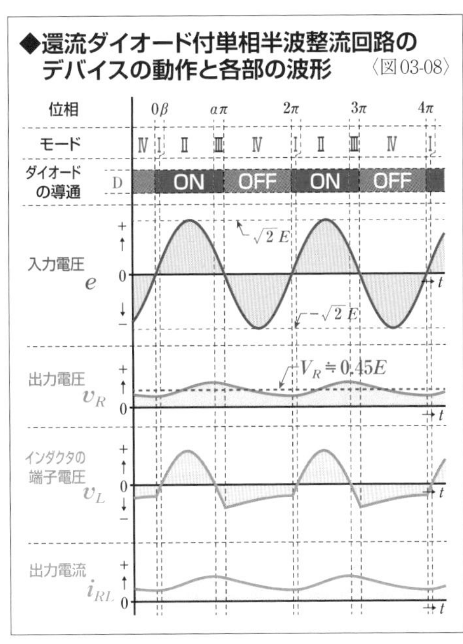

三相整流回路の平滑化

三相整流の場合もキャパシタやインダクタによって平滑化が行えるが、脈流の周期が短くリプル率が小さいので単相整流の場合より平滑化が行いやすい。

▶キャパシタ入力形三相全波整流回路

三相整流回路の場合も**平滑キャパシタ**や**平滑インダクタ**によって**平滑化**が行える。**三相半波整流回路**の場合も基本的な考え方は同じなので、ここでは**三相全波整流回路**の平滑化を見てみよう。**キャパシタ入力形三相全波整流回路**は〈図04-01〉のような回路になる。単相整流回路の場合と同じように、負荷と並列に平滑キャパシタCを挿入するだけでいい。

三相全波整流回路でも平滑キャパシタのキャパシタンスCを十分に大きくすれば、出力電圧をほぼ一定にすることができるが、ダイオードが導通する期間が短くなり、入力電流が非常に高いピークをもった不連続波形になる。見やすくするために、〈図04-02〉は出力電圧であるv_Rに多少リプルが残る状態の各部の波形とダイオードの状態をまとめている。

出力電流であるi_Rは多少のリプルは残るものの途切れることなく連続しているが、ダイオードで整流された直後の電流i_{RC}は不連続波形になる。当然、各相の入力電流も不連続波形になるので**高調波**が多く含まれ、**力率**も悪くなる。現実世界の整流回路では、電源系統の配線などのインダクタンス成分が入力電流のピークを抑えてくれることもあるが、**高調波対策**や**力率改善**のために各相の電源側にインダクタが備えられることもある。

電源の相電圧の実効値をEとすると、Cを十分に大きくすれば、v_Rは$\sqrt{6}\,E$でほぼ一定になるが、Cが小さくリプルが残ると、v_Rの平均電圧V_Rが$\sqrt{6}\,E$より低下する。

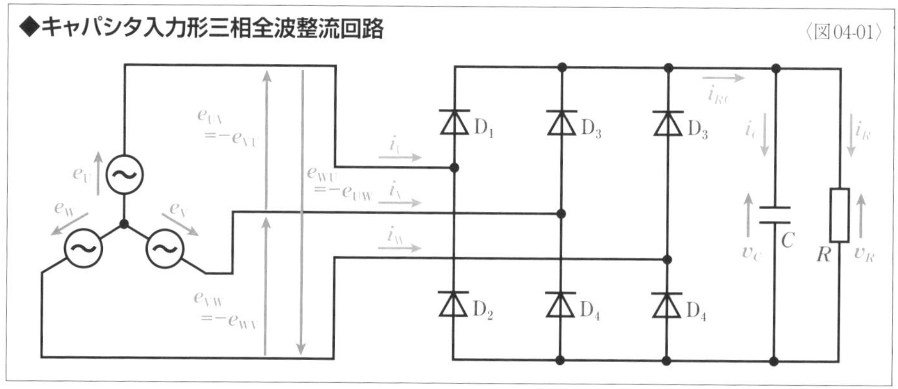

◆キャパシタ入力形三相全波整流回路のデバイスの動作と各部の波形 〈図04-02〉

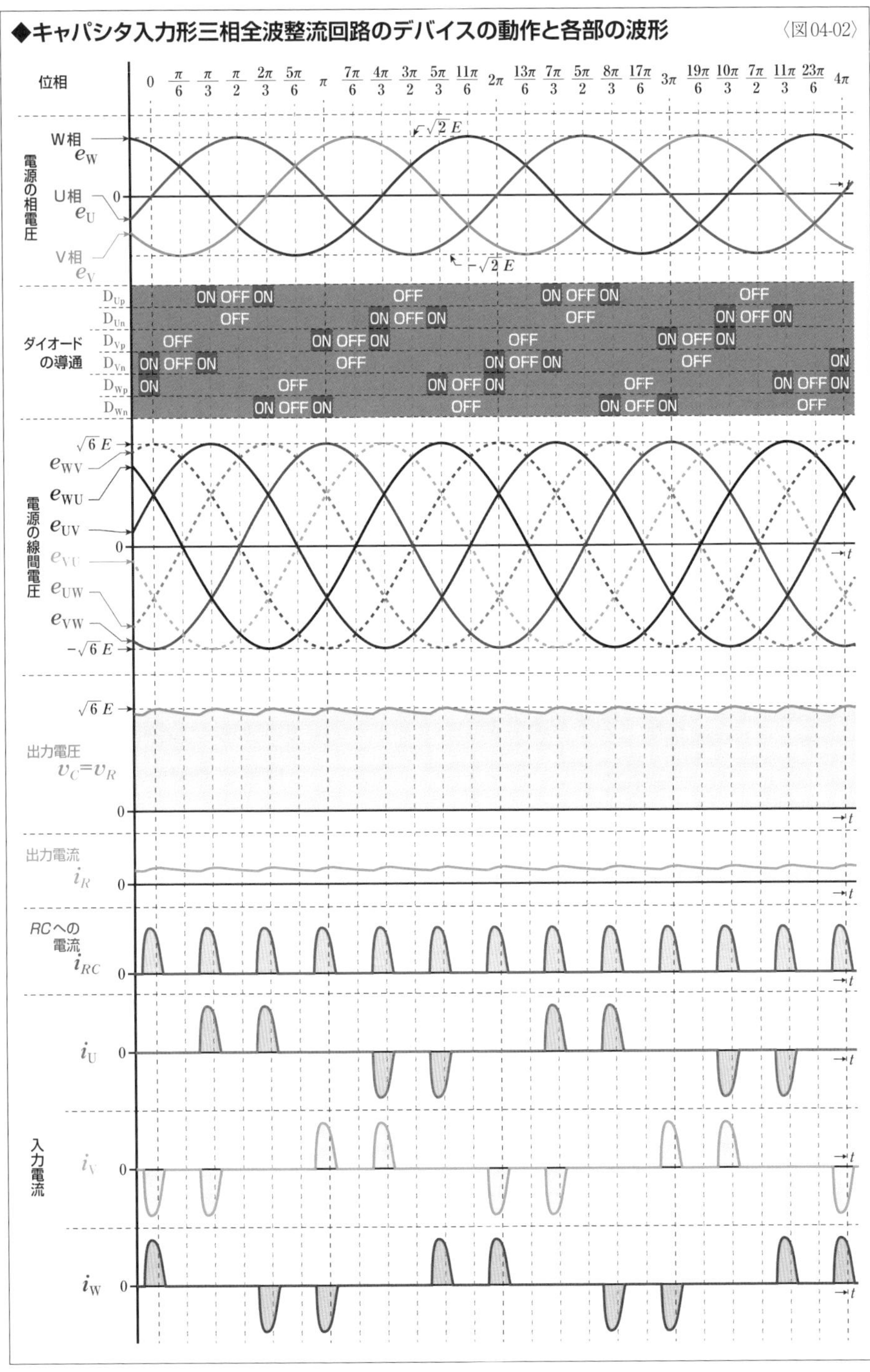

▶チョーク入力形三相全波整流回路

チョーク入力形三相全波整流回路は〈図04-03〉のような回路になる。負荷と直列に**平滑インダクタ**Lを挿入すればいい。平滑インダクタのインダクタンスLが十分に大きく、出力電流i_{RL}がほぼ一定になるときの各部の波形などをまとめると、〈図04-04〉のようになる。

直列接続されたRとLの端子電圧v_{RL}は、純抵抗負荷の場合と同じ**脈流**になるが、Lが電流の変動を吸収してくれるので、RとLを流れる電流i_{RL}がほぼ一定になり、出力電圧であるRの端子電圧v_Rもほぼ一定になる。Lはエネルギーを消費しないので、リプルがあってもなくても、v_Rの平均値V_Rは、純抵抗負荷の場合と同じになる。入力交流の相電圧の実効値をEとすると$V_R \fallingdotseq 2.34E$、線間電圧の実効値をE_{UV}とすると$V_R \fallingdotseq 1.35E_{UV}$だ。

i_{RL}がほぼ一定になるため、ダイオードが導通している期間の電源からの電流もほぼ一定になり、3レベルの**広義の方形波**になる(グラフはi_Uのみを表示)。導通期間は$\frac{2\pi}{3}$になるので、第3、第9、第15といった3の倍数の**高調波**が含まれない入力電流になる(P182参照)。

なお、入力交流の周期をTとして単相整流回路と三相整流回路のダイオードで整流しただけの脈流を比較してみると、単相半波整流の脈流の周期はT、単相全波整流の脈流の周期は$\frac{T}{2}$なのに対して、三相半波整流の脈流の周期は$\frac{T}{3}$、三相全波整流の脈流の周期は$\frac{T}{6}$なので、三相整流のほうが周期が短い。いっぽう、脈流の**リプル率**は、単相半波整流が約121%、単相全波整流が約41%なのに対して、三相半波整流が約19%、三相全波整流が約4.2%なので、三相整流のほうがリプル率が小さい。周期が短いほど、またリプル率が小さいほど、平滑化の際にキャパシタやインダクタが蓄えるべきエネルギーが小さくなるので、値の小さなキャパシタやインダクタによって平滑化が行える。そのため、サイズ、重量、コストの面で三相整流回路のほうが単相整流回路より有利に平滑化が行える。

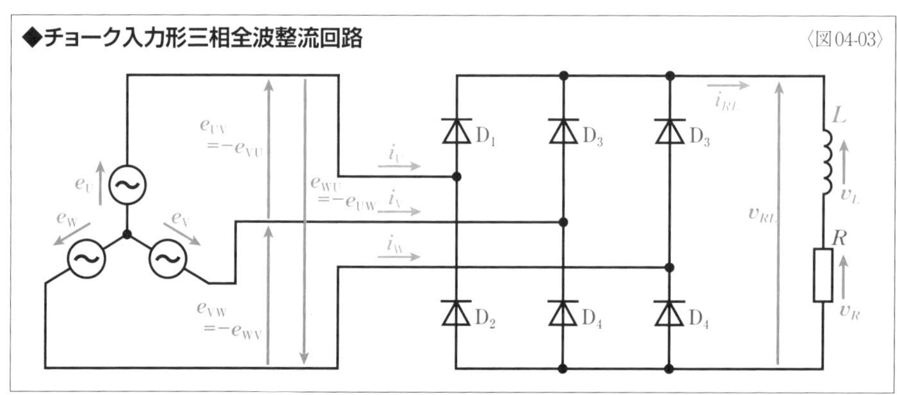

◆チョーク入力形三相全波整流回路 〈図04-03〉

◆チョーク入力形三相全波整流回路のデバイスの動作と各部の波形

〈図04-04〉

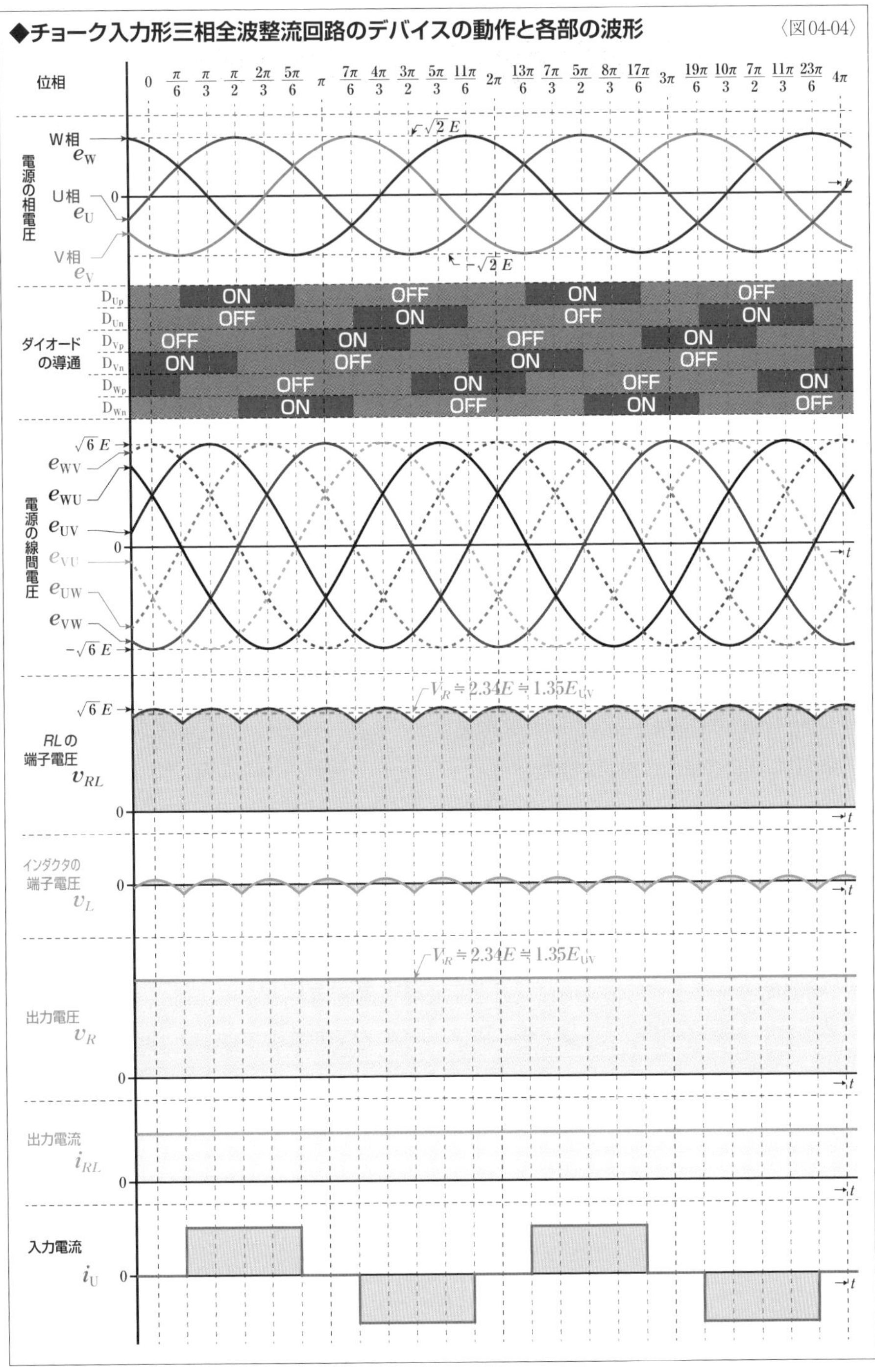

第4節 三相整流回路の平滑化

位相制御整流回路

ダイオードの代わりにオン可制御デバイスであるサイリスタを使うことで、整流と同時に電圧変換を行えるのがサイリスタ位相制御整流回路だ。

▶サイリスタ位相制御整流回路

ダイオードによる**整流回路**は、交流を直流に変換できるが、電圧の制御は行えない。入力側にトランスを備えることで出力電圧をかえられるが、状況に応じた電圧の可変はできない。現在では、直流電力変換が可能な回路を組み合わせることで出力電圧の可変を行うことも多いが、整流回路のダイオードを**逆阻止3端子サイリスタ**に置き換えることでも、整流と同時に電圧の制御が行える。

単相整流回路でもっとも一般的に使われている〈図05-01〉のようなブリッジ形全波整流回路で純抵抗負荷の場合、電源電圧eが実効値Eで$e=\sqrt{2}\,E\sin\theta$で示されとすると、〈図05-02〉のように電源電圧の極性によって位相角$\theta=0$と$\theta=\pi$でダイオードのターンオンが行われる。このときの出力電圧v_Rの平均値V_Rは〈式05-03～06〉のようになる。いっぽう、**サイリスタ**であれば任意の位相角でターンオンさせられる。ターンオンをダイオードの場合より遅らせれば、導通期間が短くなり、平均電圧を低下させられるので、電圧制御が可能になるわけだ。

このように整流回路の可制御デバイスをターンオンさせる位相を制御して電圧を可変することを**位相制御**という。サイリスタによって位相制御を行う回路を**サイリスタ位相制御整流回路**というが、単に**位相制御整流回路**や**サイリスタ整流回路**ということも多い。また、遅らせる位相角を**点弧遅れ角**や**位相制御遅れ角**、**制御遅れ角**というが、単に**点弧角**や**位相制御角**、**制御角**ということも多い。さらに位相制御を**点弧角制御**ということもある。

たとえば、単相全波整流の**ダイオードブリッジ**を**サイリスタブリッジ**に置き換えると〈図05-07〉のような**サイリスタブリッジ位相制御整流回路**になる。動作の詳しい説明は改めて行うが、点弧角をαとすると、〈図05-08〉のように出力電圧v_Rは、ダイオードによる全波整流の**脈流**の波形からθが0～αの範囲とπ～$\pi+\alpha$の範囲を切り取ったものになる。αの値がπ以上だったり負の値であると位相制御が行えなくなるため、αの範囲は$0\leqq\alpha<\pi$になる。

出力される脈流の周期は電源電圧の半周期なので、出力電圧v_Rの平均値V_Rは、〈式05-09～12〉のように電源電圧eの$\alpha\leqq\theta\leqq\pi$を積分して、半周期で割れば求められる。電源電圧$e$の実効値$E$で示すと、$\dfrac{\sqrt{2}}{\pi}E\,(1+\cos\alpha)\fallingdotseq0.45E\,(1+\cos\alpha)$になる。つまり、点弧角

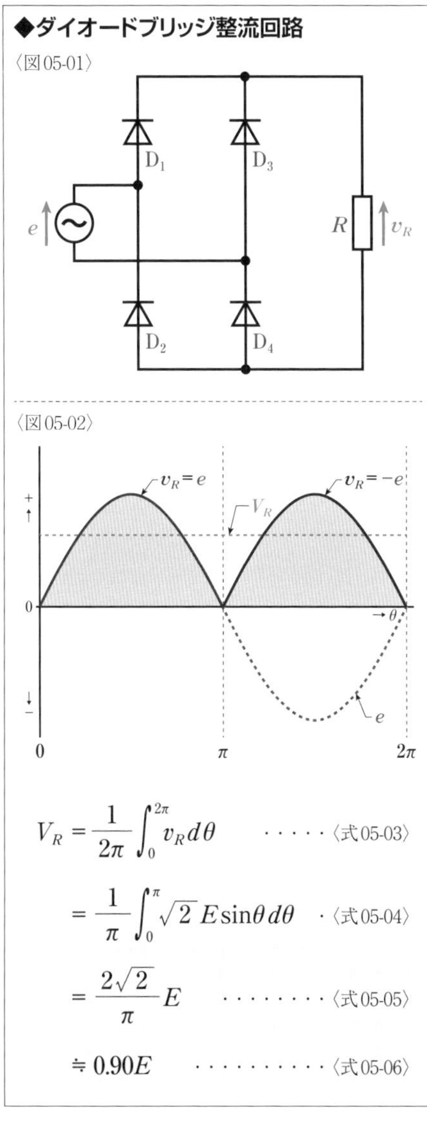

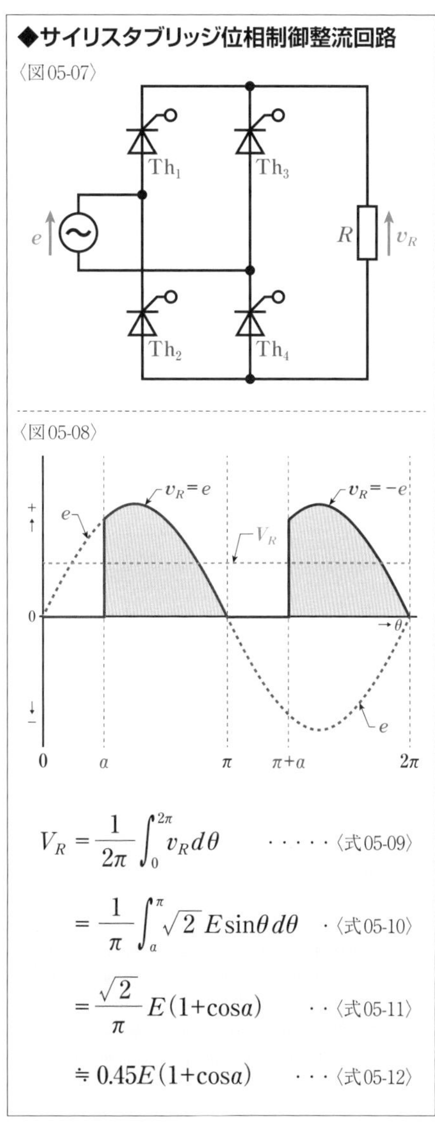

をかえることで出力電圧を可変できるわけだ。$\alpha=0$にすると、$\cos\alpha=1$になり、ダイオードによる単相全波整流回路の出力電圧の平均値と同じ値になる。いっぽう、$\alpha=\pi$にすると、$\cos\alpha=-1$になり、$V_R=0$になる。よって出力電圧の平均値V_Rの範囲は0～約$0.9E$になる。

なお、この出力電圧の平均値はあくまでも純抵抗負荷の場合のものだ。インダクタを使ってサイリスタ位相制御整流回路の平滑化を行ったり、負荷が誘導性負荷の場合には、ここに示した値とは異なったものになる。

▶サイリスタブリッジ位相制御整流回路と純抵抗負荷

サイリスタブリッジ位相制御整流回路の純抵抗負荷の場合の動作を見てみよう。ここでは〈図05-13〉のように各部の電圧と電流を定め、電源電圧eは実効値Eで$e=\sqrt{2}\,E\sin\theta$で示され、**点弧角**はαとする。

$\theta=0$でeが0から立ち上がると、サイリスタ$\mathrm{Th_1}$と$\mathrm{Th_4}$は**順方向バイアス**されるが、まだ**ゲートトリガ電流**が流されていないので導通しない。サイリスタ$\mathrm{Th_2}$と$\mathrm{Th_3}$は**逆方向バイアス**されるのでこちらも導通しない。よって、閉回路が成立しないので、どこにも電

◆単相全波位相制御整流回路（純抵抗負荷）
〈図05-13〉

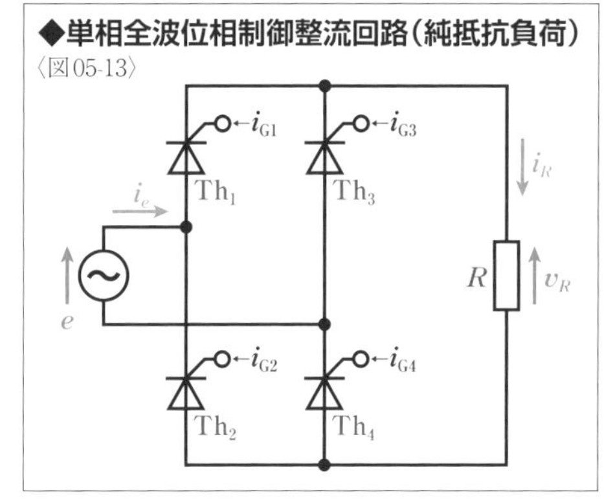

◆サイリスタブリッジ位相制御整流回路（純抵抗負荷）の動作

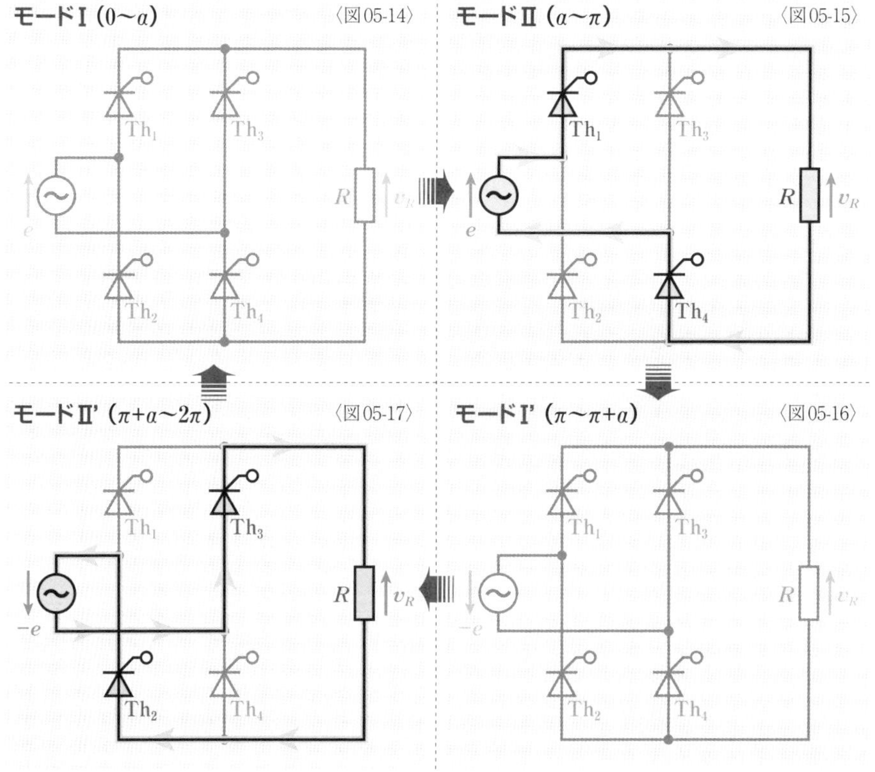

モードⅠ（$0\sim\alpha$） 〈図05-14〉

モードⅡ（$\alpha\sim\pi$） 〈図05-15〉

モードⅡ'（$\pi+\alpha\sim2\pi$） 〈図05-17〉

モードⅠ'（$\pi\sim\pi+\alpha$） 〈図05-16〉

流が流れない。〈図05-14〉のように等価回路に表わすべき部分もないことになる。この状態をモードⅠとする。

$\theta=\alpha$でゲートトリガ電流i_{G1}とi_{G4}が流されると、Th_1とTh_4がターンオンしてモードⅡになる。Th_2とTh_3は逆阻止状態が続き、〈図05-15〉のような等価回路になる。ダイオードブリッジで入力交流の正の半周期を整流しているのと同じ状態だ。Rに電源電圧eがかかり、$v_R=e$になり、電流$i_e=i_R$が流れる。モードⅡは電源の極性が反転する$\theta=\pi$まで続く。

$\theta=\pi$を超えて電源電圧eが負の領域になると、Th_1とTh_4がeによって逆方向バイアスされてターンオフする。Th_2とTh_3は順方向バイアスされるが、ゲートトリガ信号が加えられていないので導通しない。よって、再び電流が流れず〈図05-16〉のように等価回路に表わすべき部分がない状態になる。モードⅠと同じ状態だが、電源の極性が異なるのでこの状態をモードⅠ'とする。

◆サイリスタブリッジ位相制御整流回路（純抵抗負荷）のデバイスの動作と各部の波形 〈図05-18〉

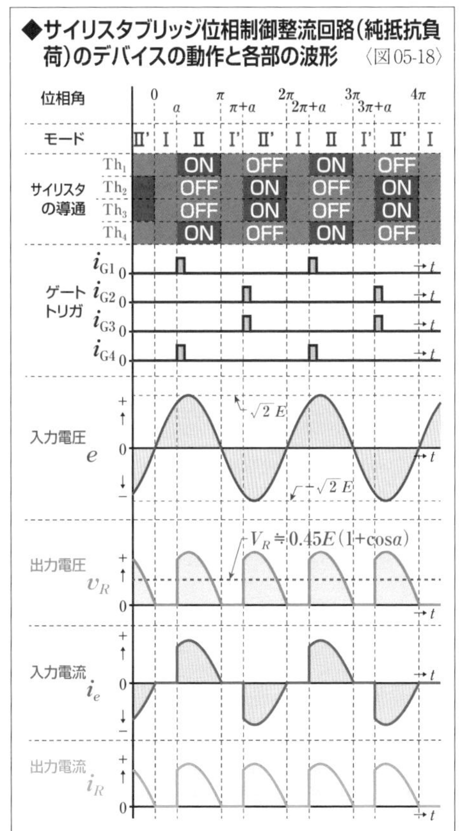

$\theta=\pi+\alpha$でゲートトリガ電流i_{G2}とi_{G3}が流されると、Th_2とTh_3がターンオンする。Th_1とTh_4は逆方向バイアスが続いているので逆阻止状態が続き、〈図05-17〉のような等価回路になる。ダイオードブリッジで入力交流の負の半周期を整流しているのと同じ状態だ。Rに電源電圧eがかかり、$v_R=-e$になるが、eは負の領域なので$v_R=|e|$になる。電流i_eはモードⅡとは逆方向になるが、電流i_Rは同じ方向に流れる。この状態がモードⅡ'で、電源の極性が再び反転する$\theta=2\pi$まで続く。

以上のようにモードⅠ→Ⅱ→Ⅰ'→Ⅱ'を繰り返すことで整流と電圧制御が行われる。入出力の電圧と電流の波形をまとめると〈図05-18〉のようになる。出力電圧v_Rの波形は、全波整流の**脈流**の波形からθが$0\sim\alpha$の範囲と$\pi\sim\pi+\alpha$の範囲が切り取られたものになる。純抵抗負荷なので、流れる電流i_Rも同じ波形になる。入力電流i_eは、正弦波交流からθが$0\sim\alpha$の範囲と$\pi\sim\pi+\alpha$の範囲が切り取られたものになるので、**高調波**が含まれることになる。

▶サイリスタブリッジ位相制御整流回路の平滑化

サイリスタブリッジ位相制御整流回路の出力は電圧が途切れる期間もある**脈流**なので、一般的にはインダクタによる**平滑化**が行われる。**チョーク入力形サイリスタブリッジ位相制御整流回路**は〈図05-19〉のような回路になる。誘導性負荷であれば、そのインダクタンス成分が平滑化に役立つこともある。

◆チョーク入力形位相制御整流回路
〈図05-19〉

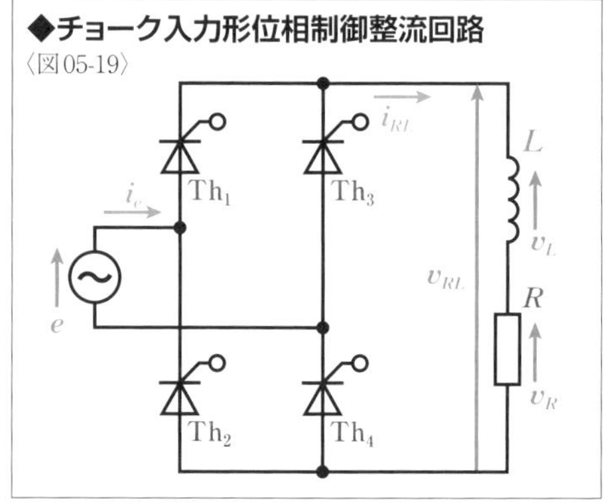

まずは、**平滑インダクタ**のインダクタンスLが十分に大きく、出力電流がほぼ一定になる状態を見てみよう。ここでは〈図05-19〉のように各部の電圧と電流を定め、電源電圧eは実効値Eで$e=\sqrt{2}\,E\sin\theta$で示され、点弧角$\alpha=\frac{\pi}{3}$とする。定常状態の入力交流1波形分の電圧の関係は〈図05-20〉のようになる。出力電流i_{RL}が一定であれば、出力電圧であるv_Rも一定だ。v_Rの平均値をV_Rとする。

わかりやすくするために、サイリスタTh_1とTh_4がターンオンされる$\theta=\alpha$から説明を始める。Th_1とTh_4が導通すると、Th_2とTh_3は逆方向バイアスされ逆阻止状態になり、$v_{RL}=e$の関係になる。また、RとLはv_{RL}を**分圧**しているので、$v_{RL}=V_R+v_L$の関係がある。よって、Th_1とTh_4が導通している間は$V_R=e-v_L$の関係が成立する。このとき$V_R<e$なので、v_Lは正の値になり、$V_R=e-v_L$の関係を保ちながらLは磁気エネルギーを蓄積していく。この状態をモードⅡとすると、等価回路は〈図05-21〉のようになり、$V_R=e$になる$\theta=\beta$まで続く。

◆チョーク入力形相制御整流回路の各部の電圧の1周期の波形
〈図05-20〉

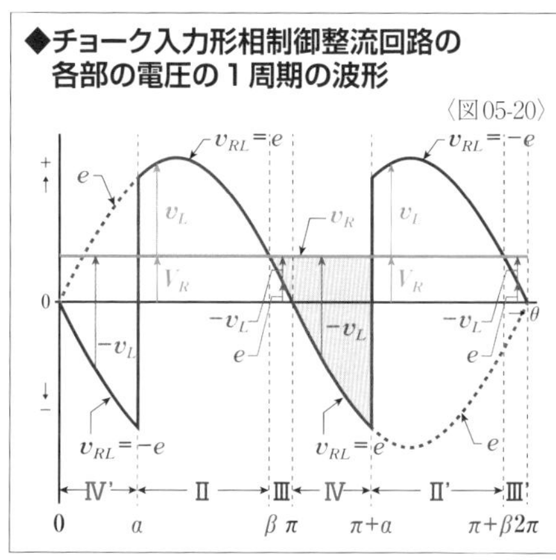

$\theta=\beta$を超えて$V_R>e$の状態になると、$V_R=e-v_L$の関係からv_Lは負の値になる。つまり、Lには逆起電力が生じている。Rには電源電圧eと逆起電力$-v_L$の両方がかかり、$V_R=e+|v_L|$になる。この状態がモードⅢで、$\theta=\pi$まで続く。

$\theta=\pi$を超えて電源電圧eが負の領域になると、本来ならTh_1とTh_4がターンオフするが、Lがそれまでと同じ方向にi_{RL}を流し続けようとするため、その電流によってTh_1と

Th_4は導通状態(どうつうじょうたい)が維持(いじ)される。この状態でもv_RはV_Rで一定なので、負の電源電圧eを逆起電力$-v_L$が打ち消している。つまり、$V_R=|v_L|-|e|$になる。この状態がモードⅣで、次の点弧角$\theta=\pi+\alpha$まで続く。

➡次ページに続く

◆チョーク入力形位相制御整流回路の動作

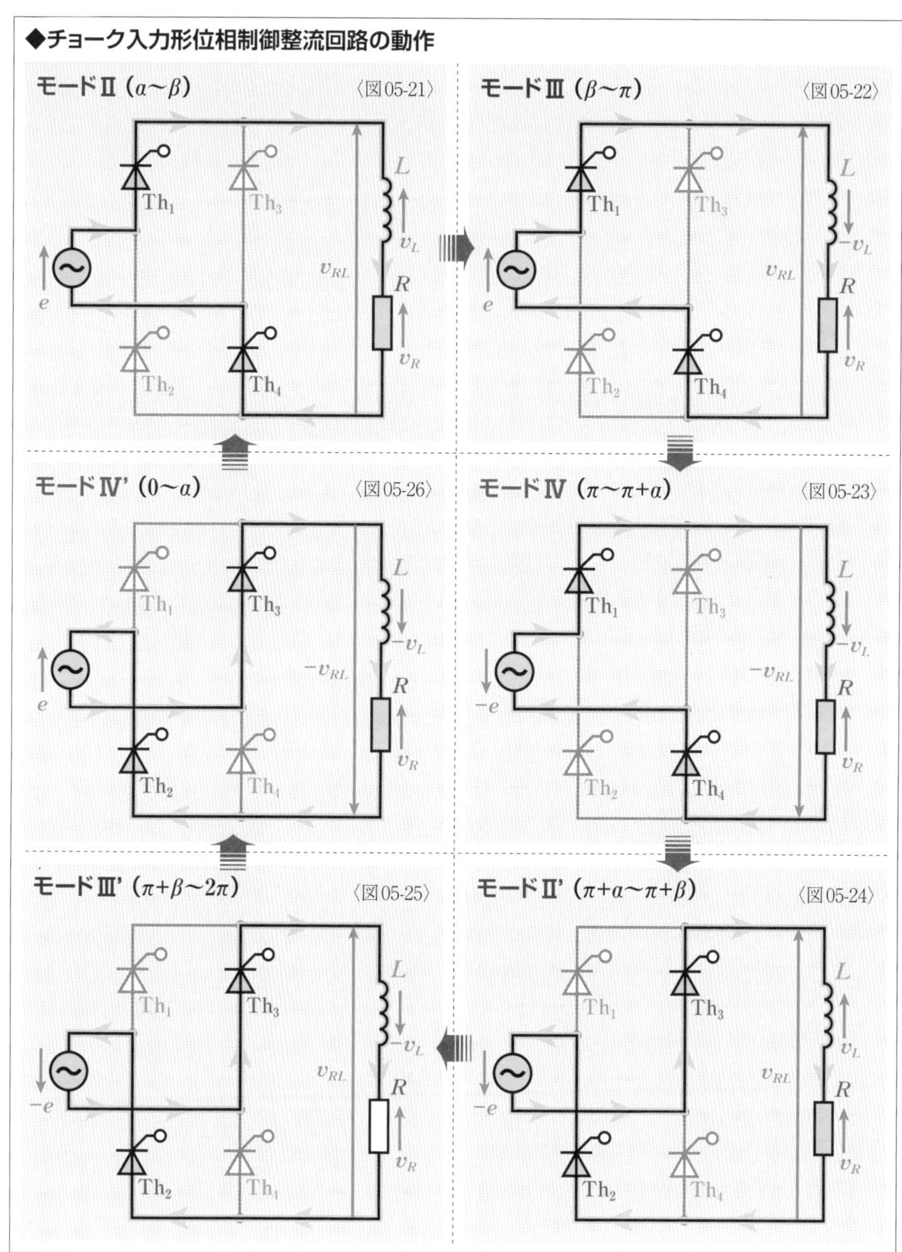

$\theta=\pi+\alpha$でTh$_2$とTh$_3$がターンオーンされると、導通したTh$_2$とTh$_3$を電流が流れるため、Th$_1$とTh$_4$には電流が流れなくなって逆阻止状態になる。導通するサイリスタの変化によって、以降は$v_{RL}=-e$の関係になる。いっぽう、$v_{RL}=V_R+v_L$の関係は続いているので、Th$_2$とTh$_3$が導通している間は$V_R=-e-v_L$の関係が成立する。（※見やすくするために、〈図05-20〉と〈図05-24～26〉を本ページに再掲載）

$\theta=\pi+\alpha$を超えるとモードII'になり、等価回路は〈図05-24〉のようになる。$V_R<|e|$の状態なのでv_Lは正の値になり、$V_R=|e|-v_L$の関係を保ちながら、Lはエネルギーを蓄積していく。

$\theta=\pi+\beta$を超えて$V_R>|e|$の状態になると、Lには逆起電力が生じ、Rには極性が逆転された電源電圧eと逆起電力$-v_L$の両方がかかり、$V_R=|e|+|v_L|$になる。この状態がモードIII'で、等価回路は〈図05-25〉のようになる。

$\theta=2\pi=0$を超えて電源電圧eが正の領域になっても、モードIVの場合と同じように、Th$_2$

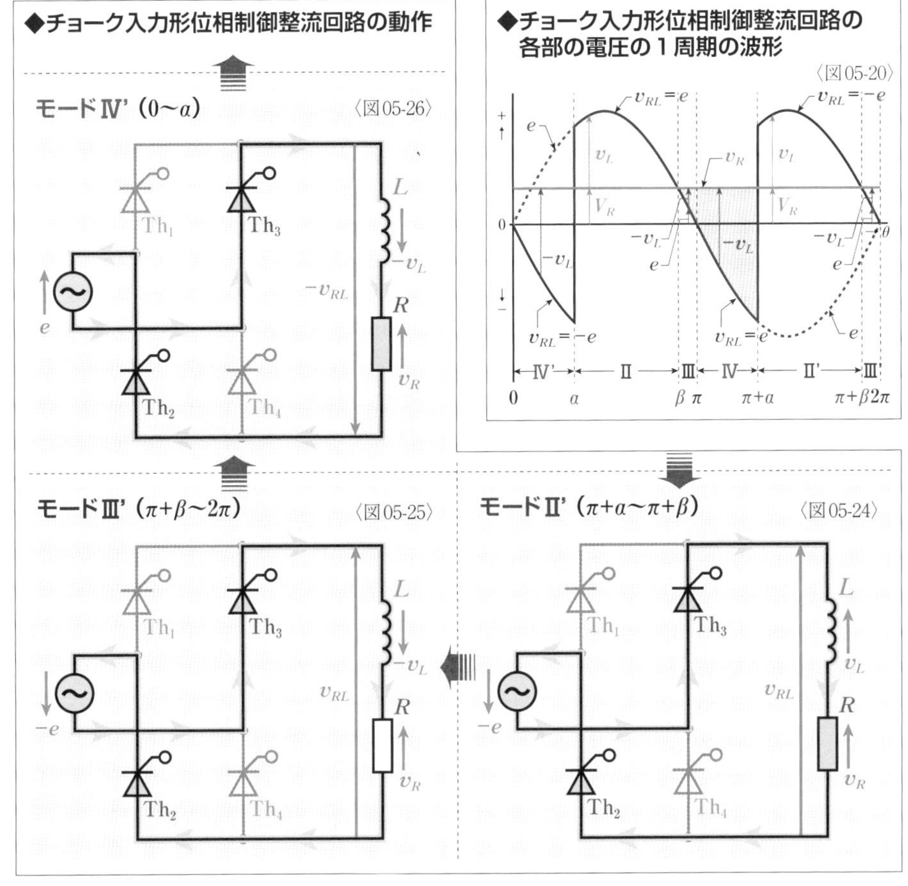

とTh_3の導通が続いてしまう。これがモードⅣ'で、$V_R = |v_L| - |e|$になる。この状態が次の点弧角まで続く。以上のようにモードⅡ→Ⅲ→Ⅳ→Ⅱ'→Ⅲ'→Ⅳ'を繰り返すことで**位相制御**と**平滑化**が行われる。

▶サイリスタブリッジ位相制御整流回路の波形

動作を説明した**チョーク入力形サイリスタブリッジ位相制御整流回路**の各部の波形をまとめると〈図05-27〉のようになる。前提条件として、v_RはV_Rで一定だ。直列接続されたRとLの端子電圧v_{RL}の波形は、全波整流の**脈流**の波形のうち、$0 \leqq \theta \leqq \alpha$の部分と$\pi \leqq \theta \leqq \pi+\alpha$の部分の極性が反転されたものになる。純抵抗負荷の場合には切り取られていた部分が負の電圧になるので、出力電圧であるv_Rの平均値V_Rは純抵抗負荷の場合とは異なったものになる。全波整流の脈流の周期は電源電圧の半周期なので、平均値V_Rは、〈式05-28～31〉のように電源電圧eの$\alpha \leqq \theta \leqq \pi+\alpha$の期間を積分して、半周期で割れば求められる。電源電圧の実効値Eで示すと、$\dfrac{2\sqrt{2}}{\pi}E\cos\alpha \fallingdotseq 0.90E\cos\alpha$になる。なお、定常状態では**$v_L$の1周期の平均電圧は0**になるので、〈図05-20〉のグラフの水色の部分とピンク色の部分の面積は等しくなる。

いっぽう、出力電流であるi_{RL}は前提条件として一定だ。結果、入力電流i_eは方形波になり、入力交流電圧より位相がαだけ遅れている。入力電流は方形波なので多くの**高調波**が含まれることになる。

◆チョーク入力形位相制御整流回路のデバイスの動作と各部の波形 〈図05-27〉

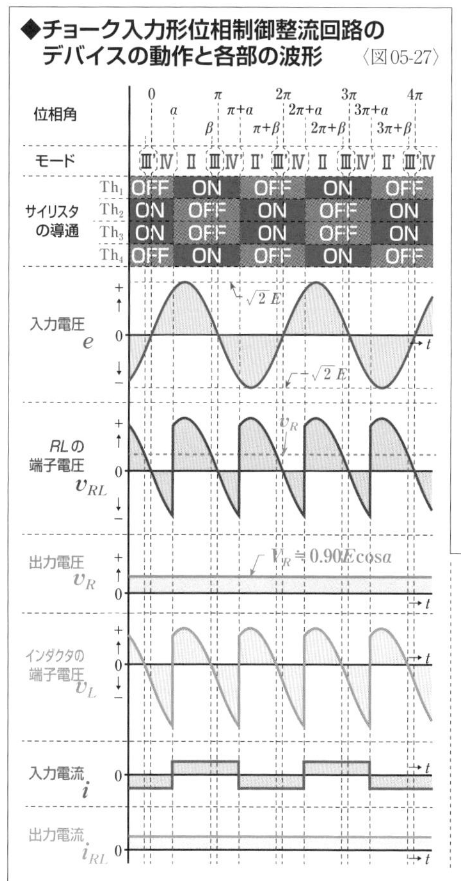

$$V_R = \frac{1}{2\pi}\int_0^{2\pi} v_R \, d\theta \qquad \cdots\cdots\cdot 〈式05\text{-}28〉$$

$$= \frac{1}{\pi}\int_\alpha^{\pi+\alpha} \sqrt{2}\,E\sin\theta \, d\theta \qquad \cdot 〈式05\text{-}29〉$$

$$= \frac{2\sqrt{2}}{\pi}E\cos\alpha \qquad \cdots\cdots\cdot 〈式05\text{-}30〉$$

$$\fallingdotseq 0.90E\cos\alpha \qquad \cdots\cdots\cdots 〈式05\text{-}31〉$$

▶サイリスタブリッジ位相制御整流回路の消弧角

◆チョーク入力形位相制御整流回路

〈図05-19〉

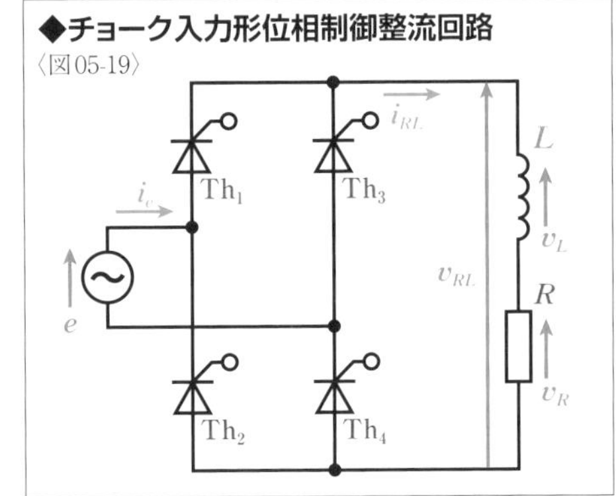

前ページまででは、**サイリスタブリッジ位相制御整流回路**の**平滑インダクタ**のインダクタンスLが十分に大きく、出力電流i_{RL}がほぼ一定の状態を見てきたが、この状態からLを小さくしていくとi_{RL}が脈動するようになり、さらに小さくすればi_{RL}が途切れるようになる。

たとえば、〈図05-32〉のようにπと$\pi+\alpha$の間の$\pi+\delta$でi_{RL}が途切れたとする。このときの位相角δを**消弧角**という。電流が途切れてしまうと、1周期（θが$0\sim2\pi$）のうちθが$\delta\sim\alpha$の期間と$\pi+\delta\sim\pi+\alpha$の期間は、電源が切り離された状態になる。つまり、純抵抗負荷の場合のモードIとI'と同じ状態だ。

当然、出力電圧であるv_Rも脈動し、0になる期間が生じるため、v_Rの平均値V_Rも電流が途切れない場合とは異なったものになる。この場合は、〈式05-33～37〉のように電源電圧eの$\alpha\leqq\theta\leqq\pi+\delta$の期間を積分して、半周期で割れば$V_R$が求められる。電源電圧の実効値$E$で示すと、$\dfrac{2\sqrt{2}}{\pi}E\dfrac{\cos\alpha+\cos\delta}{2}$ ≒ 約$0.45E(\cos\delta+\cos\alpha)$になる。

ただし、一般的には位相制御整流回路は出力電流が脈動しないようにして使うものなので、電流が途切れるというのは、抵抗Rが小さくなって大きな出力電流が流れるような特殊な状況だといえる。なお、i_{RL}が脈動しても電流が途切れる期間がなければ、i_{RL}がほぼ一定の場合と同じように$\dfrac{2\sqrt{2}}{\pi}E\cos\alpha\fallingdotseq0.90E\cos\alpha$で$V_R$を求めることができる。

◆チョーク入力形位相制御整流回路の出力電流が途切れる場合

〈図05-32〉

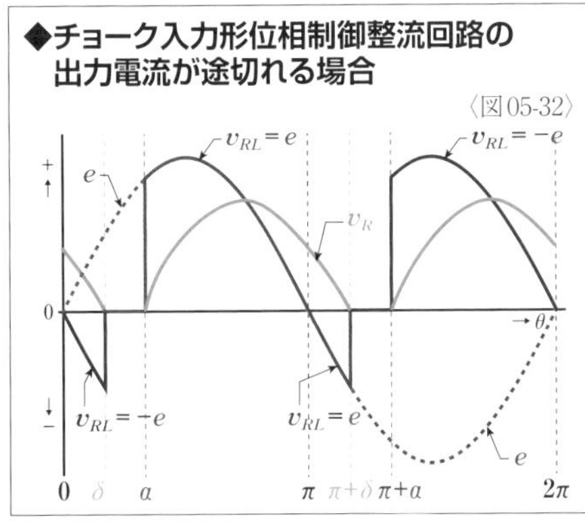

$$V_R=\frac{1}{2\pi}\int_0^{2\pi}v_R\,d\theta \quad \cdots\cdots\text{〈式05-33〉}$$

$$=\frac{1}{\pi}\int_\alpha^{\pi+\delta}\sqrt{2}\,E\sin\theta\,d\theta \quad \cdot\text{〈式05-34〉}$$

$$=\frac{2\sqrt{2}}{\pi}E\frac{\cos\alpha+\cos\delta}{2} \quad \cdot\text{〈式05-35〉}$$

$$\fallingdotseq 0.90E\frac{\cos\alpha+\cos\delta}{2} \quad \cdot\text{〈式05-36〉}$$

$$=0.45E(\cos\alpha+\cos\delta) \quad \cdot\cdot\text{〈式05-37〉}$$

▶サイリスタブリッジ位相制御整流回路の出力電圧

サイリスタブリッジ位相制御整流回路の**点弧角**(てんこかく)αについて考えてみよう。電源電圧eが負の領域(りょういき)にある$\pi<\alpha<2\pi$の範囲(はんい)でサイリスタTh_1とTh_4をターンオンさせようとしても、逆方向(ぎゃくほうこう)バイアスされているのでターンオンしない。つまり、意味のある点弧角は$0\leqq\alpha<\pi$の範囲になる。

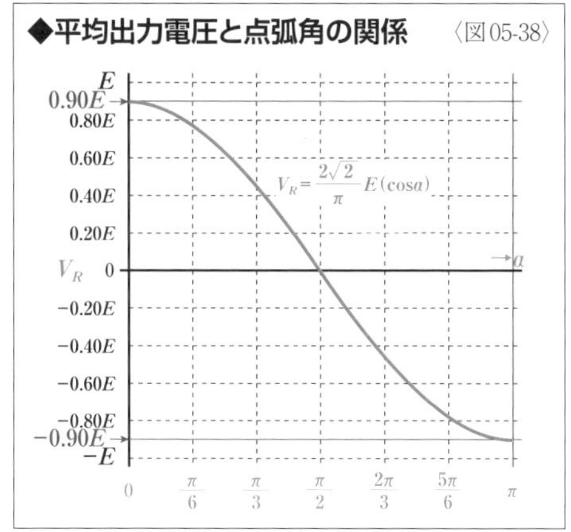

◆平均出力電圧と点弧角の関係 〈図05-38〉

平滑インダクタによって出力電流が途切れない場合、出力電圧v_Rの平均値V_Rは$\frac{2\sqrt{2}}{\pi}E\cos\alpha\fallingdotseq0.90E\cos\alpha$で求められる。このVRとαの関係をグラフにすると〈図05-38〉のようになる。$0<\alpha<\frac{\pi}{2}$の範囲ではV_Rは正の値(あたい)で、点弧角αが大きくなるほどV_Rが小さくなる。つまり、電圧制御(でんあつせいぎょ)が行えるわけだ。

いっぽう、$\frac{\pi}{2}<\alpha<\pi$の範囲では$\cos\alpha$が負の値になるので、V_Rが負の値になる。これは本来は出力である直流側から、本来は入力である交流側に電力が伝達(でんたつ)されていることを意味する。つまり、整流回路(せいりゅうかいろ)ではなく**インバータ**として動作していることになる。こうした動作を**インバータ動作**や**逆変換動作**(ぎゃくへんかんどうさ)といい、インバータ動作しているサイリスタ位相制御整流回路を**他励式インバータ**(たれいしき)という。ちなみに、$0<\alpha<\frac{\pi}{2}$の範囲で位相制御整流を行っている動作は**整流器動作**(せいりゅうきどうさ)や**順変換動作**(じゅんへんかんどうさ)という。

実際にインバータ動作させるためには、〈図05-39〉のように直流側に下向きに正の**起電力**(きでんりょく)がある電源が接続(せつぞく)されている必要がある。こうすることで整流器動作と同じ方向に電流が流れ続けるが、電力が交流側に**回生**(かいせい)される。

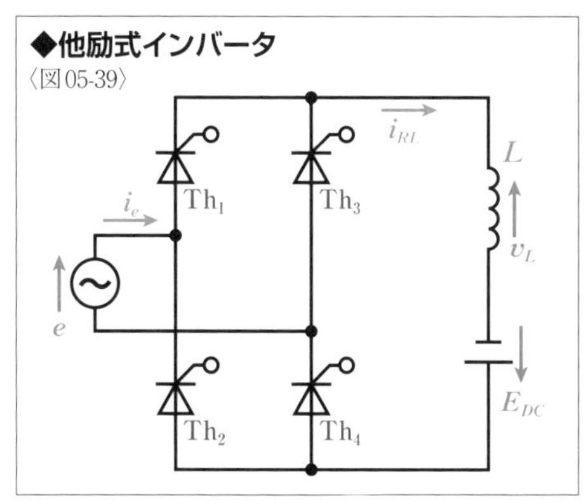

◆他励式インバータ 〈図05-39〉

インバータ動作している状態では、$\pi-\alpha=\gamma$を**制御進み角**(せいぎょすすみかく)という。サイリスタをターンオフさせるにはターンオフ時間以上、逆方向バイアスする必要があるので、$\gamma=0$ではインバータ動作させることができないため、ある程度の余裕(よゆう)をもたせる必要がある。また、インバータ動作を行うと、交流側の電流の位相(いそう)は点弧角αだけ遅れる。

▶混合ブリッジ位相制御整流回路

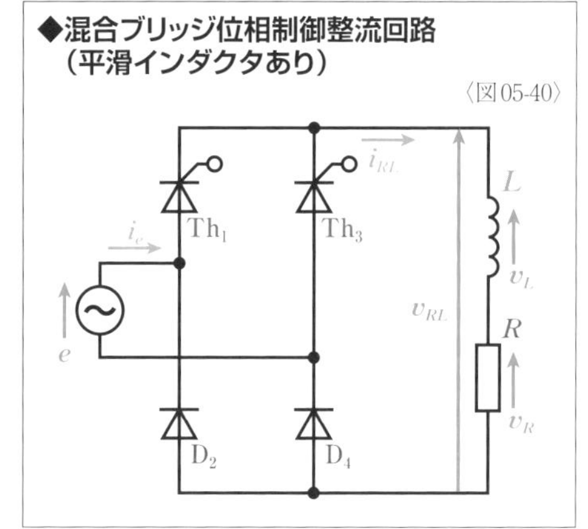

サイリスタブリッジ位相制御整流回路の4つのサイリスタのうち、〈図05-40〉のように2つをダイオードに置き換えても**位相制御**による電圧の制御が行える。こうした回路を**混合ブリッジ位相制御整流回路**という。**混合ブリッジ**に対してすべてがサイリスタであることを明示する際には**純サイリスタブリッジ位相制御整流回路**という。

平滑インダクタを使う純サイリスタブリッジの場合、電源の極性が変化しても、インダクタによって電流が流され続けるため、次の**点弧角**まで導通していたサイリスタがターンオフしない。結果として、v_{RL}が負の電圧になる期間が生じる。しかし、混合ブリッジの場合、電源の極性が変化すると、それに応じてダイオードはターンオンもしくはターンオフする。等価回路などを使った詳しい動作説明は省略するが、たとえば、電源電圧$e=\sqrt{2}\,E\sin\theta$が正の領域で点弧角αを超えていれば、Th_1とD_4が導通している。電源電圧eが負の領域になってもやはりTh_1は導通を続けるが、D_4はターンオフし、代わりにD_2がターンオンする。このD_2が**還流ダイオード**として動作するため、$D_2 \rightarrow Th_1$を経由して電流が流れ続け、電源が切り離された状態になる。結果として、v_{RL}が負の電圧になる期間がなくなるので、出力電圧v_Rの平均値V_Rは純サイリスタブリッジの純抵抗負荷の場合と同じになり、電源電圧eの実効値Eで示すと、$\dfrac{\sqrt{2}}{\pi}E(1+\cos\alpha) \fallingdotseq 0.45E(1+\cos\alpha)$になる。$V_R$が負の値になることはないので、混合ブリッジではインバータ動作はできないが、ダイオードより高価なサイリスタの使用数を減らして電圧の制御が行える。なお、純サイリスタブリッジのTh_3とTh_4をダイオードに置き換えた場合も同じように混合ブリッジ位相制御整流回路として動作する。

▶三相全波位相制御整流回路

三相全波整流回路もダイオードをサイリスタに置き換えると〈図05-41〉のような**三相全波位相制御整流回路**になる。相電圧が実効値Eで$e_U=\sqrt{2}\,E\sin\theta$、$e_V=\sqrt{2}\,E\sin(\theta-\frac{2}{3}\pi)$、$e_W=\sqrt{2}\,E\sin(\theta+\frac{2}{3}\pi)$で表わされるとすると、**点弧角**$\alpha=\dfrac{\pi}{8}$で**平滑インダクタ**のインダクタンスが十分に大きい場合の各部の波形は〈図05-42〉のようになる。点弧角はダイオードであれ

◆三相全波位相制御整流回路（平滑インダクタあり） 〈図05-41〉

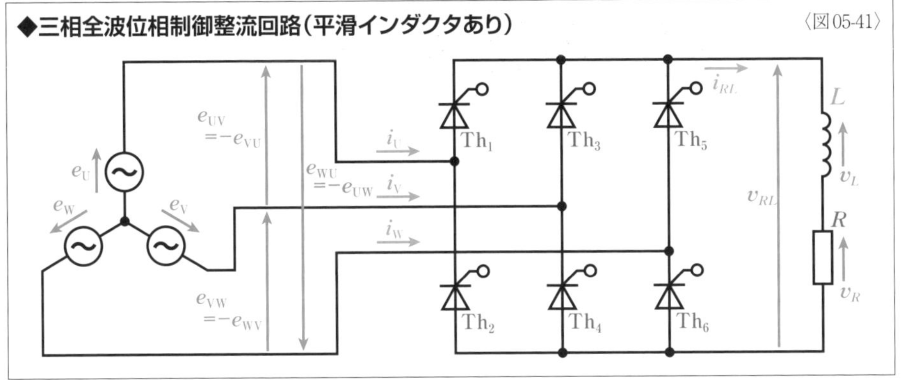

ばターンオンする位相角を基準するので、三相全波位相制御整流回路では各相の相電圧の初期位相から$\frac{\pi}{6}$遅れた位置が基準になる。出力電流が途切れない場合の出力電圧v_Rの平均値V_Rは〈式05-43～46〉で計算できる。相電圧の実効値Eで示すと、$\frac{3\sqrt{6}}{\pi}E\cos\alpha \fallingdotseq 2.34E\cos\alpha$になる。線間電圧の実効値を$E_{UV}$として換算すると$\frac{3\sqrt{2}}{\pi}E_{UV}\cos\alpha \fallingdotseq 1.35E_{UV}\cos\alpha$になる。$\frac{\pi}{2}<\alpha<\pi$の範囲では$V_R$が負の値になり**インバータ動作**になる。

◆三相全波位相制御整流回路（平滑インダクタあり）の動作 〈図05-42〉

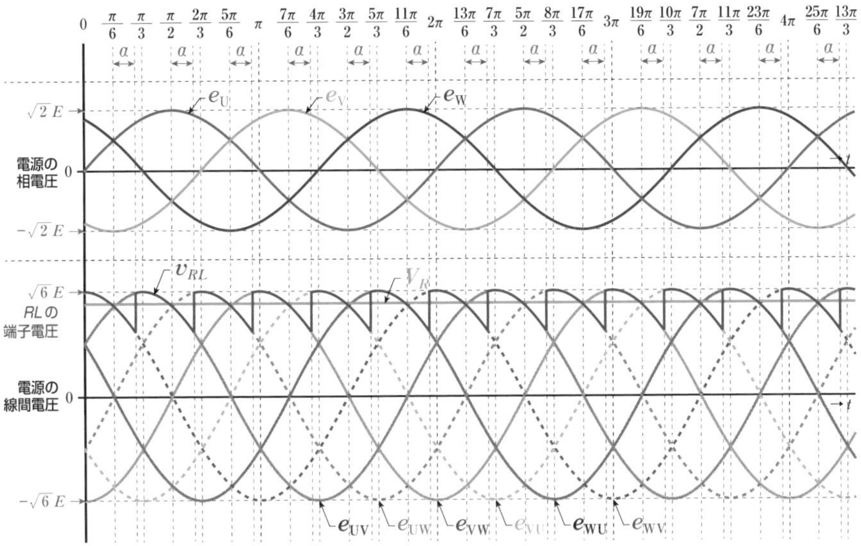

$$V_R=\frac{1}{2\pi}\int_0^{2\pi}v_R d\theta \quad =\frac{1}{\pi/3}\int_{\pi/6+\alpha}^{\pi/2+\alpha}\sqrt{6}\,E\sin\left(\theta+\frac{\pi}{6}\right)d\theta \quad =\frac{3\sqrt{6}}{\pi}E\cos\alpha \quad \fallingdotseq 2.34E\cos\alpha$$

・〈式05-43〉 ・〈式05-44〉 ・〈式05-45〉 ・〈式05-46〉

複合整流回路

整流回路の力率改善や高調波低減のために付加回路を接続した回路が複合整流回路だ。入力電流を入力電圧と同相の正弦波交流に制御することができる。

▶複合整流回路（整流回路＋昇圧チョッパ回路）

キャパシタ入力形整流回路は、入力交流電流に**高調波**が多く含まれ**力率**も悪い。しかし、**チョーク入力形整流回路**に比べると、サイズや重量、コストの面で有利であるため、キャパシタ入力形整流回路の**力率改善**と**高調波対策**のために、整流回路に付加回路を接続した**複合整流回路**がさまざまに考案されている。ここでは、単相の**ブリッジ形全波整流回路**に**昇圧チョッパ回路**（P124参照）を付加したものを取り上げる。複合整流回路は、力率改善を意味する英語“power factor correction”の頭文字から、**PFCコンバータ**ともいう。

キャパシタ入力形整流回路の力率が悪く高調波が発生するのは、電源電流に0の期間があるパルス状の波形になるためだ。常に電源電流が流れるようにし、さらにその電流の大きさを制御して電源電圧と同相の正弦波波形に近づければ、力率を改善して高調波を低減できる。昇圧チョッパ回路は、負荷側が接続されたり切り離されたりするが、電源電流は常に流れ続け、接続された状態ではインダクタが磁気エネルギーを放出し、切り離された状態では磁気エネルギーを蓄積する。そのため、整流回路に昇圧チョッパ回路を接続すれば、常に電源電流が流れるようになり、その大きさをデューティ比で制御することができる。

ここでは〈図06-01〉のように各部の電圧と電流を定め、電源電圧eが実効値Eで$e=\sqrt{2}E\sin\theta$で表わされるとし、インダクタンスLもキャパシタンスCも十分に大きく、出力電圧$v_R=v_C$はeの振幅$\sqrt{2}E$よりも高い電圧でほぼ一定に保たれるように制御するものとする。定常状態におけるeの正の半周期の動作を見てみよう。

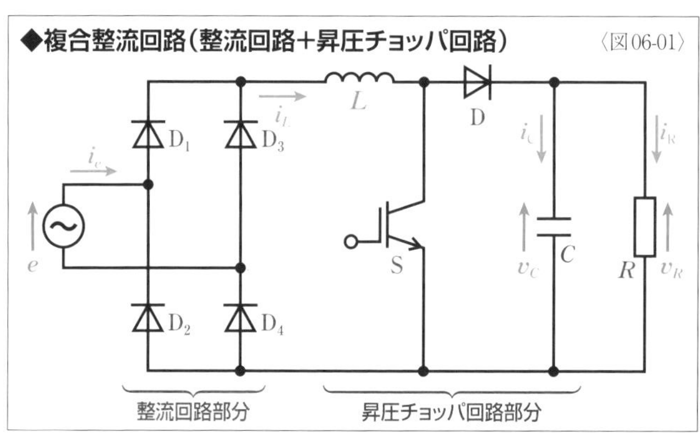

〈図06-02〉はスイッチSがオン状態の等価回路だ。電源電圧eはイ

第5章 交流－直流電力変換回路

ンダクタLだけにかかり$i_e=i_L$が流れる。i_Lは時間とともに増加し、Lはエネルギーを蓄積する。このとき、CとRはダイオードDによって電源側から切り離され、Cがエネルギーを放出して$-i_C=i_R$が流れ、Rがエネルギーを消費する。

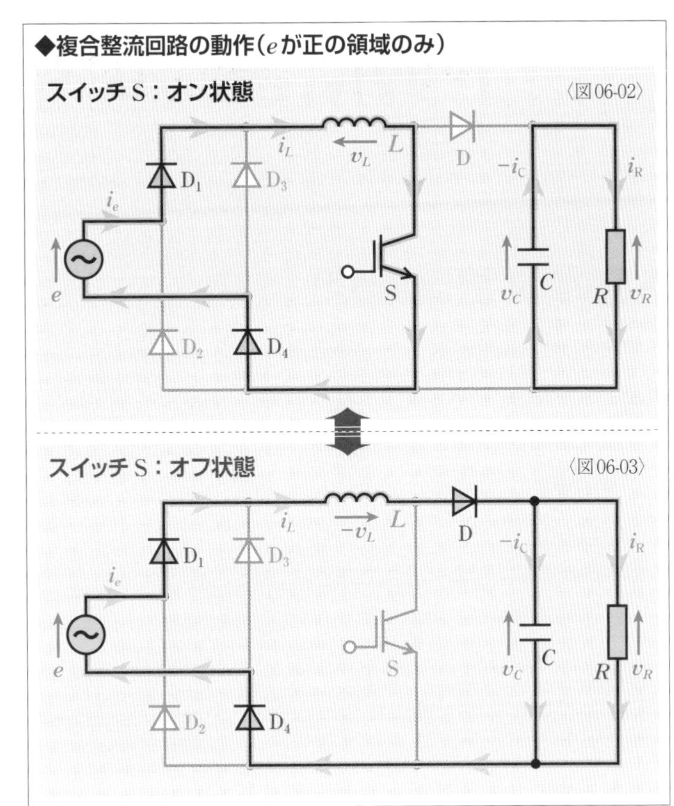

〈図06-03〉はスイッチSがオフ状態の等価回路だ。Lはエネルギーを放出し、その逆起電力$-v_L$と電源電圧eの和が並列接続されたCとRにかかる。i_Lは時間とともに減少していく。このとき、Cはエネルギーを蓄積し、Rはエネルギーを消費する。等価回路は省略するが、電源電圧eの負の半周期では整流回路部分で導通するダイオードがかわり、$-i_e=i_L$になるので、昇圧チョッパ回路部分の動作はまったく同じだ。

スイッチSのスイッチング周波数を入力交流の周波数より十分に高くしたうえで、スイッチSのデューティ比を変化させれば、i_Lの大きさを変化させられる。そのため、入力電流i_eが入力電圧eと同相の正弦波に追従するようにスイッチSのデューティ比を順次変化させていけば、i_eをeと位相差のない正弦波にでき、力率が改善できる。〈図06-04〉の例ではかなりギザギザの波形だが、スイッチング周波数をさらに高めていけば、より正弦波に近づけられる。

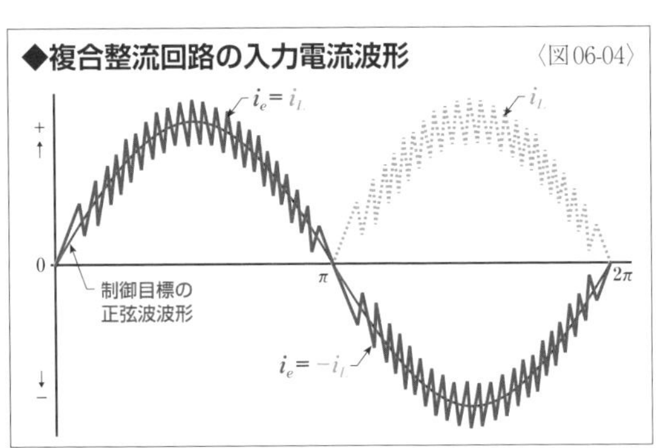

PWM整流回路

PWMインバータの入出力を入れかえるとPWM整流回路になる。1つの回路で直流と交流を双方向に電力を変換できるメリットがあるため多用されている。

▶PWM整流回路

整流回路の**高調波対策**や**力率改善**のために、**自励式整流回路**である**PWM整流回路**が使われることも増えている。PWM整流回路は、逆変換を行う**PWMインバータ**の入出力を入れ替えて順変換（整流）を行うものだといえるため、**PWMコンバータ**ということも多い。

単相PWM整流回路は〈図07-01〉のような回路になる。誘導性負荷を接続した**フルブリッジインバータ**〈図05-01〉(P175参照)と比較してみて欲しい。インバータでは直流電源が接続されていた部分に、PWM整流回路では負荷とキャパシタが接続され、インバータでは負荷が接続されていた部分に、PWM整流回路では交流電源が接続されている。また、入力側にインダクタを備えた**キャパシタ入力形全波整流回路**〈図02-09〉(P203参照)とも比較してみて欲しい。単相PWM整流回路は、ブリッジ形全波整流回路の各ダイオードと並列にオンオフ可制御デバイスを加えたものだということがわかるはずだ。つまり、全波整流は問題なく行うことができるはずで、スイッチを動作させることで異なった回路にすることも可能だ。

ここでは〈図07-01〉のように各部の電圧と電流を定め、電源電圧eが実効値Eで$e=\sqrt{2}E\sin\theta$で表わされるとし、インダクタンスLもキャパシタンスCも十分に大きく、出力電圧$v_R=v_C$はeの振幅$\sqrt{2}E$よりも高い電圧でほぼ一定に保たれるように制御するものとする。定常状態の入力電圧eが正の半周期だけで考えてみると、4つのスイッチの状態の組み合わせは〈図07-02～05〉の4種類になる。

➡P232に続く

◆単相PWM整流回路 〈図07-01〉

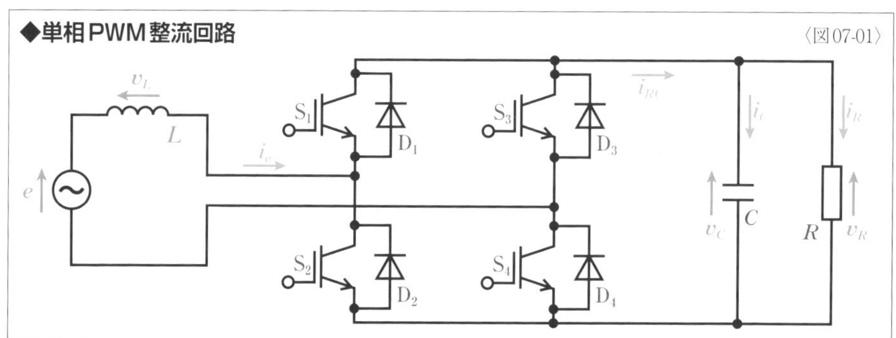

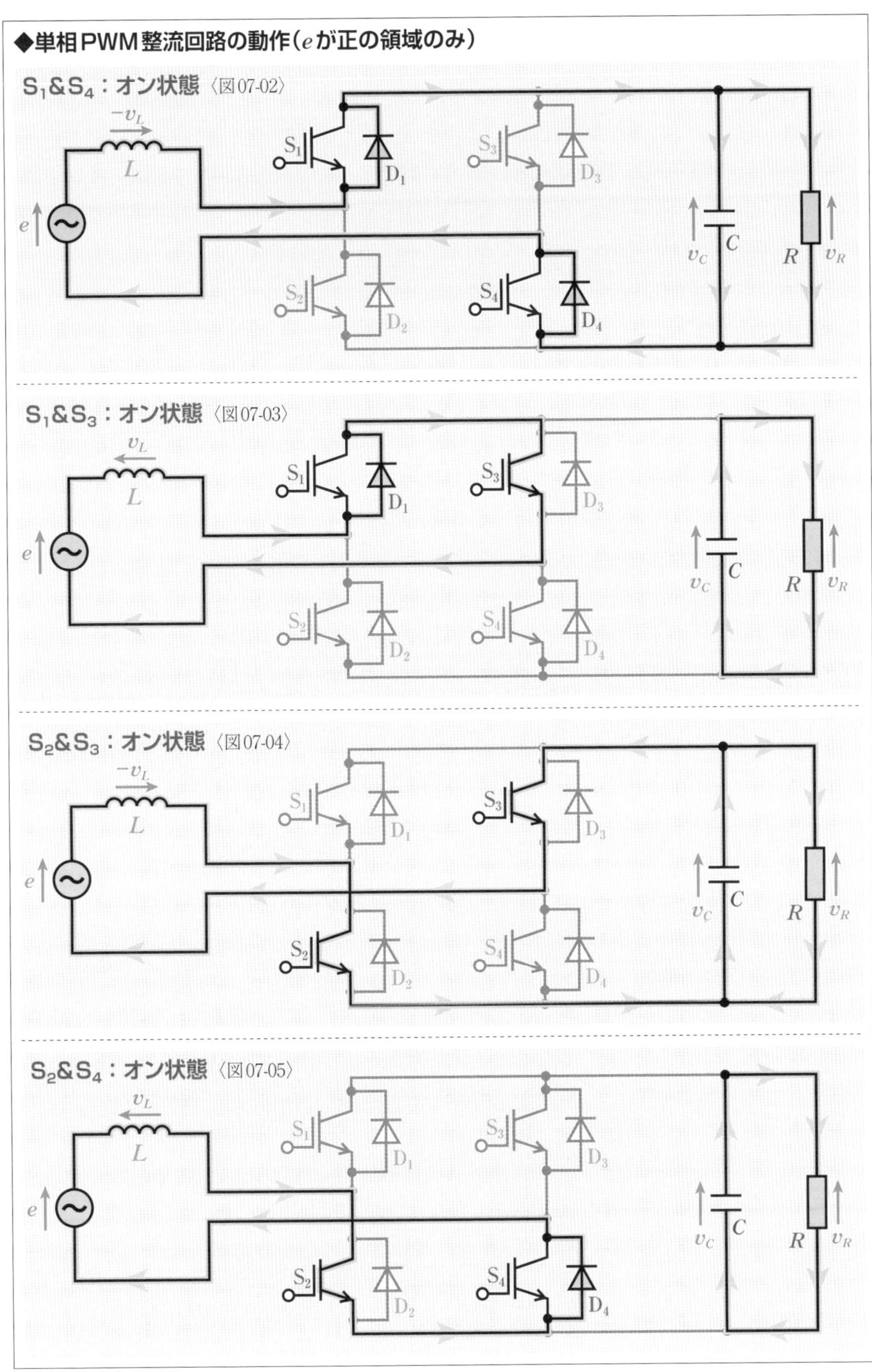
◆単相PWM整流回路の動作（eが正の領域のみ）
S_1&S_4：オン状態〈図07-02〉
$-v_L$
L
e
S_1
D_1
S_3
D_3
S_2
D_2
S_4
D_4
v_C
C
R
v_R
S_1&S_3：オン状態〈図07-03〉
v_L
S_2&S_3：オン状態〈図07-04〉
$-v_L$
S_2&S_4：オン状態〈図07-05〉
v_L

第7節 PWM整流回路

前ページの等価回路で確認したように、スイッチの状態がどのような組み合わせであっても、**PWM整流回路**では電源電流i_eは常に流れる。負の半周期であっても同じだ。キャパシタ入力形整流回路のように電流が途切れることがない。

また、eとLとCの関係に着目すると、**昇圧チョッパ回路**の動作に似ていることがわかるだろう。昇圧チョッパ回路では1つの可制御デバイスで動作を制御しているが、PWM整流回路では4つの可制御デバイスと4つのダイオードがその役割を果たしている。昇圧チョッパ回路には存在する阻止ダイオードがPWM整流回路にはないため、キャパシタCから電源側に電流が流れるスイッチの組み合わせ(S_2&S_3：オン状態)も存在するが、基本的には昇圧チョッパ回路と同じように動作しているといえる。

つまり、先に説明した**複合整流回路**と同じように、PWM整流回路でも入力電流の大きさが制御できるわけだ。入力電流i_eが入力電圧eと同相の正弦波に追従するようにPWM制御すれば、i_eをeと位相差のない正弦波にでき、**力率**が改善できる。スイッチングの制御自体はインバータとして動作させる場合と同じように行われる。入力電圧と同相の入力電流にするだけでなく、任意の初期位相にすることも可能だ。**三相PWMインバータ**の場合も、入出力を入れ替えて〈図07-06〉のようにすれば**三相PWM整流回路**になる。

また、複合整流回路の場合は整流しか行えないが、PWM整流回路であれば、入出力を入れ替えてPWMインバータとして使えば**回生**が行える。つまり、1つの回路で交流電力と直流電力を相互に変換できる。**力率改善**や**高調波対策**ばかりでなく、双方向に変換できるというメリットがあるため、PWM整流回路はさまざまな分野で多用されるようになっている。なお、回生が行われない場合は、ダイオードとオンオフ可制御デバイスの**混合ブリッジ**による**混合ブリッジPWM整流回路**(**混合PWM整流回路**)が使われることもある。

◆**三相PWM整流回路**　〈図07-06〉

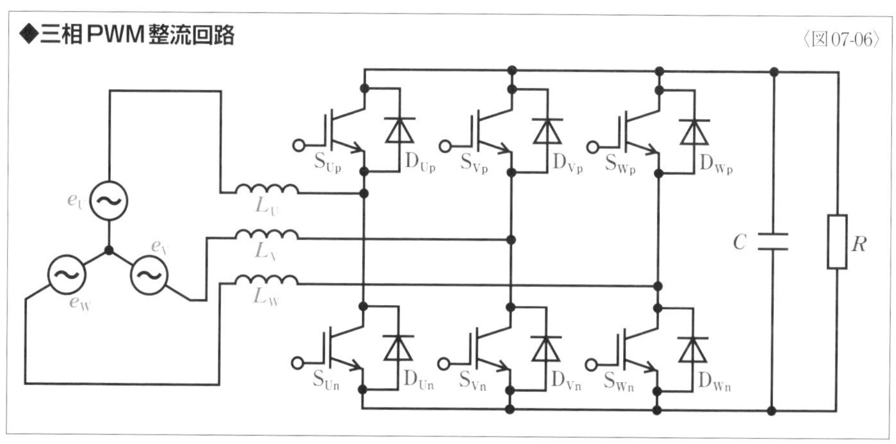

交流−交流電力変換回路

第6章

第1節

交流−交流電力変換装置

交流−交流電力変換装置で周波数変換が必要な場合は整流回路とインバータを組み合わせた間接変換が主流になっているが、直接変換を行う回路も存在する。

▶交流−交流電力変換装置

トランスを使えば交流の**電圧変換**が可能だが、**巻数比**によって**変圧比**が決まってしまう。多数のタップを備えたトランスを使えば段階的な**変圧**は可能だが、無段階には制御できない。また、トランスは扱う交流の周波数が低いほど、大きく重くなる。扱う電圧や電流が大きくなってもトランスが大きく重くなってしまう。身近な存在といえる電柱の柱上トランスからも、その大きさを想像できるだろう。しかし、パワーエレクトロニクスを活用すれば、トランスに比べて小型軽量な装置で、無段階の電圧変換ばかりか、**周波数変換**も行える。周波数変換は**交流モータ**の可変速運転を可能にする。

入出力がともに交流である電力変換を、**交流−交流電力変換**または単に**交流電力変換**といい、変換を行う装置を**交流−交流電力変換装置**、**交流電力変換装置**、**AC−ACコンバータ**という。交流電力変換装置のうち周波数を変換しない装置は、電圧を制御することで電力を調整することになるので、**交流電力調整装置**という。周波数を変換する装置は、同時に電力調整を行うものについても、単に**周波数変換装置**ということも多い。

周波数変換については、入出力の周波数が一定か可変かによって4種類に分類される。一定周波数から可変周波数への変換は**CF−VF**と略され、交流モータの可変速運転に使われる。一定周波数から一定周波数への変換は**CF−CF**と略され、日本であれば東日本で使われている50Hzと西日本で使われている60Hzの変換などに使われる。可変周波数か

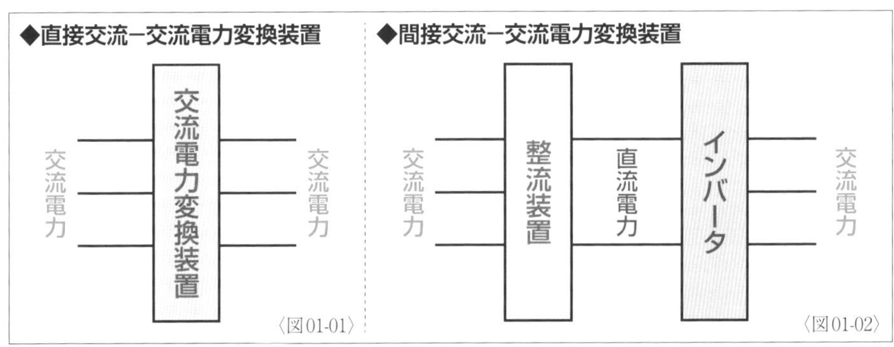

〈図01-01〉 〈図01-02〉

◆PWM整流回路＋PWMインバータ（三相−三相）〈図01-03〉

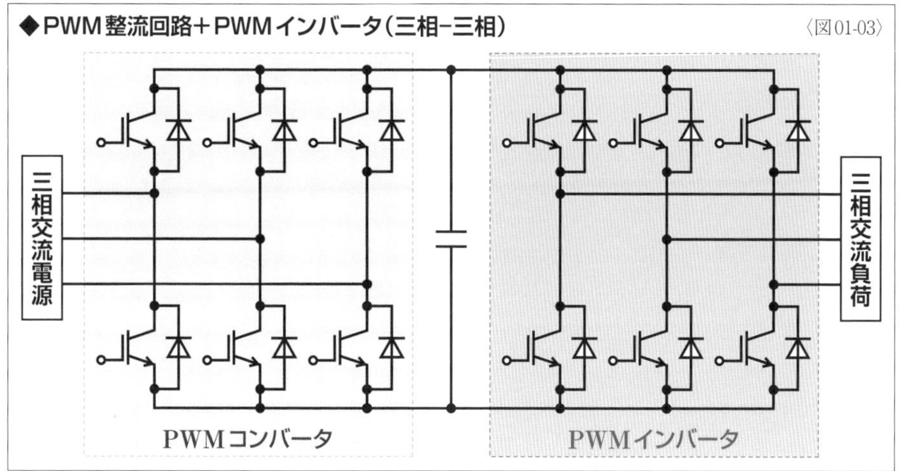

ら一定周波数への変換は**VF−CF**と略され、回転数の変動によって出力周波数が変動するエンジン発電機のような電源から、一定周波数が求められる交流機器に電力を供給するような場合に使われる。可変周波数から可変周波数への変換は**VF−VF**と略され、エンジン発電機のような電源で交流モータを可変速運転する際などに使われる。なお、CFは一定周波数を意味する“constant frequency”の頭文字、VFは可変周波数を意味する“variable frequency”の頭文字だ。

こうした交流−交流電力変換装置には、**直接変換形交流−交流電力変換装置**と**間接変換形交流−交流電力変換装置**があるが、現在の主流は**間接変換**だ。間接変換形は〈図01-02〉のように整流装置とインバータを組み合わせることで交流−直流−交流という2段階の電力変換を行う。たとえば、〈図01-03〉のような**PWM整流回路**（**PWMコンバータ**）と**PWMインバータ**の組み合わせであれば、電圧も周波数も可変できる。しかも、PWM整流回路とPWMインバータは同じ構成の回路であるため、その役割を入れ替えれば逆方向での変換も可能だ。そのため、**回生**も行う**三相交流モータ**の運転では一般的な電力変換装置になっている。図の例では整流回路とインバータがともに三相だが、**単相PWM整流回路**と**三相PWMインバータ**を組み合わせれば、単相電源環境で三相交流モータを運転できる。

整流回路もインバータもPWM制御を行うので、こうした組み合わせであれば、入力側も出力側も電流波形を正弦波にすることができるが、交流−直流と直流−交流の2段階の電力変換を行うため、それぞれの電力変換で損失が生じてしまう。また、整流回路とインバータの中間には大容量のキャパシタが必要になるため、どうしても装置が大がかりになるうえ、キャパシタは時間とともに特性が劣化していくため、定期的な交換が必要になる。

▶直接交流−交流電力変換装置

交流−交流電力変換では間接変換が主流だが、**直接変換形交流−交流電力変換装置**もある。**電圧変換**だけを行う**交流電力調整回路**で代表的なものが**交流位相制御回路**だ。

サイリスタによる交流位相制御回路は〈図01-04〉のように半波の**位相制御整流回路**を2つ組み合わせたものが基本形だといえる。一方のサイリスタで入力交流の正の領域を**位相制御**し、もう一方のサイリスタで負の領域を位相制御する。結果、出力電圧波形は〈図01-05〉のようになるので、交流電圧の実効値が制御できるわけだ。ただし、入力側も出力側も電流波形は正弦波とは異なったものになり、**高調波**が多く含まれ、**力率**も悪い。そのため白熱電球の調光や電熱器具の温度調整といった限られた用途にしか使われていない。

交流電力調整装置にはほかにも各種の回路がある。〈図01-06〉のように交流位相制御回路の2つのサイリスタをオンオフ可制御デバイスによる**双方向スイッチ**に置き換えたうえで、〈図01-07〉のように通電幅の中心が入力電圧の正負の最大値と一致するように制御すれば、電圧と電流の位相を一致させることができる。

また、交流においても**チョッパ回路**で出力交流電圧の実効値が制御できる。たとえば、〈図01-08〉のように2組の双方向スイッチを使えば**交流降圧チョッパ回路**になる。双方向スイッチが交互にオン状態になるように制御すれば、出力電圧は〈図01-09〉のようになるので、出力電圧の実効値をデューティ比で可変することができる。**交流昇圧チョッパ回路**や**交流昇降圧チョッパ回路**といった**交流チョッパ回路**を構成することも可能だ。

周波数変換も行える直接変換形交流電力変換装置には、**サイクロコンバータ**と**マトリクスコンバータ**がある。詳しくは以降の節で説明するが、サイクロコンバータはサイリスタによる位相制御整流回路を組み合わせることで周波数変換を行う。しかし、実用的な出力周波数は電源周波数の$\frac{1}{3}$倍程度が上限になるうえ、入力電流に高調波が多く含まれ、力率

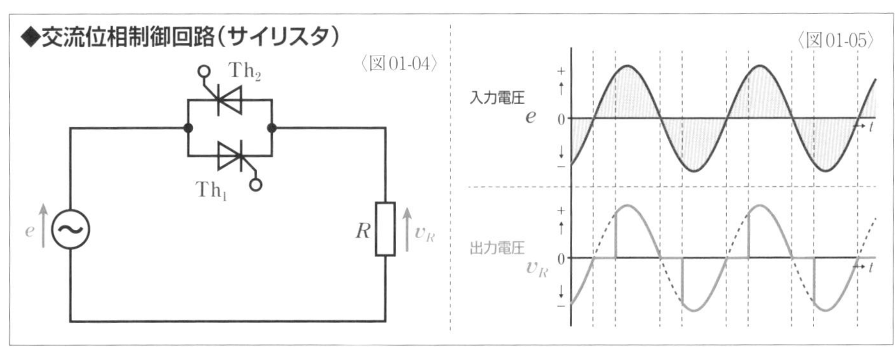

◆交流位相制御回路（サイリスタ）

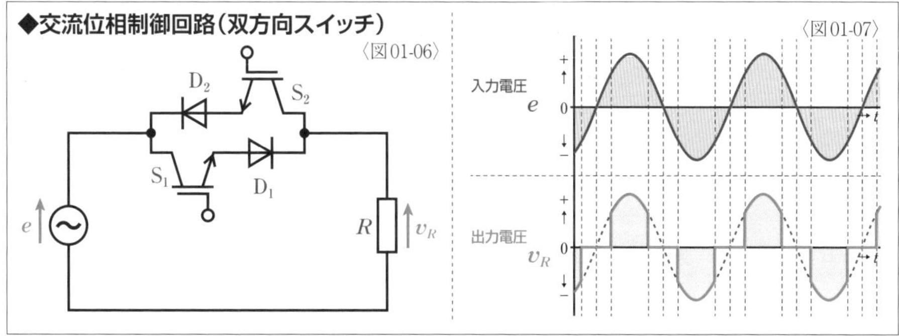

も悪い。変換に使われるサイリスタの数も多い（三相－三相の変換では36個が必要）。そのため、サイクロコンバータは非常に大容量で低周波数の交流モータの可変速運転など限られた用途でのみ使われている。

マトリクスコンバータは、9つの双方向スイッチを組み合わせることで三相－三相の周波数変換を行う。出力周波数を電源周波数より高くでき、入力側も出力側も電流波形を正弦波にできる。間接変換では不可欠な中間のキャパシタが必要ないため、装置がシンプルでキャパシタの寿命に影響を受けることもない。マトリクスコンバータの発案は1970年代だが、実用化されたのは21世紀になってからなので、まだ広く使われるものにはなっていないが、高効率、小型化、長寿命などの面から注目が集まっている。

なお、交流電力変換では**交流スイッチ**や**ACスイッチ**という用語が使われることがあるが、明確な定義はなく人によって指し示すものが異なることがある。交流チョッパ回路を交流スイッチという人もいれば、交流電力調整装置をすべて交流スイッチという人もいる。また、マトリクスコンバータに使われる双方向スイッチを交流スイッチと呼ぶ人もいる。人によって認識が異なると誤解が生じやすいので、交流スイッチという用語の取り扱いには注意が必要だ。

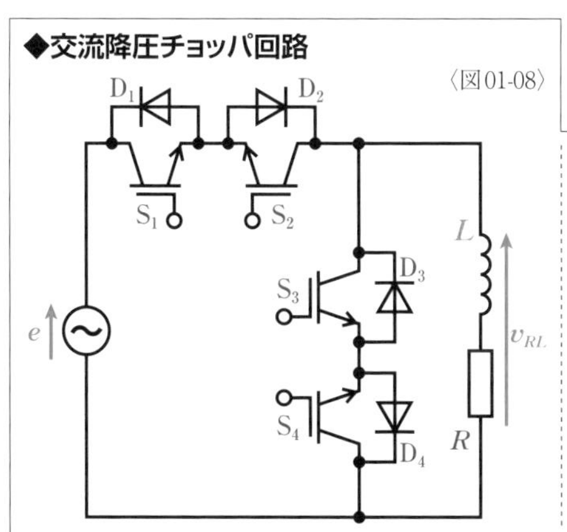

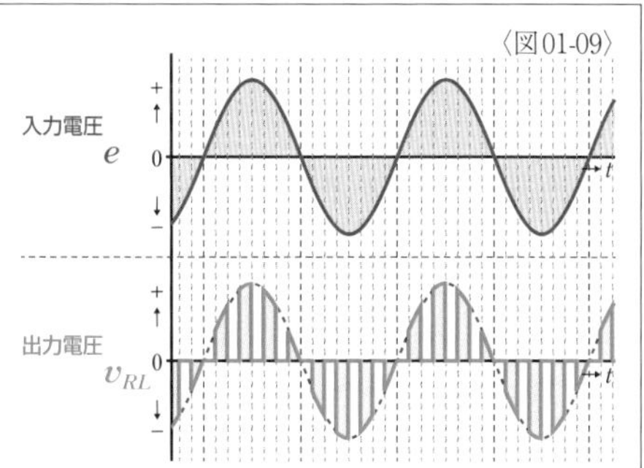

サイリスタ交流電力調整回路

サイリスタで交流電力を調整する回路がサイリスタ交流電力調整回路だ。位相制御整流回路と同じように位相制御する方法のほかサイクル制御という方法もある。

▶サイリスタ交流電力調整回路

サイリスタ交流電力調整回路は、**逆阻止3端子サイリスタ**を使って**直接変換**で**交流電力変換**を行い、出力電圧を可変することができる。一般的には**サイリスタ**による**位相制御整流回路**(P216参照)と同じように、**位相制御**よって出力電圧を可変するので**サイリスタ交流位相制御回路**ともいい、単に**交流位相制御回路**ということも多い。また、実際には**交流電力調整回路**にはさまざまなものがあるが、サイリスタによるものがもっとも一般的なので、単に交流電力調整回路ということも多い。なお、サイリスタによる位相制御は**点弧角制御**ともいう。

単相のサイリスタ交流位相制御回路は〈図02-01〉のように交流電源と負荷の間に**逆並列接続**した2つのサイリスタが備えられる。サイリスタの逆並列接続ではなく、〈図02-02〉のように**双方向導通サイリスタ**が使われることもある。双方向導通サイリスタは双方向の位相制御が行えるもので、**トライアック**ということも多い。トライアックであれば、1つのパワーデバイスと1組の駆動回路で構成できるので装置の小型軽量化が可能だが、高電圧大容量のトライアックは製造が困難であるため、低電圧小容量の場合に限られる。

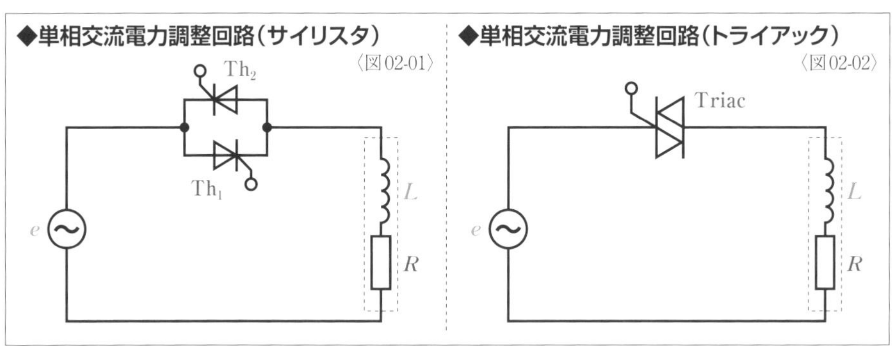

◆単相交流電力調整回路(サイリスタ) 〈図02-01〉

◆単相交流電力調整回路(トライアック) 〈図02-02〉

▶単相交流位相制御回路と純抵抗負荷

サイリスタによる位相制御整流回路の場合、サイリスタの**点弧角**を遅らせることで入力交流電圧波形の一部を切り取り、出力電圧の平均値を制御しているが、**サイリスタ交流位**

相制御回路の場合も考え方は同じだ。たとえば、単相の位相制御整流回路では**サイリスタブリッジ**を使うことで、入力交流の負の領域の極性を反転させているが、**単相交流位相制御回路**では反転の必要がないので、2つのサイリスタがそれぞれ正の領域と負の領域を位相制御している。〈図02-01〉の回路であれば、サイリスタ$\mathrm{Th_1}$が正の領域で位相制御を行い、$\mathrm{Th_2}$が負の領域で位相制御を行う。

まずは、**純抵抗負荷**で考えてみよう。〈図02-03〉のように各部の電圧と電流を定め、電源電圧eは実効値Eで$e=\sqrt{2}\,E\sin\theta$で示され、点弧角はαとする。サイリスタの動作と入出力の電圧と電流の波形をまとめると〈図02-04〉のようになる。サイリスタブリッジ位相制御整流回路の純抵抗負荷の場合の各部の波形〈図05-18〉(P219参照)と比較してみると、違いがよくわかるはずだ。位相制御整流回路の場合と同じように、αの値がπ以上や負の値であると位相制御が行えなくなるため、意味のある点弧角の範囲は$0 \leqq \alpha < \pi$になる。

出力電圧v_Rの波形は正弦波ではないが、交流負荷においては**実効値**で捉える必要がある。実効値は1周期の電圧の2乗を積分したものを周期で割り、さらに平方根をとれば求められる。v_Rの実効値をV_Rとすると、〈式02-05〜07〉のように、$\alpha \leqq \theta \leqq \pi$の期間の$e$から求めることができる。

◆単相交流位相制御回路(純抵抗負荷)のデバイスの動作と各部の波形 〈図02-04〉

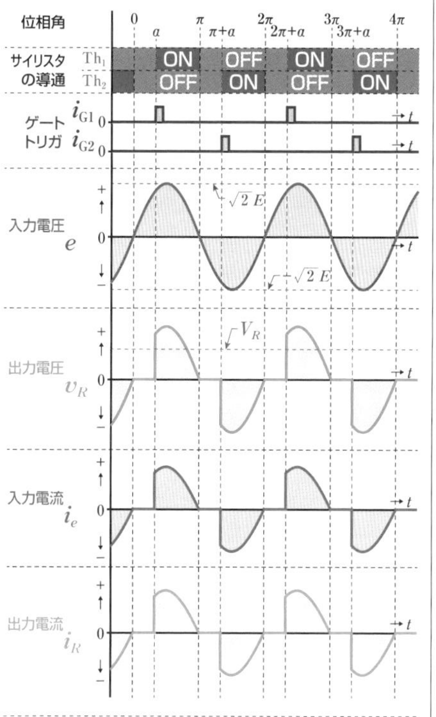

◆単相交流位相制御回路(純抵抗負荷)の各部の電圧と電流 〈図02-03〉

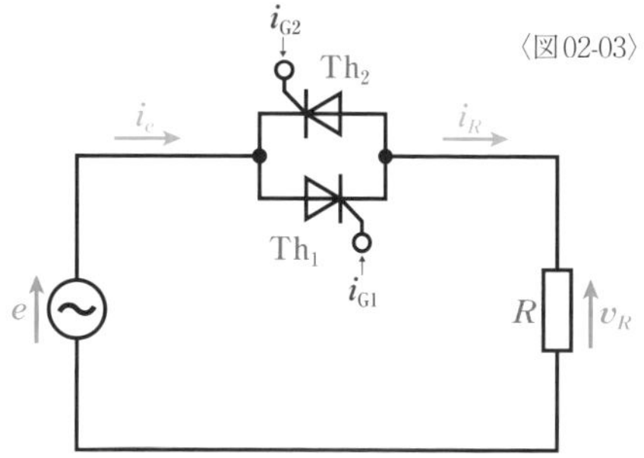

$$V_R=\sqrt{\frac{1}{2\pi}\int_0^{2\pi} {v_R}^2\, d\theta} \quad \cdot〈式02\text{-}05〉$$

$$=\sqrt{\frac{1}{\pi}\int_\alpha^{\pi}(\sqrt{2}\,E\sin\theta)^2\, d\theta} \quad \cdot〈式02\text{-}06〉$$

$$=E\sqrt{\frac{2(\pi-\alpha)+\sin 2\alpha}{2\pi}} \quad \cdot〈式02\text{-}07〉$$

▶単相交流位相制御回路と誘導性負荷

交流負荷の多くは誘導性負荷なので、**単相交流位相制御回路**の負荷も誘導性負荷のことが多い。ここでは直列接続された**抵抗**Rと**インダクタ**Lを誘導性負荷の等価回路とする。各部の電圧と電流を〈図02-08〉のように定め、電源電圧eは実効値Eで$e=\sqrt{2}E\sin\theta$で示され、**点弧角**はαとする。実際には制御不能になる点弧角もあるが、まずは各部の波形が〈図02-09〉のようになる制御可能な状況を考えてみよう。こうした場合の動作はチョーク入力形位相制御整流回路で電流が途切れる場合（P224参照）が参考になる。

$\theta=\alpha$でサイリスタTh_1がターンオンされると、電流i_{RL}が流れ始める。インダクタンスの存在によって純抵抗負荷の場合に比べると電流の立ち上がりは穏やかになる。途

◆単相交流位相制御回路（誘導性負荷）のデバイスの動作と各部の波形　〈図02-09〉

位相角：0, δ, α, π, $\pi+\delta$, $\pi+\alpha$, 2π, $2\pi+\delta$, $2\pi+\alpha$, 3π, $3\pi+\delta$, $3\pi+\alpha$, 4π

サイリスタの導通　Th_1：ON　OFF　ON　OFF　／　Th_2：OFF　ON　OFF　ON

入力電圧 e（$\sqrt{2}E$, $-\sqrt{2}E$）

出力電圧 v_{RL}

抵抗Rの端子電圧 v_R

インダクタLの端子電圧 v_L

入出力電流 $i_e=i_{RL}$

◆単相交流位相制御回路（誘導性負荷）の各部の電圧と電流

〈図02-08〉

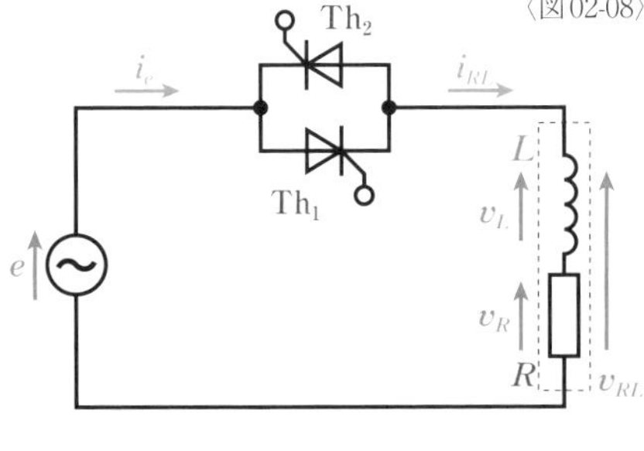

$$V_{RL}=\sqrt{\frac{1}{2\pi}\int_0^{2\pi}{v_R}^2d\theta}$$ 〈式02-10〉

$$=\sqrt{\frac{1}{\pi}\left\{\int_0^{\delta}(\sqrt{2}E\sin\theta)^2d\theta+\int_{\alpha}^{\pi}(\sqrt{2}E\sin\theta)^2d\theta\right\}}$$ 〈式02-11〉

$$=E\sqrt{\frac{2(\pi-\alpha+\delta)+\sin2\alpha-\sin2\delta}{2\pi}}$$ 〈式02-12〉

中でi_{RL}は減少に転じ、$\theta=\pi+\delta$で0になる。Lの端子電圧v_Lはi_{RL}が増加する範囲では正の値であり、Lは磁気エネルギーを蓄積する。i_{RL}が減少する範囲ではv_Lは負の値であり、Lがエネルギーを放出する。Lに逆起電力が生じてi_{RL}を流し続けているため、$\theta=\pi$を超えてeが負の領域になってもTh_1がターンオフしない。$\theta=\pi+\delta$でi_{RL}が0になるのは、Lがエネルギーを放出し尽くしたためだ。しばらく$i_{RL}=0$の状態が続いた後、$\theta=\pi+\alpha$でTh_2がターンオンされると、電圧と電流の極性が反転した状態で同じように動作する。このような動作を繰り返すことで位相制御が行われる。

サイリスタは本来ターンオフする位相角（電源の極性が反転する位相角）より遅れてターンオフする。こうしたターンオフの遅れを位相角で示したものを**消弧角**という。点弧角αと消弧角δを使ってv_{RL}の**実効値**V_{RL}を求めると、〈式02-10～12〉のようになる。

今度は〈図02-09〉の状態から点弧角αを小さくしていった場合を考えてみよう。αを小さくすると、電流i_{RL}が大きくなり、Lに蓄えられるエネルギーも大きくなるので、消弧角δが大きくなっていく。さらにαを小さくして$\alpha<\delta$になったと仮定する。このとき、$\theta=\alpha$でTh_1をターンオンできたとしても、$\theta=\pi+\alpha$でTh_2をターンオンできないことになる。まだ$\theta=\pi+\delta$に達していないので、Th_1はオン状態でi_{RL}が流れ続けているため、Th_2にゲートトリガ電流を流してもターンオンしないわけだ。つまり、制御不能になる。

結果、$\alpha=\delta$となるときに点弧角αは制御可能な最小値になる。その値はRとLの**インピーダンス角**φに等しい。誘導性負荷を交流電源に直接接続した場合、電圧に対して電流の位相が遅れるが、その位相角をインピーダンス角という。インピーダンス角は**力率角**ともいい、$\varphi=\tan^{-1}\dfrac{\omega L}{R}$で示される。ちなみに、$\alpha=\varphi$の場合は一方のサイリスタがターンオフすると同時にもう一方のサイリスタがターンオンすることを繰り返す。このとき、〈図02-13〉のように電流i_{RL}は定常状態では正弦波になる。v_{RL}の波形もeと同じ正弦波になる。つまり、位相制御が行われていない状態と同じだ。

いっぽう、〈図02-09〉の状態から点弧角αを大きくしていった場合は、問題なく交流位相制御が行える。ただし、$\alpha>\pi$になると、位相制御整流回路の場合と同じように、ターンオンが意味のないものになる。よって、単相交流位相制御回路で有効な点弧角αの範囲は$\varphi\leqq\alpha<\pi$になる。

◆単相交流位相制御回路（誘導性負荷）の点弧角＝インピーダンス角の場合の入出力波形
〈図02-13〉

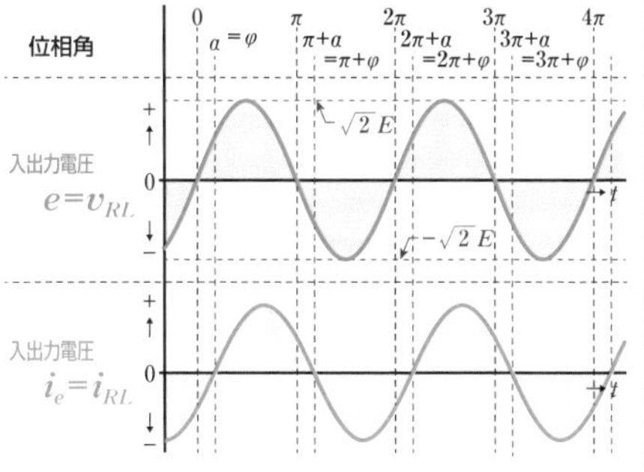

▶三相交流位相制御回路

三相交流の場合も、**逆並列接続**のサイリスタ3組を使うことで、単相交流の場合と同じように**位相制御**による**交流電力調整回路**を構成できる。一般的な**三相交流位相制御回路**では〈図02-14〉のようにサイリスタが配置される。詳しい説明は省略するが、三相の位相制御の場合、いずれかの相のサイリスタをターンオンさせる際には、同時に少なくとも他の1相のサイリスタもターンオンする必要がある。1相のサイリスタだけにゲートトリガ信号を流しても、他の2相がオフ状態にあると、回路が構成されず電流が流れないため、ターンオンできないからだ。

三相交流位相制御回路は**誘導モータ**の始動器や比較的狭い範囲の速度制御用として使われている。

◆三相交流位相制御回路 〈図02-14〉

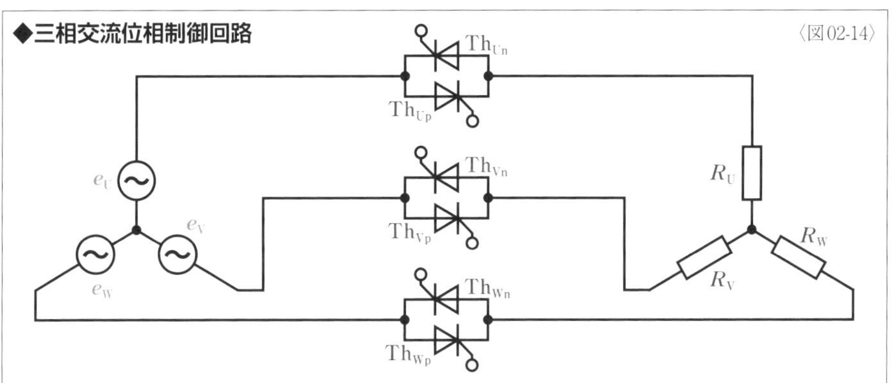

▶サイクル制御

サイリスタ交流電力調整回路は、位相制御(点弧角制御)以外の制御方法でも**交流電力調整**に使われることがある。それが**通電サイクル制御**だ。単に**サイクル制御**ということも多い。サイクル制御では、位相制御のように入力交流電圧の1周期の一部を切り取るようなことは行わない。必ず1周期単位で通電したり非導通にしたりするため、点弧角は常に0になる。n周期を通電した後にm周期を非導通とすれば、出力電力の平均値は制御しない場合の$\frac{n}{n+m}$倍になる。n周期の時間をT_{on}、m周期の時間をT_{off}と考えれば、回路の導通/非導通によって交流電力の**デューティ比制御**を行っていることになる。たとえば、入力交流の10周期をデューティ比制御の母数$n+m$として考えると、〈図02-14〉のようにサイクル制御による電圧可変が行える。通電させるn周期は連続させるとは限らず、図のように分散させることも多い。分散の方法もさまざまにある。

◆サイクル制御による交流電力調整 〈図02-15〉

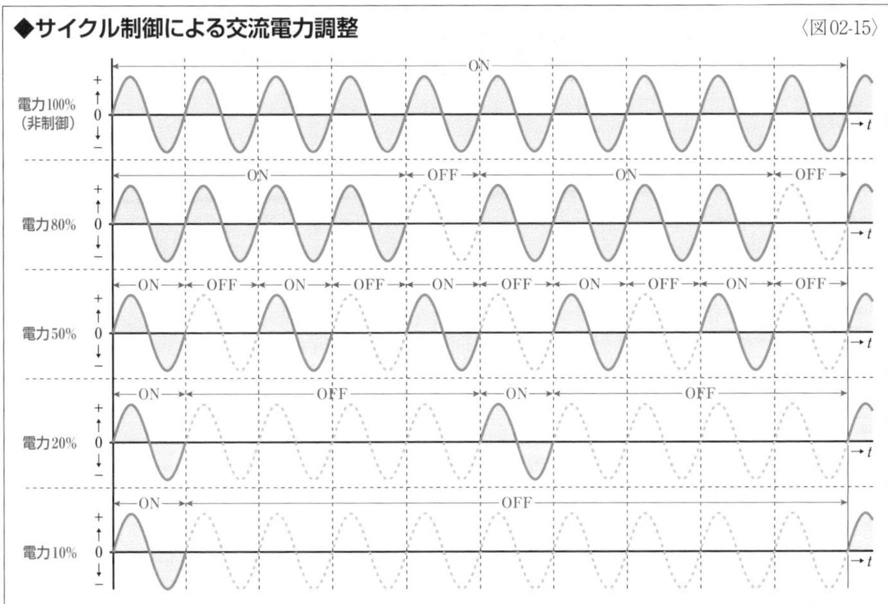

電源電圧eが実効値Eで$e=\sqrt{2}\,E\sin\theta$で示され、$\theta=\omega t$とすると、出力電圧の実効値V_RはT_{on}とT_{off}を使って〈式02-16〜18〉のように求めることができる。サイクル制御では電圧調整が段階的になり、位相制御のような無段階の電圧調整は行えない。

$$V_R=\sqrt{\frac{1}{T_{on}+T_{off}}\int_0^{T_{on}}(\sqrt{2}\,E\sin\theta)^2\,dt}$$ 〈式02-16〉

$$=E\sqrt{\frac{1}{T_{on}+T_{off}}\int_0^{T_{on}}(1-\cos2\omega t)\,dt}$$ 〈式02-17〉

$$=E\sqrt{\frac{T_{on}}{T_{on}+T_{off}}}$$ 〈式02-18〉

サイクル制御の場合、位相制御に比べて電圧や電流の途切れる期間が長くなるが、**熱時定数**の大きな電熱器具などであれば問題が生じない。熱時定数とは温まりにくさ(冷めにくさ)の度合いを示すものだ。たとえば、電熱器具の熱源の熱時定数が大きい場合、電流が停止してもすぐには熱源の温度が低下しないので、サイクル制御で温度を制御できる。

なお、位相制御では高調波の発生や力率悪化の問題が生じるが、サイクル制御であれば点弧角は常に0なので高調波が生じることはない。また、容量性負荷の場合は、点弧角による位相制御が困難であるため、サイクル制御が使われることがある。

サイクロコンバータ

サイリスタ位相制御整流回路を応用して交流−交流の直接変換で周波数変換を行えるのがサイクロコンバータだが、現在では限られた用途にしか使われていない。

▶サイクロコンバータの原理

サイクロコンバータ(cycloconverter)は**周波数変換**も行える**直接変換形交流−交流電力変換装置**だ。**サイリスタ位相制御整流回路**を組み合わせることで**交流−交流電力変換**を**直接変換**で行う。動作が複雑なので、まずは**単相−単相サイクロコンバータ**をもっともシンプルに制御する**定比式単相サイクロコンバータ**から動作原理を見ていこう。

単相−単相サイクロコンバータは〈図03-01〉のような回路になる。2組の**サイリスタブリッジ位相制御整流回路**(P217参照)を**逆並列接続**したものだといえる。位相制御整流回路は直流しか出力できないので、2組を使うことでそれぞれに正の領域と負の領域を担当させるわけだ。それぞれの整流回路は**正群コンバータ**と**負群コンバータ**、または**pコンバータ**と**nコンバータ**ということが多い。入力交流電圧eは周波数f_i(周期T)の正弦波で、負荷は純抵抗負荷Rとし、その端子電圧v_Rとする。

たとえば、〈図03-02〉のように入力交流の最初の正の半周期では点弧角0で正群のサイリスタ$\mathrm{Th_{p1}}$と$\mathrm{Th_{p4}}$をターンオンし、負の半周期では点弧角0で$\mathrm{Th_{p2}}$と$\mathrm{Th_{p3}}$をターンオンし、入力交流の次の1周期では、正の半周期では点弧角0で負群のサイリスタ$\mathrm{Th_{n1}}$と$\mathrm{Th_{n4}}$をターンオンし、負の半周期では点弧角0で$\mathrm{Th_{n2}}$と$\mathrm{Th_{n3}}$をターンオンすることを繰り返すとする。つまり、1周期ごとに正群コンバータと負群コンバータを交互に動作させるわけだ。この場合、出力電圧波形は周波数$\frac{1}{2}f_i$(周期$2T$)の交流になっているといえる。

◆単相−単相サイクロコンバータ 〈図03-01〉

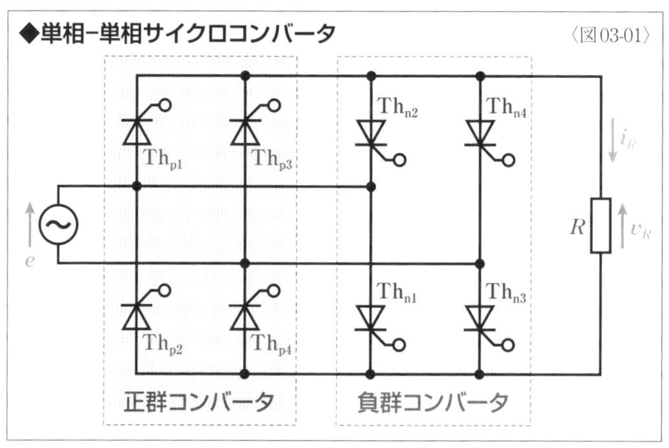

また、入力交流の1周期半の間は点弧

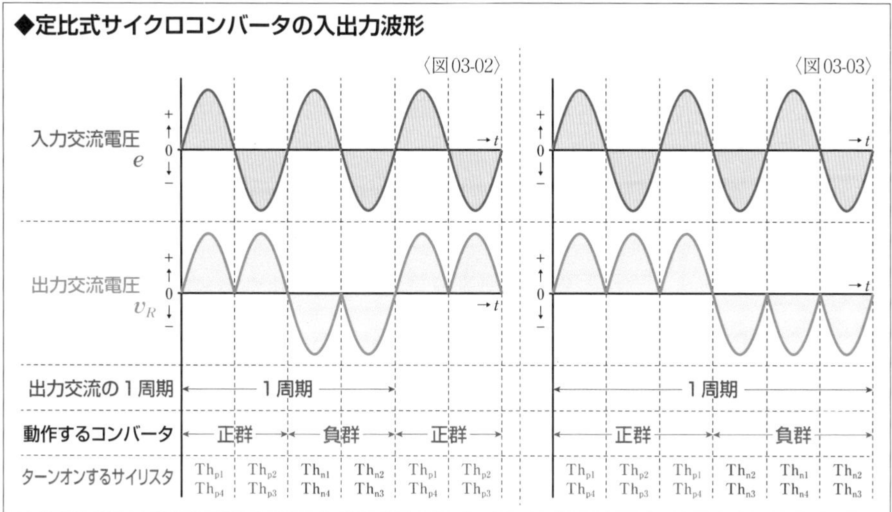

角0で正群コンバータだけを動作させ、次の1周期半では点弧角0で負群コンバータだけを動作させることを繰り返していくと、、〈図03-03〉のように周波数$\frac{1}{3}f_i$（周期$3T$）の交流電圧が出力される。

このように制御することで、定比式サイクロコンバータでは入力交流の周波数より低い周波数の交流に変換することができるが、出力周波数は入力周波数の整数分の1にしか変換できない。しかも、出力波形は実用的なものとはいえない。

では、**位相制御**も行うとどうなるだろうか。〈図03-03〉と同じように入力交流の1周期半ごとに正群と負群を切り替え、さらに位相制御を併用すると〈図03-04〉ような出力波形が作り出せる。この出力電圧を入力交流の半周期ごとの平均電圧で考えてみると、〈図03-03〉よりは正弦波波形に近づけられることがわかるはずだ。

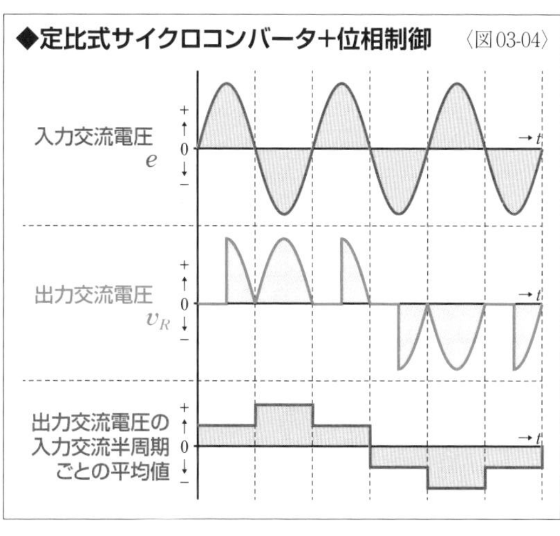

以上がサイクロコンバータの基本原理だが、入力が単相交流の場合は、その半周期ごとにしか平均電圧を変化させられないため、かなり低い周波数に変換しないと出力波形を正弦波波形に近づけることが難しい。

▶サイクロコンバータ

周期 T の単相交流を全波整流した**脈流**の周期は $\frac{T}{2}$ になるため、**サイクロコンバータ**の入力が単相交流の場合、$\frac{T}{2}$ ごとにしか平均電圧を変化させられない。いっぽう、周期 T の三相交流を全波整流した脈流の周期は $\frac{T}{6}$ になるため、サイクロコンバータの入力を三相交流にすると、$\frac{T}{6}$ ごとに平均電圧を変化させられる。入力が単相交流の場合より、きめ細かく平均電圧を変化させることができ、出力交流波形を正弦波に近づけやすくなるので、サイクロコンバータの入力には三相交流を使うのが一般的だ。

三相−単相サイクロコンバータは〈図03-05〉のように2組の**三相全波位相制御整流回路**（P226参照）を**逆並列接続**したものになる。三相全波位相制御整流回路は、入力三相交流の相電圧の実効値が E ならば、α の場合の出力電圧の平均値 V_{RL} は $\frac{3\sqrt{6}}{\pi}E\cos\alpha$ で示されるが、これには電流が連続して流れるという条件がある。電流が連続して流れるためには、負荷と直列に十分な大きさのインダクタンスが必要になる。位相制御整流回路の場合は平滑インダクタがその役割を果たすが、交流負荷は誘導性負荷が多いためサイクロコンバータでは誘導性負荷のインダクタンス成分で代用されることも多い。

こうした誘導性負荷の場合、電圧と電流の位相がずれ、両者の極性が異なる期間が生じる。しかし、位相制御整流回路は整流だけでなく、**インバータ動作**を行わせることも可能だ。出力目標の正弦波交流電圧を誘導性負荷にかけた場合の負荷の電圧と電流の関係が〈図03-06〉のようだとすると、電流が正の領域にあるⅡとⅢの期間は**正群コンバータ**を使用し、Ⅱでは**順変換動作**させて正の電圧を出力させ、Ⅲでは**逆変換動作**させて負の電圧を出力させる。いっぽう、電流が負の領域にあるⅠとⅣの期間は**負群コンバータ**を使用し、

◆三相−単相サイクロコンバータ　〈図03-05〉

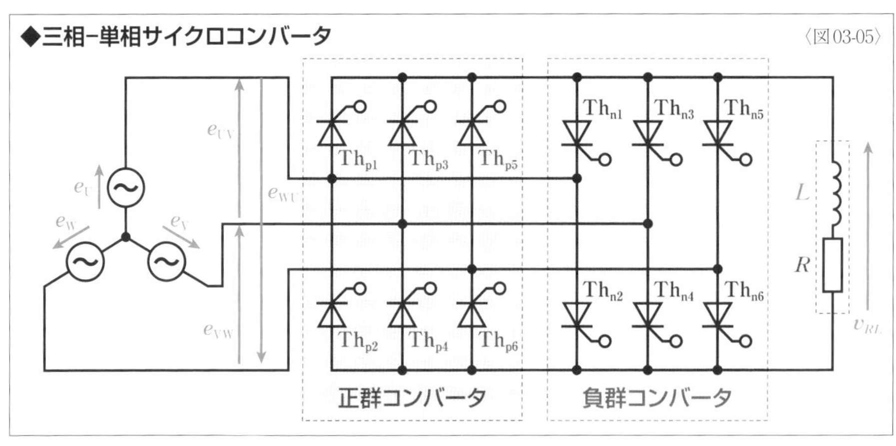

Ⅳでは順変換で動作させて負の電圧を出力させ、Ⅰでは逆変換で動作させて正の電圧を出力させる。

以上のようにして、入力交流$\frac{1}{6}$周期ごとに**点弧角**を制御して出力電圧を変化させていけば、〈図03-07〉のように出力電圧波形を正弦波に近づけることができる。なお、〈図03-05〉の回路の場合、一方のコンバータの電流が0になってから、もう一方のコンバータの動作を始めないと、電源短絡が生じてしまう。そのため、2つのコンバータの動作期間の間には休止期間を設ける必要がある。正群と負群のコンバータの間にインダクタを配置することで、2つのコンバータ間で常に電流を循環させるようにした**循環形サイクロコンバータ**という回路もあるが、採用例は少ない。循環形に対して、〈図03-05〉のような回路を**非循環形サイクロコンバータ**という。

◆コンバータの使い分けと動作 〈図03-06〉

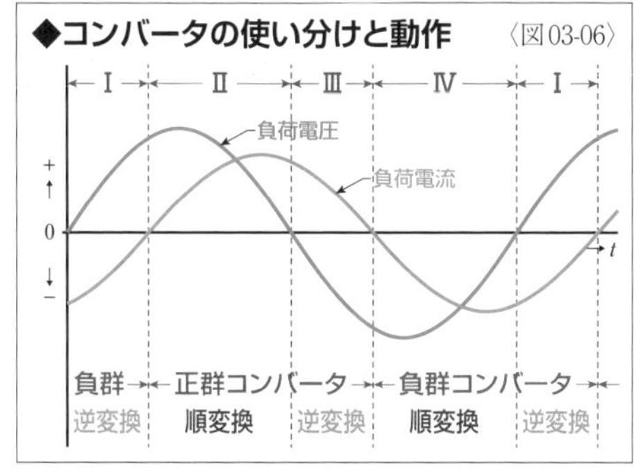

ここでは、三相−単相の変換で説明したが、実際に使われているのは三相−単相サイクロコンバータを3組用いた**三相−三相サイクロコンバータ**だ。サイクロコンバータは直接変換なので、間接変換より損失は抑えられるが、実用的な出力周波数は電源周波数の$\frac{1}{3}$倍程度が上限になるうえ、入力電流に**高調波**が多く含まれ、**力率**も悪い。そのため、現在では非常に限られた用途でしか使われていない。

◆三相−単相サイクロコンバータの入出力波形 〈図03-07〉

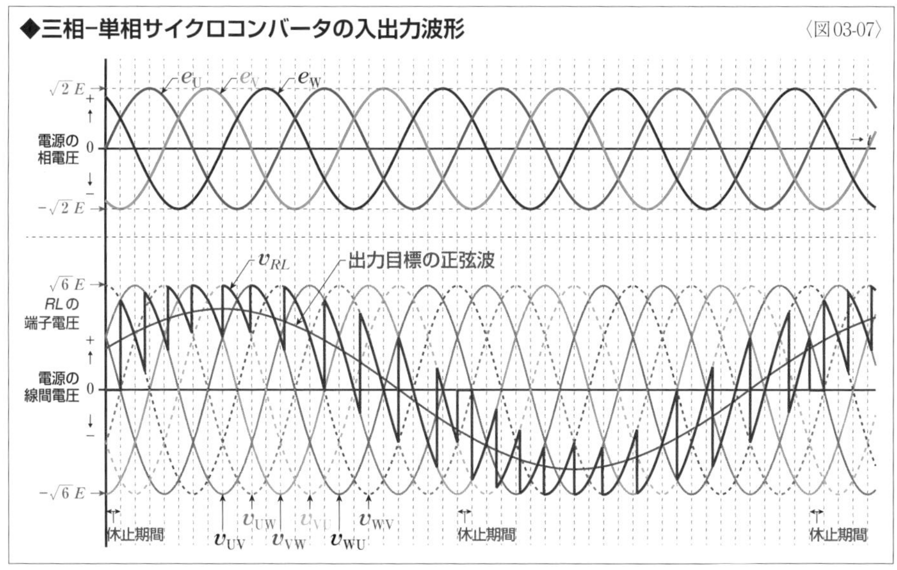

マトリクスコンバータ

PWM制御によって三相交流から周波数や電圧の異なる三相交流に直接変換できるのがマトリクスコンバータだ。今後に期待がかかる交流−交流電力変換装置だ。

▶マトリクスコンバータの原理

マトリクスコンバータ(matrix converter)は**周波数変換**も行える**直接変換形交流−交流電力変換装置**だ。サイクロコンバータと同じように三相−三相の変換に使われるのが一般的で、どちらも入力電圧波形の一部を切り取ることで出力電圧波形を作り出す。しかし、サイクロコンバータは、サイリスタを使用しているため、回路の状態によってターンオフのタイミングが決まってしまう。三相−三相サイクロコンバータであれば、入力交流の$\frac{1}{6}$周期が**スイッチング周期**になっているといえる。いっぽう、マトリクスコンバータではオンオフ可制御デバイスを使用するので、任意のタイミングでターンオン/ターンオフができ、スイッチング周期を任意に設定して**PWM制御**が行える。基本的な原理が類似しているため、マトリクスコンバータは**PWM制御サイクロコンバータ**や**PWMサイクロコンバータ**ということもある。

マトリクスコンバータは〈図04-01〉のように、三相交流電源と三相負荷の間に9つの**双方向スイッチ**が配されている。スイッチの配置がマトリクス状(行列状)になっているため、この名で呼ばれる。また、スイッチングによって電圧を制御すると、電源電流がパル

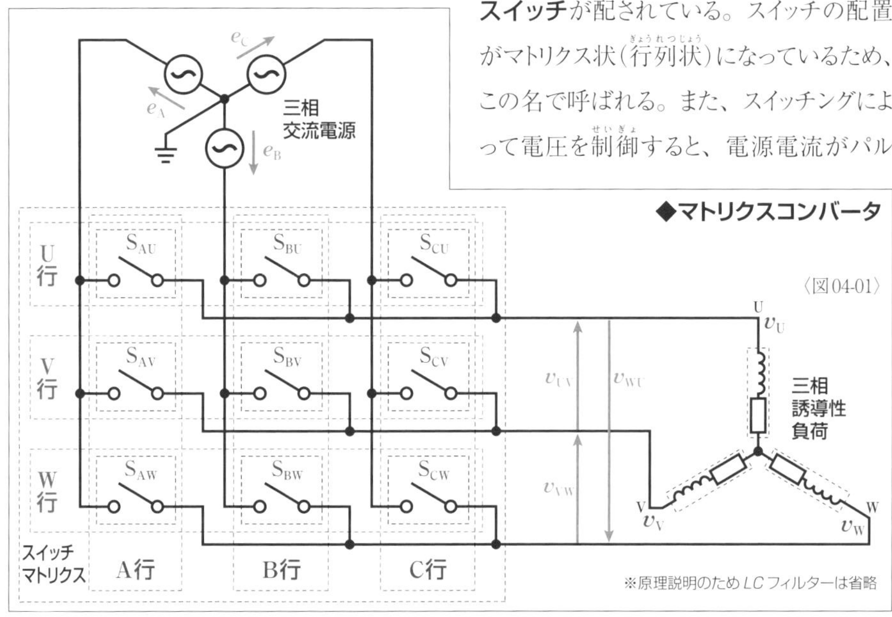

◆マトリクスコンバータ

〈図04-01〉

ス状になって**高調波**が発生するので、入力側には〈図04-02〉のようにインダクタとキャパシタで構成されたLCフィルタ（ACフィルタともいう）を備えるのが一般的だ。出力側については、誘導性負荷のインダクタンス成分などによって電流の途切れをなくし変化を滑らかにしている。

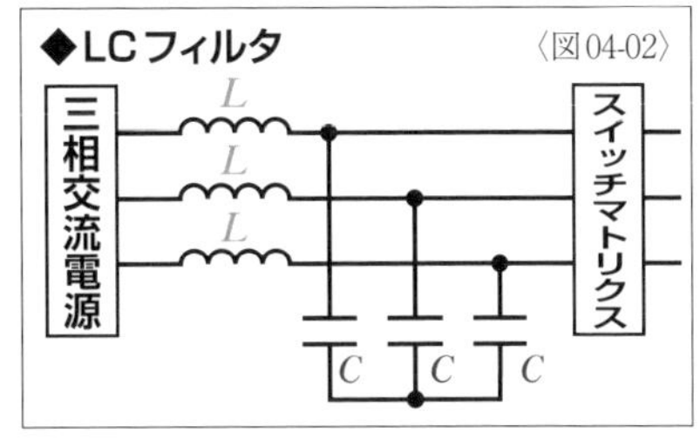

マトリクスコンバータの実際の動作は非常に複雑なので、ここでは動作原理の概略のみを説明する。各部の電圧と電位を〈図04-01〉のように定め、電位の基準を電源の**中性点**で、U点、V点、W点の電位をv_U、v_V、v_Wとする。

v_Uについて考えてみると、S_{AU}のみをオン状態にすれば$v_U = e_A$、S_{BU}のみをオン状態にすれば$v_U = e_B$、S_{CU}のみをオン状態にすれば$v_U = e_C$になる。同様に、v_Vとv_Wについても、オン状態にするスイッチによって異なる電位にすることができる。たとえば、〈図04-03〉で示された期間に、S_{AU}とS_{BV}をオン状態にすれば、出力線間電圧v_{UV}のこの期間の平均値は$(e_A - e_B)$の平均値になる。この期間をスイッチング周期としてデューティ比を変化させれば、線間電圧v_{UV}の平均値を$(e_A - e_B)$の平均値を上限として連続的に変化させられる。このようにしてスイッチング周期ごとに出力電圧を変化させていけば、**疑似正弦波波形**にすることができる。考え方はPWMインバータの場合と同じだ。

1つの線間電圧だけなら、以上のように比較的簡単に原理を説明できるが、実際には3つの線間電圧を制御する必要がある。また、入力電流が**力率**1の正弦波にになるように各スイッチを動作させなければならない。しかも、動作するスイッチの組み合わせには制限もある。たとえば、S_{AU}、S_{BU}、S_{CU}のU行のスイッチの2つ以上を同時にオン状態にすると電源が短絡される。いっぽう、U行のすべてのスイッチが同時にオフ状態になると負荷電流の経路がなくなり、誘導性負荷の電流の急変によってインダクタンス成分に高電圧が生じてしまうので、最低限1つはオン状態にする必要がある。V行、W行のスイッチについても同様だ。

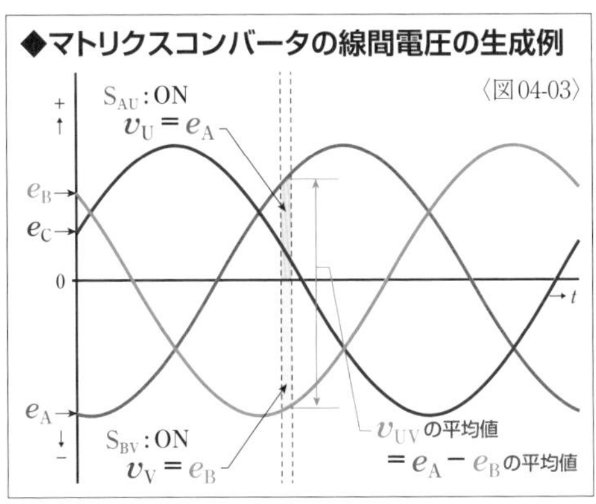

こうしたすべての条件を満たすようにして各スイッチを動作させることで、マトリクスコンバータによる三相−三相の交流電力変換が実行される。

▶マトリクスコンバータ

マトリクスコンバータの回路図〈図04-01〉では、一般的なスイッチの図記号を使っているが、実際にはIGBTなどのオンオフ可制御デバイスによる**双方向スイッチ**が使われる。IGBTを使って双方向スイッチを構成する場合、逆耐圧が高くないのでダイオードを**逆並列接続**した〈図04-05〉のような構成などになるが、現在では**逆阻止**IGBTも開発されている。〈図04-05〉のように、逆阻止IGBTの逆並列接続にすれば、ダイオードの順方向電圧降下による損失がなくなるので、効率が高まる(逆阻止形を示す図記号はないため通常のIGBTと同じ図記号が使われる)。

PWM制御を行うマトリクスコンバータは、サイクロコンバータと違って電源周波数より高い周波数の交流を出力することができる。もちろん、三相交流の**相順**をかえることが可能だ。また、回路の構成を見れば明らかなように、マトリクスコンバータは入出力を入れ替えても動作させることができる。そのため、**三相交流モータ**の駆動に使えば、正逆回転で可変速の駆動と**回生**が行える。

マトリクスコンバータは、整流回路とインバータで構成される間接変換に比べて直列に接続されるパワーデバイスが少ないため、損失が低減でき高効率になる。間接変換では不可欠なキャパシタが必要ないので小型軽量化が可能で、寿命の問題もない。ただし、エネルギー蓄積要素であるキャパシタを使わないため、電源電圧や負荷の変動など、入力側や出力側で発生した変動がもう一方の側に影響を与えやすい。

原理だけで考えればマトリクスコンバータは難しいものではない。実際、1970年代には回路が提案されている。しかし、電源短絡などを生じないように各スイッチを動作させるには複雑な制御が必要になる。また、電源電圧の変動などに対して瞬時に対応でき、入出力波形を正弦波にするためには高速な制御回路が不可欠だ。そのため、マトリクスコンバータが実用化されたのは、21世紀に入ってからだ。まだ広く一般的に使われているわけではないが、さまざまなメリットがあるため、今後のさらなる進化やさまざまな分野への応用が期待されている。

◆マトリクスコンバータに使われる双方向スイッチの構成例

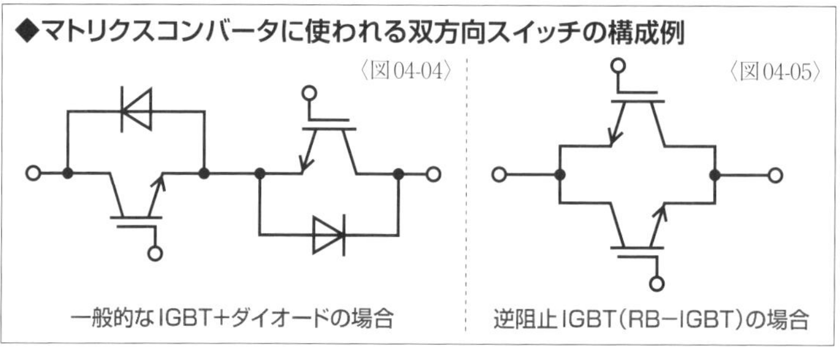

電力変換回路の使いこなしと次世代デバイス

駆動回路

パワーデバイスのスイッチングを実行させる回路が駆動回路だ。駆動回路も半導体デバイスによって構成される電子回路が使われ必要な駆動信号が発せられる。

▶駆動回路

可制御デバイスを使った電力変換回路を動作させるためには、駆動信号を発する**駆動回路**が必要だ。ほとんどの可制御デバイスではゲート端子に信号を入力するので、**ゲート駆動回路**や**ゲートドライブ回路**、単に**ゲート回路**ともいう。パワートランジスタの場合はベース端子に信号を入力するので、正式には**ベース駆動回路**や**ベースドライブ回路**、**ベース回路**というべきだが、トランジスタでもゲート駆動回路やゲートドライブ回路ということがある。おもな可制御デバイスに必要な駆動信号は以下のようになる。

パワートランジスタは**ベース電流**を流すことでターンオンし、オン状態を維持するためにはそのベース電流を流し続ける必要がある。ベース電流をなくせばターンオフするが、逆方向のベース電流を流すことで確実にターンオフさせるのが一般的だ。

サイリスタはパルス状の**ゲートトリガ電流**を流すだけでターンオンし、その電流がなくなってもオン状態が維持される。ターンオフは順方向電流がなくなると行われる。GTO**サイリスタ**もターンオンの際にはゲートトリガ電流を流すが、以降もオン状態を維持するためわずかな**ゲート電流**を流し続ける必要がある。ターンオフの際には逆方向のゲートトリガ電流を流し、その後も**テイル期間**は逆方向電圧をかけておく必要がある。

パワーMOSFETとIGBTは、どちらも**絶縁ゲート構造**を備えた電圧制御形デバイスなので同じように駆動できる。ゲートに電圧をかけることでターンオンし、オン状態を維持するためにはその電圧をかけ続ける必要がある。電圧をなくせばターンオフするが、高速ターンオフが必要な場合には逆方向の電圧をかける。

◆パワーデバイスの駆動信号〈図01-01〉

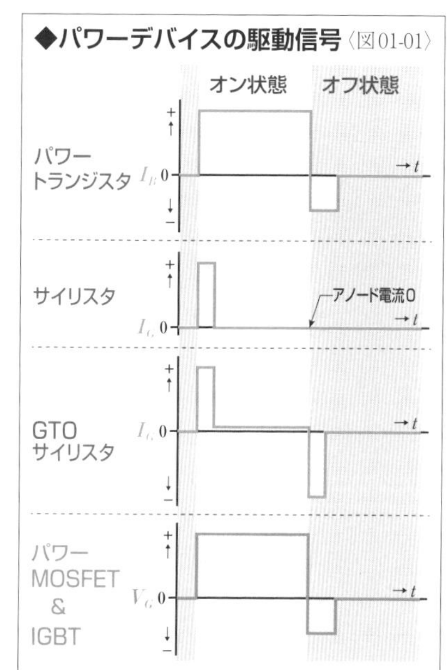

〈図01-02〉はIGBTのゲート駆動回路の一例だ。この回路は**高速フォトカプラ**と、**npn形トランジスタ**と**pnp形トランジスタ**を対にした回路からなる。こうした形が異なるが特性が揃ったデバイスを使用する回路を**コンプリメンタリ回路**という。パワーデバイスをターンオンする信号がフォトカプラに入力されると、npn形トランジスタがオン状態になりゲート駆動回路用の正の電源$+V_{GE}$がパワーデバイスのゲート・エミッタ間にかかってパワーデバイスはターンオンする。パワーデバイスをターンオフするときにはnpn形トランジスタをオフ状態、pnp形トランジスタをオン状態する。これによりパワーデバイスのゲート・エミッタ間には負の電圧$-V_{GE}$がかかり高速ターンオフされる。また、パワーデバイスのオン/オフする速度はゲート電流i_gの大きさで決まる。このゲート電流i_gの大きさはゲート抵抗R_Gの大きさで制御することができる。なお、この回路では光で信号のやり取りが行える**フォトカプラ**によって**制御回路**と駆動回路の絶縁を行っているが、**パルストランス**と呼ばれる信号用のトランスを使用することもある。

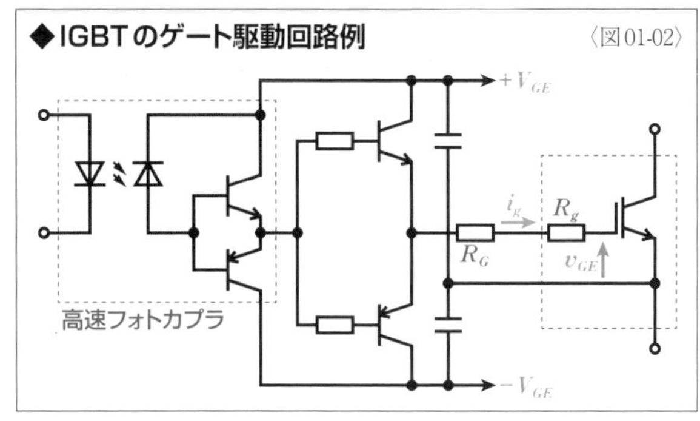
◆IGBTのゲート駆動回路例 〈図01-02〉

駆動回路の電源は主回路とは絶縁されたものを使用する。インバータのように上下アームによるレグを使用する回路の場合、下アームのエミッタ側は常に同じ電位だが、上アームのエミッタ側は状況によって電位が変化するため注意が必要だ。もちろん、駆動回路ごとに個別の**絶縁電源**を用意すれば問題は生じないが、コストがかかる。そのため、〈図01-03〉のような**ブートストラップ回路**によって1つの電源で上下アームのパワーデバイスを駆動することがよく行われている。この回路では、下アームがオン状態のときには、駆動回路用電源が下アーム駆動回路に電力を供給すると同時に、下アームのIGBTのコレクタ・エミッタ間を介して駆動回路用電源の電圧が**ブートストラップキャパシタ**にかかって充電が行われる。下アームがオフ状態のときには、上アーム駆動回路は駆動回路用電源とは切り離され、ブートストラップキャパシタの放電によって上アーム駆動回路に電力が供給される。

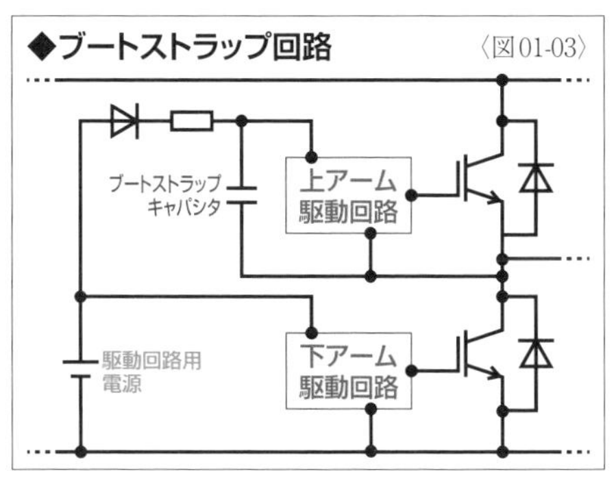
◆ブートストラップ回路 〈図01-03〉

ソフトスイッチング

スイッチング周波数を高くするほど大きくなるスイッチング損失を低減させるために、電圧と電流の重なり期間をなくしたスイッチングがソフトスイッチングだ。

▶スイッチング損失とスイッチング周波数

スイッチング損失はターンオンとターンオフの際に生じる。他の条件をかえずに**スイッチング周波数**だけを変化させても、**スイッチング時間**は変化せず、スイッチングごとに同じだけのスイッチング損失が生じる。つまり、スイッチング損失はスイッチング周波数に比例している。そのため、スイッチング周波数を高めるほど一定時間に行われるスイッチングの回数が増え、スイッチング損失が増大する。電力変換回路ではスイッチング周波数を高めるとさまざまなメリットが生じるが、スイッチング損失の増大は大きなデメリットだといえる。

ちなみに、**定常損失**はオン状態で**定常オン損失**が生じ、オフ状態で**定常オフ損失**が生じる。一定の**デューティ比**でスイッチングが行われている場合、一定時間内のオン状態の時間はデューティ比で決まる。スイッチング周波数を変化させても、合計のオン時間は変化しない。つまり、定常損失はデューティ比に依存し、スイッチング周波数とは無関係だ。デューティ比をdとすれば、定常オン損失はdに比例し、定常オフ損失は$(1-d)$に比例する。

▶ソフトスイッチング

ターンオンの際にはパワーデバイスの電流の立ち上がりと端子電圧の立ち下がりが同時に行われ、ターンオフの際には電流の立ち下がりと電圧の立ち上がりが同時に行われる。このように電圧と電流に重なり期間があるため**スイッチング損失**が生じる。こうした電圧と電流に重なりがあるスイッチングを**ハードスイッチング**というが、電圧と電流が重ならないようにすれば損失が抑えられるわけだ。こうしたスイッチングを**ソフトスイッチング**という。

ソフトスイッチングには**ゼロ電流スイッチング**と**ゼロ電圧スイッチング**がある。たとえば、〈図02-01〉のようにターンオンの際に、電流0を保ったまま電圧を0近くまで低下させ、それから電流を立ち上がらせる方法は、ゼロ電流スイッチングといい、その英語“zero current switching”の頭文字から**ZCS**と略される。こうしたターンオンを**ZCSターンオン**といい、**ZCSターンオフ**の場合は、先に電流を0まで下げてから電圧を立ち上がらせる。

いっぽう、〈図02-02〉のようにターンオフの際に、電圧0を保ったまま電流を0近くまで低下さ

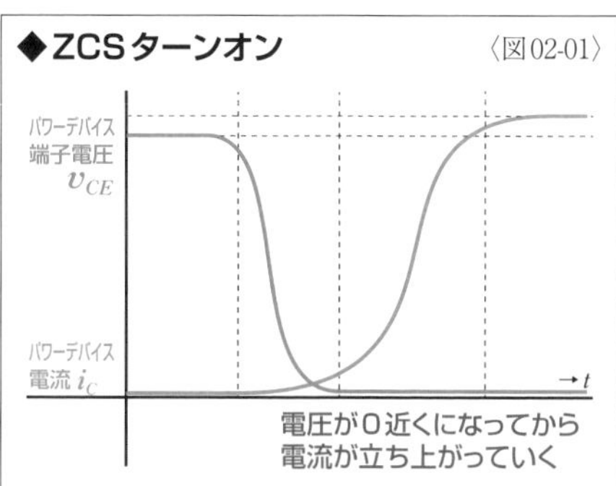

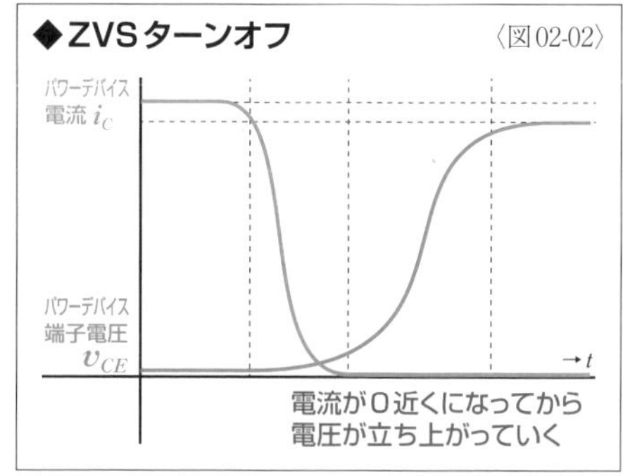

せ、それから電圧を立ち上がらせる方法は、ゼロ電圧スイッチングといい、その英語"zero voltage switching"の頭文字から**ZVS**と略される。こうしたターンオフを**ZVSターンオフ**といい、**ZVSターンオン**の場合は、先に電圧を0まで下げてから電流を立ち上がらせる。

パワーデバイスの主回路の**電圧−電流特性**は時間が示されていないので軌跡によって損失の大きさを表わすことはできないが、〈図02-03〉のようにオン状態の点とオフ状態の点の間を赤い線で移動すればハードスイッチングであり損失が発生する。デバイスの特性や回路の構成によっては、紫の線のようにターンオンとターンオフで軌跡が異なり定常より高い電圧や電流が生じることもある。ソフトスイッチングの場合は青い線で移動するので、損失を抑えられる。

たとえば、パワーデバイスと直列にインダクタを備えれば、電流の立ち上がりが緩やかになりZCSターンオンが実現できる。並列にキャパシタを備えれば、電圧の立ち上がりが緩やかになりZVSターンオフが実現できる。ただし、その際にインダクタやキャパシタに蓄えられたエネルギーは次のスイッチングまでに消費させる必要がある。

また、逆並列ダイオードを備えれば、ダイオードに電流が流れている間はパワーデバイスが電圧0、電流0になるのでその間にスイッチングを行えば、ZCSやZVSを実現できる。直列インダクタによるZCS、並列キャパシタによるZVSは、ターンオンまたはターンオフのもう一方を逆並列ダイオードによるソフトスイッチングと組み合わせていることが多い。

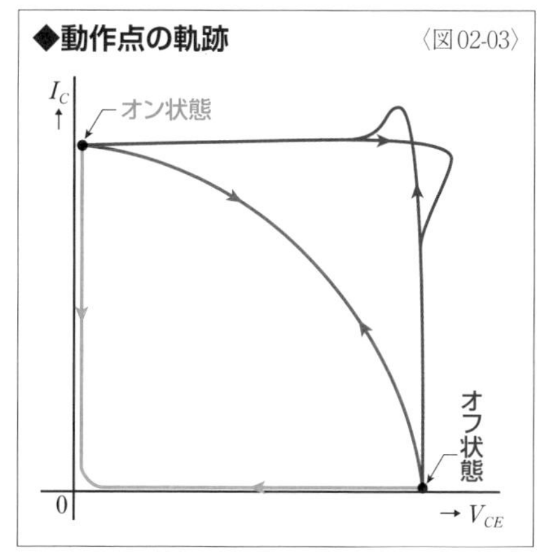

多種多様な回路が工夫されているが、その一例として次ページでは**共振現象**を利用することでZCSを実現している**降圧チョッパ回路**の動作を説明する。

▶ZCS形降圧チョッパ回路

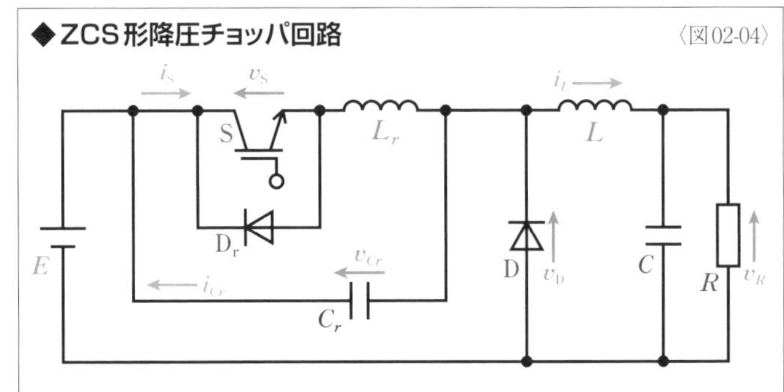

◆ZCS形降圧チョッパ回路 〈図02-04〉

ZCS**形降圧チョッパ回路**は、一般的な降圧チョッパ回路(P120参照)に**ゼロ電流スイッチング**のための回路を加えたものだ。**共振現象**を利用してZCSを実現しているため**電流共振形降圧チョッパ回路**ともいう。さまざまな構成の回路があるが、〈図02-04〉の回路では可制御デバイスによるスイッチSと逆並列にダイオードD_rを備え、さらにSと直列にインダクタL_r、これらと並列にキャパシタC_rを備えている。ダイオードD以降の回路は、一般的な降圧チョッパ回路と同じく平滑インダクタと平滑キャパシタで構成される。

この回路がどのようにしてZCSを実現しているかを見てみよう。各部の電圧と電流は〈図02-04〉のように定め、インダクタンスLは十分に大きく、流れる電流i_LはI_Lでほぼ一定であるとする。定常状態ではモードI〜Vの5つのモードで一連の動作を完了し、各部の電圧と電流の波形は〈図02-05〉のようになる。モードIから説明を始めるが、前回のモードVではC_rが電源電圧Eに充電され、L_rはエネルギーを完全に放出していることが前提になる。

時刻t_0で、スイッチSがターンオンするとモードIが始まる。L_rは電流i_Sが急激に増加するのを抑えるため、Sはほぼ電流0でターンオンすることになり、ZCSが達成される。増加していくi_Sがi_Lより小さい間は、Dがオン状態になっているため、L_rにはEがかかり、i_Sは直線的に増加していく。このときC_rはEに充電されているので、i_{Cr}は流れない。

時刻t_1を超えて、i_Sが$i_L=I_L$より大きくなると、DがターンオフしてモードⅡになる。Dがオフ状態になると、C_rは放電を始める。$i_S=i_L+i_{Cr}$の関係が成立しているが、i_LはI_Lでほぼ一定なので、C_rとL_rの間の共振現象だけを考えればいい。C_rはEから放電を開始してエネルギーを放出し、そのエネルギーがL_rに蓄積される。C_rのエネルギーがなくなると、今度はL_rがエネルギーの放出を開始し、C_rはそれまでとは逆方向に充電され、$-E$まで充電されると再び放電に転じる。モードⅡの最初から見ると、i_{Cr}は正弦波状に変化し、C_rが$-E$から放電を開始するとi_{Cr}は負の領域に入る。このi_{Cr}の変化に応じてi_Sも変化する。

時刻t_2を超えてi_Sが負の領域になると、D_rがターンオンしてモードⅢになる。C_rとL_rの共振現象は続いているが、D_rがオン状態になると、Sには電流が流れなくなる。この状態でSをターンオフすれば、ZCSが達成される。D_rの電流は、v_{Cr}が高くなると減少していく。

時刻t_3で、D_rの電流が0になると、D_rがターンオフしてモードⅣになる。C_rを充電する$-i_{Cr}$は流れ続け、v_{Cr}が上昇していく。

時刻t_4で、$v_{Cr}=E$になると、Dがターンオンしてモード V になり、LによってRに電流が流される。このとき、C_rはEに充電された状態が保たれ、L_rはエネルギーを完全に放出している。これで一連の動作が終了する。以上のように、Sのターンオンとターンオフは S を電流が流れていないときに行われていることが確認できる。

◆ZCS形降圧チョッパ回路の各部の波形

〈図02-05〉

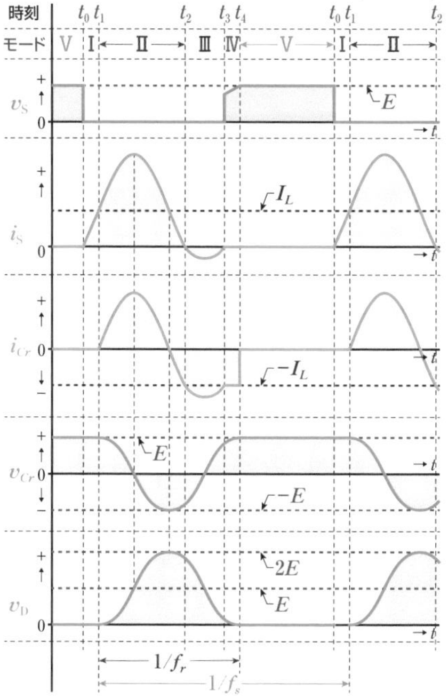

一般的な降圧チョッパ回路の場合、スイッチSがオン状態ではダイオードDに電圧が現れ、Sがオフ状態ではDに電圧が現れない。それぞれの期間がT_{on}とT_{off}になり、**デューティ比制御**を行うことができる。いっぽう、ここで説明したZCS形降圧チョッパ回路の場合は、スイッチSがオン状態の期間とダイオードDに電圧が現れる期間にずれが生じる。Dに電圧が現れる期間はt_1～t_4の期間だ。その期間のv_Dは$E-v_{Cr}$で得られるが、v_{Cr}の時間積分は0になるので、v_Dの平均値はEとなる。

また、このZCS形降圧チョッパ回路のDに電圧が現れる期間は、L_rとC_rの共振周波数によって決まってしまう。共振周波数f_rは〈式02-06〉で示されるので、その期間は$\frac{1}{f_r}$でほぼ一定になる。こうした場合、スイッチングの周期を変化させればデューティ比制御で出力電圧を調節することができる。つまり、**PFM制御**を行うわけだ（P28参照）。スイッチング周波数をf_sとすれば、スイッチングの周期は$\frac{1}{f_s}$になる。その際のデューティ比は、1周期$\frac{1}{f_s}$に占めるDに電圧が現れる期間$\frac{1}{f_r}$の割合になり、負荷への出力電圧V_Rは〈式02-07〉で示される。

$$f_r = \frac{1}{2\pi\sqrt{L_r C_r}} \quad \cdots\cdots\cdots〈式02\text{-}06〉$$

$$V_R = \frac{f_s}{f_r}E \quad \cdots\cdots\cdots〈式02\text{-}07〉$$

サージ対策

電力変換回路ではスイッチングの際にサージ電圧と呼ばれる過電圧が生じて、損失を増大させたりデバイスを破壊に至らしめたりすることがあるため対策が必要だ。

▶浮遊インダクタンスとサージ電圧

回路図に示された接続線は**理想接続線**であり、抵抗0で考えるが、現実世界の回路ではデバイス間に距離があり導線や導体で接続するので、そこに抵抗が存在する。実際には抵抗以外にも、電流が流れる導体には必ず**インダクタンス**が生じる。こうしたインダクタンスを**浮遊インダクタンス**や**漂遊インダクタンス**という。また、絶縁体で隔てられた導体間には**キャパシタンス**が生じる(P260参照)。こうしたキャパシタンスを**浮遊キャパシタンス**や**漂遊キャパシタンス**という。両者をまとめて**浮遊インピーダンス**や**漂遊インピーダンス**という。

パワーデバイスではスイッチングによって電圧や電流が急激に変化するため、ターンオンの際には浮遊キャパシタンスの作用で一時的に大きな**過電流**が、ターンオフの際には浮遊インダクタンスの作用で一時的に大きな**過電圧**が発生する。こうした過電流を**サージ電流**、過電圧を**サージ電圧**という。**サージ**(surge)には「急上昇」や「急増」の意味がある。

電力変換回路では、**ターンオンサージ電流**は回路の浮遊インダクタンスで抑制されることが多いため、特に注意を要するのは**ターンオフサージ電圧**だ。〈図03-01〉のような回路で、電源側の浮遊インダクタンスをL、ターンオフの際の主回路の電流変化率を$\frac{di}{dt}$とすると、サージ電圧V_sは$V_s = L\frac{di}{dt}$で示すことができる。高速スイッチングが可能なパワーデバイスほどターンオフ時間が短いため、$\frac{di}{dt}$が大きくなり、サージ電圧が高くなる。

また、電力変換回路では可制御デバイスにダイオードが逆並列接続されることがあるが、

◆ターンオーフサージ電圧

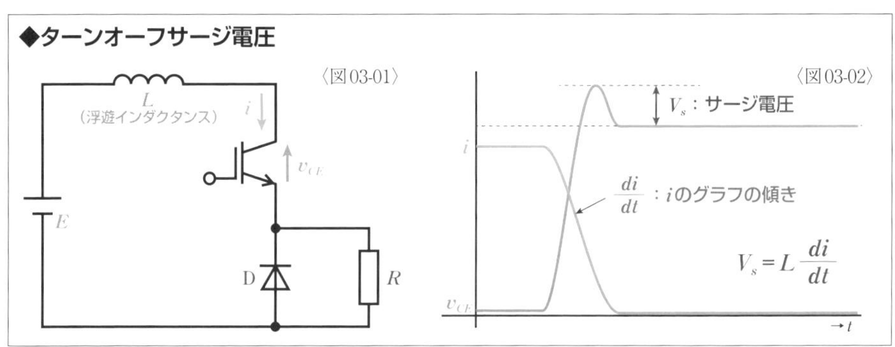

ダイオードが**リバースリカバリ**(**ターンオフ**)する際には**逆回復電流**が流れる。この逆回復電流の電流変化率が大きいと、やはりサージ電圧が発生する。

大きなサージ電圧は損失を増大させるばかりでなく、デバイスの定格やSOAを超えると破壊に至ったり、電源の短絡といった重大事故につながることもあるため、対策が必要になる。

▶スナバ回路

もっとも有効な**サージ電圧**対策は、回路の**浮遊インダクタンス**を小さくすることだ。可能な限り配線を短くするなどさまざまな方法で改善が進められているが、完全に0にすることは難しい。電流変化率を小さくすることでもサージ電圧は抑制できるが、スイッチング時間が長くなるため、高いスイッチング周波数が求められる回路には適さない。

サージ電圧対策では、**スナバ回路**という回路を付加する方法がある。英語の"snubber"には「急にやめさせるもの」という意味がある。スナバ回路にはさまざまな構成のものがあるが、もっとも基本的な構成は〈図03-03〉のように直列接続した抵抗とキャパシタを、パワーデバイスに並列に備えたもので、***RC*スナバ回路**という。抵抗を**スナバ抵抗**や**放電抵抗**、キャパシタを**スナバキャパシタ**という。浮遊インダクタンスによるターンオフ時の電圧の急変は、スナバキャパシタを充電することで吸収される。スナバ抵抗は一気にキャパシタが放電しないように電流制限の目的で備えられる。スナバキャパシタのキャパシタンスを大きく、スナバ抵抗の抵抗を小さくするとサージ吸収効果が高まるが、損失が大きくなり発熱が大きくなる。逆にキャパシタンスを小さく、抵抗を大きくすると損失が抑えられるが、元の電圧への復帰が遅くなる。

〈図03-04〉の回路は***RCD*スナバ回路**といい、スナバ抵抗と並列にダイオードを備えたものだ。このダイオードを**スナバダイオード**や**バイパスダイオード**いい、スナバ抵抗をバイパスしてスナバキャパシタの充電が行えるので、サージ電圧の吸収効果が高まる。放電の際にはスナバ抵抗が電流制限を行ってくれる。

◆*RC*スナバ回路 〈図03-03〉

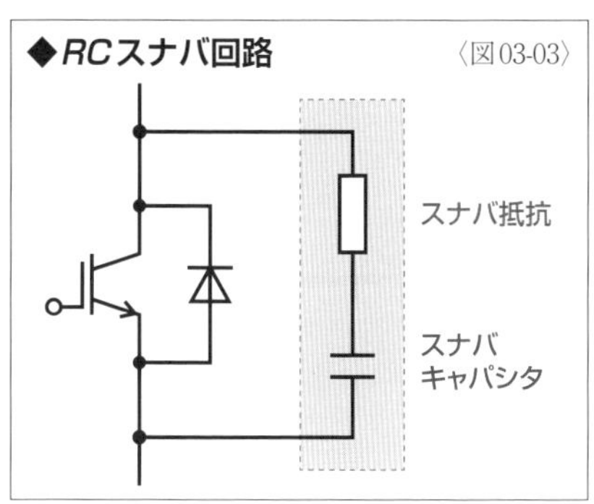

◆*RCD*スナバ回路 〈図03-04〉

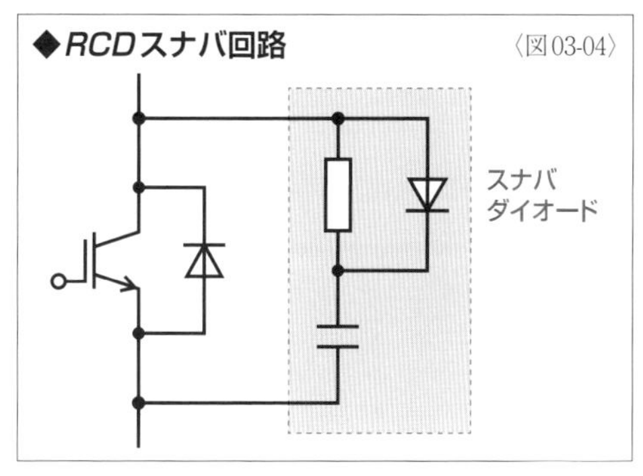

ノイズ対策

スイッチングの際にサージ電圧が生じると、回路の状態によっては振動をともなうノイズになることがある。こうしたノイズも高調波と同じように対策が必要だ。

▶パワーデバイスの寄生キャパシタンス

前節で回路の**浮遊キャパシタンス**は**サージ**に影響を与えることが少ないと説明したが、**キャパシタンス**はパワーデバイスそのものにも存在し、電力変換回路に悪影響を与えることがある。

キャパシタの基本構造は、〈図04-01〉のように**誘電体**と呼ばれる絶縁体を、電極となる2枚の導体で挟んだものだ。この2つの電極に電圧がかけられると、誘電体に**誘電分極**という現象が生じて、プラス側の電極には正の電荷、マイナス側の電極には負の電荷が蓄えられて充電が行われる。なお、実体としての誘電体がなく、空気を誘電体として使用するキャパシタもあり、回路に生じる浮遊キャパシタンスも空気を誘電体にしているといえる。

いっぽう、**pn接合ダイオード**が逆方向バイアスされると**空乏層**が生じる。空乏層は絶縁体に相当する状態になっていて、その両側に導体が存在するので、キャパシタの構造と同じ状態になっているといえる。そのため、逆方向バイアスされたpn接合ダイオードは充電されたキャパシタと同じような状態になっている。こうした**接合面**付近に生じる**キャパシタンス**（**静電容量**）を**接合容量**という。パワーデバイスでは**pn接合**が使われていることがほとんどなので、pn接合が間にある端子間には接合容量が生じる。

また、パワーデバイスの**絶縁ゲート構造**は、**絶縁膜**の両側を導体で挟んでいるので、キャパシタの基本構造と同じ構造だといえる。そのため、絶縁ゲート構造を備えたパワーデバイ

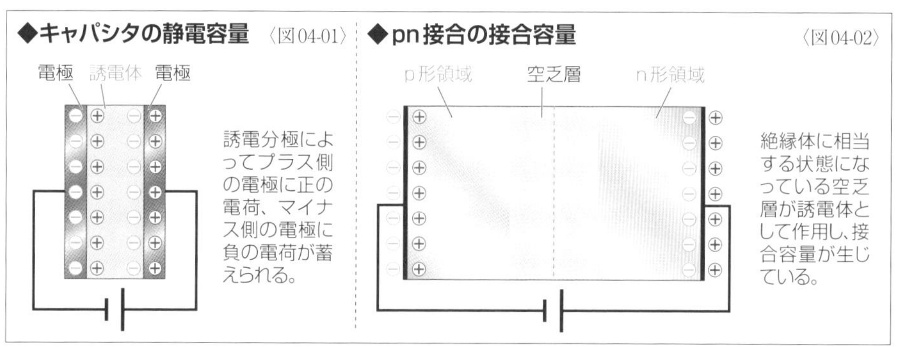

◆キャパシタの静電容量 〈図04-01〉

◆pn接合の接合容量 〈図04-02〉

スの場合、絶縁ゲート構造が間にある端子間にはキャパシタンスが生じる。

たとえば、MOSFETであれば〈図04-03〉のように**ドレーン・ソース間容量**C_{ds}、**ゲート・ドレーン間容量**C_{gd}、**ゲート・ソース間容量**C_{gs}が生じ、IGBTであれば〈図04-04〉のように**コレクタ・エミッタ間容量**C_{ce}、**コレクタ・ゲート間容量**C_{cg}、**ゲート・エミッタ間容量**C_{ge}が生じる。こうしたパワーデバイスの端子間に生じるキャパシタンスを総称して**寄生キャパシタンス**や**寄生容量**という。

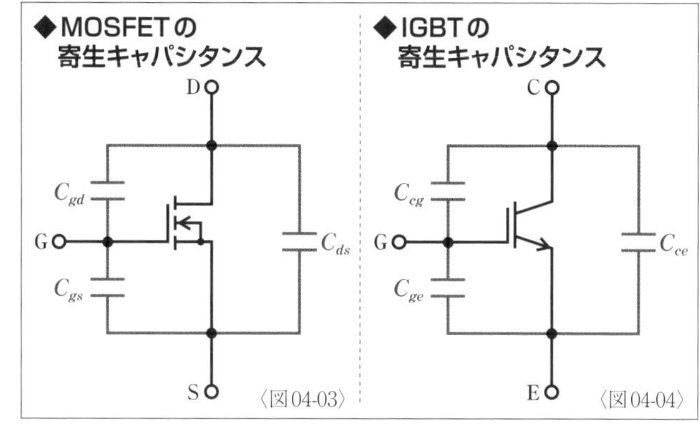

▶過渡振動によるノイズ

前節の**サージ**の説明では、電圧や電流の一時的な高まりとしてサージを説明したが、実際には振動をともなうことも多い。〈図04-05〉のような回路の場合、**浮遊インダクタンス**Lの存在によってターンオフの際に**サージ電圧**が生じるが、パワーデバイスの主端子間に**寄生キャパシタンス**Cがあれば、インダクタンスとキャパシタンスがエネルギーのやり取りを行う**共振現象**によって〈図04-06〉のような振動をともなった波形になる。こうした振動を**過渡振動**や**リンギング**(ringing)いい、その周波数はMHzを超えることもある。

こうした振動は高調波と同じように電力変換回路の**ノイズ**になり、電源や負荷に悪影響を与える。そのため***LC*フィルタ**などで取り除く必要がある。また、**スナバ回路**でサージ電圧を吸収すればノイズを抑制することができる。

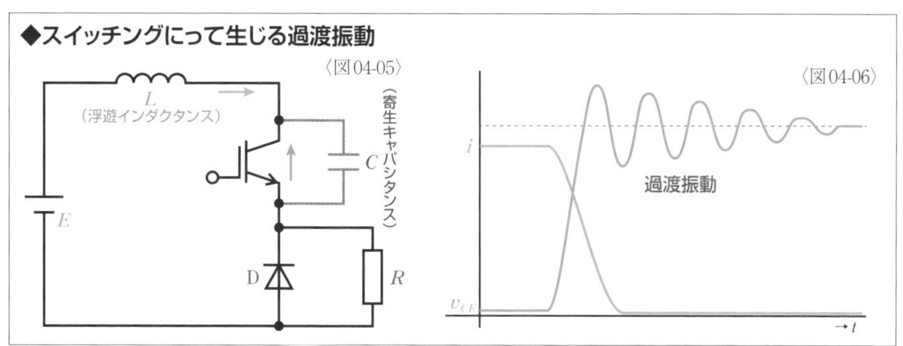

熱対策

パワーデバイスに損失が生じれば必ず発熱する。この熱を放置すると温度上昇によって最終的にはデバイスが破壊するため、冷却を行う必要がある。

▶パワーデバイスの損失と接合温度

パワーエレクトロニクスはパワーデバイスとそれを活用する回路技術によって支えられているが、パワーデバイスや電力変換装置の冷却技術も非常に重要な要素だ。

パワーデバイスに損失が生じると、損失分の**電気エネルギー**は**熱エネルギー**に変換され、パワーデバイスが発熱する。発熱によって温度が上昇すると静特性やスイッチング特性が変化して正常に動作しなくなり、最終的には破壊に至るため、パワーデバイスには**接合温度**(**ジャンクション温度**)についての**定格**がある。接合温度とはpn**接合**の**接合面**付近の温度のことで、その**最大定格**が**許容最大接合温度**だ。125～150℃に定められているものが多い。

▶パワーデバイスの冷却

電力変換装置などの**熱対策**としてもっとも一般的に使われている冷却方式が**空冷式**だ。**風冷式**ともいい、周囲の空気に**放熱**することでデバイスの温度を下げている。発熱量が非常に小さければデバイス本体からの放熱だけでも十分だが、それだけでは放熱が不十分な場合には**放熱器**が使われる。放熱器は**ヒートシンク**ともいい、デバイスに直接接続される。ヒートシンクは表面積が大きいほど放熱の効率が高まるため、薄い板を多数配置したような構造にされていることが多く、この構造がフィン(魚などのひれ)のようであるため**放熱フィン**ともいう。**熱伝導率**の高いアルミニウムなどの金属製の放熱器が使われることが多い。

ヒートシンク周囲の空気は放熱によって温められるが、温度差によって生じる**対流**によって周囲に流れ去っていく。こうした**自然対流**だけでは放熱し切れない場合には、**冷却ファン**によって**強制対流**を起こして放熱効率を高める。ファンを使用する冷却方式を**強制空冷式**(強

◆パワーデバイスの冷却 〈図05-01〉

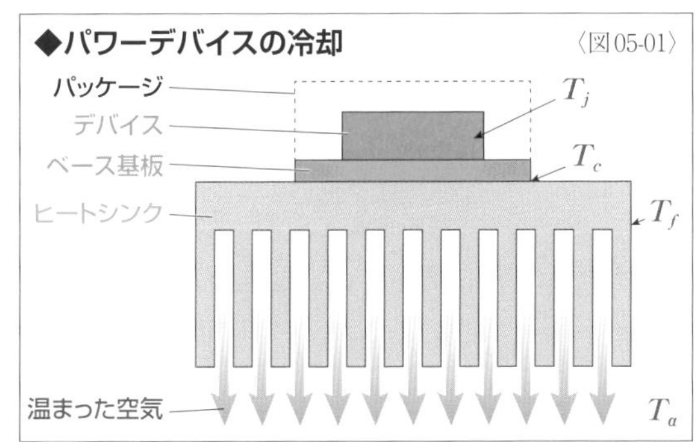

制風冷式)といい、ファンを使わない方式を**自然空冷式**(**自然風冷式**)という。

空冷式における空気のように熱の移動に利用する流体を**冷媒**という。空気はどこにでもあり利用しやすいが、熱伝導率が低く、優れた冷媒とはいえない。そのため、大電力を扱う装置では熱伝導率が高い液体を冷媒に使用する**液冷式**が採用されることがある。使用する冷媒が水であれば**水冷式**、油であれば**油冷式**ともいう。液体の冷媒は空気に比べると熱伝導率が高いが、対流しにくいため、強制的に循環させるのが一般的であり、冷却設備の構造が複雑になり大型化しやすい。また、一般的な水は導体なので無理だが、**純水**や**絶縁油**であれば、デバイスや回路に直接触れても問題が生じないため、冷却と絶縁の両方の効果を得ることができる。

▶熱回路

熱の移動は**熱回路**という回路として考えることができる。熱回路と電気回路には相似の関係があるため、電気の等価回路で示すことができる。**温度**を電位、**温度差**を電圧に置き換え、移動する**熱流量**と発生損失を電流に置き換えて考えると、電気回路における抵抗と同じように、熱の伝えにくさを**熱抵抗**として表わすことができる。この温度差、熱流量、熱抵抗には**オームの法則**が適用できるので、想定されるデバイスの発熱量から、計算によって各部の温度が求められる。なお、デバイスなどの熱抵抗はデータシートなどに示されている。

たとえば、〈図05-01〉の冷却について、デバイスの**接合温度**をT_j、パッケージと放熱フィンの接合部の温度をT_c、放熱フィンの温度をT_f、周囲の空気の温度をT_a、パッケージ内の熱抵抗を$R_{th(j-c)}$、パッケージと放熱フィン間の熱抵抗を$R_{th(c-f)}$、放熱フィンと空気間の熱抵抗を$R_{th(f-a)}$とし、想定される損失をPとすると、〈図05-02〉のように熱回路を表わすことができ、各部の温度差は〈式05-03〜05〉で示される。こからの式から、デバイスの接合温度T_jを〈式05-06〉のように求めることができるので、この値が定格に収まるようにすればいい。

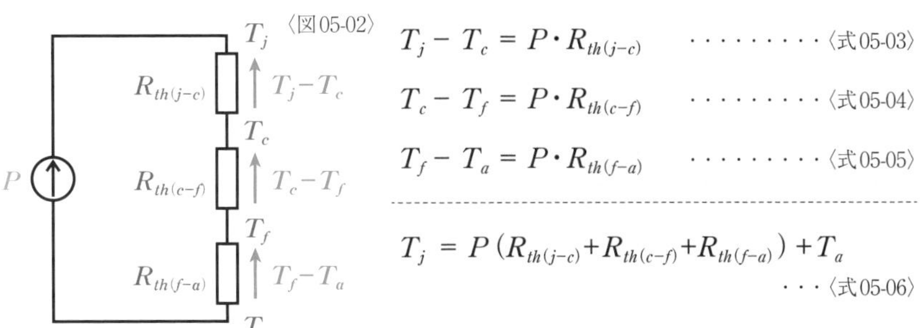

$$T_j - T_c = P \cdot R_{th(j-c)}$$ ··········〈式05-03〉

$$T_c - T_f = P \cdot R_{th(c-f)}$$ ··········〈式05-04〉

$$T_f - T_a = P \cdot R_{th(f-a)}$$ ··········〈式05-05〉

$$T_j = P\left(R_{th(j-c)}+R_{th(c-f)}+R_{th(f-a)}\right)+T_a$$ ···〈式05-06〉

次世代パワーデバイス

次世代パワーデバイスの半導体材料として期待されているのがWBG半導体だ。Siデバイスより、高耐圧、低損失、高温動作、高速スイッチングが実現される。

▶ワイドバンドギャップ半導体

パワーエレクトロニクスで使われる**パワーデバイス**には、**シリコン**（**ケイ素**）[Si]で作られた**Siデバイス**が使われてきた。シリコンは岩石の主成分であり、酸素に次いで地球上で2番目に数多く存在する**元素**なので、原料としての問題がないうえ、絶縁膜を容易に作ることができるなど**半導体材料**としても優れている。パワーデバイスは、製造方法の進化や新たな構造の開発によって、すざましい速度で性能を高めてきたが、近年ではその勢いが鈍化してきている。こうした鈍化は、すでに利用技術が成熟しシリコンの**物性**の限界に近づいていることを意味しているといえる。そのため、パワーデバイスのシリコンに代わる新たな半導体材料に注目が集まっている。ちなみに、物性とはさまざまな物理的性質のことだ。

新たな半導体材料として注目を集めているのは、**シリコンカーバイド**（**炭化ケイ素**）[SiC]や**ガリウムナイトライド**（**窒化ガリウム**）[GaN]、**ダイヤモンド**などの**ワイドバンドギャップ半導体**といわれるものだ。本書では半導体内の**電子**の動作について**エネルギーバンド理論**による説明を行っていないが、**価電子**を**キャリア**にするために必要なエネルギーを**バンドギャップ**（band gap）や**禁制帯幅**という。このバンドギャップの値によってpn接合半導体がターンオンする電圧が決まる。ワイドバンドギャップ半導体は、シリコンよりバンドギャップが大きい半導体のことで、英語の頭文字から**WBG半導体**と略されることもある。半導体の動作についてさらに詳しく知りたい人はエネルギーバンド理論を学ぶといい。

バンドギャップの大きさは、パワーデバイスの性能を決める**物性値**に影響を与える。おもなWBG半導体とSiの物性値をまとめると、〈表06-01〉のようになる。なお、SiCには各種の結

◆各種半導体材料の物性値　〈表06-01〉

半導体材料	Si	SiC	GaN	ダイヤモンド
バンドギャップ [eV]	1.1	3.3	3.4	5.5
絶縁破壊電界強度 [MV/cm]	0.3	3	5	10
熱伝導率 [W/cm・K]	1.5	4.9	1.3	20
飽和ドリフト速度 [cm/s]	1.0×10^7	2.2×10^7	2.7×10^7	2.7×10^7

晶構造のものが半導体材料として研究開発されているが、表はデバイスへの採用がもっとも進んでいる4H-SiCのものだ。

▶SiCデバイスの耐圧とオン電圧

まずは**WBG半導体**のなかでもっとも実用化が進んでいる**シリコンカーバイド**[SiC]を使った**SiCデバイス**を見てみよう。SiCはファインセラミックスの一種で、耐熱性、硬度、化学的安定性に優れることから、耐火材料や研磨剤などさまざまな分野で使われている。半導体材料としても古くから知られていて、半導体デバイスとしての研究開発が進められてきた。

SiCの半導体材料としての大きなメリットは**絶縁破壊電界強度**の大きさだ。絶縁体に加える**電界**を大きくしていくと、ある限度以上になったときに絶縁性が失われ急激に大電流が流れるようになる。これを**絶縁破壊**といい、絶縁破壊に必要な最小の電界強度を絶縁破壊電界強度といい、単に**絶縁破壊強度**ともいう。一般的にパワーデバイスの**耐圧**と**オン電圧**(**順方向電圧降下**)にはトレードオフの関係がある。たとえば、シリコンで作られたSi-MOSFETでは、〈図06-02〉のように耐圧を高めるために**ドリフト層**と呼ばれる**n⁻層**を設けているが、ドリフト層の抵抗が大きいためオン電圧が大きくなっている。しかし、SiCの絶縁破壊電界強度はSiの約10倍なので、〈図06-03〉のように$\frac{1}{10}$の厚さのドリフト層で同じ耐圧が得られる。ドリフト層が薄くなれば、オン電圧が小さくなって損失が低減される。また、詳しい説明は省略するが、絶縁破壊電界強度が高いと半導体の**不純物濃度**を高めることができる。ドリフト層の不純物濃度を高めれば抵抗率が低下するので、さらにオン電圧を小さくすることができる。結果、Si-MOSFETより低損失で高耐圧なSiC-MOSFETが実用化されている。

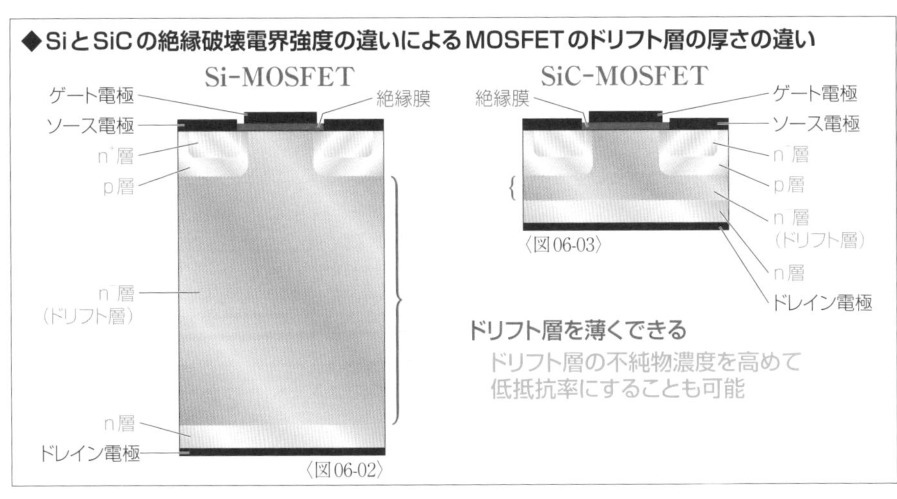

▶SiCデバイスの高温動作と高速スイッチング

SiC**デバイス**のメリットは、耐圧の高さやオン電圧の低さばかりではない。**バンドギャップ**が広いと熱によってキャリアが生じることが少なくなるので、**Siデバイス**より高温状態での動作が可能になる。Siデバイスの動作限界温度が150～175℃であるのに対して、SiCデバイスの動作限界温度は300～400℃とされている。実際には半導体の部分以外の要素に制限を受けるが、それでも250℃程度では問題が生じないと考えられている。パワーデバイスを高温動作させられると、冷却に関する要素が簡素化できる。また、SiCはSiより**熱伝導率**が高いので**放熱**しやすいため、こうした面でも冷却に関する要素が簡素化できる。冷却に関する要素が簡素化されれば、装置の小型軽量化が可能になる。

さらに、**WBG半導体**は**高速スイッチング**も実現してくれる。半導体内のキャリアの移動速度は、かかっている電圧が低いときにはその大きさに比例するが、電圧が高くなるにつれて速度の増加が鈍っていき、十分に高くなると一定値になる。その値を**飽和ドリフト速度**という。SiCはSiより飽和ドリフト速度が高い。飽和ドリフト速度が高いと、高速スイッチング可能になる。Siデバイスのなかでは**Si-MOSFET**がもっとも高速スイッチングが可能だが、**SiC-MOSFET**であれば、さらにスイッチング速度を高められる。高速スイッチングにより、スイッチング周波数を高められると、インダクタやキャパシタが小型化できるため、装置全体の小型軽量化が可能になる。

以上のようにWBG半導体にはさまざまなメリットがあるが、弱点もある。SiCでpn接合ダイオードを作った場合、バンドギャップが大きいので立ち上がり電圧が約2.5Vになり、低電圧の場合は損失の比率が大きくなる。そのため、pn接合を利用するダイオードやバイポーラトランジスタ、IGBTではSiCデバイスにするメリットが少ない。

従来、高電圧の環境で使われている**Si-IGBT**はSi-MOSFETに比べて**オン電圧**が

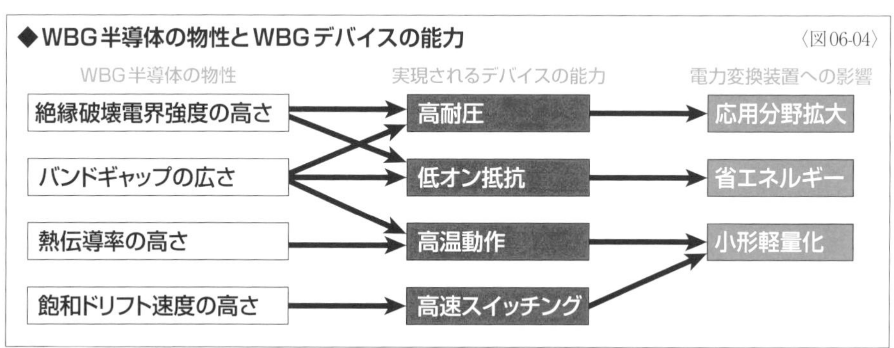

小さいが、スイッチング損失は大きい。しかし、SiC-MOSFETであれば高耐圧と低オン電圧を両立でき、Si-IGBTより**スイッチング損失**が抑えられ、さらにはSi-MOSFETより高いスイッチング周波数での動作も可能になり、装置の小型軽量化も可能だ。

SiC-MOSFET以外では、**SiCショットキーバリアダイオード**が実用化されている。**ショットキーバリアダイオード**はpn接合ダイオードに比べて高いスイッチング周波数で動作させられるが、Siを使った場合、**漏れ電流**が大きくなるため耐圧は200V程度が上限だった。耐圧を高めるとオン電圧も大きくなる。しかし、**絶縁破壊電界強度**が10倍のSiCを使うことで、高耐圧でオン電圧の小さいダイオードにすることができる。また、オンオフ可制御デバイスはダイオードを逆並列接続して使うことが多いため、SiC-MOSFETとSiCショットキーバリアダイオードを組み合わせた**SiCパワーモジュール**もすでに市販されている。

電気自動車やハイブリッド車、電車など駆動にモータを使用する交通機関のパワーエレクトロニクスでSiCデバイスの採用が始まっていて、省エネルギーに貢献している。現状ではSiCデバイスはSiデバイスに比べると非常に高価だが、普及や技術革新によって低価格化が進んでいくと予想される。

▶GaNデバイス

ガリウムナイトライド[GaN]は**青色発光ダイオード**の半導体材料として知られているが、無線通信基地局向けの高出力高周波の半導体デバイスとして実用化が始まっていて、パワーデバイスとしても研究開発が進んでいる。GaNはSiよりさらに安定した結晶構造で、**絶縁破壊電界強度**がSiCよりもさらに高い。しかし、現状では大きな結晶基板を作ることが難しいため、Si基板上にGaNの結晶を生成する方法が取られている。そのため、現状の**GaNデバイス**はSiCデバイスほど**耐圧**を高められないが、**飽和ドリフト速度**の高さを活かしてスイッチング速度を高められるため、小型軽量化の要求が強い分野で応用が始まっている。

身近な実用化の例では、**スイッチング制御式**電源であるUSB充電器へのGaNデバイスの採用がある。USB Power Deliveryという規格が制定され、100Wまでの受給電が可能になったことで、スマートフォンやノートパソコンの充電器が共通化されつつあるが、スマートフォン用充電器は小型軽量のものが求められている。従来とサイズや重量をかえることなく急速充電やノートパソコンへの充電を行えるようにするため、**GaN-FET**が採用されている。

ただし、GaNもやはり高価な存在だ。また、少しずつ実用化されているとはいえ、GaNデバイスには製造技術をはじめ克服が必要な課題が数多く残されている。しかし、非常に研究開発が盛んな分野なので、GaNデバイスの今後の発展が期待される。

▶ダイヤモンド半導体

純粋なダイヤモンドは優れた絶縁体だが、**不純物**を**ドーピング**することで**半導体**にすることができる。天然のダイヤモンドのなかにも不純物の存在によって半導体としての性質を有するものがある。**ダイヤモンド半導体**は、**物性値**から考えると半導体としての特性が非常に高く、**Siデバイス**はもちろん**SiCデバイス**をも超える性能のパワーデバイスになる可能性を秘めている。しかし、大型結晶の成長、良質の絶縁膜、適したドーパント材料やドーピング方法、デバイス構造など、実用化に向けて克服しなければならない課題が数多く残っていて、研究開発が進められている。

▶WBGデバイス

ワイドバンドギャップ半導体によるパワーデバイスには、低損失、高耐圧、高温動作、高周波動作など**Siデバイス**よりさらに**理想スイッチ**に近づけられる可能性があり、現に実現しつつある。これにより、電力変換装置の省エネルギーや性能向上、小型軽量化が期待される。すでに実用化が一部で始まっているが、近い将来の各種デバイスの適用範囲を予想すると〈図06-05〉のようになる。

当初は、従来のSiデバイスでは適用範囲外であった部分で**WBGデバイス**が採用されると考えられる。**SiCデバイス**は高耐圧を活かして**Si-IGBT**が適用できなかった大容量の分野で使われるが、同時に効率向上の要求が強い分野では低損失を活かしてSi-IGBTの代わりに使われることが増えていく。いっぽう、**GaNデバイス**は、これまでは**Si-MOSFET**が使われていた用途において、スイッチング周波数を高めて小型軽量化を実現するために使われる。いずれのWBGデバイスも、普及や技術革新によってコストパフォーマンスが向上すれば、Siデバイスから代替される範囲が広がっていくことになる。

◆各種デバイスの適用範囲 〈図06-05〉

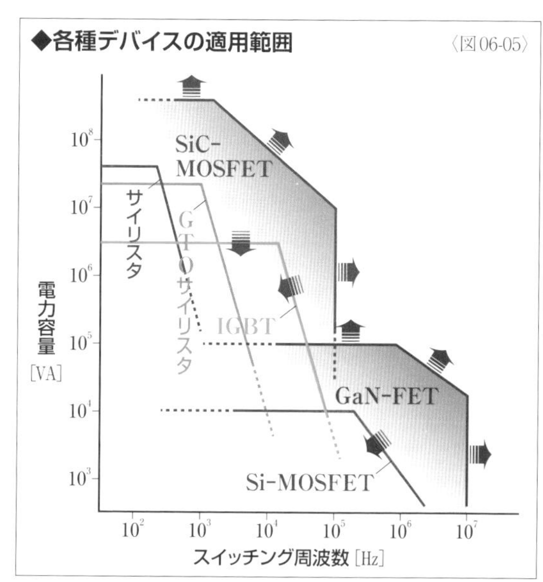

パワーエレクトロニクスの応用

第 節

モータの駆動

現在ではモータの駆動にパワーエレクトロニクスは欠かせないものになっている。用途に応じて直流整流子モータ、誘導モータ、同期モータが使われている。

▶モータとパワーエレクトロニクス

日本で発電される電力の半分以上が**モータ**の駆動に使われている。そのため、パワーエレクトロニクスもモータの駆動に幅広く使われている。パワーエレクトロニクスによるモータの駆動には、省エネルギー、高機能化、小型化、高速化などさまざまなメリットがあり、現在でもその進化は続いている。まずは、さまざまなモータの動作原理や特徴とパワーエレクトロニクスの応用を見ていこう。

▶直流整流子モータ

一般的に**直流モータ**や**DCモータ**と呼ばれるモータは、ほとんどの場合は**直流整流子モータ**だ。モータは**固定子**と**回転子**という2つの部品の電磁気作用によって回転する。**磁界**のなかに置かれた導体に電流を流すと、**フレミングの左手の法則**によって定まる向きに**電磁力**という力が働くことを利用して、直流整流子モータは**トルク**を得ている。トルクとは回転しようとする力のことだ。電流によって力が発生する回転子を、**整流子モータ**では**電機子**といい、導体には**電機子コイル**が使われる。〈図01-01〉のような構造の場合、電磁力は上下方向に生じるが、回転子に回転軸があるため、回転する力になる。連続して回転させるために、**整流子**と**ブラシ**という機械的な接点によって電機子の回転位置に応じてコイルに流れる電流の方向をかえているため、整流子モータというわけだ。図のように固定子に永久磁石を使って周囲の磁界を作

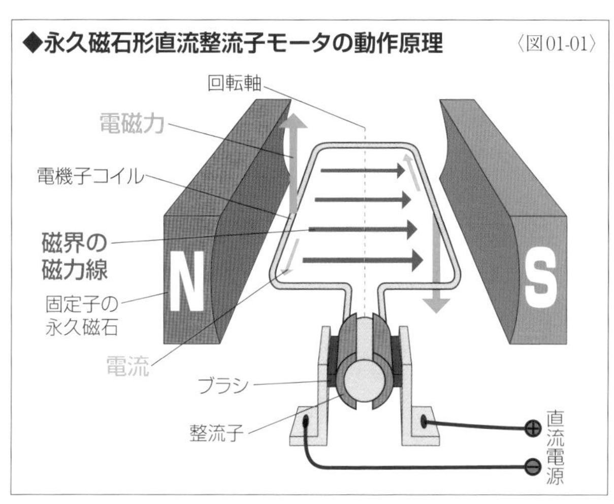

◆永久磁石形直流整流子モータの動作原理 〈図01-01〉

るものを**永久磁石形直流整流子モータ**といい、固定子に**界磁コイル**を使い電流を流して電磁石にすることで磁界を作るものを**巻線形直流整流子モータ**という。巻線形は磁界を強くでき大きな出力が得やすいため中大型機に採用され、小型機では永久磁石形が採用される。

◆直流整流子モータのチョッパ制御

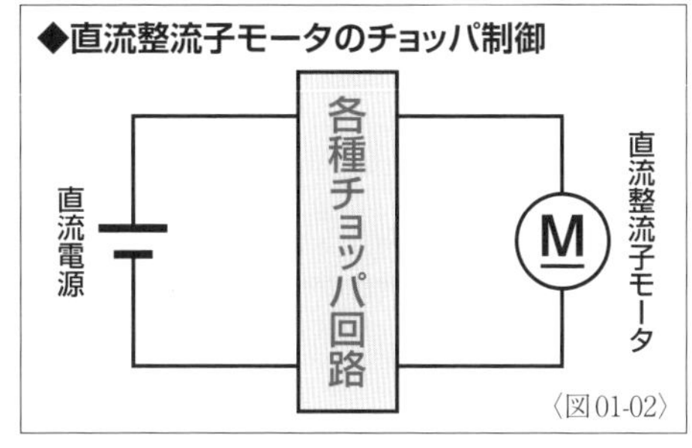

〈図01-02〉

直流整流子モータは、停止状態から大きなトルクを発しながら始動できるうえ、可変速運転が可能で、逆回転も可能だ。もちろん、**回生**も行える。永久磁石形であれば、トルクは電機子コイルを流れる電流に比例する。そのため、電圧を可変させて電流を調節することでトルクを制御できる。トルクを制御できれば自在に回転速度を変化させられるので、古くから可変速運転が必要な用途には直流整流子モータが使われていたが、パワーエレクトロニクス誕生以前は抵抗によって電圧の調節が行われていたため、損失が大きかった。

しかし、パワーエレクトロニクスの誕生によって**チョッパ回路**による電圧の調節が可能になり、省エネルギーが実現された。こうした制御を**チョッパ制御**という。回生が可能な用途であれば**可逆チョッパ回路**によって、さらなる省エネルギーが可能になる。また、**Hブリッジ可逆チョッパ回路**を使えば正逆回転での可変速運転と回生が行える。**回転速度センサ**や**電流センサ**からの情報を使って各種チョッパ回路を制御すれば、精度の高いモータの運転が行える。大きな電力を安定して供給できる単相もしくは三相の交流商用電源で使うのであれば、**複合整流回路**を使うことができ、回生も行うのであれば**PWMコンバータ**を使うことができる。

巻線形の場合は、トルクは電機子コイルを流れる電流と界磁コイルを流れる電流に比例するので、双方の電流を別々に調節すれば、さらに制御の幅が広がるが、整流子モータは接点のブラシが消耗するので定期的な交換というメンテナンスが必要になる。また、磁界のなかで回転する電機子コイルに逆起電力が生じるため、高回転が難しいという弱点もある。そのため、パワーエレクトロニクスの発展によって交流モータの可変速運転が可能になると、中大型機で巻線形直流整流子モータが使われることはなくなっていった。

いっぽう、小型機の用途ではブラシによる寿命の影響を受けることが少なく、制御も簡単でコストも抑えられるため、直流電源の環境では、現在でも永久磁石形直流整流子モータは多用されている。20世紀末に永久磁石の性能が向上してからは、永久磁石形でも大きなトルクが得られるようになっている。ただし、小型機でも精度の高い制御が必要な用途では、**ブラシレスDCモータ**(P277参照)なども使われるようになっている。

▶誘導モータ

一般的に**交流モータ**や**ACモータ**と呼ばれるモータには**誘導モータ**と**同期モータ**があり、どちらも動作原理に**回転磁界**を利用している。**三相交流モータ**である**三相誘導モータ**や**三相同期モータ**の**固定子**には3つのコイルが使われる。〈図01-03〉のように**回転子**の回転中心から見て120度間隔で3つの**固定子コイル**を配置し、各コイルに三相交流のそれぞれの相の電流を流すと、各コイルの**磁界**が合成されて回転する磁界ができる。これを回転磁界といい、その回転速度を**同期速度**という。回転磁界の周期は三相交流の周期と同じだ。三相交流の**相順**を入れ替えれば、回転磁界の回転方向を逆転させることができる。

交流誘導モータの回転子の基本形はアルミニウムなどの非磁性体の導体で作られた円筒だ。回転磁界が発生すると、回転子の導体には**フレミングの右手の法則**よって定まる向きに**渦電流**と呼ばれる**誘導電流**が流れる。この誘導電流と回転磁界に**フレミングの左手の法則**を適用すると、回転子には回転磁界の回転方向と同じ方向にトルクが発生して回転する。わかりやすくするために回転磁界を永久磁石の回転に置き換えると、〈図01-04〉のように回転原理を説明することができる。回転子がトルクを発生するためには磁界を横切る必要がる。そのため、回転子の回転速度と回転磁界の回転速度には速度差が必要になる。この差を**すべり**という。

誘導モータの回転原理の説明では回転子に円筒を用いているが、渦電流が周囲に広がって効率が悪くなるため、実際には〈図01-05〉のようなかご状の導体を基本として、周囲の磁界を通りやすくし回転子を丈夫にするために鉄心を収めた回転子が使われることが多い。

◆三相交流と固定子コイルによる回転磁界 〈図01-03〉

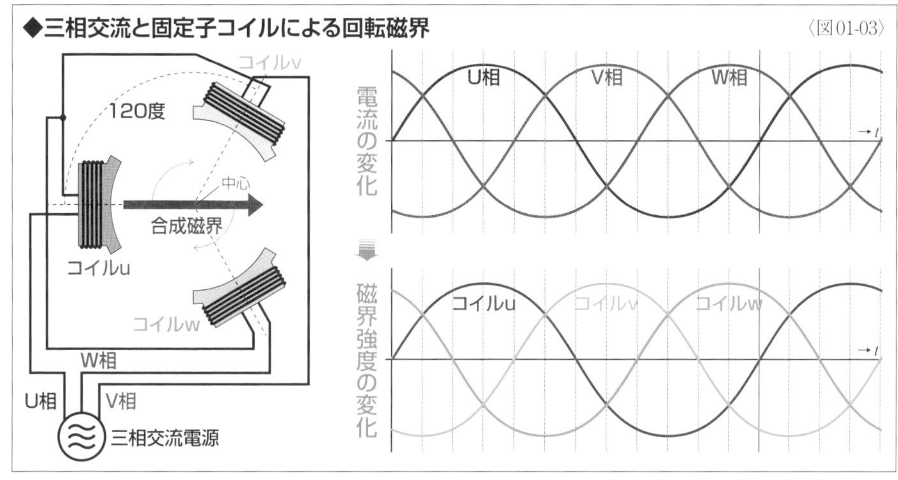

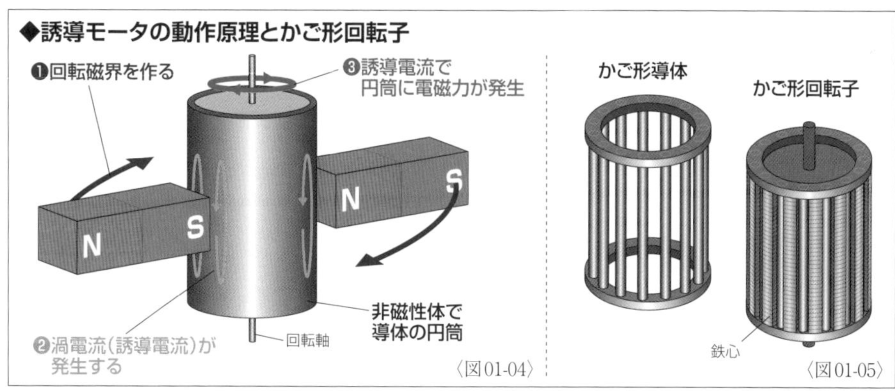

〈図01-04〉〈図01-05〉

こうした構造のモータを**かご形誘導モータ**という。回転子にコイルを使用する**巻線形誘導モータ**もあり、回転速度などの制御が行いやすいが、かご形より効率が悪くメンテナンスにも手間がかかるため、大型機などの限られた用途でしか使われていない。

かご形三相誘導モータは、始動時の大電流を抑えるために電気回路を工夫しなければならないこともあるが、一定周波数の交流でも始動することができ、無負荷ではほぼ同期速度で回転する。直流整流子モータより構造がシンプルなので堅牢、軽量、安価でメンテナンスの手間がかからないため、パワーエレクトロニクス誕生以前には定速運転の用途で使われていた。しかし、インバータが開発されると可変速運転が求められる用途でも誘導モータが幅広く使われるようになっていった。もちろん、**回生**も行える。

単に誘導モータといった場合、ここまでに説明してきた三相誘導モータをさす場合が多いが、**単相誘導モータ**というものも存在する。単相誘導モータのなかには**インバータ**や**交流位相制御回路**によってある程度の可変速運転が可能なものもあるが、基本的には一定速度で回っていれば十分というポンプやファンなどの用途で使われている。家電製品では扇風機や換気扇に単相誘導モータが使われている。

……… 交流整流子モータ ………

単相交流モータには単相誘導モータ以外にも**交流整流子モータ**がある。**巻線形直流整流子モータ**のなかでも電機子コイルと界磁コイルが直列にされた**直巻直流整流子モータ**は、電機子コイルと界磁コイルの電流の方向が同時に切りかわるので交流でも使うことができるため、交流整流子モータともいうわけだ。直流でも使えるので**交直両用モータ**や**ユニバーサルモータ**ともいう。交流整流子モータは始動トルクが大きく高速回転が可能で大きな出力が得られるが、振動や騒音が大きいうえ発熱が大きく長時間の使用には適さないため、家電製品では掃除機やミキサーなどに使われている。回転速度の調節が必要な場合は**双方向導通サイリスタ**による**交流位相制御**が行われることもある。

▶誘導モータの駆動

三相誘導モータはインバータで**周波数**を調節すれば回転速度をかえられるが、同時に電圧の調節を行うのが一般的だ。電圧 Vと周波数fの比が一定になるように周波数と電圧を変化させると、回転速度が変化しても**トルク**が一定に保たれる。これを***V/f*一定制御**や***V/f*制御**、または**定トルク制御**という。この状態では、モータの負荷によって電流の大きさが決まる。

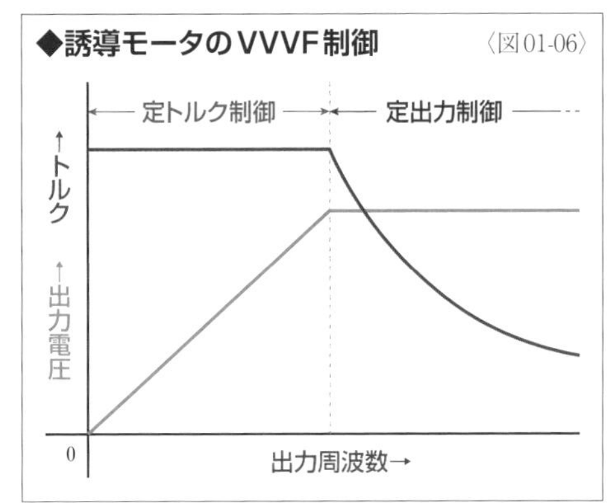

◆誘導モータのVVVF制御 〈図01-06〉

*V/f*一定制御でインバータの出力電圧の上限に達した場合、以降の調節は周波数のみになる。周波数のみを調節した場合は、モータの出力が一定になり、回転速度が高まるほどトルクが低下する。これを**定出力制御**といい、定トルク制御と合わせて**可変電圧可変周波数制御**（**VVVF制御**）という。インバータの出力電圧と出力周波数、モータのトルクの関係は〈図01-06〉のようになる。

VVVF制御であればインバータに接続するだけでモータを運転できるが、誘導モータには**すべり**が存在するため、トルクの高精度で素早い制御は難しいとされていた。そもそも、誘導モータを流れる電流には、**回転磁界**を発生させる電流と、**回転子**に**誘導電流**を発生させてトルクを生み出す電流が含まれる。トルクを的確に制御するためには、トルクを生み出す電流の大きさを知る必要がある。

そのために開発されたのが**ベクトル制御**だ。ベクトル制御では、モータを流れる電流を検出するセンサとモータの回転位置または速度を検出するセンサが必要になる。これらの情報から、演算によってトルクを生み出す電流を推定することでトルク制御を行っている。高速で複雑な演算処理が必要になるため、制御回路には高い能力が求められ

◆誘導モータのベクトル制御のシステム構成

電流センサ
三相誘導モータ
インバータ主回路
IM 3～
駆動信号
回転位置センサ または 回転速度センサ
駆動回路
制御信号
制御回路
電流信号
回転位置信号または回転速度信号
指令

〈図01-07〉

るが、デジタル処理技術の発展によって現在では直流モータを凌ぐ制御性が実現されている。

こうした誘導モータの制御技術はどんどん進化している。ベクトル制御が始まった当初は、磁界の状態を検出するモータ内部の**磁気センサ**が**回転位置センサ**として使われていたが、温度に制限があるため厳しい環境では使えなかった。しかし、次第にモータ外部に備える回転位置センサの情報から磁界の状態を推定できるようになっていった。また、**回転速度センサ**でもベクトル制御が可能になり、現在では磁界の状態を推定するためのセンサを使わずに、電流の大きさと位相から回転位置を推定する**センサレスベクトル制御**も実現されている。

誘導モータを運転するためのインバータは、モータを搭載する機器に応じて専用の制御回路や駆動回路を含めて開発されることもあるが、**汎用インバータ**も市販されている。汎用インバータと呼ばれているが、実際には間接交流−交流変換を行うものだ。電源への**回生**が可能な用途を前提として**PWMコンバータ**と**PWMインバータ**を組み合わせたものもあれば、回生しない用途を前提として**整流回路**とPWMインバータを組み合わせたものもある。こうした場合でも、**力率改善**や**高調波対策**のために、整流回路にダイオードとオンオフ可制御デバイスの**混合ブリッジ**による**混合PWM整流回路**が使われることもある。また、電源への回生を行わない汎用インバータでも、減速停止時間の短縮やスムーズな減速を行うために回生発電を利用することがあり、〈図01-08〉のように発電電力を消費するために抵抗器による**ブレーキ回路**が備えられこともある。こうしたブレーキを**発電ブレーキ**という。

さらには、ベクトル制御のための制御回路が搭載された汎用インバータもあり、センサレスベクトル制御が可能なものもある。ベクトル制御を行うにはモータの基本的な状態を把握しておく必要があるが、運転前に自動的にモータの状態を計測する機能を備えたものもある。

◆汎用インバータ（ブレーキあり）の主回路　〈図01-08〉

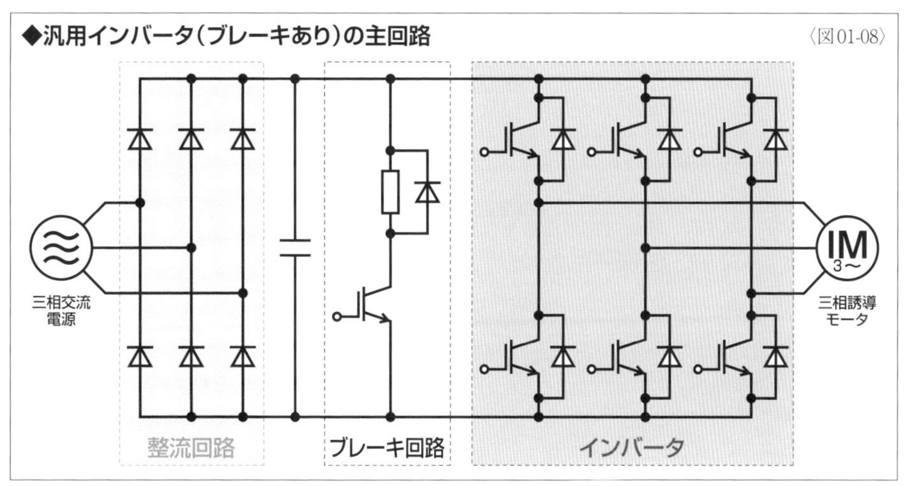

▶同期モータ

3つの**固定子コイル**に三相交流を流すことで作られた**回転磁界**のなかに、永久磁石で作られた**回転子**を置くと、回転磁界に追従して同じ回転速度で回転子が回転する。これが**同期モータ**の動作原理だ。わかりやすくするために回転磁界を永久磁石の回転に置き換えると、〈図01-09〉のようになる。回転磁界の回転速度に同期して回転するから同期モータという。

回転子に永久磁石を使用するものを**永久磁石形同期モータ**といい、回転子をコイルにして電磁石として使用するものを**巻線形同期モータ**という。巻線形は大出力にしやすく効率も高いが、構造が複雑になり、ブラシまたはスリップリングを使うことになるのでメンテナンスにも手間がかかるため、大型機などの限られた用途でしか使われていない。ほかにも、回転子に鉄などの磁性体を使い、その形状を工夫することで回転子とする**リラクタンス形同期モータ**などもある。永久磁石形同期モータと呼ばれるもののなかにも、リラクタンス形の要素を盛り込むことで効率を高めているものがある。

同期モータは**同期速度**でしか回転できないため、一定周波数の交流電源に接続しても始動できないことがほとんどだ。そのため、回転子の構造を工夫して誘導モータとして始動できるようにしたり、外部の他のモータで回転を始めさせたりする必要があったが、インバータの開発によって停止状態から回転を始めさせることが可能になった。とはいえ、同期モータは負荷が大きくなりすぎると回転子が同期速度で回転できなくなり停止するため、制御が難しいモータだった。しかし、誘導モータのために開発された**ベクトル制御**を応用することで、安定した可変速運転が可能になり、高精度での制御が実現されてる。もちろん、**回生**も行える。

また、20世紀末に永久磁石の性能が向上したことにより永久磁石形同期モータの効率が高まり、小型化が可能になった。そのため、家電製品などでも使われている。電気自動車やハイブリッド自動車の駆動用モータでもおもに永久磁石形同期モータが使われている。

◆同期モータの動作原理

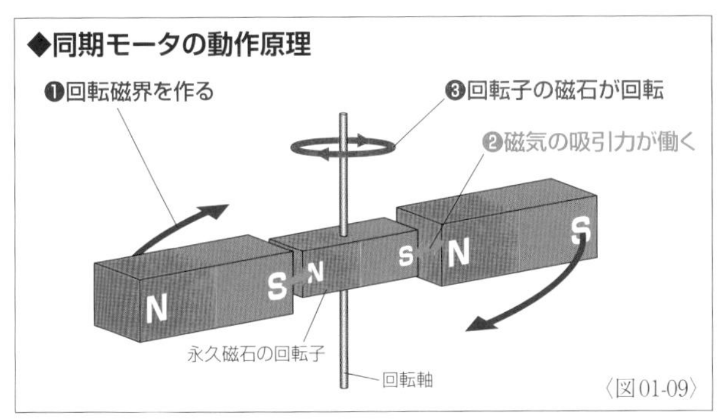

〈図01-09〉

なお、**単相同期モータ**というものも存在するが、**単相誘導モータ**のほうが扱いやすいため、使われることはほとんどない。そのため、単に同期モータと表現された場合は**三相同期モータ**だと考えて問題ない。

▶ブラシレスモータ

直流整流子モータの弱点である**整流子**と**ブラシ**という機械的な接点をなくしたモータが**ブラシレスモータ**だ。ブラシレスモータはパワーエレクトロニクスによる駆動を前提としたもので、回転子の回転位置に応じて動作する接点を、駆動回路のスイッチングに置き換えている。**回転子**をコイルとして電流を流すとブラシが必要になるので、〈図01-10〉のようにコイルを**固定子**とし、永久磁石を回転子にしている。つまり、ブラシレスモータの構造は同期モータと同じだ。ブラシレスモータも、正確なタイミングでスイッチングを行うために、**回転位置センサ**の情報を利用するのが基本だ。現在では同期モータは回転位置センサなどの情報を利用する**ベクトル制御**が一般的になっているので、制御方法も同期モータと同じだといえる。同期モータではセンサレスベクトル制御が実用化されているが、ブラシレスモータでも実現されている。

◆ブラシレスモータの構造 〈図01-10〉

最初に開発されたブラシレスモータは**ブラシレスDCモータ**といい、整流子とブラシによる電流方向の切り替えに代わるものとして**方形波インバータ**を使用する。回転を滑らかにする必要がある場合は**正弦波インバータ**が使われ、この場合は**ブラシレスACモータ**という。ただし、実際にはブラシレスモータのDCとACの区別はさまざまだ。駆動回路がなければ動作しないモータなので、駆動回路もモータの一部として捉え、電源は直流なので駆動波形に関係なく、ブラシレスDCモータと呼ぶ人もいる。また、モータ自体はACモータの一種なので、駆動波形に関係なく、ブラシレスACモータと呼ぶ人もいる。さらに、ブラシレスモータは交流電源環境で使われることもあり、こうした場合は駆動回路が整流回路とインバータで構成されるが、電源は交流と考えられるので、ブラシレスACモータと呼ぶ人もいる。

実際、ハイブリッド自動車を各社が販売を始めた当初は、搭載モータをブラシレスモータとしていたメーカーもあったが、現在ではほぼすべてのメーカが同期モータと表現している。いっぽう、家電の分野ではブラシレスモータの表現のほうが好まれるようだ。また、永久磁石形直流整流子モータが使われていた用途で、制御の精度を高めるために代替された場合は、ブラシレスDCモータと呼ばれることが多い。

交通輸送機関への応用

人間や物資を移動させる手段にはモータが使われることが多く、パワーエレクトロニクスが多用されている。電車、自動車、エレベータでの活用を見てみよう。

▶直流電化の電車

パワーエレクトロニクスの進化発展の歴史は**電車**のモータの駆動方法の変遷に見ることができる。電車が誕生した19世紀後半は、鉄道車両の駆動に適したモータは**巻線形直流整流子モータ**しかなかった。そのため、架線とレールを使った車両への電力供給にも直流が選ばれた。こうした直流による車両への電力供給を**直流電化**という。

パワーエレクトロニクス誕生以前は、〈図02-01〉のように複数の抵抗の接続を機械スイッチで切り替える**抵抗制御**によって**直流整流子モータ**にかかる電圧を調節していた。〈図02-02〉のように複数のモータの接続を方法を機械スイッチで切り替えることでモータの端子電圧をかえる**直並列制御**や、**界磁コイル**の状態を別途調節する**界磁制御**も併用されていたが、抵抗による損失は大きなものだった。

1970年代に入ると、〈図02-03〉のような**サイリスタ**を使った**チョッパ回路**による**チョッパ制御**が導入された。チョッパ制御は抵抗による損失を低減しただけでなく、**回生ブレーキ**でも省エネルギーに貢献した。抵抗制御用の抵抗器の重量減も省エネルギーに役立った。また、従来の制御で多数使われていた機械

◆直流整流子モータの抵抗制御 〈図02-01〉

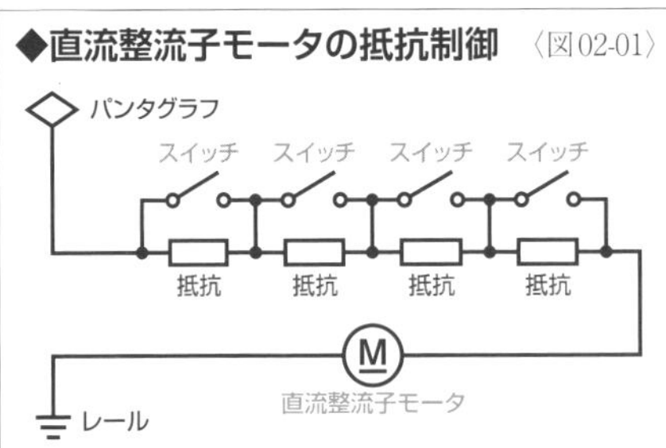

図の例では4つの抵抗それぞれに並列にスイッチを備えている。スイッチをONにした抵抗が短絡されるので、段階的に全体の抵抗値をかえられる。それぞれの抵抗の大きさをかえれば、スイッチの組み合わせでさまざまな抵抗値にできる。また、図の例ではすべての抵抗が直列だが、回路を工夫すると直列と並列を切りかえることで、さらにきめ細かい抵抗値の制御が行える。

◆直流整流子モータの直並列制御 〈図02-02〉

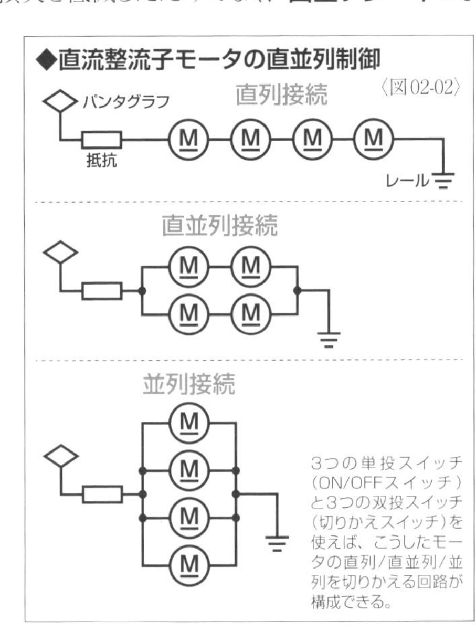

3つの単投スイッチ(ON/OFFスイッチ)と3つの双投スイッチ(切りかえスイッチ)を使えば、こうしたモータの直列/直並列/並列を切りかえる回路が構成できる。

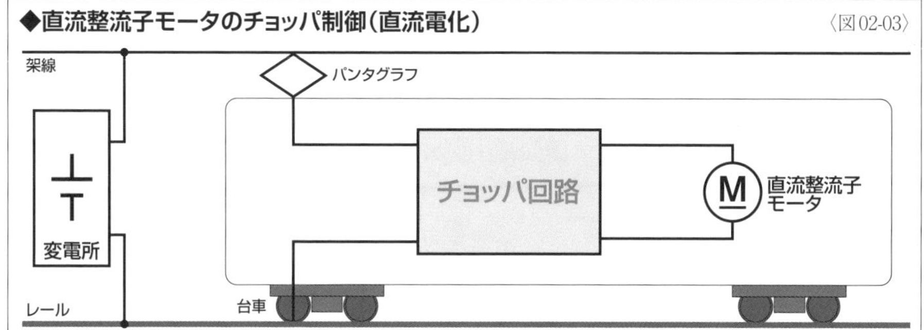

◆直流整流子モータのチョッパ制御（直流電化）〈図02-03〉

スイッチは接点が消耗するため定期的なメンテナンスが必要だったが、パワーエレクトロニクスの採用によってその手間が軽減された。回生ブレーキの採用によって摩擦ブレーキの消耗が少なくなり、こうした面でもメンテナンスの手間が減った。さらに、チョッパ制御では無段階でモータの回転速度を調節できるため、乗り心地も向上した。チョッパ制御の基本形は、モータ全体をチョッパ回路で制御する**電機子チョッパ制御**だが、ほかにも**界磁コイル**を別途制御する**界磁チョッパ制御**などさまざまなチョッパ回路が開発され実用化されていった。また、**GTOサイリスタ**が開発されるとパワーデバイスとして使われるようになった。

1980年代中頃になって**交流誘導モータ**の**インバータ**制御が可能になると、〈図02-04〉のように電車にも採用されるようになった。**かご形誘導モータ**は直流整流子モータよりメンテナンスの手間が省けるのはもちろん、誘導モータのほうが高速回転が可能なので電車の高速化が実現された。なお、インバータは**ベクトル制御**されているが、鉄道の分野では**VVVF制御**ということが多い。当初はパワーデバイスにおもにGTOサイリスタが使われたが、1990年代中頃になると**IGBT**が使われるようになり、信頼性や機能を向上させる**IPM**も採用されるようになった。2010年代中頃には最新のパワーデバイスである**SiC-MOSFET**も採用されるようになり、さらなる省エネルギーが実現されている。

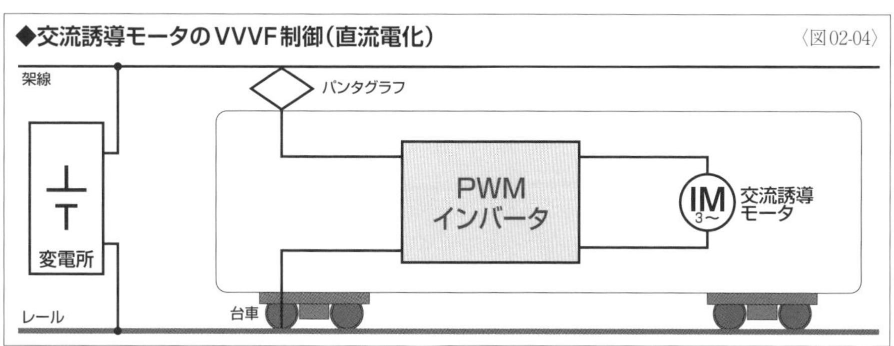

◆交流誘導モータのVVVF制御（直流電化）〈図02-04〉

▶新幹線と交流電化の電車

同じ電力を送るのであれば、電圧を高くして電流を小さくしたほうが、電線の抵抗による電力損失や電圧降下を小さくできる。**直流電化**の場合、**電車**側でトランスによる降圧が行えない。チョッパ制御であれば降圧できるが、パワーデバイスの負担が大きくなる。モータを高電圧に対応させると、必要以上にモータが大きくなってしまう。そのため、直流電化では600～3000Vが使われるのが一般的だ。しかし、電力損失や電圧降下に対応するために、数kmごとに変圧と整流を行う**変電所**を設ける必要があり、建設コストがかかる。

いっぽう、**交流電化**の場合、電車側にトランスを備えれば降圧が行えるので、電圧を高めて大電力を送ることができる。また、数十～百km程度まで変電所の間隔を広げることができ、建設コストが抑えられる。そのため、高速運転が求められる**新幹線**では大電力が必要になるので25kVの交流電化が採用された。

新幹線が誕生した1964年はパワーエレクトロニクス普及以前なので、**直流整流子モータ**が採用され、〈図02-05〉のように多数のタップを備えたトランスを使用し、機械スイッチでタップを切り替えて段階的に降圧し**ダイオードブリッジ**で整流する**タップ制御**が行われていた。

1980年代になると、新幹線にパワーエレクトロニクスが採用され、**サイリスタ**による**位相制御**が行われるようになった。パワーデバイスの負担を減らすため、トランスの二次コイルを4分割など複数に分けたうえで、〈図02-06〉のように**混合ブリッジ**の**位相制御整流回路**を使う方法や、〈図02-07〉のように**逆並列サイリスタ**で位相制御を行ったうえでダイオードブリッジで整流を行う方法などがあった。

1990年代になると、新幹線にも**交流誘導モータ**が採用され、〈図02-08〉のようにトランスで降圧した後に**PWMコンバータ**と**PWMインバータ**を使った**VVVF制御**が行われるようになり、**回生ブレーキ**も実現された。当初は**GTOサイリスタ**が使われたが、1990年代後半からはIGBTが使われるようになった。2020年代に入ると次世代デバイスであるSiC-MOSFETが採用され始めている。

交流電化は建設コストが抑えられ、電力損失も抑えられるが、車両のコストが高くなりやすい。交流電化は電圧が高いので、電線の周囲に大きな空間が必要になるため、トンネルを大きくする必要があり、特に地下鉄

◆直流整流子モータのタップ制御

〈図02-05〉

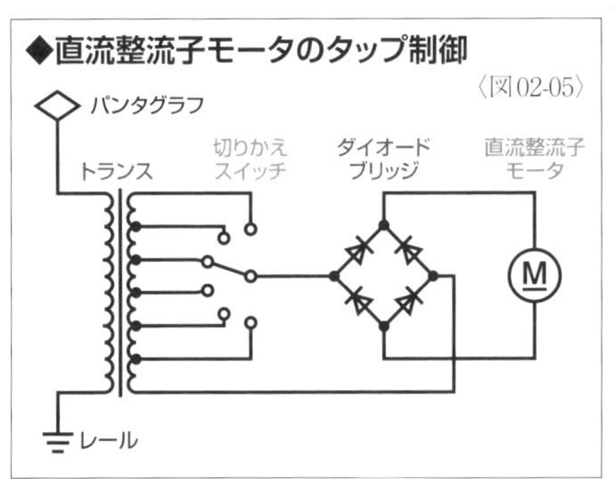

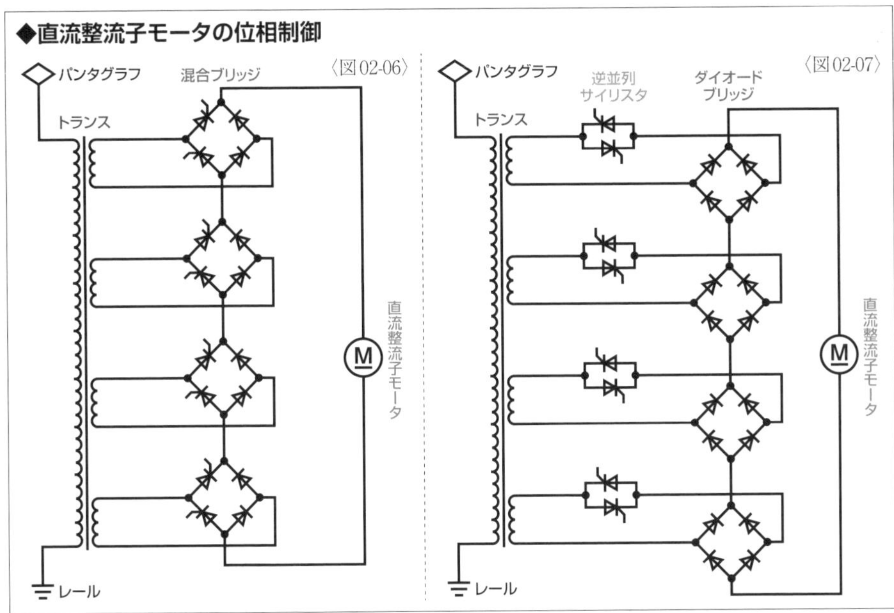

では建設コストがかかる。そのため、大都市や近郊など運行本数の多い路線では直流電化が適し、運行本数が少ない地域では交流電化が適しているとされていたが、パワーエレクトロニクスの発展によって現在の直流電化と交流電化の違いは、変電所の数やトンネルの太さ程度になっている。

ただし、電化方式を変更にするには莫大なコストがかかるため、変更されることは少ない。現状、**私鉄**や**公営鉄道**では直流電化が多いが、**JR在来線**で電化が遅かった地域では交流電化が採用され、20kVか25kVが使われてている。こうした交流電化の電車も、新幹線と同じように、直流整流子モータのタップ制御から位相制御に移行し、現在ではインバータによる誘導モータのVVVF制御が一般的になっている。

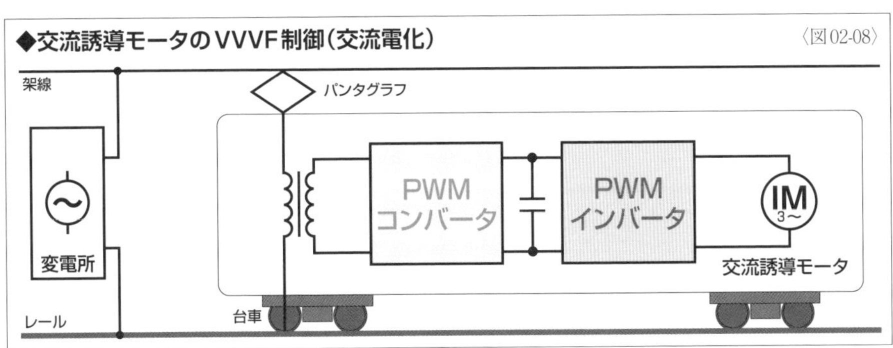

▶電気自動車

モータを走行の動力源に使う**自動車**を**電気自動車**といい、その英語"electric vehicle"の頭文字から**EV**と略される。EVは電力の供給方法によって分類されることが多い。

充電によって繰り返し使用できる**二次電池**を使用する**二次電池式電気自動車**は**バッテリーEV**ともいい、"battery"の頭文字をつけて**BEV**と略される。プラグを差して充電を行うため**プラグインEV**ともいい、"plug-in"の頭文字をつけて**PEV**と略される。ただし、厳密にはBEVにはバッテリー交換式のものもあるのでBEV＝PEVではない。

燃料である水素と空気中の酸素の化学反応によって電気を生み出す**燃料電池**を使用する**燃料電池式電気自動車**は、燃料電池の英語"fuel sell"の頭文字をつけて**FCEV**と略される。Eを省略して**FCV**と略されることもあり、日本語でも**燃料電池自動車**ということも多い。

また、**ハイブリッド自動車**には2つの動力源を使用する自動車という意味がある。現在市販されているハイブリッド自動車は、**エンジン**とモータという2種類の動力源を使用するので、正式には**ハイブリッド電気自動車**といい、"hybrid"の頭文字をつけて**HEV**と略される。

ガソリンエンジンやディーゼルエンジンなどの内燃機関より、モータのほうが自動車の動力源に適していることは古くから知られていた。実際、19世紀には電気自動車が実用化されていて、**エンジン自動車**より先に市販が始まっている。時速100kmの壁を突破したのも電気自動車のほうが先だ。しかし、当時使われていた二次電池は**鉛蓄電池**で、重量でも体積でも**エネルギー密度**が低かったため、**航続距離**を伸ばせば重くなって速度が出せなくなってしまう。もちろん、パワーエレクトロニクスも存在しないので損失も大きかった。そのため、次第に改良が進んでいったエンジン自動車が主流になっていった。その後も、石油に政治的、経済的、社会的な問題が生じると、電気自動車に注目が集まったが実用化には至らなかった。

しかし、20世紀末に**ニッケル水素電池**や**リチウムイオン電池**などのエネルギー密度が高い二次電池が開発されたことで電気自動車が現実味を帯びてきた。パワーエレクトロニクスの発展や、永久磁石の性能向上による**同期モータ**の高出力化・小型化もあり、次第に実用化が進んでいる。二酸化炭素排出削減という社会的要求も強い追い風になっている。

モータを動力源とする電気自動車ではパワーエレクトロニクスが多用されている。モータを運転したり回生したりするパワーエレクトロニクスは、まとめて**PCU**(power control unit)と呼ばれることが多い。損失低減の要求が非常に強い分野なので、次世代デバイスである**SiCデバイス**が採用された例もある。なお、自動車の分野では**直流−直流電力変換装置**全般を**DC-DCコンバータ**ということが多い。

▶プラグインEV

プラグインEVでは、一部で**かご形誘導モータ**が使われているが、おもに**永久磁石形同期モータ**が使われていて、**PWMインバータ**で駆動されている。**二次電池**には**リチウムイオン電池**が使用される。リチウムイオン電池は単体では数Vなので、並列にすることで容量を増やし直列にすることで電圧を高めたバッテリーユニットにされている。

メーカーや車種によってバッテリーユニットの電圧とモータの駆動電圧はさまざまだが、モータの駆動電圧のほうが高い場合には、**チョッパ回路**などの**DC-DCコンバータ**で昇圧してからインバータに送る。もちろん、減速時には**回生**のために逆方向の電力変換が行われる。エンジン自動車に比べて**航続距離**が短いことがプラグインEVの弱点だったが、各部の効率向上によって現在ではエンジン自動車同等の航続距離を実現している車種もある。

プラグインEVの充電方法には**普通充電**と**急速充電**の2種類がある。普通充電は家庭などの商用電源AC100VまたはAC200Vが使われ、**車載充電器**を介して充電が行われる。車載充電器は整流を行う**AC-DCコンバータ**と、充電に適した電圧にする**DC-DCコンバータ**で構成される。急速充電は**EV充電スタンド**で行うもので、直流の高電圧(日本では最大500V：CHAdeMo1.2)が使われる。現状では、充電時間の長さがプラグインEVの大きな弱点だ。普通充電では数時間かかり、急速充電でも数十分かかる。

また、自動車には電気で動作する機器がさまざまに搭載されていて、直流の低電圧で動作する。現状ではエンジン自動車と同じDC12Vが一般的だ。そのため、バッテリーユニットの電圧を降圧するための**DC-DCコンバータ**も搭載されている。安定して直流電源が使用できるようにDC12Vの補機用二次電池(おもに鉛蓄電池)が搭載されていることも多い。

◆プラグインEV (PEV)　〈図02-09〉

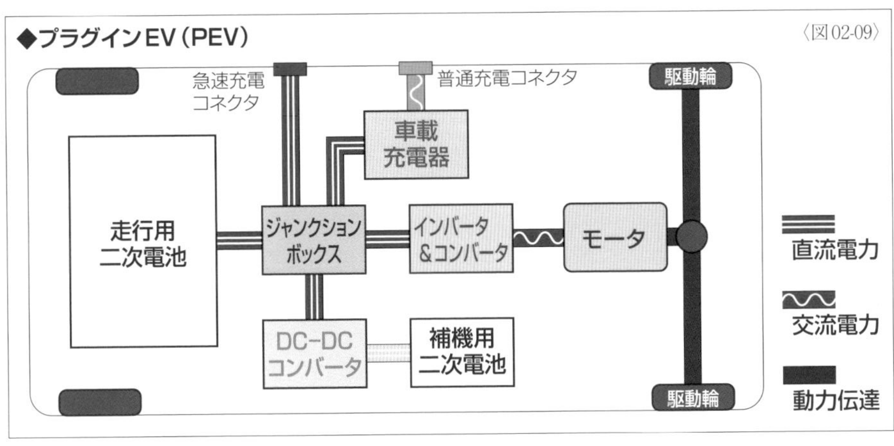

▶燃料電池自動車

燃料電池自動車（FCEV）の燃料である水素の車載にはさまざまな方法が考えられているが、現状では圧縮された状態で水素タンクに蓄えられるのが一般的だ。プラグインEVでは充電時間の長さが弱点だが、水素充填はガソリンや軽油と同程度の時間で済む。**エネルギー密度**も高いので、エンジン自動車と同程度の**航続距離**が確保できる。

燃料電池は充電できる電池ではないので、**回生**のためにFCEVにはある程度の容量の**リチウムイオン電池**などの**二次電池**が搭載される。また、燃料電池は出力する電力によって効率が変化するが、二次電池を搭載していれば、さほど電力が求められない走行状態の時に効率の高い状態で発電を行い、余った電力を蓄えておくことができ、加速時など電力消費が大きな時には蓄えた電力が併用できる。FCEVでも主流は**永久磁石形同期モータ**で、**PWMインバータ**で駆動されている。このインバータと燃料電池や二次電池との間で最適な状態で直流電力をやり取りするために、**DC-DCコンバータ**も備えらている。

FCEVもすでに市販が始まっているが、**水素ステーション**の少なさが普及の障害になっている。EV充電スタンドは数百万円で設置できるのに対して、水素ステーションの建設には億円単位の費用がかかる。また、普及が進めば安くなると考えられているが、現状では水素の価格は高く、エンジン自動車より走行コストが安くなるとは限らない。

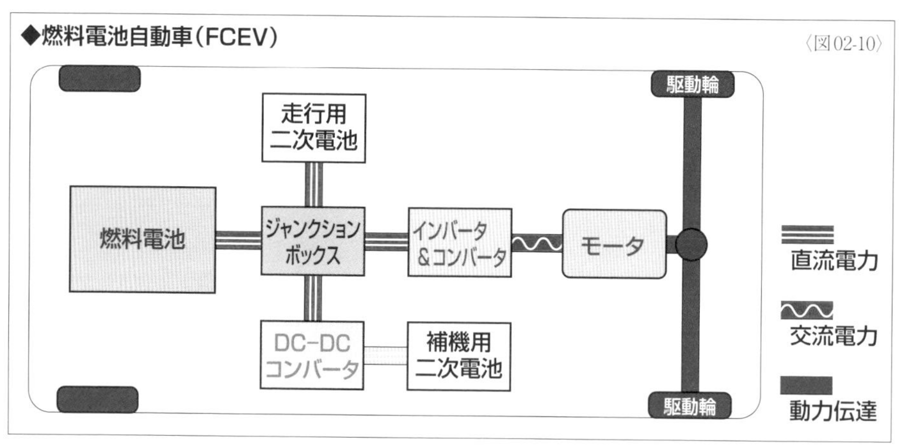

▶ハイブリッド自動車

ハイブリッド自動車（HEV）の駆動システムを大別すると、**パラレル式**と**シリーズ式**、さらに両者を併用する**シリーズパラレル式**になる。**パラレル式**HEVは、エンジンとモータの

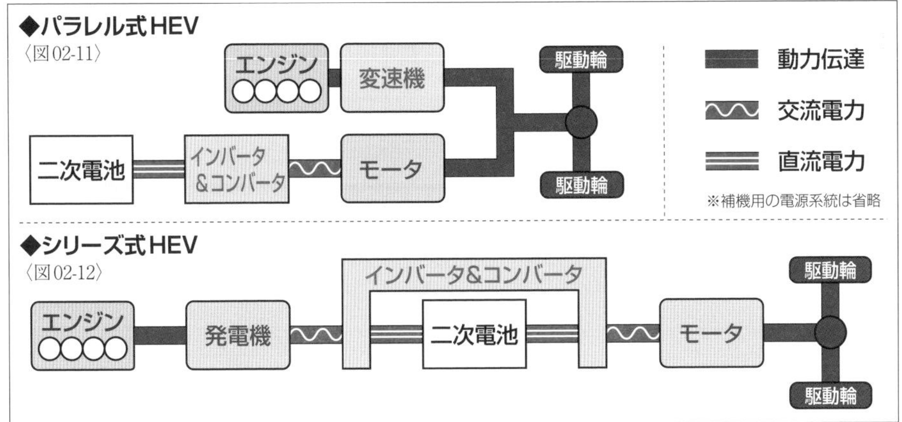

双方を走行に使用する。モータだけを使った走行を**EV走行**、エンジンだけを使った走行を**エンジン走行**、両者を使った走行を**ハイブリッド走行**という。エンジンは回転速度とトルクによって効率が大きく変化するため、エンジンの効率が低下する発進をEV走行にしたり、やはり効率が低下する加速時にモータでアシストするハイブリッド走行にすることで、燃費が向上する。ただし、パラレル式HEVの場合、走行に使える電力は**回生**で得られたものに限られる。

シリーズ式HEVは、エンジンで発電機を駆動し、その電力でモータを駆動して走行する。エンジンは走行には直接利用されない。エンジンは状況によって効率が大きく変化するが、ある程度の**二次電池**を搭載しておけば、常に効率の高い領域でエンジンを使用し、電力が余った際には二次電池に蓄えておき、加速などで大きな電力が必要な際には発電電力に充電電力を加えることができる。もちろん、減速時には回生によって充電が行われる。

パラレル式では使用できる電力量が限られるため、シリーズ式を併用することで使用できる電力量を増やしたものが**シリーズパラレル式HEV**だ。発電機とモータが搭載されるが、EV走行時には発電機もモータとして使用して走行性能を高めている車種もある。エンジンの動力を発電と走行に振り分ける必要があるため、機械的な構造は複雑になる。いずれのハイブリッドシステムもさまざまな構造のものがある。また、EV走行はできずエンジンを補助する程度のものもあれば、EV走行でも十分な発進加速性能を発揮できるものもある。

HEVでも主流は**永久磁石形同期モータ**で、二次電池との間には**DC-DCコンバータ**と**インバータ**が備えられ、回生時には逆方向の電力変換も行われる。シリーズ式やシリーズパラレル式の場合は、発電機と二次電池の間にも交流-直流変換を行う**AC-DCコンバータ**が備えられる。二次電池には**リチウムイオン電池**の採用が多いが、多少エネルギー密度は劣るがコストが安い**ニッケル水素電池**が使われることもある。

▶プラグインハイブリッド自動車

現在もっとも注目を集めているのが**ハイブリッド自動車**の**二次電池**の容量を大きくし、さらに充電が行えるようにした**プラグインハイブリッド自動車**（PHEV）だ。日本ではモータでエンジンをアシストして燃費を向上させるために**HEV**が開発され普及していったといえるが、現在のPHEVは二酸化炭素の排出量削減のためにプラグインEVを主体に考え、ハイブリッドでアシストするというものだ。そのため、二次電池の容量がHEVより大きくされ、日常的な走行はすべて**EV走行**でカバーできるようにされている。長距離ドライブなどで電池容量を使い切った場合や充電時間を確保できなかった場合にはHEVとして走行できる。欧米では二酸化炭素排出量削減のため、一定の距離以上のEV走行が可能なPHEVに優遇措置が取られている。

PHEVの基本的な構造はHEVと同じだが、採用するシステムはメーカーや車種によって異なり、**シリーズ式**もあれば**シリーズパラレル式**もある。二次電池の容量は大きくされるが、プラグインEVほど大きく重くはならない。ただし、**車載充電器**など充電のために必要なシステムが必要になる。システムが複雑になり重量増にもなるので、**急速充電**には対応していない車種もある。

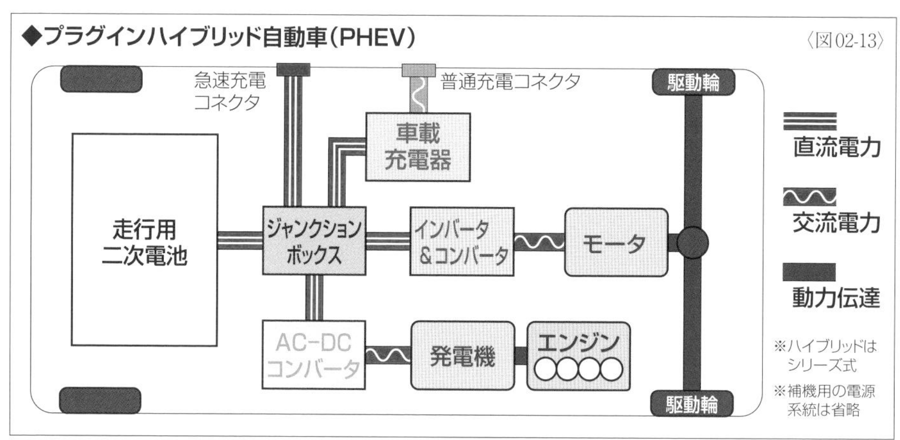

◆プラグインハイブリッド自動車（PHEV） 〈図02-13〉

▶マイルドハイブリッド自動車

ハイブリッド自動車ではモータの駆動に数百Vの直流高電圧が使用されることが多い。こうした高電圧を使用し、モータだけでの発進や**EV走行**も可能なハイブリッドシステムを**フルハイブリッド**や**ストロングハイブリッド**という。ただし、世界的に直流では60V超は高電圧として扱われ、厳格な安全基準が適用されるので、安全対策にコストがかかる。そこで、60V以下の低電圧を使用するハイブリッドシステムが開発された。これを**マイルドハイブリッド**という。

そもそもエンジン自動車には、エンジンの回転がベルトで伝えられる**発電機**(**オルタネータ**)が備えられていて、その発電電力をエンジンで使用したり、電動パワーステアリングやライトなど電気で動作するクルマのさまざまな機器で使用したりしている。こうした**電装品**が使用しているのは直流12Vだ。発電電力はエンジンの回転数によって変動するため、**鉛蓄電池**が備えられ、電力が安定供給できるようにしている。

当初誕生したマイルドハイブリッドは、この発電機を駆動用のモータとしても利用するもので、**パラレル式HEV**に分類される。発電機を強化したり、二次電池などを増設したりしているが、回生で得られる電力は大きくなく、ベルトで伝達できる力にも限界がある。そのため、EV走行はできず、エンジンの効率が低下する発進時や加速時のアシストに限られる。ハイブリッド化のコストは抑えられるが、省エネルギー効果は小さい。

こうした問題を解消するために、直流48Vを使用するマイルドハイブリッドも開発されている。48Vの採用によってモータの高出力化が可能になり、回生できる電力も大きくなるため、**リチウムイオン電池**などの**二次電池**が搭載される。しかし、ベルトによる力の伝達には限界があるため、**48Vマイルドハイブリッド**ではエンジンと変速機の間にモータ(発電機)を備えることが増えている。これにより、モータだけでの発進やEV走行も可能になる。なお、将来的にはすべての電装品を48V仕様にすることが考えられている。

◆12Vマイルドハイブリッド 〈写真02-14〉

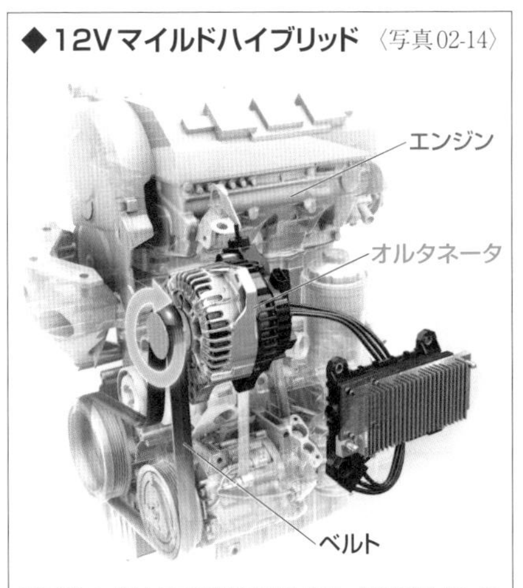

エンジンとベルトでつながれたオルタネータを利用して、駆動のアシストや回生発電が行われる。

◆48Vマイルドハイブリッド 〈写真02-15〉

エンジンの後端(変速機との間)にモータ/発電機とクラッチ機構が備えられ、必要に応じて駆動や回生が行われる。

▶エレベータ

エレベータはかごの重量と最大定員の半分程度の重量と同程度のおもりで〈図02-16〉のように釣り合いを取ったうえで、モータを動力源とする**巻上機**でかごを上昇させている。かごの下降時には**回生**を行うことも可能だ。過去には**誘導モータ**が主流だったが、現在では**同期モータ**の採用が増えている。

誘導モータの場合は減速機を併用するのが一般的で、屋上などに機械室が必要になるが、**永久磁石形同期モータ**であればモータ自体の小型化が可能だ。また、〈図02-17〉のように使用する滑車の数を増やせば、モータの回転速度を高める必要はあるが、トルクが小さくて済むので、減速機を使う必要がなくなり、機械室をなくしシャフト内にモータなどを設置することができる。

モータは**PWMインバータ**で**ベクトル制御**されるのが一般的だ。目的の階が決まると、その移動距離に応じて速度パターンが決定される。そのパターンに従ってかごの速度が精密に調節される。速度パターンは台形が基本で、乗っている人間が不快感を感じない加速や減速になるようにされている。モータの回転速度は回転速度センサの情報によって制御されるが、目的階付近ではかごの位置センサの情報を利用することで停止位置の精度を高めている。

また、停止中のかごは機械ブレーキによって位置が保持されているが、発進時のショックを軽減するために、乗員を含めたかごの重量の測定が行われている。発進時には、まずその時点でのかごの重量に応じて静止保持に必要なモータ電流が流される。それから機械ブレーキを解除した後にモータの回転速度を高めて発進を行う。停止の際にはかごが完全に停止するまでモータで制御し、静止してから機械ブレーキを作動させた後にモータ電流を停

◆エレベータ(電源回生あり) 〈図02-16〉

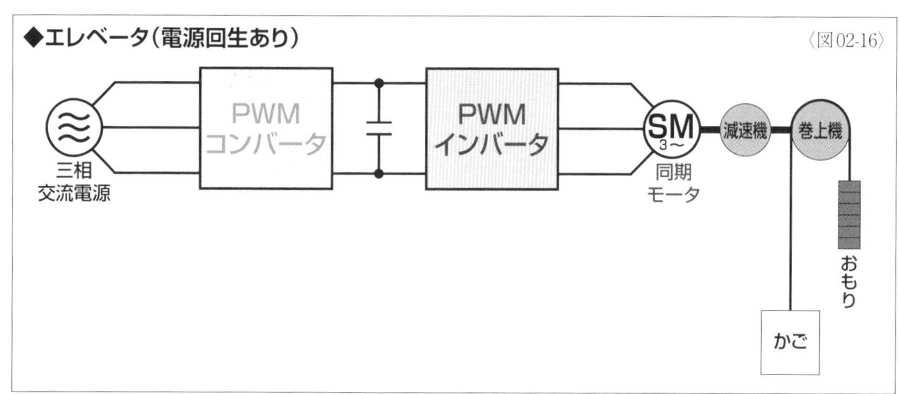

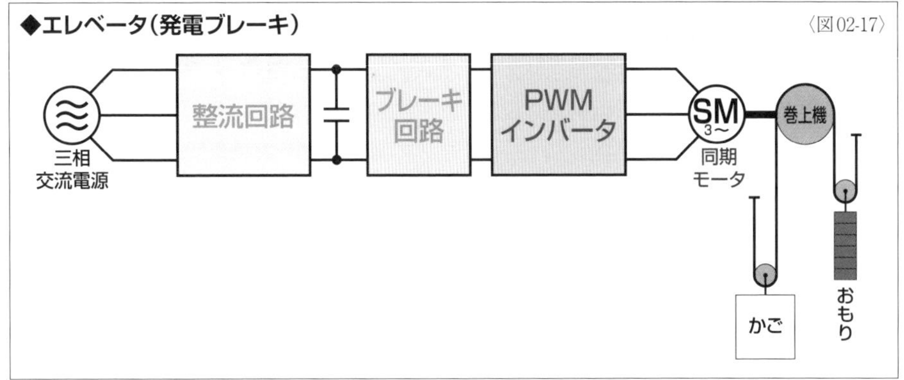

◆エレベータ（発電ブレーキ）〈図02-17〉

止する。こうした方式の採用により機械ブレーキの負担が小さくなり、保守の手間が軽減されている。

高速エレベータのパワーエレクトロニクスでは、〈図02-16〉のように**PWMコンバータ**とPWMインバータが使われることが多く、かごの下降時には回生が行われる。いっぽう、低速エレベータでは回生できる電力がさほど大きくないため、〈図02-17〉のように**整流回路**とPWMインバータが使われ、**ブレーキ回路**による**発電ブレーキ**（P275参照）で消費されることも多い。

また、現在では〈図02-18〉のように整流回路とインバータの間にチョッパ回路などの直流−直流電力変換回路を介して**ニッケル水素電池**などの**二次電池**を備え、回生電力を蓄えることができるシステムも開発されている。回生によって省エネルギーを実現されるのはもちろん、この二次電池は非常電源としても使うことができる。停電が起こってかごが停止してしまっても、安全が確認された後に二次電池の電力を使って最寄り階などにかごを移動させることができ、乗員を速やかに降ろすことができる。

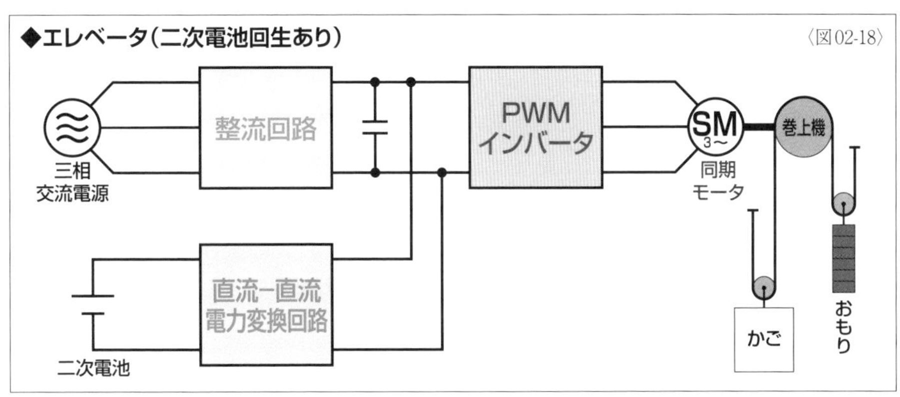

◆エレベータ（二次電池回生あり）〈図02-18〉

家電製品や民生機器への応用

身近な存在である家電製品にもパワーエレクトロニクスはさまざまに使われている。また情報通信機器にとってもパワーエレクトロニクスは欠かせない存在だ。

▶家電製品のエネルギー利用

身近な**家電製品**でもパワーエレクトロニクスは多用されている。家電製品では、**電気エネルギー**を**運動エネルギー**や**熱エネルギー**、**光エネルギー**に変換して利用することが多い。

モータを使用して電気エネルギーを運動エネルギーに変換する家電製品には、換気扇、扇風機、掃除機、ミキサーをはじめとする調理器具などさまざまなものがある。これらに使われるモータに求められる動作は比較的単純なので、**単相交流モータ**である**単相誘導モータ**や**交流整流子モータ**が使われることが多い。単相誘導モータの場合は補助コイルの切り替えなどで回転速度の段階的な調節が行えるので、パワーエレクトロニクスはほとんど利用されない。交流整流子モータの場合は**双方向導通サイリスタ**（**トライアック**）による**交流位相制御**で回転速度の調節が行われることもある。

同じようにモータを使用するが、**洗濯機**の場合は洗濯能力の向上や容量拡大、騒音低減など性能向上に対する要求が強いため、**永久磁石形同期モータ**のインバータ制御が一般的になっている。扇風機や掃除機についても性能向上によって製品価値を高めるために交流モータをインバータ制御するものも登場してきている。

熱エネルギーに変換する**電熱器具**には、オーブントースターやホットプレート、アイロン、電気カーペット、電気毛布、電気ストーブ、電気こたつなどさまざまなものがある。これら発熱部分である**電熱ヒータ**は、抵抗に生じる**ジュール熱**を利用している。使用するヒータの本数で強弱などの設定温度の切り替えを行うものもあるが、パワーエレクトロニクスを応用して交流位相制御で設定温度をきめ細かく切り替えられるものもある。

◆ヒータ等の交流位相制御　〈図03-01〉

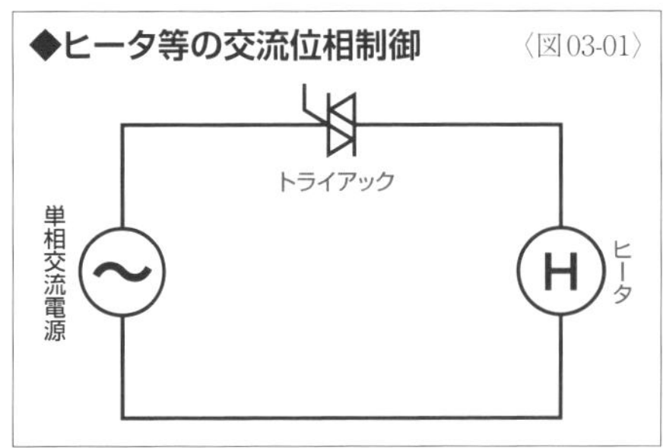

いっぽう、**電磁調理器具**や**電子レンジ**も熱エネルギーを発生させて調理を行うものだが、電磁調理器具では**誘導加熱**（P294参照）、電子レンジでは**マイクロ波誘電加熱**（P296参照）という方法で加熱を行う。これ

らの発熱方法には、**高周波**を出力できるインバータが不可欠だ。

エアコンディショナ（**エアコン**）や**冷蔵庫**も同じように熱エネルギーを扱う家電製品だ。目に見えて動く部分はないが、**ヒートポンプ**（P292参照）という仕組みで熱を移動させるため、その動作にモータが大きな役割を果たす。しかも、使用時間が長いので省エネルギー要求が強く、性能向上も求められるため、永久磁石形同期モータのインバータ制御が行われている。

光エネルギーに変換する照明器具の光源には、**白熱電球**、**蛍光灯**、**LED**などがある。白熱電球は交流位相制御で**調光**が行われるぐらいだ。蛍光灯はパワーエレクトロニクスを利用しなくても点灯可能なものだが、インバータを使うことで高効率化や高性能化、長寿命化が図られたり、電球形蛍光灯が実現されたりしている。交流電源で使用する**LED照明**にはパワーエレクトロニクスは欠かせないものだ。

なお、家電製品では**高調波対策**のために入力側にインダクタやキャパシタで構成された**ローパスフィルタ**が備えられることも多い。こうしたフィルタは**ラインフィルタ**とも呼ばれる。（本節以降の回路図ではフィルタは省略）。

▶通信と情報処理

現在では電気はエネルギーとして使われるばかりではない。電気を信号として使うことで**通信**や**情報処理**が行われている。スマートフォンやパソコンなどの情報通信機器は非常に身近な存在だ。高度な制御が必要な家電製品ではマイコンによる電子制御が行われている。AV機器も情報通信機器の仲間だといえる。こうした通信や情報処理は電子回路で行われるが、電子回路は基本的に直流でしか動作しないうえ、安定した電圧が求められる。

商用電源を使う環境であれば、トランスで変圧した後に整流してインダクタやキャパシタで平滑化すれば、目的の電圧が得られるが、こうした電源回路の出力電圧は負荷の大きさによって変動する。また、商用電源の電圧も多少は変動する。そのため、電子回路用の電源回路では、出力電圧が一定で変動しないようにする必要がある。これを**定電圧安定化**や単に**安定化**といい、さまざまな方法があるが、現在ではパワーエレクトロニクスを応用した**定電圧電源回路**が主流になっている。

整流回路を含めた電源回路を内蔵せず、**ACアダプタ**から電力を供給する機器や、内蔵の電池でもACアダプタでも使える機器もある。また、**二次電池**を使用する携帯用の機器はACアダプタを使って充電が行われる。ACアダプタにも現在ではパワーエレクトロニクスが応用されて定電圧安定化が図られ、以前に比べると小型軽量化が実現されている。なお、一般的にはACアダプタというが正式には**AC-DCアダプタ**という。

▶エアコン

エアコンは**ヒートポンプ**を使って冷暖房を行う。ヒートポンプは、**冷媒**の状態を変化させながら循環させることで熱エネルギーを移動させる。冷媒とは熱を移動させるための流体だ。たとえば、冷房を行う場合、気体の状態の冷媒が室外機の**コンプレッサ**（**圧縮機**）で圧縮されて高温高圧の液体になる。この液体が**熱交換器**に送らると、周囲に**放熱**することで常温高圧の液体になる。次に毛細管という細い管を通り抜けて空間が広がると、圧力が下がって低温低圧の液体になる。こうした状態の冷媒が室内機の熱交換器に送られると、空間がさらに大きくなって圧力が低下し、冷媒が気化する。その際に周囲から**気化熱**を奪うことで冷房が行われる。これを**吸熱**という。低温低圧の気体になった冷媒は室外機の圧縮機に戻される。暖房を行う場合は、2つの熱交換器の役割が入れ替わり、室外の熱エネルギーを室内に移動させる。こうした冷媒の圧縮と循環を行うコンプレッサはモータで駆動される。

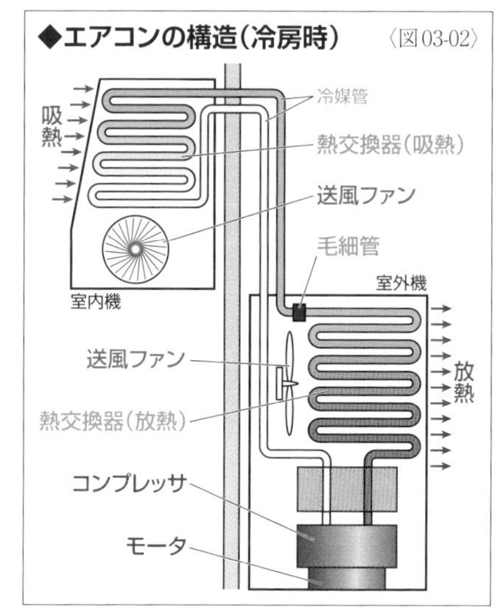

◆エアコンの構造（冷房時）〈図03-02〉

パワーエレクトロニクス採用以前のエアコンでは**誘導モータ**が使われ、コンプレッサを動作させるか停止させるかで室温を調節していたため、室温が安定せず損失も大きかった。そのため、家電製品のなかではいち早くインバータ制御が採用された。**PWMインバータ**であれば状況に応じて能力を可変でき、無駄のない室温調節が可能になり、始動時の急速冷

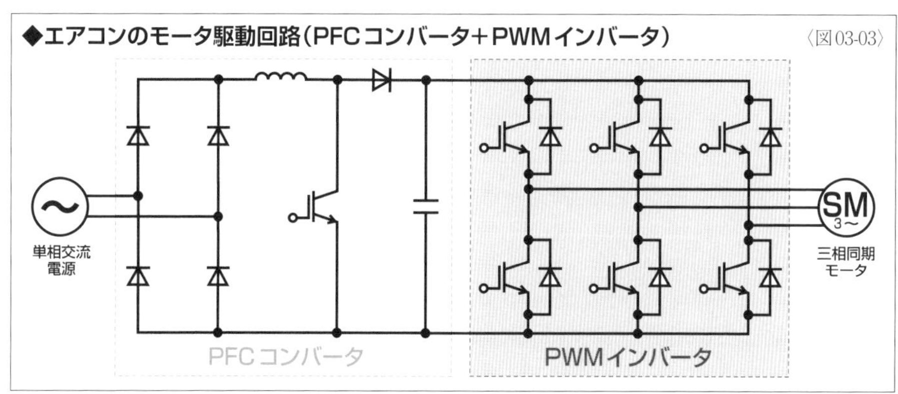

◆エアコンのモータ駆動回路（PFCコンバータ＋PWMインバータ）〈図03-03〉

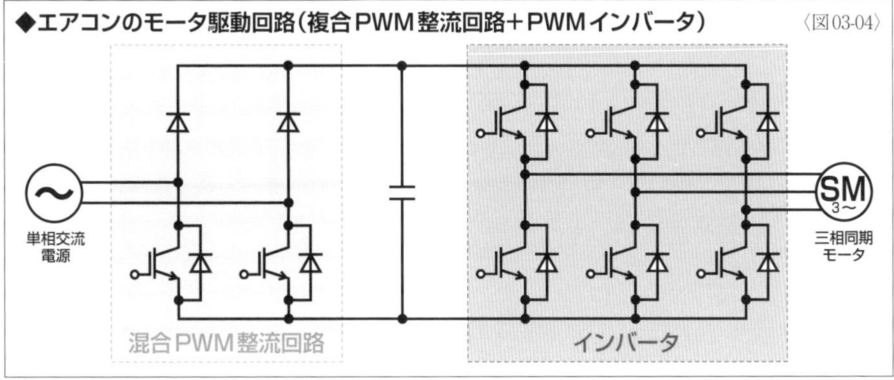

◆エアコンのモータ駆動回路（複合PWM整流回路＋PWMインバータ） 〈図03-04〉

暖房も実現されている。使用されるモータも現在では**永久磁石形同期モータ**が一般的だ。

インバータで可変できる電圧の幅を大きくするために整流部分には**倍電圧整流回路**が使われていたが、現在では**高調波対策**や**力率改善**のために**PWMコンバータ**や**PFCコンバータ**が使われることが多い。回生は行われないため、PWMコンバータはダイオードとオンオフ可制御デバイスの**混合ブリッジ**による**混合PWM整流回路**が使われたりする。使用されるパワーデバイスは従来はIGBTが一般的だったが、MOSFETへの移行も始まっている。

このほか、室外機の熱交換器の放熱効率を高めるためにファンが備えられ、室内機にも送風のためのファンが備えられ、いずれもモータで駆動されている。これらのモータの運転にもパワーエレクトロニクスが使われていることがほとんどだ。

▶冷蔵庫

冷蔵庫の冷却もエアコンと同じように**ヒートポンプ**で行われている。小型の冷蔵庫では壁面や天井に吸熱を行う熱交換器が備えられ、背面に**放熱**を行う熱交換器が備えられる。大型の冷蔵庫では、放熱を行う熱交換器は底面などに備えられ、吸熱を行う熱交換器で作られた冷気を送風ファンで区分けされた各室に送っている。

インバータ制御される**永久磁石形同期モータ**でコンプレッサは駆動される。パワーエレクトロニクスはエアコンとほぼ同様だ。

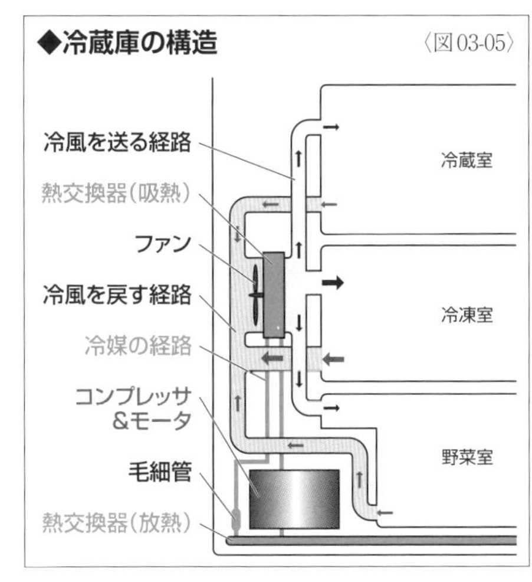

◆冷蔵庫の構造 〈図03-05〉

▶洗濯機

現在の**洗濯機**には縦形とドラム式に大別できる。縦形洗濯機は洗濯槽と脱水槽の二重構造で、洗濯の際には底に備えられたパルセータと呼ばれるファンを回転させて水流を起こし、脱水の際には脱水槽を高速回転させる。ドラム式洗濯機の場合も脱水方法は同じだが、ドラムを回転させて洗濯物を上から下に落とすことで洗濯を行う。そのため、洗濯では大トルクの低速回転が求められ、脱水では高速回転が必要になる。以前は**誘導モータ**を使用し減速機で回転速度を落としていたが、**永久磁石形同期モータ**の**インバータ**制御の採用により幅広い回転速度の調節が可能になり、モータで直接回転させるダイレクトドライブが一般的になった。モータの薄形化により縦形では洗濯槽が大きくなり、日本の住宅事情に適した奥行きのドラム式も実現された。正弦波によるモータの運転は騒音低減にも貢献している。

パワーエレクトロニクスについてはエアコンや冷蔵庫と同じような構成だが、洗濯機の場合はモータの回転を急停止させることもあるため、**発電ブレーキ**用の**ブレーキ回路**が整流回路とインバータの間に備えられる。なお、洗濯乾燥機の場合は、乾燥のための温風が必要になる。温風は**電熱ヒータ**で作り出す機種と**ヒートポンプ**で作り出す機種がある。ヒートポンプ式の場合はコンプレッサ用のモータがインバータ制御される。

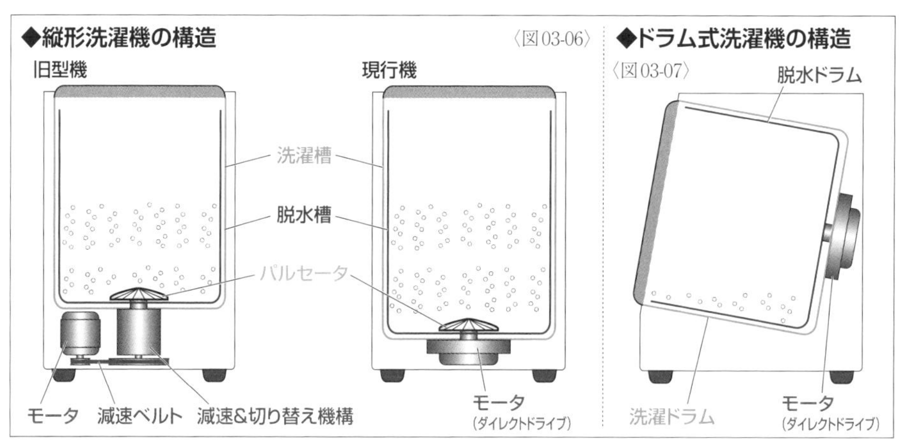

◆縦形洗濯機の構造 〈図03-06〉

◆ドラム式洗濯機の構造 〈図03-07〉

▶電磁調理器とIH炊飯器

IH**クッキングヒータ**やIH**コンロ**とも呼ばれる**電磁調理器具**では、**誘導加熱**という方法で加熱が行われる。IH**炊飯器**やIH**ホットプレート**も同様だ。IHとは誘導加熱を意味する英語“induction heating”の頭文字だ。誘導加熱は産業界では古くから使われていたが、パワーエレクトロニクスの発展によって**高周波誘導加熱**が可能になり、産業界の応用範囲が広がったばかりか、家庭用の調理器具にも使われるようになった。

電磁調理器の場合、絶縁プレートの下に渦巻き状の**加熱コイル**が備えられ、絶縁プレートのうえに鍋が置かれる。加熱コイルに交流を流すと、周囲に磁界ができ、誘導作用によって鍋底にコイルを流れる電流とは逆向きに**渦電流**が流れる。鍋底の金属には抵抗があるため、渦電流によって**ジュール熱**が生じて鍋底が加熱される。簡単にいってしまえば、加熱コイルがトランスの一次コイルであり、鍋底が二次コイルだが、二次コイルは短絡されていることになるので、その内部だけを**誘導電流**が流れ、ジュール熱で発熱するわけだ。ガスコンロと比較すると、電磁調理器では発生した熱のほとんどが調理に利用できるので無駄が抑えられる。火を使わないので安全性も高い。当初は鉄鍋しか加熱できなかったが、現在ではアルミ鍋の加熱も可能だ。また、底の内部に鉄板を収めたIH対応土鍋といったものも登場している。IH炊飯器では、釜の底や側面などの周囲にそれぞれ加熱コイルを配置して、炊飯の進行に応じて加熱の度合いを変化させている。

誘導加熱では、加熱コイルに流す電流の周波数が高いほど渦電流の発生回数が増えて効率よく加熱できるが、必要以上に高くするとスイッチング損失が増大するため、電磁調理器では20～100kHzの**高周波**が使われている。容量の大きな電磁調理器では**PFCコンバータ**などで整流したうえでフルブッジの**インバータ**で高周波に変換しているが、家庭用の容量の小さなものでは、〈図03-09〉のようなオンオフ可制御デバイスを1つだけ使用する**1石式**の**共振形インバータ**が使われている。加熱コイルと並列にされたキャパシタとの共振周波数でインバータを動作させている。パワーデバイスはIGBTが一般的だ。

◆電磁調理器の構造 〈図03-08〉

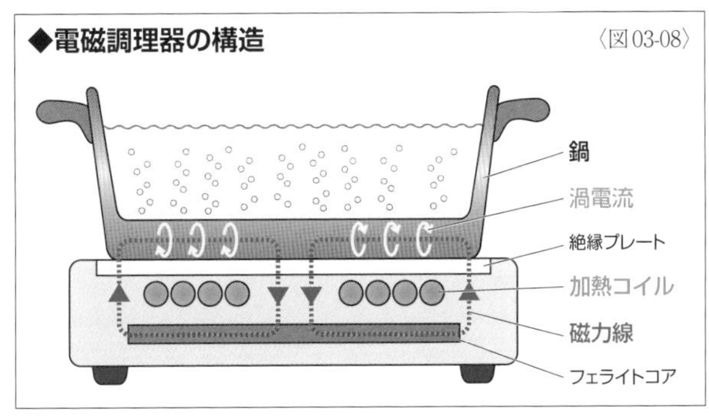

◆電磁調理器の駆動回路 〈図03-09〉

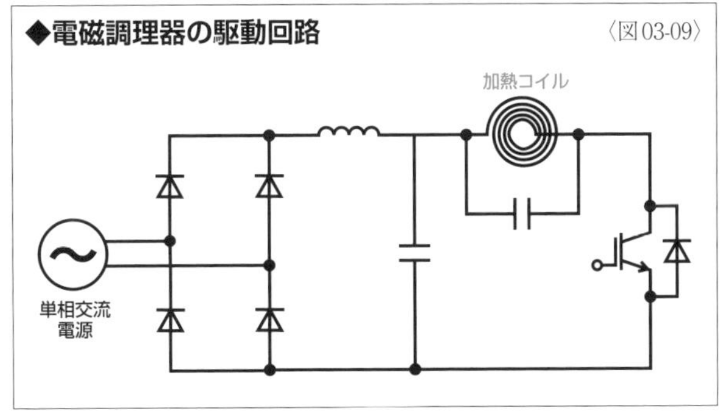

▶電子レンジ

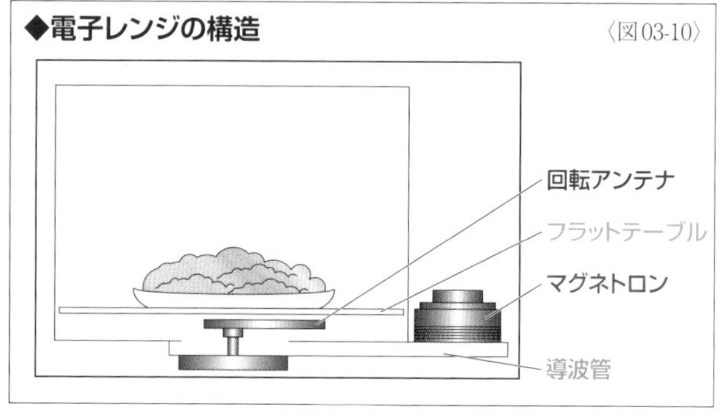

◆電子レンジの構造 〈図03-10〉

電子レンジの加熱方式は**マイクロ波誘電加熱**や単に**マイクロ波加熱**といい、マイクロ波領域の電磁波で水の分子を振動させることで加熱を行う。マイクロ波は真空管の一種である**マグネトロン**で発生させている。以前はターンテーブルを使って加熱する食品を回転させるターンテーブル式が一般的だったが、現在では食品を動かさないフラットテーブル式が増えている。フラットテーブル式では、マグネトロンから発せられたマイクロ波が、導波管から回転アンテナに送られ、庫内の各所にムラなく行きわたるようにされている。使用するマイクロ波は、他の工業利用のマイクロ波帯と干渉がなく、水分子の共振周波数と重なる2.45GHzが使われる。

マグネトロンは数千Vの高電圧をかけないと動作しない。トランスだけでも商用電源から数千Vへの昇圧は可能だが、トランスが大きく重くなる。また、オンオフの制御しかできないため、調理方法も単純なものに限られる。そのため、**高周波インバータ**が採用されるようになった。商用電源の交流を整流した後にインバータで**高周波**にすればトランスを小型軽量化でき、きめ細かい出力の調整も可能になる。小容量の電子レンジの場合はオンオフ可制御デバイスを1つだけ使う**1石式**のインバータが採用されるが、容量が大きくなると**ハーフブリッジ**や**フルブリッジ**のインバータが使われる。こうしたインバータで20～75kHzの高周波に変換され、トランスで数千Vに昇圧された電力がマグネトロンに送られる。パワーデバイスはIGBTが一般的だ。

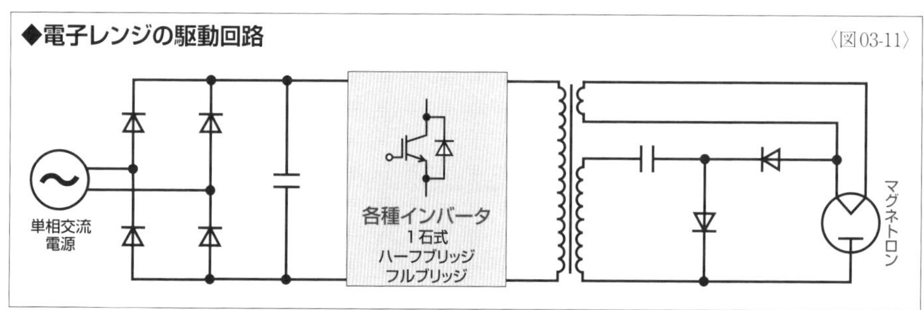

◆電子レンジの駆動回路 〈図03-11〉

▶蛍光灯照明

蛍光灯は**放電発光**を利用する**放電灯**の一種だ。内側に蛍光物質が塗られたガラス管内にフィラメントが備えられ、内部に微量の水銀と不活性ガスが収められている。フィラメントに高電圧をかけると**熱電子**が放出され、それが水銀原子に当たって紫外線を発生させる。この紫外線が蛍光物質に当たると可視光で発光する。いったん点灯すれば高電圧は必要なくなるが、始動の際に高電圧をかける**点灯回路**が必要になる。

◆グロースタータ式蛍光灯点灯回路

〈図03-12〉

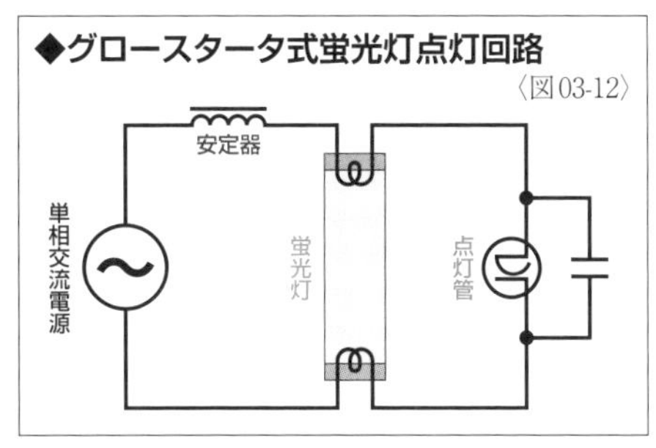

古くから使われ続けているのが**グロースタータ式点灯回路**だ。**グローランプ**や**点灯管**と呼ばれるバイメタルを応用したスイッチを使い、**安定器**と呼ばれるインダクタに高電圧を発生させているが、点灯には時間がかかる。また、点灯後は安定器が放電を安定させるが、商用電源の周波数でのちらつきがあり、雑音が生じることもある。安定器にはある程度の大きさがあり重量も大きい。

パワーエレクトロニクスの応用によって開発された点灯回路が**インバータ式点灯回路**だ。**高周波点灯回路**ともいい、数十kHzの**高周波**で点灯させる。始動の際の高電圧はインダクタとキャパシタの共振で生じさせていて、ほぼ瞬時に点灯する。蛍光灯は高周波で点灯させると効率が高くなるうえ、寿命が伸び、ちらつきも感じられなくなる。グロースタータ式に比べて部品の小型軽量化も可能だ。こうした点灯回路により**電球形蛍光灯**が実現された。

インバータには**1石式**または**ハーフブリッジ**の**共振形インバータ**が使われる。パワーデバイスはMOSFETが一般的だ。整流部分には、**高調波対策**や**力率改善**のために**PFCコンバータ**などが使われることが多い。

◆インバータ式蛍光灯点灯回路

〈図03-13〉

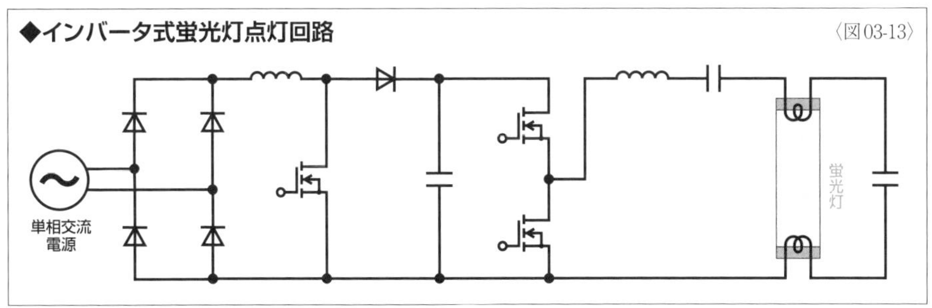

▶LED照明

LEDは、「光を放出するダイオード」という意味の英語"light-emitting diode"の頭文字で**発光ダイオード**ともいう。**キャリアの再結合**の際に**光エネルギー**を発するようにされた**ダイオード**だ。他の光源に比べて非常に高効率で長寿命だが、直流でしか動作しない。一定の順方向電圧をかけて順方向電流を流せば発光するが、過電流が流れると破壊してしまう。

携帯用の小型なLED照明器具では、乾電池や二次電池を電源にして、抵抗などを使った簡単な回路で電流を制限していることもあるが、損失が大きい。そのため、大型のLED照明器具では**チョッパ制御**で電流を制限することが多い。さまざまな回路が使われているが、もっともシンプルな回路では、整流後に**降圧チョッパ回路**で電流を制限している。パワーデバイスにはMOSFETが使われることが多い。

◆LED照明回路 〈図03-14〉

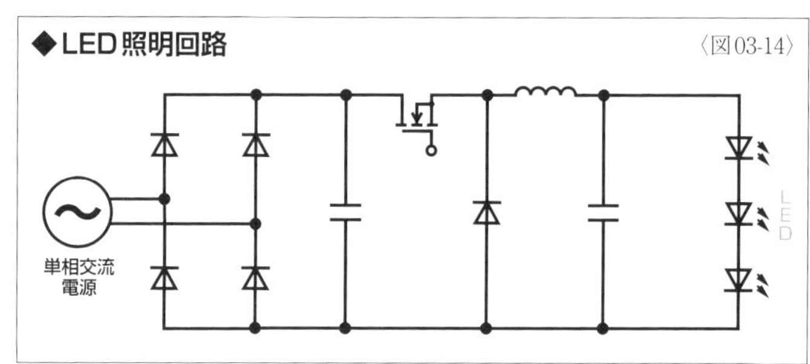

▶定電圧電源回路

電子回路などに電力を供給する**定電圧電源回路**の**定電圧安定化**には**連続制御式**と**スイッチング制御式**があり、連続制御式には**並列制御式**と**直列制御式**がある。並列制御式は**シャントレギュレータ式**ともいい、並列抵抗による**分流**を利用して**安定化**を行うもので、**定電圧ダイオード**による回路がよく使われる。"shunt"には「分路や側路」、"regulator"には「規制するもの」という意味がある。直列制御式は**シリーズレギュレータ式**ともいい、直列抵抗による**分圧**を利用して安定化を行うもので、**3端子レギュレータ**と呼ばれる安定化用のICを使用する回路がよく使われる。"series"には「直列」の意味がある。いずれの場合も安定化回路の入力電圧を出力目標の電圧より高めに設定しておき、その差を**ジュール熱**に変換し

◆並列制御式定電圧電源回路(定電圧ダイオード) 〈図03-15〉

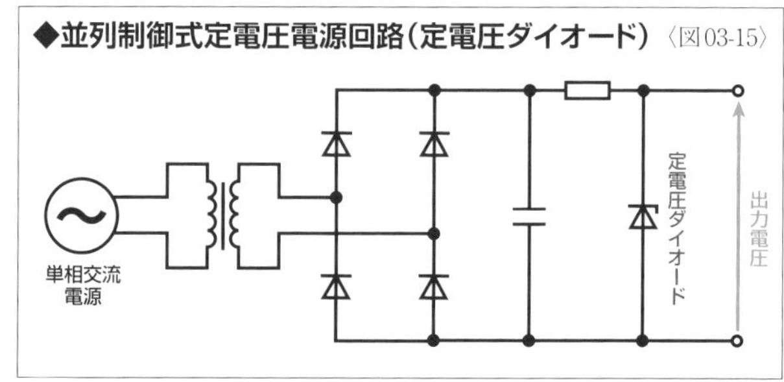

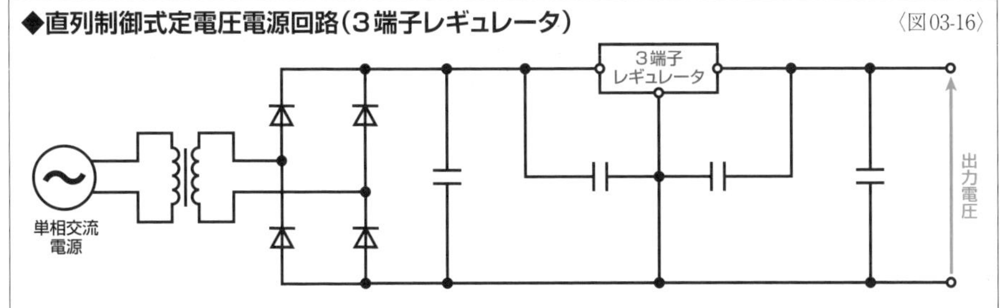

◆直列制御式定電圧電源回路（３端子レギュレータ）〈図03-16〉

て出力電圧を調節するため、損失が生じ、発熱が大きい。また、商用電源の周波数のまま変圧を行うため、降圧を行うトランスが大きく重くなる。

いっぽう、**スイッチング制御式**は**スイッチングレギュレータ式**ともいい、**チョッパ回路**や**間接変換形DC-DCコンバータ**などを使い、出力電圧を検出したうえで基準電圧と比較してスイッチングを制御することで出力電圧を調節する。スイッチングによって損失は生じるが、連続制御式に比べればわずかなものだ。**DC-DCコンバータ**を使いスイッチング周波数を高くすれば、トランスを小型軽量化することができる。

スイッチングレギュレータ式の定電圧電源回路にはさまざまなものがあるが、〈図03-17〉では**整流回路**と**フォワードコンバータ**を使い、〈図03-18〉では整流回路と**フルブリッジコンバータ**を使っている。**高調波対策**のため最初の整流に**PFCコンバータ**などが採用されることも増えている。

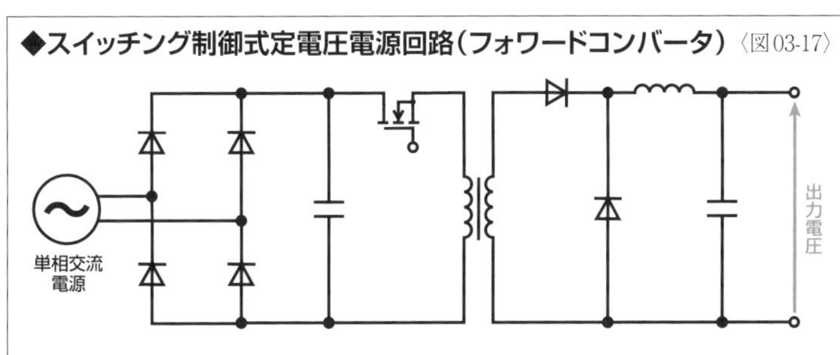

◆スイッチング制御式定電圧電源回路（フォワードコンバータ）〈図03-17〉

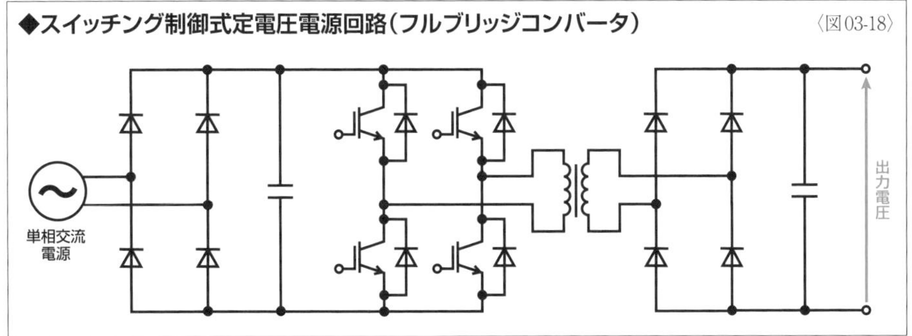

◆スイッチング制御式定電圧電源回路（フルブリッジコンバータ）〈図03-18〉

電力系統などへの応用

電力系統、つまり発変電・送配電でもパワーエレクトロニクスが活用されている。スイッチングによって生じる高調波等の対策にもパワーエレクトロニクスが使われる。

▶直流送電

交流送電と**直流送電**には、それぞれにメリットとデメリットがある。19世紀末にはアメリカで電流戦争ともいわれた交流送電と直流送電の論争があったが、当時は送電に有利な高電圧への昇圧が交流でしかできなかったため、交流送電が主流になり、現在に至っている。しかし、現在ではパワーエレクトロニクスによって直流送電のメリットを活かすことができるようになっている。送電中の電力損失や設備の費用など経済的な面から考えると、架空送電線の場合、送電距離が数百km以上では直流送電のほうが有利になる。ケーブル送電の場合、交流ではキャパシタンスによる悪影響が生じるため、地中ケーブルでは数百km以上で、海底ケーブルでは数十km以上で直流送電のほうが有利になる。そのため、世界各地で**高圧直流送電**が実用化されている。高圧直流を意味する英語"high voltage direct current"の頭文字から、高圧直流送電は**HVDC**と略される。ヨーロッパでは地上の長距離送電をはじめ海峡を挟んだ送電や、**洋上風力発電所**から陸地への送電などに直流送電が使われている。日本では、北海道−本州間や本州−四国間の**連系**に高圧直流送電が使われている。

直流送電両端の変換所では、**サイリスタ**による**位相制御整流回路**がおもに使われる。送電側ではこれを**整流回路**として使用して交流を直流に変換し、受電側では**他励式インバータ**として直流を交流に変換する。まったく同じ回路なので、送電側と受電側を入れ替え

◆直流送電のBTB装置 〈図04-01〉

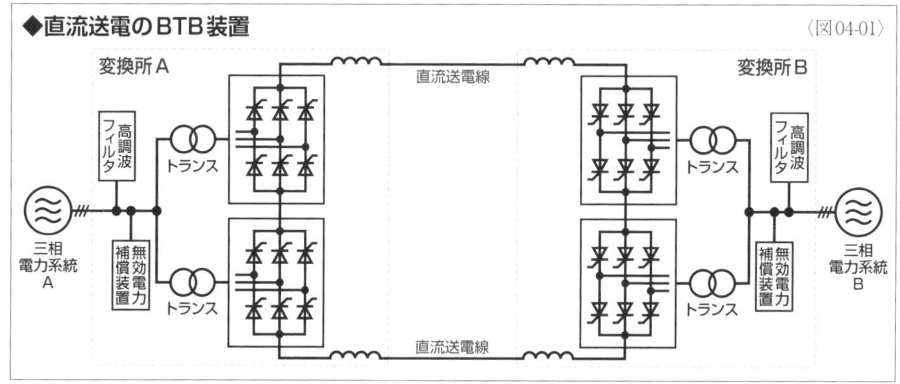

ても同じように直流送電が行える。変換回路の直流側には事故時の過電流抑制のためにインダクタが備えられる。交流側はトランスを介して変換回路に接続され、さらに位相制御によって生じる**高調波**を吸収するフィルタや、**無効電力**を補償する**無効電力補償装置**（P304参照）が備えられる。実際には回路が多重化されていたりするが、構成を単純化して示すと〈図04-01〉のようになる。こうした直流送電の変換装置は、同じ構成の回路が背中合わせになっているようなので、背中合わせを意味する英語“back to back”の頭文字から**BTB装置**と呼ばれることがある。なお、自励式の直流送電の変換装置も実用化されていて、多重化により高電圧に対応させた**モジュラーマルチレベル変換装置**の利用も始まっている。

▶異周波数連系

日本は複数の電力会社が存在しているが、地域による電力需要の不均衡や、事故災害による電力供給不足といった事態を考えると、電力会社相互で**電力融通**できることが望ましい。そのため、各社の**電力系統**の**連系**が行われている。先に説明した北海道−本州間と本州−四国間の直流送電も、この連系に使われている。

ただし、日本では歴史的な事情により、東日本と西日本で商用電源の周波数が異なる。こうした異なる周波数の電力系統を連系するためには、**電力系統用周波数変換装置**が必要になる。**異周波数連系**のための変換装置の構成は直流送電の変換装置と基本的に同じだ。間に直流送電線がないので、両端に備えられるインダクタは1つで共用できる。

◆日本の電力幹線の連系　〈図04-02〉

周波数変換装置は東京電力と中部電力の系統の間で、佐久間、東清水、新信濃の3カ所に設けられている。また、北陸電力と中部電力は同じ周波数だが、すでに関西電力の系統を介して接続されているため、北陸電力と中部電力が直接連系すると、環状に接続されることになり、電力の流れを制御することが難しくなる。そのため、南福光連系所ではいったん直流変換したうえで連系されている。

▶太陽光発電の系統連系

脱炭素社会を目指すなかで**太陽光発電**や**風力発電**など**再生可能エネルギー**による発電が注目を集めている。これらの発電電力と商用電源との**系統連系**にはパワーエレクトロニクスが使われている。

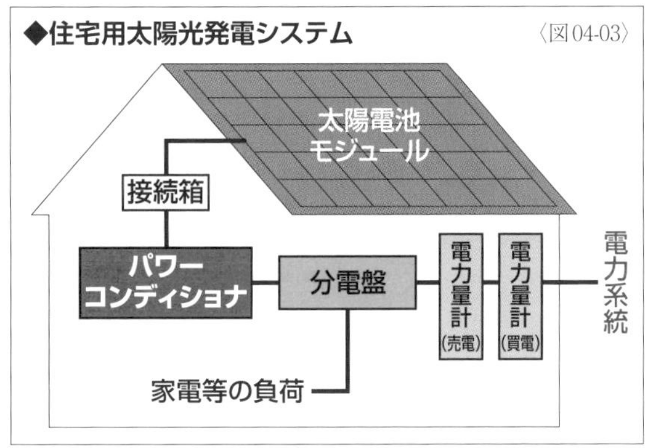

◆住宅用太陽光発電システム 〈図04-03〉

太陽光発電は**ソーラ発電**ともいい、**太陽電池**によって発電を行う。太陽電池は電卓などの直流電源として古くから使われていたが、太陽光発電の普及には太陽電池の低価格化に加えてパワーエレクトロニクスの発展が不可欠だった。現在では住宅の屋根などに設置される小規模なものから、大型商業施設や工場の屋上などを利用したもの、さらには広大な土地に設置される**メガソーラ**と呼ばれる大規模なものまである。

太陽電池は半導体の**光起電力効果**を利用するものだ。さまざまな構造のものがあるが、基本的には**発光ダイオード**(**LED**)の動作原理の逆過程によって**光エネルギー**を**電気エネルギー**に変換しているといえる。**pn接合部**に光が当たると、**キャリアの再結合**とは逆の現象によって**空乏層**内に**自由電子**と**正孔**のペアが生じ、負荷が接続されていると、自由電子がn形領域へ、正孔がp形領域へ移動することで電流が流れる。

シリコンを材料にした太陽電池の場合、基本単位であるセルの**起電力**は約0.6Vなので、多数を直列接続することで目的の電圧にしている。多数のセルを直並列接続し、屋外の環境に耐えられるように樹脂フィルムなどで覆いアルミ枠などで強化したものを**太陽電池モジュール**や**太陽電池パネル**といい、複数のモジュール組み合わせたものは**太陽電池アレイ**ともいう。太陽電池モジュールは定格出力電圧が約200Vにされることが多い。

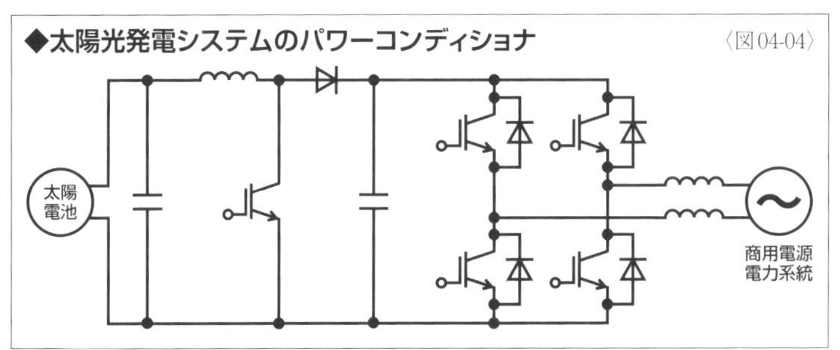

◆太陽光発電システムのパワーコンディショナ 〈図04-04〉

住宅用太陽光発電システム

では、太陽電池モジュールで発電された直流電力は接続箱で集約され、**パワーコンディショナ**を介して系統に連系される。パワーコンディショナは、その英語"power conditioning system"の頭文字から**PCS**と略されることも多く、**昇圧チョッパ回路**と**PWMインバータ**などで構成される。直流発電電力が昇圧チョッパ回路で昇圧され、インバータで200Vの交流に変換される。こうした系統連系に使われるインバータを**系統連系インバータ**という。また、太陽電池は日射の強さや温度などの環境条件によって発電電力が変化するため、発電電圧が常に最適な電圧になるように昇圧チョッパ回路が制御される。その際に行われる制御を**最大電力点追従制御**といい、その英語"maximum power point tracking"の頭文字から**MPPT制御**ということも多い。大規模な太陽光発電システムでも系統連系のための構成は基本的に同じだ。パワーデバイスにはおもに**IGBT**が使われているが、低損失な次世代パワーデバイスである**SiC-MOSFET**や**GaNデバイス**の採用も始まっている。

▶風力発電の系統連系

風力発電では、風のエネルギーによってブレードと呼ばれる風車を回転させ、その回転を発電機に伝えて発電を行う。**系統連系**される風力発電の場合、一定の地域に多数の風力発電機を設置する**風力発電所**を構成することが多い。こうした風力発電所は**ウインドファーム**ともいい、海外では海上にウインドファームを建設する**洋上風力発電所**も稼働している。**風力発電機**1基あたりの発電電力は数kW ～数MWまである。

当初は、**かご形誘導発電機**が使われ、風車の羽根の角度(ピッチ角)を調整することで発電機の回転速度を一定に保ち、発電周波数が一定になるようにして系統連系する**定速風車形**だった。その後、**巻線形誘導発電機**の電流を制御することで、ある程度の回転速度の変動に対応できる風力発電機もあったが、現在では**同期発電機**を使用しパワーエレクトロニクスによる電力変換装置で系統連系する**可変速風車形風力発電機**の採用が増えている。電力変換装置は、**整流回路**と**インバータ**で構成され、交流発電電力がいったん直流に変換された後に系統連系のために交流に変換され、トランスを介して商用電源の系統に接続される。

◆風力発電システム 〈図04-05〉

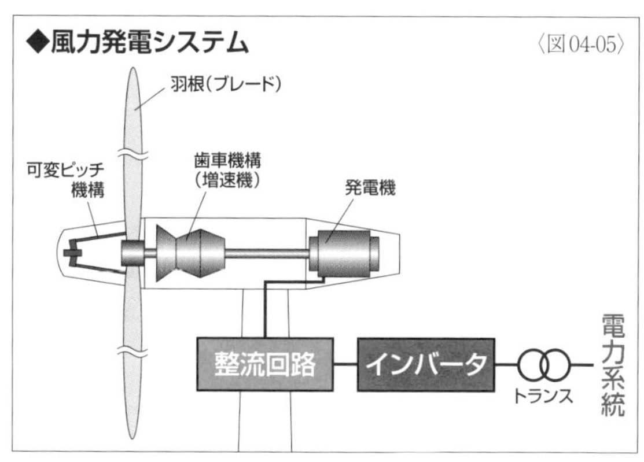

▶無効電力補償装置

電力系統の送配電線には**誘導性リアクタンス**があるため、**遅れ無効電力**が流れると電圧が低下し、**進み無効電力**が流れると電圧が上昇する。電圧が変動したのでは電力の品質が低下してしまうため、電力系統では電圧の調整が行われている。電圧の調整は無効電力を制御することで行われる。そのために変電所などに設置される装置を**無効電力補償装置**や**無効電力制御装置**、また**調相機**ともいう。

大昔に使われていた無効電力補償装置は**同期調相機**といい、**巻線形同期モータ**を無負荷で電力系統に接続し、界磁電流を制御することで無効電力の補償を行っていたが、次第にインダクタやキャパシタを使用するものに移行していった。こうした動く部分がない無効電力補償装置を**静止形無効電力補償装置**といい、SVCと略されることも多い。SVCは、“static var compensator”の頭文字で、“static”は「静止形」を意味し、“var”は無効電力の単位であることから「無効電力」を意味し、“compensator”は「補償装置」を意味する。

当初の静止形では、**分路リアクトル**と呼ばれるインダクタや、**電力用コンデンサ**と呼ばれるキャパシタをスイッチで切り替えることで電力系統の電圧を調整していたが、即応性に問題があった。そのため、現在ではパワーエレクトロニクスを応用したSVCが一般的になっている。こうしたSVCには**受動形SVC**と**能動形SVC**があり、受動形には**サイリスタ**とインダクタを使うTCRと、サイリスタとキャパシタを使うTSC、能動形には**インバータ**を使うSVGがある。

TCRは、「サイリスタで制御されるリアクトル」を意味する英語“thytistor-controlled reactor”の頭文字だ。逆並列接続したサイリスタでインダクタを流れる電流を**交流位相制御**

◆TCR 〈図04-06〉

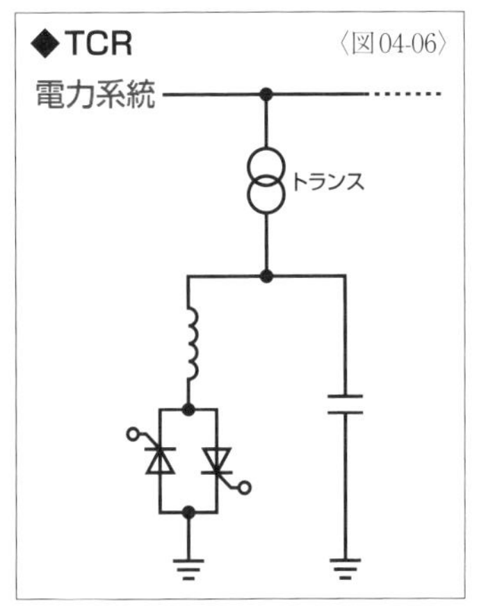

◆TSC 〈図04-07〉

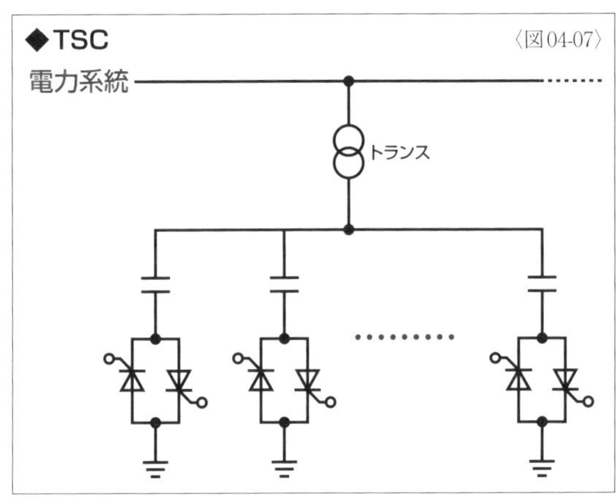

して、遅れの無効電力を連続的に補償するのが基本だが、〈図04-06〉のように並列にキャパシタを接続することで、調整範囲を進み側にまで拡大しているのが一般的だ。TCRは、無段階で連続的に制御でき、応答が速いが、位相制御によってインダクタを流れる電流が断続波形になるため、**高調波**が多く含まれてしまう。

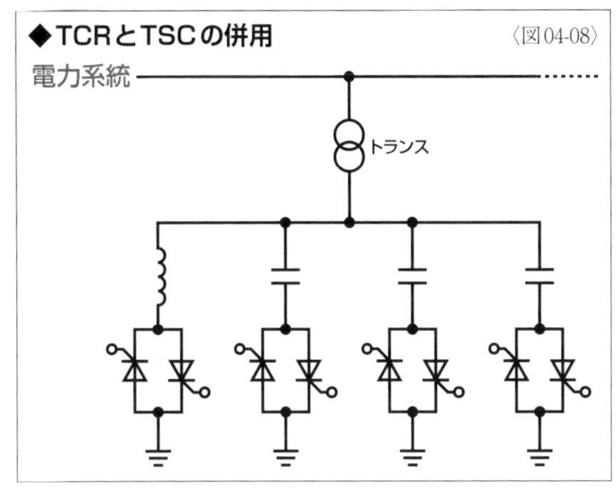

◆TCRとTSCの併用 〈図04-08〉

TSCは、「サイリスタでスイッチ操作されるキャパシタ」を意味する英語"thytistor-switched capacitor"の頭文字だ。〈図04-07〉のように複数のキャパシタを用意しておき、逆並列接続したサイリスタによるスイッチのオン/オフ制御で容量を段階的に変化させて、進みの無効電力を補償する。TSCは高調波を発生せないが、連続的な制御ができず、応答速度で不利であるため、〈図04-08〉のようにTCRと併用されることが多い。

SVGは、**静止形無効電力発生器**を意味する英語"static var generator"の頭文字だ。また、**静止形同期補償装置**を意味する英語"<u>stat</u>ic synchronous <u>com</u>pensator"を略して**STATCOM**ともいう。SVGでは〈図04-09〉のように電力系統と同じ周波数でほぼ同一位相の正弦波電圧を発生させるインバータがトランスを介して系統に接続される。インバータの入力側にはキャパシタが接続され、インバータで生じる損失分の電圧を取り込んで、直流電圧を維持する。インバータの出力電圧を、系統電圧より低くすると遅相の無効電力が発生し、系統電圧より高くすると進相の無効電力が発生するので、系統の無効電力を連続的に調整することができる。SVGは、受動形SVCより応答性が高く、PWM制御を利用すれば応答性がさらに高まり、高調波を抑制することも可能になる。インダクタやキャパシタを使わないため、小型軽量化が可能だ。現在では電力系統が複雑化し、かつ信頼性が要求されるので、SVGの採用が増えている。

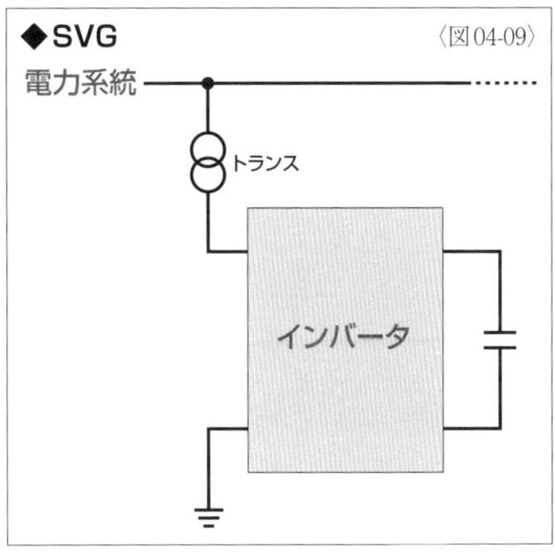

◆SVG 〈図04-09〉

▶アクティブフィルタ

高調波対策としてLC**フィルタ**が使われることが多いが、フィルタは大きく重く高価になりやすいうえ、負荷変動などによる高調波電流の変動への対応が難しい。そのため、パワーエレクトロニクスを応用して能動的に高調波を抑制する**アクティブフィルタ**が開発されている。

アクティブフィルタにはさまざまな回路が考えられているが、〈図04-10〉のように負荷の入力側に備えられインバータが基本形で、SVGと同じ原理で高調波の低減が行われる。〈図04-11〉のように負荷電流i_Rの正弦波波形の基本波がi_Fであれば、その差であるi_{HF}が高調波成分になるので、逆位相にした$-i_{HF}$をインバータで生成してi_Rに合成すれば、電源電流i_Eを正弦波波形にすることができる。実際のアクティブフィルタでは、高調波の抑制だけでなく、SVGと同じように**無効電力**の補償も同時に行われるのが一般的だ。

◆アクティブフィルタの電流波形 〈図04-11〉

◆アクティブフィルタの構成 〈図04-10〉

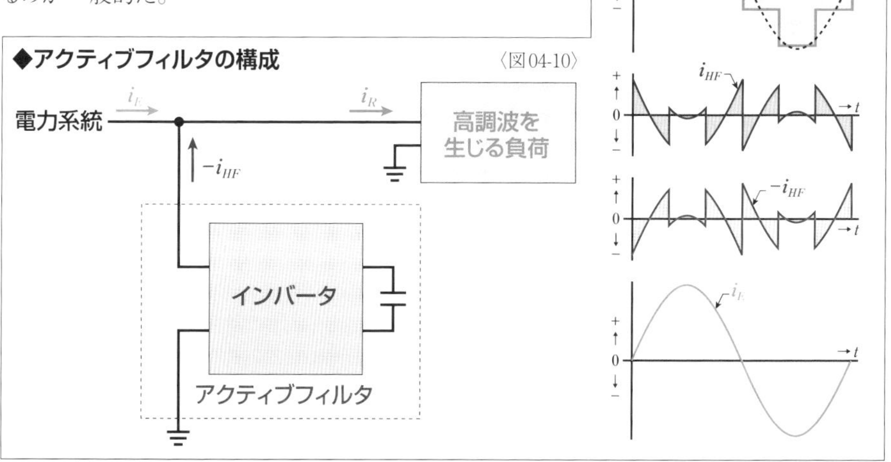

▶無停電電源装置

現在の生活に電気は欠かせない。コンピュータやさまざまな電子制御が停電によって使えなくなると、社会や経済が停止してしまう。日本は商用電源の品質が高く停電も少ないが、落雷などの災害による停電を完全に防ぐことはできない。そのため、重要な機器については**無停電電源装置**によって停電時にも電力を供給し続けられるようにする必要がある。

無停電電源装置は、**二次電池**を利用して商用電源をバックアップするもので、英語表現"uninterruptible power supply"の頭文字から**UPS**と略される。UPSは直流電源である二次電池に電力を蓄えることになるので、**整流回路**と**インバータ**が不可欠だ。パソコンを対象とする数百VAの小容量なものから、工場や大規模システムに対応するMVAクラスの大容量のものまである。一般的なUPSからの給電持続時間は数分〜数十分程度だ。その間に、非常用発電機を起動させるか、機器を正常にシャットダウンさせる必要がある。

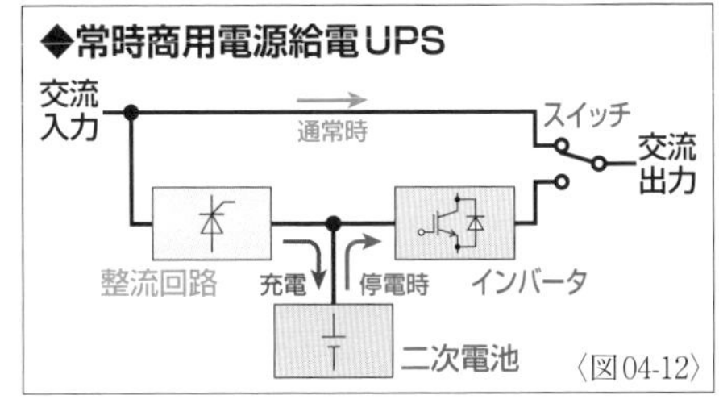

〈図04-12〉

もっともシンプルなシステムは〈図04-12〉のような**常時商用電源給電**UPSだ。通常時はスイッチを介してそのまま負荷に給電し、二次電池の自然放電分を整流回路を介して充電している。停電するとスイッチが切り替わり二次電池の電力をインバータを介して供給する。安価に構成できるが、切り替え時に瞬間的な停電が生じるので重要な機器の保護には適さない。

よく使われているシステムが**常時インバータ給電**UPSだ。常にインバータを介して給電を行うため、入力電源の品質に関わらず出力の電源品質を確保しやすい。さまざまな方式のものがあるが、基本形といえるのが〈図04-13〉のような**フロート式**だが、二次電池の充電にも使われる整流回路の負担が大きい。〈図04-14〉のような**直流スイッチ式**の場合は、充電用の整流回路が別に備えられるので、通常時の整流回路の負担が軽減され高効率に運用できる。停電時には直流スイッチがオンにされて、二次電池がインバータにつながれる。〈図04-15〉のような**双方向チョッパ式**の場合は、通常時の二次電池の充電には**降圧チョッパ回路**として使われ、停電時には**昇圧チョッパ回路**として二次電池の電圧を昇圧してインバータに電力を供給する。二次電池の定格電圧を低くできるため、初期コストを低減できる。

UPSはほかにも各種回路があり、信頼性を高めるために複数のUPSによってバックアップが行えるようにされることもある。さらに信頼性を高めるために、複数の電力系統に接続されたりすることもある。

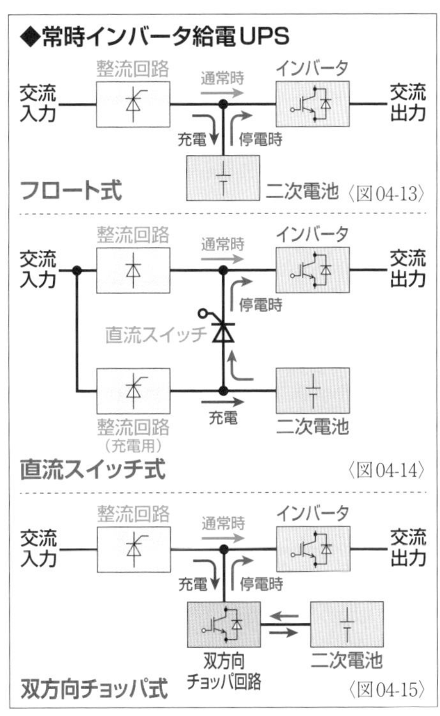

索引

表示のページ数はおもに本文を対象とし、頻出用語は重要なページのみを抽出。左右ページに用語がある場合は左ページのみを記載。
並び順は、〈数字〉→〈英字アルファベット〉→〈かな〉の順を採用。「－」、「-」、「/」、「・」などの記号はソートの際には無視。

記号

数字

A・B・C

D・E・F

G・H

I・J・L

M・N

P

R

S

T・U・V

W・Y・Z

あ

い

う

え

お

か

き

く

け

こ

さ

し

す

せ

そ

た

ち

つ

て

と

な

に

ね

の

は

ひ

ふ

へ

ほ

ま

み

む

め

も

ゆ

よ

ら

り

■参考文献（順不同、敬称略）

●エース電気・電子・情報工学シリーズ エース パワーエレクトロニクス〔引原隆士ほか 共著〕朝倉書店
●パワーエレクトロニクス入門 第3版〔小山純ほか 共著〕朝倉書店
●EE Text パワーエレクトロニクス〔森本雅之 編著〕オーム社
●絵ときでわかる パワーエレクトロニクス（改訂2版）〔粉川昌己 著〕オーム社
●選び方・使い方 パワーエレクトロニクス機器〔山崎靖夫 著〕オーム社
●基礎からくわしい パワーエレクトロニクス回路（改訂2版）〔島村茂 著〕オーム社
●基本からわかる パワーエレクトロニクス講義ノート〔西方正司 監修〕オーム社
●基本を学ぶ パワーエレクトロニクス〔佐藤之彦 著〕オーム社
●新インターユニバーシティ パワーエレクトロニクス〔堀孝正 編著〕オーム社
●新世代工学シリーズ パワーエレクトロニクス〔仁田旦三、中岡睦雄 共編〕オーム社
●はじめてのパワーエレクトロニクス〔板子一隆 著〕オーム社
●パワーエレクトロニクス入門（改訂5版）〔大野榮一、小山正人 共編〕オーム社
●パワーエレクトロニクスハンドブック〔パワーエレクトロニクスハンドブック編集委員会 編〕オーム社
●パワエレ図鑑〔森本雅之 著〕オーム社
●例題で学ぶ はじめての電源回路〔柿ヶ野浩明 著〕技術評論社
●これでなっとく パワーエレクトロニクス〔高木茂行、長浜竜 著〕コロナ社
●電気・電子系 教科書シリーズ20　パワーエレクトロニクス〔江間敏、高橋勲 共著〕コロナ社
●パワーエレクトロニクス学入門 基礎から実用例まで〔河村篤男 編著〕コロナ社
●図解入門よくわかる 最新パワー半導体の基本と仕組み［第2版］〔佐藤淳一 著〕秀和システム
●パワースイッチング工学［改訂版］パワーエレクトロニクスの中核理論〔金東海 著〕電気学会
●パワーエレクトロニクスとその応用 省エネ・エコ技術〔岸敬二 著〕東京電機大学出版局
●はじめてのパワーエレクトロニクス 電気の基本からよくわかる〔森本雅之 著〕森北出版
●はじめてのパワーデバイス（第2版）〔由宇義珍 著〕森北出版
●パワーエレクトロニクス〔佐久川貴志 著〕森北出版

監修者略歴

赤津 観（あかつ かん）

1972年東京生まれ。2000年横浜国立大学大学院電子情報工学専攻博士課程後期修了。日産自動車、東京農工大学、芝浦工業大学を経て、2019年より横浜国立大学工学研究院教授。主に電気学会産業応用部門にて各種委員、幹事、委員長、役員として貢献。モータ構造、制御、パワーエレクトロニクスらを専門とし、次世代省エネモータの研究開発を進めている。

編集制作 ： オフィス・ゴゥ、青山元男、高崎和之
編集担当 ： 原 智宏（ナツメ出版企画）

本書に関するお問い合わせは、書名・発行日・該当ページを明記の上、下記のいずれかの方法にてお送りください。電話でのお問い合わせはお受けしておりません。

・ナツメ社 web サイトの問い合わせフォーム
https://www.natsume.co.jp/contact
・FAX（03-3291-1305）
・郵送（下記、ナツメ出版企画株式会社宛て）

なお、回答までに日にちをいただく場合があります。正誤のお問い合わせ以外の書籍内容に関する解説・個別の相談は行っておりません。あらかじめご了承ください。

カラー徹底図解 パワーエレクトロニクス

2022年8月1日初版発行

監修者　赤津 観　　Akatsu Kan, 2022
発行者　田村正隆

発行所　株式会社ナツメ社
東京都千代田区神田神保町 1-52 ナツメ社ビル 1F（〒101-0051）
電話　03（3291）1257（代表）　FAX　03（3291）5761
振替　00130-1-58661

制　作　ナツメ出版企画株式会社
東京都千代田区神田神保町 1-52 ナツメ社ビル 3F（〒101-0051）
電話　03（3295）3921（代表）

印刷所　ラン印刷社

ISBN978-4-8163-7246-9　　Printed in Japan
＜定価はカバーに表示しています＞
＜落丁・乱丁はお取り替えします＞